Alexander Fuchs

# LÖSUNGSANSÄTZE FÜR DEN KONFLIKT ZWISCHEN ÖKONOMIE UND ÖKOLOGIE IM TROPISCHEN UND SUBTROPISCHEN REGENWALD AM BEISPIEL DER MATA ATLÂNTICA BRASILIENS

**KÖLNER FORSCHUNGEN
ZUR WIRTSCHAFTS- UND SOZIALGEOGRAPHIE**

HERAUSGEGEBEN VON EWALD GLÄSSER
UND GÖTZ VOPPEL

BAND 45

# LÖSUNGSANSÄTZE FÜR DEN KONFLIKT ZWISCHEN ÖKONOMIE UND ÖKOLOGIE IM TROPISCHEN UND SUBTROPISCHEN REGENWALD AM BEISPIEL DER MATA ATLÂNTICA BRASILIENS

1996
SELBSTVERLAG IM WIRTSCHAFTS- UND SOZIAL-
GEOGRAPHISCHEN INSTITUT DER UNIVERSITÄT ZU KÖLN

Schriftleitung: Jochen Legewie

ISSN 0452-2702
ISBN 3-921 790-23-9

Alle Rechte, auch die der Übersetzung, vorbehalten.

Druck: Bagher Mortazavi, Offsetdruck
　　　　Franzstraße 24
　　　　50931 Köln
　　　　Tel.: 0221 / 40 38 48

Bestellungen bitte an:

　　　Selbstverlag im
　　　Wirtschafts- und Sozialgeographischen
　　　Institut der Universität zu Köln
　　　Albertus-Magnus-Platz
　　　50923 Köln

## VORWORT DER HERAUSGEBER

Mit dem vorliegenden Band ändert unsere vor über 30 Jahren von Theodor Kraus begründete Schriftenreihe ihr äußeres Erscheinungsbild. Unabhängig davon wird sie jedoch auch weiterhin in unserem Selbstverlag erscheinen.

Mit diesem Schritt hin zu einer ansprechenderen äußeren Gestaltung verbindet sich der Wunsch, mit den einzelnen Bänden noch stärker als bisher über den üblichen Schriftentausch hinaus eine breite Fachöffentlichkeit erreichen können.

Köln, im März 1996                             *Ewald Gläßer*        *Götz Voppel*

## VORWORT

Die vorliegende Arbeit untersucht die Vereinbarkeit von Ökonomie und Ökologie am Beispiel der brasilianischen Mata Atlântica. Sie richtet sich vorrangig an die lokalen Umweltbehörden, Nichtregierungsorganisationen und Betriebe, die durch ihre Tätigkeit auf den Bestand dieses Regenwaldes einwirken. Zugleich lenkt sie die Aufmerksamkeit auf die Mata Atlântica als ein stark gefährdetes und bislang wenig erforschtes Ökosystem. Außerdem bietet sie Anregungen für die Lösung ähnlicher Konflikte in vergleichbaren Gebieten.

Für die intensive und aufmunternde Unterstützung danke ich meinem akademischen Lehrer Prof. Dr. Ewald Gläßer besonders herzlich. Wertvolle inhaltliche und formelle Anregungen erfuhr ich außerdem von Dipl.-Kfm. Bjørn C. Manstedten, Dipl.-Kfm. Martin W. Schmied und Dr. Jochen Wenz. Für das Gelingen der Primärerhebungen in Brasilien leistete die Deutsch-Brasilianische Industrie- und Handelskammer São Paulo einen wichtigen Beitrag, wobei ich insbesondere Herrn Dr. Ciro Marcondes zu Dank verpflichtet bin. Im Umweltministerium von São Paulo (SMA) öffneten mir Frau Daisy Engelberg und Herr Wilson Bordignon viele Türen bei der Literaturrecherche und den Primärerhebungen. Ebenfalls bedanke ich mich bei allen Teilnehmern der schriftlichen Befragung und bei den Experten, die mir ein Gespräch gewährten.

Vor allem danke ich aber meinen Eltern für die Unterstützung während der Doktorandenzeit und auch dafür, daß sie mir eine zukunftsweisende Jugend in Brasilien ermöglicht haben.

Köln, im Februar 1996                                                                                      Alexander Fuchs

## INHALTSVERZEICHNIS

Seite

Verzeichnis der Abkürzungen ................................................................. 13
Verzeichnis der Abbildungen ................................................................. 19
Verzeichnis der Tabellen ....................................................................... 21

1. Einführung ....................................................................................... 23

2. Die Mata Atlântica als Untersuchungsgebiet für die Konfliktsituation zwischen
   Ökonomie und Ökologie ................................................................... 27
   
   2.1 Wirtschafts- und naturräumliche Entwicklung im Erschließungsgebiet
       der Mata Atlântica ..................................................................... 30
       2.1.1 Beispiel Staat São Paulo ...................................................... 31
       2.1.2 Beispiel Staat Paraná ........................................................... 35
   
   2.2 Die ökologische und die daraus abzuleitende ökonomische Bedeutung der
       Mata Atlântica ........................................................................... 39
   
   2.3 Zur aktuellen Konfliktsituation ................................................... 42

3. Umsetzung ökologisch angepaßter Wirtschaftsformen in der Mata Atlântica ....... 47
   
   3.1 Übertragung theoretischer Grundlagen auf das Untersuchungsgebiet ............ 48
       3.1.1 Vereinbarkeit von Ökonomie und Ökologie ............................. 49
       3.1.2 Das Konzept der nachhaltigen Entwicklung ............................ 52
       3.1.3 Umweltpolitische Instrumente und Anreizsysteme ................... 55
       3.1.4 Ergebnisse aus den Expertengesprächen ................................. 60
   
   3.2 Übertragung alternativer Nutzungsformen und -systeme auf das
       Untersuchungsgebiet .................................................................. 69
       3.2.1 Ökologischer Landbau ........................................................ 69
       3.2.2 Nachhaltige Forstwirtschaft ................................................. 76
       3.2.3 Agroforstwirtschaft ............................................................ 91
       3.2.4 Nachhaltiger Extraktivismus sekundärer Waldprodukte ............ 98
       3.2.5 Nachhaltiger Bergbau ......................................................... 105
       3.2.6 Ökotourismus ................................................................... 114
       3.2.7 Sonstige Alternativen und Anregungen ................................. 120
       3.2.8 Ergebnisse aus den Expertengesprächen ................................ 126

Seite

3.3 Berücksichtigung besonderer Rahmenbedingungen und sonstiger relevanter Faktoren bei der Übertragung alternativer Konzepte auf das Untersuchungsgebiet .................................................... 138

    3.3.1 Auswirkungen der aktuellen Umweltgesetzgebung ....................... 139

    3.3.2 Sozio-ökonomische Verhältnisse und Umweltbewußtsein ............. 144

    3.3.3 Umweltpolitische Befugnisse und Handlungsmöglichkeiten der Regierungsorgane ........................................................................ 150

    3.3.4 Mitwirkung der Nichtregierungsorganisationen ............................. 157

    3.3.5 Ergebnisse aus den Expertengesprächen ....................................... 162

4. Primärerhebung in Form einer Befragung in der Mata Atlântica ................ 169

    4.1 Erhebungsziel, Erhebungsraum und Erhebungseinheiten ...................... 170

    4.2 Aufbau des Fragebogens ........................................................................ 171

    4.3 Darstellung der Ergebnisse ..................................................................... 173

        4.3.1 Die strukturellen Eigenschaften der untersuchten Betriebe ........... 173

        4.3.2 Der subjektive Einfluß der Umwelt auf die untersuchten Betriebe ........ 182

        4.3.3 Der Zusammenhang zwischen dem Umweltschutz und der Betriebsstrategie und -entwicklung .............................................. 187

    4.4 Interpretation der Ergebnisse ................................................................. 211

5. Erstellung von Lösungsansätzen für die Konfliktsituation in der Mata Atlântica .. 219

    5.1 Zusammenfassung der bisherigen Erkenntnisse ..................................... 219

        5.1.1 Erkenntnisse aus der Literatur- und Quellenanalyse ..................... 219

        5.1.2 Erkenntnisse aus den Expertengesprächen .................................... 223

        5.1.3 Erkenntnisse aus der Befragung ..................................................... 227

    5.2 Lösungsansätze auf der Basis der bisherigen Erkenntnisse ................... 228

        5.2.1 Generelle umweltpolitische Lösungsansätze ................................. 229

        5.2.2 Anwendung nachhaltiger Nutzungsformen und -systeme ............. 233

    5.3 Verwendung der Lösungsansätze im Rahmen von Aktionsplänen und Entwicklungsstrategien .......................................................................... 237

6. Kritische Würdigung und Ausblick ............................................................ 239

|  | Seite |
|---|---|
| Literatur- und Quellenverzeichnis | 243 |
| Verzeichnis der in Brasilien geführten Expertengespräche | 263 |
| Questionário (Originalfragebogen) | 267 |
| Fragebogen (deutsche Übersetzung) | 279 |
| Summary (englische Zusammenfassung) | 291 |
| Resumo (portugiesische Zusammenfassung) | 293 |

## VERZEICHNIS DER ABKÜRZUNGEN

| | |
|---|---|
| Abb.: | Abbildung |
| ABPM: | Associação Brasileira dos Produtores de Madeira (Brasilianischer Verein der Holzproduzenten) |
| ACDA: | Associação Cultural para Desenvolvimento Ambiental (Kultureller Verein für Umweltentwicklung) |
| ADEAM: | Associação de Defesa e Educação Ambiental (Verein für Umweltschutz und Umweltbildung) |
| AHK: | Außenhandelskammer |
| AIDS: | Aquired Immune Deficiency Syndrome |
| APA: | Área de Proteção Ambiental (Naturschutzzone) |
| APP: | Área de Proteção Permanente (Permanente Schutzzone) |
| bzw.: | beziehungsweise |
| ca.: | circa |
| CADES: | Conselho Municipal de Meio Ambiente e Desenvolvimento Sustentável (Städtischer Rat für Umwelt und Nachhaltige Entwicklung) |
| CBA: | Companhia Brasileira de Alumínio (Brasilianische Aluminiumgesellschaft) |
| CEAM: | Coordenadoria de Educação Ambiental (Umweltbildungsamt) |
| CEPM: | Comissão Especial de Proteção aos Mananciais (Kommission für den Schutz von Quellgebieten) |
| CESP: | Companhia Energética de São Paulo (Stromgesellschaft von SP) |
| CETESB: | Companhia de Tecnologia de Saneamento Ambiental (Umwelttechnische Überwachungsgsellschaft) |
| CIN: | Centro de Interpretação da Natureza (Naturinterpretationszentrum) |
| cm: | Zentimeter |
| CNRBMA: | Conselho Nacional da Reserva da Biosfera da Mata Atlântica (Nationaler Rat des Biosphärenreservats der Mata Atlântica) |
| CODEMA: | Conselho Municipal de Meio Ambiente (Munizipaler Umweltrat) |
| CONAMA: | Conselho Nacional de Meio Ambiente (Bundesumweltrat) |
| CONSEMA: | Conselho Estadual de Meio Ambiente (Landesumweltrat) |
| CPP: | Centro de Projetos de Paisagem (Zentrum für Landschaftsprojekte) |
| D: | Bundesrepublik Deutschland |
| d/a: | Dutzend pro Jahr |
| DEPRN: | Departamento de Proteção aos Recursos Naturais (Organ für Umwelt- und Ressourcenschutz) |
| d. h.: | das heißt |
| Dienstl.: | Dienstleistungen |
| DM: | Deutsche Mark |

| | |
|---|---|
| DNPM: | Departamento Nacional de Produção Mineral (Bundesstelle für Bergbau) |
| EIA: | Estudo de Impacto Ambiental (Umweltverträglichkeitsprüfung) |
| EMBRAPA: | Empresa Brasileira de Pesquisa Agropecuária (Brasilianische Gesellschaft für Agrarforschung) |
| ES: | Staat Espírito Santo |
| ESALQ: | Escola Superior de Agricultura Luis de Queiroz (Agrarhochschule Luis de Queiroz) |
| et al.: | et alii (und Koautoren) |
| EU: | Europäische Union |
| f.: | folgende |
| FAO: | Food and Agriculture Organization |
| FBCN: | Fundação Brasileira para a Conservação da Natureza (Brasilianische Stiftung für den Umweltschutz) |
| FEPAM: | Fundação Estadual de Proteção Ambiental (Staatliche Umweltschutzstiftung) |
| ff.: | fortfolgende |
| FF: | Fundação para a Conservação e a Produção Florestal do Estado de São Paulo (Stiftung für Forstschutz und -Produktion des Staats SP) |
| FNAE: | Fundação Nacional para Ação Ecológica (Bundesweite Stiftung für Ökologische Aktion) |
| FSOSMA: | Fundação SOS Mata Atlântica (Stiftung SOS Mata Atlântica) |
| GTZ: | Deutsche Gesellschaft für Technische Zusammenarbeit |
| ha: | Hektar |
| hrsg.: | herausgegeben |
| Hrsg.: | Herausgeber |
| IAP/SEMA: | Instituto Ambiental do Paraná/Secretaria de Estado de Meio Ambiente (Umweltministerium von PR) |
| IBAMA: | Instituto Brasileiro do Meio Ambiente e dos Recursos Naturais Renováveis (Brasilianisches Institut für Umwelt und Erneuerbare Natürliche Ressourcen) |
| IBD: | Instituto Biodinâmico de Desenvolvimento Rural (Biodynamisches Institut für Agrarentwicklung) |
| IBGE: | Fundação Instituto Brasileiro de Geografia e Estatística (Statistisches Bundesamt Brasiliens) |
| ICMS: | Imposto sobre a Circulação de Mercadorias e Serviços (Mehrwertsteuer) |
| i. d. R.: | in der Regel |
| i. e. S.: | im engeren Sinn |
| i. w. S.: | im weiteren Sinn |
| IF: | Instituto Florestal do Estado de São Paulo (Forstinstitut des Staats SP) |

| | |
|---|---|
| IG: | Instituto Geológico (Geologisches Institut) |
| IHK: | Industrie- und Handelskammer |
| INCRA: | Instituto Nacional de Colonização e Reforma Agrária (Bundesinstitut für Kolonisation und Agrarreform) |
| Ind.: | Industrie |
| INPA: | Instituto Nacional de Pesquisas Amazônicas (Bundesinstitut für Amazonienforschung) |
| INPE: | Instituto Nacional de Pesquisas Espaciais (Bundesinstitut für Weltraumforschung) |
| ITCF: | Instituto de Terras, Cartografia e Florestas (Institut für Böden, Kartographie und Wälder) |
| ITTO: | International Timber Trade Organisation |
| IUM: | Imposto Único sobre Minerais (Mineralsteuer) |
| kg: | Kilogramm |
| Kap.: | Kapitel |
| Kfz: | Kraftfahrzeug |
| KFPC: | Klabin Fábrica de Papel e Celulose |
| km: | Kilometer |
| kp: | Köpfe |
| kw: | Kilowatt |
| Landw.: | Landwirtschaft |
| l/a: | Liter pro Jahr |
| m: | Meter |
| MAB: | Man and Biosphere |
| Mio.: | Million(en) |
| MI: | marktorientiertes umweltpolitisches Instrument |
| MIP: | Manejo Integrado de Pragas (Integriertes Schädlingsmanagement) |
| mm: | Millimeter |
| Mrd.: | Milliarde(n) |
| mw: | Megawatt |
| o. a.: | oben angegeben |
| Ökl: | ökologischer Anreiz |
| Ökn: | ökonomischer Anreiz |
| o. J.: | ohne Jahrgang |
| ONG: | Organização Não-Governamental (Nichtregierungsorganisation) |
| o. S.: | ohne Seitenzahl |
| NRO: | Nichtregierungsorganisation(en) |
| PA: | Staat Pará |

| | |
|---|---|
| PDFS: | Plano de Desenvolvimento Florestal Sustentável (Plan für die Nachhaltige Forstwirtschaftliche Entwicklung) |
| PETAR: | Parque Estadual Turístico do Alto Ribeira (Touristischer Staatspark am Hohen Ribeira) |
| PNMA: | Programa Nacional de Meio Ambiente (Nationales Umweltprogramm) |
| PR: | Staat Paraná |
| REBRAF: | Rede Brasileira Agroflorestal (Brasilianisches Agroforstnetzwerk) |
| RI: | regulatives umweltpolitisches Instrument |
| RIMA: | Relatório de Impacto Ambiental (Umweltverträglichkeitsgutachten) |
| RJ: | Staat Rio de Janeiro |
| RO: | Regierungsorgan(e) |
| RS: | Staat Rio Grande do Sul |
| S.: | Seite(n) |
| SAA: | Secretaria de Agricultura e Abastecimento (Landwirtschafts- und Versorgungsministerium) |
| SABESP: | Companhia de Saneamento Básico do Estado de São Paulo (Gesellschaft für Wasserverorgung und -Aufbereitung des Staats SP) |
| SBS: | Sociedade Brasileira de Silvicultura (Brasilianische Gesellschaft für Forstwirtschaft) |
| SC: | Staat Santa Catarina |
| SISNAMA: | Sistema Nacional de Meio Ambiente (Nationales Umweltsystem) |
| sm: | Seemeile(n) |
| SMA: | Secretaria de Meio Ambiente do Estado de São Paulo (Umweltministerium des Staats SP) |
| s. o.: | siehe oben |
| sog.: | sogenannt |
| SP: | Staat São Paulo |
| SPVS: | Sociedade de Pesquisa em Vida Selvagem e Educação Ambiental (Gesellschaft für Wildforschung und Umweltbildung) |
| s. u.: | siehe unten |
| SUREHMA: | Superintendência de Recursos Hídricos e Meio Ambiente (Superintendenz für Wasserressourcen und Umwelt) |
| SVMA: | Secretaria do Verde e do Meio Ambiente do Município de São Paulo (Umweltschutzbehörde des Munizips São Paulo) |
| t: | Tonne(n) |
| Tab.: | Tabelle |
| t/a: | Tonne(n) pro Jahr |
| u.: | und |
| TNC: | The Nature Conservancy |

| | |
|---|---|
| UN: | United Nations |
| UNESCO: | United Nations Education, Science and Culture Organization |
| USA: | United States of America |
| USD: | US-Dollar |
| usw.: | und so weiter |
| u. a.: | unter anderem |
| u. U.: | unter Umständen |
| u. v. a.: | und viele andere |
| v. a.: | vor allem |
| v.: | von |
| vgl.: | vergleiche |
| WCED: | World Commission on Environment and Development |
| WWF: | Worldwide Fund for Nature |
| z. B.: | zum Beispiel |
| z. T.: | zum Teil |

## VERZEICHNIS DER ABBILDUNGEN

Abb. 1: Ausdehnungsgebiet der Mata Atlântica (i. w. S.) um 1500 und 1990 ... 27

Abb. 2: Phytogeographische Karte des atlantischen Küstensaums Brasiliens .... 29

Abb. 3 a - f: Waldbedeckung des Staats São Paulo: Ursprungssituation / 1854 / 1907 / 1935 / 1962 / 1990 ................... 32

Abb. 4 a - c: Waldbedeckung des Staats Paraná 1890 / 1950 / 1980 ................... 36

Abb. 5: Waldbedeckung des Staats Paraná 1990 und ehemalige Ausbreitung der Araucaria-Wälder ................... 38

Abb. 6: Fluxogramm für die nachhaltige Forstwirtschaft im tropischen Regenwald ................... 85

Abb. 7: Mehrstufige Vegetationsgestaltung im tropischen Regenwald Ostafrikas ................... 92

Abb. 8: Mehrstufige Vegetationsgestaltung mit Erosionsschutz und Mischfruchtanbau auf dem tropischen Bergland Ruandas ................... 93

Abb. 9: Agroforstsystem unter Einschluß der Viehwirtschaft auf subtropisch geprägten Böden in Botucatu (SP) ................... 96

Abb. 10: Querschnittsprofil durch eine tropische Landschaft mit feuchtem Klima ................... 98

Abb. 11: Wichtigste Bergbaugebiete in Brasilien ................... 107

Abb. 12: Vereinfachtes Fluxogramm über die Genehmigung einer bergbaulichen Tätigkeit im Staat São Paulo ................... 112

Abb. 13: Organigramm des Umweltministeriums des Staats São Paulo (SMA) ................... 153

Abb. 14: Gründungsjahrgänge in der Stichprobe ................... 174

Abb. 15: Standortverteilung in der Stichprobe nach Staaten ................... 174

Abb. 16: Standorte der befragten Betriebe in den Staaten Paraná (PR), São Paulo (SP), Rio de Janeiro (RJ) und Mato Grosso do Sul (MS) ........... 175

Abb. 17: Branchenverteilung in der Stichprobe ................... 176

Abb. 18: Größenverteilung in der Stichprobe nach Flächengrößenklassen ................... 178

Abb. 19: Rechtliche Basis für die Landnutzung in der Stichprobe ................... 181

Abb. 20: Häufigkeit der Kontrollen durch Umweltbehörden in der Stichprobe ... 184

| | | |
|---|---|---|
| Abb. 21: | In der Stichprobe durchgeführte freiwillige Umweltschutzmaßnahmen | 194 |
| Abb. 22: | Begründungen für den freiwilligen Umweltschutz in der Stichprobe | 195 |
| Abb. 23: | Argumente für den Umweltschutz in der Stichprobe | 198 |
| Abb. 24: | Kritiken an der Umweltgesetzgebung in der Stichprobe | 200 |
| Abb. 25: | Hindernisse für Umweltschutzmaßnahmen in der Stichprobe | 206 |

## VERZEICHNIS DER TABELLEN

| | | |
|---|---|---|
| Tab. 1: | Flächenrückgang der Waldfragmente im Domínio Mata Atlântica zwischen 1985 und 1990 | 43 |
| Tab. 2: | Konsequenzen aus der Intensivierung der Agrarproduktion | 70 |
| Tab. 3: | Holznachfrage und -produktion in Brasilien 1987/88 | 77 |
| Tab. 4: | Erzeugnisse und Produktionsmengen in der Stichprobe | 177 |
| Tab. 5: | Produktionsausrichtung in der Stichprobe | 177 |
| Tab. 6: | Flächengröße in der Stichprobe | 178 |
| Tab. 7: | Flächenverwendung in der Stichprobe | 179 |
| Tab. 8: | Beschäftigungsdichte in der Stichprobe | 180 |
| Tab. 9: | Subjektive Einschätzung der Situation der Mata Atlântica in der Stichprobe | 182 |
| Tab. 10: | Betroffenheit durch Umweltschutzforderungen in der Stichprobe | 184 |
| Tab. 11: | Betroffenheit durch einzelne Umweltprobleme in der Stichprobe | 185 |
| Tab. 12: | Entwicklung der Umweltqualität in der Stichprobe | 186 |
| Tab. 13: | Bodenqualität in der Stichprobe | 186 |
| Tab. 14: | Zielhierarchie in der Stichprobe | 188 |
| Tab. 15: | Komplementarität zwischen Umweltschutz und anderen Zielen in der Stichprobe | 189 |
| Tab. 16: | Subjektive Befolgung der nachhaltigen Entwicklung in der Stichprobe | 190 |
| Tab. 17: | Anteil der Umweltschutzausgaben am Umsatz in der Stichprobe | 191 |
| Tab. 18: | Anwendung von Umweltmanagement-Systemen in der Stichprobe | 192 |
| Tab. 19: | Durchführung gesetzlicher und freiwilliger Umweltschutzmaßnahmen in der Stichprobe | 193 |
| Tab. 20: | Rentabilitätsfristen von Umweltschutzmaßnahmen in der Stichprobe | 196 |
| Tab. 21: | Durchführung von Umweltschutzmaßnahmen in der Stichprobe nach Zeithorizont der Gewinnaussichten | 197 |
| Tab. 22: | Finanzielle Abhängigkeit des Umweltschutzes in der Stichprobe | 197 |

| | | |
|---|---|---|
| Tab. 23: | Beurteilung der Umweltgesetzgebung in der Stichprobe | 199 |
| Tab. 24: | Finanzielle Förderung des Umweltschutzes in der Stichprobe | 201 |
| Tab. 25: | Zufriedenheitsgrad mit Finanzierungshilfen in der Stichprobe | 202 |
| Tab. 26: | Potentieller Einfluß von Investitionshilfen auf das Umweltschutzengagement in der Stichprobe | 202 |
| Tab. 27: | Potentielle Anreizwirkung bestimmter umweltpolitischer Instrumente in der Stichprobe | 203 |
| Tab. 28: | Interesse an einer umweltschutzorientierten Demonstrationsfarm in der Stichprobe | 205 |
| Tab. 29: | Alltägliche Probleme als Hindernisse für Umweltschutzaktivitäten in der Stichprobe | 207 |
| Tab. 30: | Beurteilung alternativer Nutzungsformen in der Stichprobe | 208 |
| Tab. 31: | Implementierungsprobleme alternativer Nutzungsformen in der Stichprobe | 209 |

## 1. Einführung

Trotz des weltweit gestiegenen Umweltbewußtseins bleibt es für den wirtschaftenden Menschen in vielen Bereichen schwierig, Umweltschutzmaßnahmen durchzuführen. Bekannte Hindernisse aus betriebswirtschaftlicher Sicht stellen deren Kostenwirksamkeit auf der einen und deren unberechenbare Aussichten auf Ertragsverbesserungen auf der anderen Seite dar. Derartige wirtschaftliche Überlegungen können aufgrund des oft hohen Finanzierungsvolumens von Umweltprojekten über ihre Realisierung bestimmen und damit den vielzitierten Konflikt zwischen Ökonomie und Ökologie schüren.

Angesichts der weltweit zunehmenden Umweltbelastung kommt der Lösung des Konfliktes zwischen Ökonomie und Ökologie eine große Bedeutung zu. Erst nachdem Möglichkeiten für die Vereinbarkeit von wirtschaftlichen und Umweltschutzzielen aufgezeigt und verstanden werden, können Wirtschaftsformen durchgesetzt werden, die die Gesundheit und Versorgung zukünftiger Generationen sichern. Eine dementsprechende Forderung der Weltgemeinschaft nach einem globalen Wandel in Richtung einer "nachhaltigen Entwicklung"[1] ist in der Konferenz der Vereinten Nationen über Umwelt und Entwicklung ("Eco-92") in Rio de Janeiro 1992 deutlich geäußert worden. Doch die nachhaltige Entwicklung ist nicht einfach umzusetzen, sondern impliziert die Formulierung von Lösungsstrategien, die auf das jeweilige Zielgebiet und die jeweilige Zielbevölkerung zugeschnitten sind. Aufgrund der Dringlichkeit der Umweltprobleme ist dabei insbesondere zu überlegen, wie der Umweltschutz bereits in kurzer Sicht erhöht werden kann.

Auf schnell umsetzbare und wirksame, an das Zielgebiet angepaßte Lösungen und Lösungsstrategien für den Konflikt zwischen Ökonomie und Ökologie sind vor allem stark bevölkerte Ökosysteme angewiesen, die tropischen und subtropischen Regenwäldern angehören. Deren vielseitige natürliche Ressourcen fallen oft kurzfristig ausgelegten wirtschaftlichen Aktivitäten zum Opfer. Die vorliegende Untersuchung bezieht sich auf den intensiv genutzten, aber bislang wenig erforschten Atlantischen Regenwald Brasiliens, der im brasilianischen Volksmunde als "Mata Atlântica" bekannt ist und als eines der gefährdetsten Regenwaldökosysteme der Welt gilt.[2]

Das Hauptziel der vorliegenden Untersuchung besteht in der Aufdeckung neuer und realisierbarer Methoden und Mittel für die Verknüpfung ökonomischer und ökologischer Ziele im Einflußbereich der Mata Atlântica, die die einheimische Bevölkerung zur aktiven

---

[1] Dieser Begriff wird auf verschiedene Weise definiert und interpretiert. Weit verbreitet ist die Auffassung, daß die Bedürfnisse der Gegenwart ohne Nachteile für nachfolgende Generationen befriedigt werden; vgl. STAHL (1992), S. 44. Seine Bedeutung für die Mata Atlântica wird in Abschnitt 3.1.2 dargestellt.

[2] Siehe u. a.: ADEODATO (28.1.93b), S. 3; CONSÓRCIO MATA ATLÂNTICA/UNICAMP (1992), S. 11; FUNDAÇÃO SOS MATA ATLÂNTICA (1992c), S. 4; FUNDAÇÃO SOS MATA ATLÂNTICA/INPE (1992/3), S. 6; SMA (1993a), S. 9; SPVS (1992), S. 7.

Mitwirkung im Rahmen ihrer wirtschaftlichen Tätigkeiten anzuregen vermögen. Dadurch sollen auch neue Perspektiven für den Schutz der Mata Atlântica eröffnet werden, die in den vorhandenen Aktionsplänen und Entwicklungsstrategien nicht enthalten sind.

Durch die Berücksichtigung der Wechselwirkungen zwischen Ökonomie und Ökologie unterscheidet sich die vorliegende Untersuchung deutlich von den bisherigen Forschungsarbeiten, die den Schutz der Mata Atlântica zum Ziel haben. Diese beziehen den ökonomischen Aspekt unzureichend ein und konzentrieren sich auf die Umsetzung des Umweltschutzes durch konventionelle und kaum betriebswirtschaftlich orientierte Methoden.[3] Dadurch wird der einheimischen und wirtschaftlich aktiven Bevölkerung eine wichtige Basis für die freiwillige Erhaltung der Mata Atlântica entnommen. Die vorliegende Untersuchung soll hingegen alternative Lösungen präsentieren, die gleichermaßen ökonomisch und ökologisch attraktiv sind. Sie sollen nach Möglichkeit nicht nur in bestehenden Waldgebieten, sondern auch auf konventionell genutzten oder degenerierten Flächen im Einflußbereich der Mata Atlântica anwendbar sein. Dadurch kann eine zusätzliche Motivationsbasis für die Regeneration der Mata Atlântica geschaffen werden, die in der bisherigen Diskussion um den Schutz der Mata Atlântica eine unverhältnismäßig geringe Beachtung findet.

Zur Bewältigung dieser wissenschaftlichen Aufgabe werden betriebswirtschaftliche Erkenntnisse aus einer Literatur- und Quellenforschung sowie aus einer durch den Verfasser durchgeführten Primärerhebung herangezogen. Letztere setzt sich aus 51 nicht standardisierten Expertengesprächen und einer ausführlichen, standardisierten Befragung von 37 wirtschaftlich aktiven Landbesitzern im Untersuchungsgebiet zusammen. Dadurch können neue Erkenntnisse über die Bedeutung wirtschaftlicher Überlegungen für die Durchsetzung des Umweltschutzes in der Mata Atlântica gewonnen werden.

Die Praxisnähe bei der Themenbehandlung erfordert die Annahme der weiten geographischen Eingrenzung der Mata Atlântica nach der Definition des 1993 verabschiedeten Bundesdekrets Nr. 750. Danach erstreckt sich die Mata Atlântica auf über zehn Staaten in Brasilien. Dieses Gesetz dürfte in Zukunft einen großen Einfluß auf die Nutzung, den Schutz und die Regenerationsmöglichkeit der Mata Atlântica haben und wird in der vorliegenden Untersuchung durchgehend berücksichtigt.

Um eine praxisorientierte Behandlung des Konflikts zwischen Ökologie und Ökonomie unter der weiten Auffassung der Mata Atlântica zu ermöglichen, konzentriert sich die vorliegende Untersuchung zunächst auf die (Bundes-) Staaten São Paulo und Paraná. Diese Vereinfachung stellt kein Hindernis für eine umfassende Analyse der Konfliktsituation in der Mata Atlântica dar. Die ausgewählten Staaten bieten eher optimale Voraussetzungen dafür, da sie einerseits über die flächenmäßig größten Restbestände der

---

[3] Vgl. z. B. WERHAHN (1994).

Mata Atlântica verfügen und andererseits den höchsten agrarwirtschaftlichen und industriellen Entwicklungsstand Brasiliens aufweisen. Die daraus zu gewinnenden Erkenntnisse lassen sich - wie sich zeigen wird - auf zahlreiche andere Gebiete mit ähnlichen Voraussetzungen übertragen.

Die vorliegende Arbeit ist folgendermaßen aufgebaut: In *Kapitel 2* werden grundsätzliche Diskussionsvoraussetzungen geschaffen, indem relevante wirtschaftsgeographische Daten über die Mata Atlântica bereitgestellt werden. Dazu zählen die wirtschafts- und naturräumliche Entwicklung im Untersuchungsgebiet, die ökologische und ökonomische Bedeutung der Mata Atlântica sowie die aktuelle Konfliktsituation.

Die kritische Auseinandersetzung mit der Umsetzungsproblematik von Konfliktlösungen beginnt in *Kapitel 3*. Durch die Diskussion theoretischer Grundlagen, alternativer Nutzungsformen und -systeme sowie relevanter Rahmenbedingungen und anderer Faktoren soll Klarheit darüber verschafft werden, welchen Beitrag ökologisch angepaßte Wirtschaftsformen zur Konfliktlösung im Untersuchungsgebiet leisten können. Dabei werden die theoretischen Ausführungen in den drei Abschnitten 3.1, 3.2 und 3.3 mit ersten Ergebnissen aus den Expertengesprächen vervollständigt. Um diese Ergebnisse ohne Verlust der wissenschaftlichen Übersichtlichkeit in die Themendiskussionen der genannten Abschnitte einbringen zu können, werden sie in eigenen Unterabschnitten (3.1.4, 3.2.8 und 3.3.5) ausgewiesen.

*Kapitel 4* widmet sich der Befragung, die durch den Verfasser 1994 vor Ort durchgeführt wurde und sich mit Wechselwirkungen zwischen Ökonomie und Ökologie aus der Sicht von Betrieben im Untersuchungsgebiet befaßt. Nach der Beschreibung von Erhebungsziel, -raum und -einheiten sowie des Aufbaus des Fragebogens erfolgt eine ausführliche Darstellung der Ergebnisse. Diese werden anschließend verdichtet und unter Beachtung relevanter Zusammenhänge mit der Konfliktsituation in der Mata Atlântica interpretiert.

In *Kapitel 5* werden zunächst die wichtigsten Erkenntnisse aus der Literatur- und Quellenanalyse, den Expertengesprächen und der Befragung zusammengefaßt. Dadurch wird ein Überblick über die Herleitung der sodann vorzulegenden Lösungsansätze verschafft. Diese werden erstens in generelle, umweltpolitische und zweitens in spezielle, auf die untersuchten Nutzungsalternativen zurückgreifende unterteilt. Dem Praxisbezug der vorliegenden Untersuchung folgend, wird anschließend auf die Verwendung der Lösungsansätze im Rahmen von Aktionsplänen und anderen Entwicklungsstrategien eingegangen.

In *Kapitel 6* werden in einer Schlußbetrachtung die Lösungsansätze der vorliegenden Arbeit hinsichtlich ihrer Grenzen und Möglichkeiten gewürdigt. Dabei erfolgt auch eine Einschätzung der Bedeutung der vorgeschlagenen Lösungen für die Erhaltung und Regeneration der Mata Atlântica sowie anderer Tropenwälder.

## 2. Die Mata Atlântica als Untersuchungsgebiet für die Konfliktsituation zwischen Ökonomie und Ökologie

Die Mata Atlântica ist im wesentlichen ein im tropischen und subtropischen Küstensaum Brasiliens gelegener Regenwald, der aus differenzierbaren, aber zusammenhängenden Vegetationsformen besteht.[4] Zu Beginn der Kolonisation bedeckte die Mata Atlântica ca. 12 % der 8,5 Mio. km² betragenden Landesfläche. Sie prägt heute jedoch - infolge der starken demographischen und wirtschaftlichen Expansion und des damit verbundenen Raubbaus - nur noch etwas über 1 % der Landschaft Brasiliens.[5] Dieser dramatische Vegetationsrückgang ist auf der folgenden Karte sichtbar:

Abb. 1:   Ausdehnungsgebiet der Mata Atlântica (i. w. S.) um 1500 und 1990

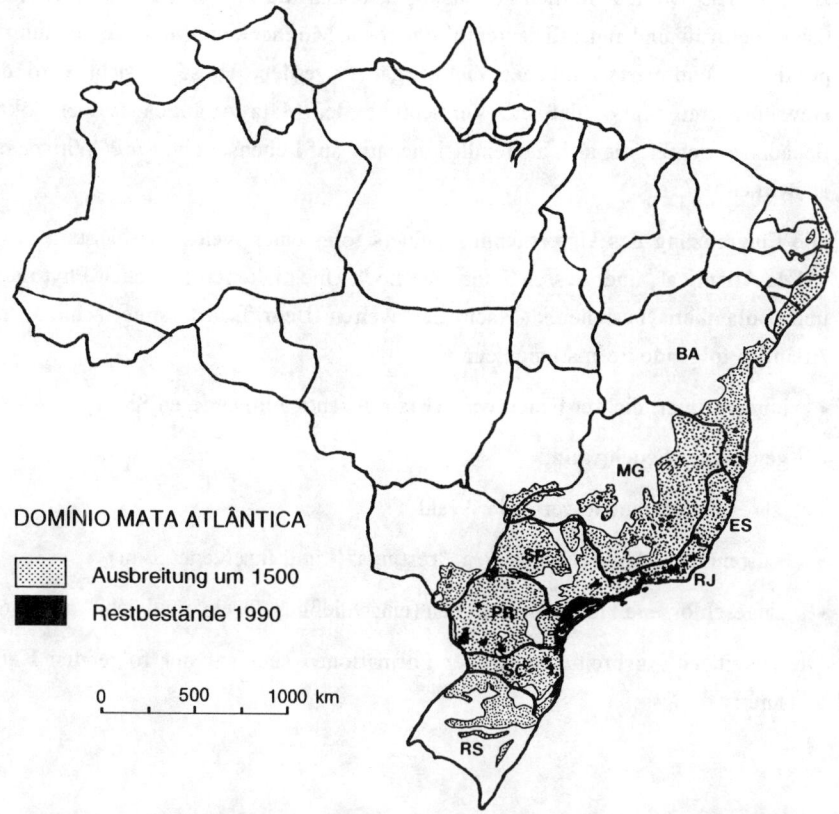

Quelle:  in Anlehnung an FUNDAÇÃO SOS MATA ATLÂNTICA (1992a), S. 10 f.; FUNDAÇÃO SOS MATA ATLÂNTICA/INPE (1992b); ebenda (1992c)

---

[4] Diese weite, durch das seit Ende 1993 gültige Bundesdekret Nr. 750 unterstützte Auffassung der Mata Atlântica ist jedoch nicht unumstritten; darauf wird noch zurückzukommen sein.
[5] Vgl. POR (1992), S. 2; FUNDAÇÃO SOS MATA ATLÂNTICA (1992a), S. 13.

Die Mata Atlântica konnte bisher - im Gegensatz zum Amazonas - keine große internationale Aufmerksamkeit auf sich ziehen, weder als Objekt wissenschaftlicher Studien noch als einer der Regenwälder mit den weltweit größten Rodungsverlusten in den letzten Jahrzehnten.[6] Diese Nichtbeachtung ist unverständlich, da die Mata Atlântica über eine seltene Vielfalt mit teilweise endemischen Arten verfügt und in ihrem Einflußbereich mehr als die Hälfte der Brasilianer lebt und wirtschaftet.[7]

Der Schutz der Mata Atlântica konnte bisher kaum in Einklang mit der wirtschaftlichen Entwicklung Brasiliens gebracht werden und ist deswegen weiterhin schwer durchzusetzen.[8] Durch eine strikte Umweltgesetzgebung und die Einrichtung mehrerer Schutzgebiete hat die brasilianische Regierung in den letzten Jahren versucht, einer weiteren Rodung entgegenzuwirken. Doch die Akzeptanz und Wirkung dieser Maßnahmen sind nicht zufriedenstellend. Um einen effektiven Schutz der Restbestände der Mata Atlântica zu erreichen, werden Studien gebraucht, in denen die bisherigen Schutzregelungen kritisch überprüft und mit effizienten alternativen Möglichkeiten der Versöhnung umweltpolitischer und wirtschaftlicher Ziele ergänzt werden. Diese Ansicht wird durch die Gewißheit unterstützt, daß die Vernichtung der Mata Atlântica schwere ökologische Schäden anrichtet, die sich letztendlich negativ auf Lebensqualität *und* Wirtschaftssystem auswirken.[9]

Die Eingrenzung des Untersuchungsgebiets folgt einer weiten Auffassung des Begriffs "Mata Atlântica", über dessen Tragweite noch Uneinigkeiten zwischen Phytogeographen und Botanikern bestehen.[10] Nach der weiten Begriffsauffassung schließt die Mata Atlântica folgende Formationen ein:

- immergrüner, dichter Feuchtwald (Mata Atlântica im engeren Sinne);
- gemischter Feuchtwald;
- jahreszeitlich laubabwerfender Wald;
- Küstenökosysteme (Mangroven, "restinga"[11] und Inselvegetation);
- eingeschlossene Höhenformationen (einschließlich "brejo" und "chã" im Nordosten).

Die jeweiligen Ausbreitungen dieser Formationen sind auf der folgenden Karte eingezeichnet:

---

[6]  Vgl. POR (1992), S. 1 ff.
[7]  Vgl. FUNDAÇÃO SOS MATA ATLÂNTICA (1992b), S. 8.
[8]  Siehe Abschnitt 2.1.
[9]  Die ökologische und ökonomische Bedeutung der Mata Atlântica wird in Abschnitt 2.2 beleuchtet.
[10] Vgl. CÂMARA (1991), S. 17 ff.
[11] Nehrungsvegetation.

Abb. 2: Phytogeographische Karte des atlantischen Küstensaums Brasiliens

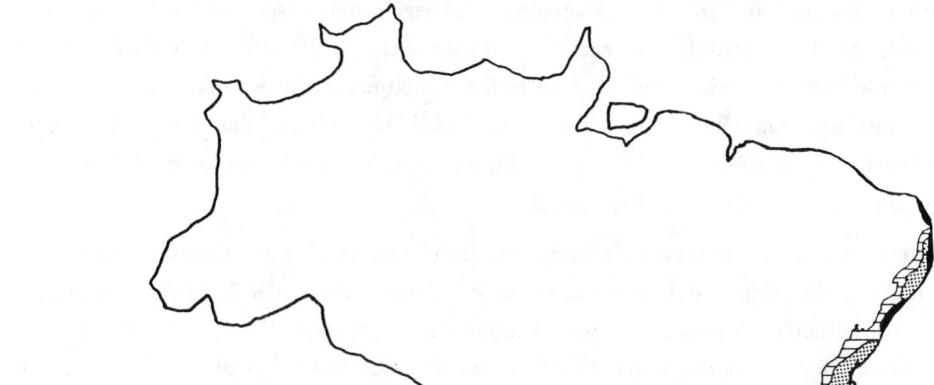

- immergrüner dichter Feuchtwald
- jahreszeitlich laubabwerfender Wald
- Savanne ("cerrado")
- gemischter Feuchtwald (Araucaria-Wälder)
- Pionierformationen (Mangrove, "restinga")

0    500    1000 km

Quelle: in Anlehnung an FUNDAÇÃO SOS MATA ATLÂNTICA (1992a), S. 21; FUNDAÇÃO SOS MATA ATLÂNTICA/INPE (1992b); ebenda (1992c)

Die Auswahl der weiten Auffassung für die vorliegende Arbeit hat vielfältige Gründe:

1. Es ist ein ursprünglich "nahtloser" Übergang zwischen den eingeschlossenen, wenn auch unterschiedlichen Vegetationsformen nachweisbar.[12]

2. In der vorliegenden Untersuchung stehen übergreifende wirtschaftsgeographische Fragestellungen im Vordergrund.

3. Durch die weite Begriffsauffassung wird die Reichweite der vorzustellenden Lösungsansätze vergrößert.

4. Diese Betrachtung entspricht den Bestimmungen des jüngst in Kraft getretenen Bundesdekrets Nr. 750 aus dem Jahre 1993,[13] das einen großen Einfluß auf die Zukunft der Mata Atlântica hat.

---

[12] Vgl. CÂMARA (1991), S. 18.
[13] Vgl. REDE DE ONGS DA MATA ATLÂNTICA (1993), S. 6.

Wegen der starken Fragmentierung der Mata Atlântica gilt folglich als Untersuchungsgebiet das auch als "Domínio" (Einflußbereich) bezeichnete ursprüngliche Ausdehnungsgebiet der Mata Atlântica, ungeachtet der heute vorhandenen Vegetationsdecke. Wie in der Einführung bereits erläutert, wird schwerpunktmäßig die Konfliktsituation in den Staaten São Paulo und Paraná behandelt. Dabei wird oft auf das Ribeira-Tal eingegangen, das zwischen den Metropolen Curitiba und São Paulo gelgenen ist und große Restbestände an Mata Atlântica aufweist.

Nach einer unter *Abschnitt 2.1* erfolgenden, groben wirtschaftsgeographischen Charakterisierung, die Aufschluß über die Ursprünge der Vernichtung der Mata Atlântica geben soll, folgt unter *Abschnitt 2.2* eine Erklärung der allgemeinen ökologischen und ökonomischen Bedeutung der Mata Atlântica, um ihre Schutzwürdigkeit zu unterstreichen. Danach können unter *Abschnitt 2.3* die aktuelle Konfliktsituation im Untersuchungsgebiet dargestellt und eine Diskussionsbasis für die weiteren Kapitel der vorliegenden Arbeit geschaffen werden.

## 2.1 Wirtschafts- und naturräumliche Entwicklung im Erschließungsgebiet der Mata Atlântica

Das Erschließungsgebiet ("Domínio") der Mata Atlântica entspricht dem Ausdehnungsbereich dieses Regenwaldes vor der "Entdeckung" Brasiliens im Jahr 1500 und hat eine Fläche von über 1 Million km$^2$.[14] 1990 waren mit insgesamt 95.000 km$^2$ nur noch 8,8 % dieser Fläche mit einer stark fragmentierten Mata Atlântica bedeckt.[15] Die größten Restbestände befinden sich in den Staaten São Paulo und Paraná am durchschnittlich fast 1000 m hohen Küstengebirge Serra do Mar.[16]

Im Domínio Mata Atlântica liegt heute der Schwerpunkt der brasilianischen Wirtschaft. Dort leben auf 12 % der Fläche Brasiliens 70 % seiner Bevölkerung, die für 80 % des Bruttoinlandsproduktes verantwortlich sind.[17] Nahezu die Gesamtheit der landwirtschaftlichen und industriellen Produktion Brasiliens findet dort statt. Weiterhin befinden sich hier die größten brasilianischen Metropolen, u. a. São Paulo und Rio de Janeiro. Der Erlangung dieser wirtschaftlichen Bedeutung fielen jedoch enorme Abschnitte der Mata Atlântica zum Opfer, und zwar in einem bislang einseitig verlaufenen Konflikt zwischen

---

14 S. o. Abbildung 1.
15 Stand 1990. Vgl. FUNDAÇÃO SOS MATA ATLÂNTICA (1992a), S. 13.
16 Vgl. POR (1992), S. 10.
17 Vgl. FUNDAÇÃO SOS MATA ATLÂNTICA (1992a), S. 13 f.; REDE DE ONGS DA MATA ATLÂNTICA (1993), S. 8; FAGÁ (28.1.93), S. 1; CONSÓRCIO MATA ATLÂNTICA/UNICAMP (1992), S. 19.

Ökonomie und Ökologie. Dies wird anhand der nachfolgenden Darstellungen der wirtschafts- und naturräumlichen Entwicklungsprozesse zweier unterschiedlicher Staaten im Kern des Domínio Mata Atlântica nachvollzogen: São Paulo und Paraná. Durch die folgende Ursachenforschung werden repräsentative Erkenntnisse für das gesamte Untersuchungsgebiet eingeholt, die die Erstellung effektiver Lösungsansätze gemäß der Aufgabenstellung der vorliegenden Arbeit erleichtern können.

## 2.1.1 Beispiel Staat São Paulo

Der hauptsächlich tropisch geprägte, ca. 250.000 km$^2$ große Staat São Paulo war ursprünglich zu über 80 % bewaldet. Dieser Wert reduzierte sich auf 7,2 % 1990.[18] Ursprünglich dominierende Vegetationsformen waren der jahreszeitlich laubabwerfende Wald im Landesinnern und der immergrüne, dichte Feuchtwald am Küstengebirge. Die Entwaldung im Staat São Paulo zeichnet sich durch eine über das Küstengebirge hinweg nach Westen gerichtete Umwandlung von Mata Atlântica in Kulturland aus. Der chronologische Rückgang der Waldbedeckung ist in den Abbildungen 3 a - f ersichtlich:

---

[18] Vgl. ALMANAQUE BRASIL 1993/1994, S. 134; FUNDAÇÃO SOS MATA ATLÂNTICA/ INPE (1992a), S. 7.

Abb. 3 a - f: Waldbedeckung des Staats São Paulo Ursprungssituation / 1854 / 1907 / 1935 / 1962 / 1990

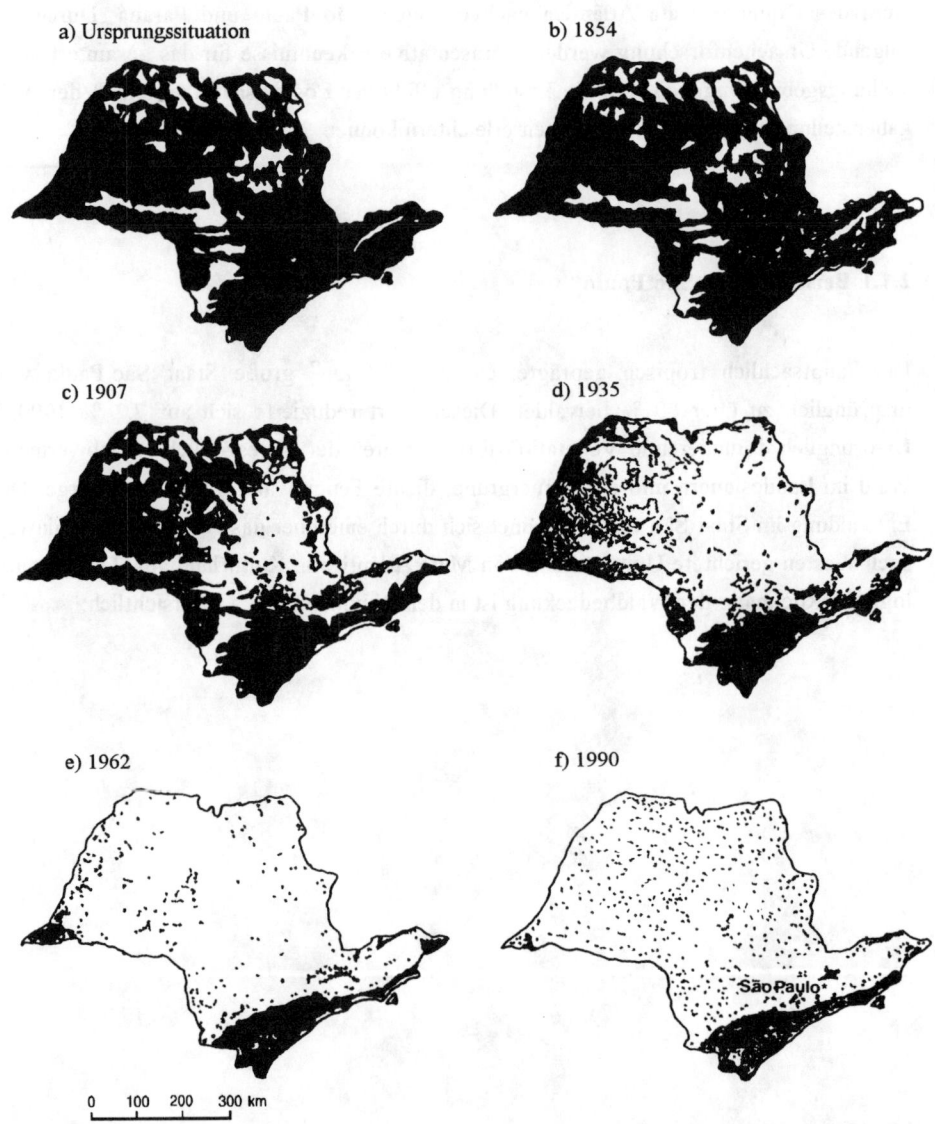

Quelle: in Anlehnung an VICTOR (1978), S. 12 ff.; FUNDAÇÃO SOS MATA ATLÂNTICA/INPE (1992b)

Zuerst wurde die Küstenvegetation (Mangroven und "restingas"[19]) ab dem 16. Jahrhundert in bestimmten Küstenabschnitten zur Schaffung von Hafen- und Siedlungsplätzen gerodet. Ab dem 19. Jahrhundet wich dann der dichte Regenwald des hinter dem Küstengebirge befindlichen Hochlands der extensiven Landwirtschaft. Dabei blieb das

---

[19] Nehrungsvegetation.

Küstengebirge Serra do Mar aufgrund der für anthropogene Tätigkeiten ungeeigneten, steilen Hänge vom Kahlschlag weitgehend verschont.[20] Die größte Rodungsphase wurde in São Paulo durch den vom Paraíba-Tal ausgehenden Kaffeezyklus ab Mitte des 19. Jahrhunderts eingeleitet, nachdem die Böden in Rio de Janeiro sich zu erschöpfen begannen.[21] Um in einer für den Kaffeestrauch günstigen Klimazone zu verbleiben, drängte die Erschließung der neuen Anbaugebiete - mit massiver Unterstützung seitens italienischer Einwanderer - in das westliche Landesinnere. Dieser Prozeß wurde durch den Bau eines Eisenbahnnetzes für eine erleichterte Abnahme der Kaffeeproduktion und durch weitere Immigrationswellen europäischer Arbeitskräfte intensiviert. Die Mata Atlântica fiel daraufhin sowohl Brandrodungen zur Landgewinnung als auch Holzeinschlägen - u. a. für die Herstellung von Bahnschwellen und für die Energiegewinnung - zum Opfer.[22]

Die mit dem "Kaffeezyklus" verbundene, unkontrollierte und auf Raubbau an der Natur basierende wirtschaftliche Entwicklung dauerte bis zur Weltwirtschaftskrise um 1930 an. Dann kehrte die Landwirtschaft zwangsläufig vom Großgrundbesitz ab und begann sich zu diversifizieren. Es wurden - wenn auch weiterhin in Form von Monokulturen - Zuckerrohr, Baumwolle und Orangen angebaut, die heute noch zu den Hauptprodukten zählen.[23] Außerdem wurden die von den Kaffeebaronen begonnenen Investitionen in die industrielle Entwicklung des Verkehrsknotenpunktes São Paulo durch eine Importsubstitutionspolitik der Regierung begünstigt.[24] Die Bedrohung der Mata Atlântica nahm dadurch jedoch zu. Es mußte u. a. der steigende Holzbedarf der rasch zunehmenden Haushalte und der in São Paulo aufkeimenden Schwerindustrie gedeckt werden, was durch ökologisch zweifelhafte Wiederaufforstungen in Form von großflächigen Monokulturen aus exotischen Baumarten geschehen sollte.[25] Und währenddessen setzte sich die landwirtschaftliche Erschließung "frischer" Böden in Richtung Westen fort.[26]

Die relativ frühen und strengen gesetzlichen Initiativen zum Schutz der Wälder (z. B. die Verabschiedung der ersten Version des Forstgesetzes "Código Florestal" 1934, das u. a. die Erhaltung eines Waldanteils von 25 % in jedem Grundbesitz verlangte) konnten den Rodungsprozeß nicht aufhalten.[27] Auch die Festschreibung von Naturschutzzonen konn-

---

[20] Vgl. FUNDAÇÃO SOS MATA ATLÂNTICA/INPE (1992/3), S. 19; KIRIZAWA/CHU/LOPES (1993), S. 8.
[21] Vgl. VICTOR (1978), S. 10 ff.
[22] Vgl. SMA (1992e), S. 24.
[23] Der Zuckerrohranbau in São Paulo erfuhr später durch das brasilianische Energieprogramm "Pró-Álcool" 1979 einen zusätzlichen Schub. Heute nimmt er 10 % der Fläche des Staates São Paulo ein. Vgl. ALMANAQUE BRASIL 1993/1994, S. 134; SMA (1992e), S. 39.
[24] Vgl. SMA (1992e), S. 26.
[25] Heute sind 4,5 % der Staatsfläche mit solchen Wiederaufforstungen versehen. Vgl. SMA (1992e), S. 39. Sie werden in Abschnitt 3.2.2 kritisch betrachtet.
[26] Das Bild des Landesinneren wird heute durch große Monokulturen geprägt - hauptsächlich aus Zuckerrohr, Orangen und Baumwolle. Die Zuckerrohrplantagen nehmen allein 10 % der Fläche des Staates São Paulo ein. Vgl. SMA (1992e), S. 39.
[27] Diese Regel konnte leicht durch den Weiterverkauf der bewaldeten Fläche umgangen werden, die dann wiederum zu 75 % gerodet werden durfte. Vgl. VICTOR (1978), S. 27.

te bis heute aufgrund der Mängel im Verwaltungs- und Kontrollbereich keine Unantastbarkeit der Natur garantieren.[28]

Der Raubbau an der Mata Atlântica setzte sich in der zweiten Hälfte des 20. Jahrhunderts durch eine hemmungslose Industrialisierung[29] und den Bau eines dichten Straßennetzes fort. Die Hauptstadt São Paulo entwickelte sich zur führenden Industriemetropole Brasiliens und übte eine starke Anziehungskraft auf Arbeitskräfte aus dem In- und Ausland aus. Zur Deckung des Bedarfs an Wohn- und Arbeitsflächen sowie an Holz für die Haushalte und die Industrie wurde der Regenwald am Stadtrand nach und nach abgeholzt.[30] Außerdem führte der steigende Strombedarf zum Bau mehrerer, bis nach Paraná reichender Staudämme,[31] bei denen große Überschwemmungen der Mata Atlântica in Kauf genommen wurden.[32] Unter den weiteren wirtschaftlichen Tätigkeiten, die sich mit ökologisch negativen Folgen für die Mata Atlântica in São Paulo verbreiteten, sollte auch der Bergbau von Sand, Schotter und Kalkstein erwähnt werden, bei dem die Wiederherstellung des Geländes nach Beendigung der Förderung eine Seltenheit blieb.[33]

Die aus ökologischer Sicht katastrophale Wirtschaftsweise bescherte dem Staat São Paulo andererseits außerordentlichen Reichtum und brachte ihm eine wirtschaftliche Vormachtstellung ein. São Paulo verfügt heute über die modernste Infrastruktur Brasiliens und vereinigt 40 % des Bruttoinlandsprodukts sowie 50 % der Industrieproduktion Brasiliens auf sich.[34] In dem mit ca. 33 Mio. Einwohnern bevölkerungsreichsten Staat Brasiliens leben über 90 % der Bevölkerung im urbanen Raum. Der Großraum der Stadt São Paulo, in dem heute ca. 18 Mio. Menschen ansässig sind, entwickelte sich zur führenden Industrieregion Lateinamerikas.[35]

Die Mata Atlântica geriet durch die geschilderte demographische und wirtschaftliche Entwicklung im Staat São Paulo unter starken Druck. Trotzdem können diesem Prozeß auch einige *positive* Aspekte aus ökologischer Sicht abgerungen werden. So führte der steigende Wasserbedarf ab 1976 zu strengen Schutzvorkehrungen der Quellgebiete und damit zur Erhaltung einiger Abschnitte der Mata Atlântica in urbanen Bereichen.[36] Auch

---

28 Im Pontal do Paranapanema z. B. (an der äußersten Westgrenze des Staats São Paulo) war in den 40er Jahren eine gesetzliche Schutzzone von 284.000 ha vorgesehen; davon sind heute nur 34.000 ha übriggeblieben, die dem Staatspark "Morro do Diabo" angehören. Vgl. VICTOR (1978), S. 24 ff.; SMA (1991a), S. 76.
29 Bekanntestes Beispiel davon ist die Industriestadt Cubatão, die in den 70er Jahren als "schmutzigster Ort der Welt" auf sich aufmerksam machte. Vgl. SMA (1993a), S. 3.
30 Vgl. VICTOR (1978), S. 36.
31 São Paulo bezieht u. a. Strom aus dem Itaipu-Staudamm, einem der größten Wasserkraftwerke der Welt, an der Grenze zu Paraguay. Vgl. IBGE (1988), S. 219/223.
32 Siehe Karten 11 u. 15 in CRH (1990), S. 40/46.
33 Vgl. SMA (1992e), S. 40.
34 Vgl. SMA (1992e), S. 33. Das Pro-Kopf-Einkommen betrug in São Paulo 1989 4.400 USD.
35 Vgl. ALMANAQUE BRASIL 1993/1994, S. 134.
36 Z. D. an der im nördlich der Stadt São Paulo gelegenen Serra da Cantareira, die für 60 % der Wasserversorgung der Hauptstadt verantwortlich ist. Vgl. SMA (1993b), S. 90.

wurden in São Paulo früher als in anderen Staaten - wenn auch für den größten Teil der Mata Atlântica zu spät - Regierungsorgane für den Umweltschutz eingerichtet (allen voran das Umweltministerium "SMA" 1986[37]) und Überwachungsfirmen gegründet (wie die umwelttechnische Überwachungsgesellschaft "CETESB" 1968[38]). Außerdem trugen der ausschließlich nach Westen orientierte Kaffeezyklus und die starke demographische Anziehungskraft der Stadt São Paulo indirekt dazu bei, daß im nur 150 km südlich gelegenen Ribeira-Tal mit 984.000 ha die größten durchgehenden Teile der Mata Atlântica bis heute weitgehend erhalten blieben.[39] Das Ribeira-Tal, das nur ein jeweils sporadisches Aufblühen der Gold- und Landwirtschaft[40] erfahren hatte, behielt eine prekäre Infrastruktur sowie geringe Einwohnerzahlen, und eine systematische Rodung der Mata Atlântica blieb dort aus. Heute bildet das Ribeira-Tal die größte Reserve der Mata Atlântica und zählt gleichzeitig zu den am wenigsten besiedelten sowie ärmsten Gebieten des Staats São Paulo.[41] Von einem nachhaltigen Schutz dieses Gebiets kann angesichts potentieller Konflikte zwischen Ökonomie und Ökologie jedoch nicht ausgegangen werden.[42]

## 2.1.2 Beispiel Staat Paraná

Der größtenteils subtropisch geprägte, ca. 200.000 km² große Staat Paraná hatte eine ursprüngliche Waldbdeckung von 85 %.[43] Neben den großen Arealen der Mata Atlântica i. e. S. (immergrüne, dichte Feuchtwälder) im Westen an der Serra do Mar gehören die Araucaria-Wälder (gemischte Feuchtwälder) im südlichen Landesinneren zu den typischen Vegetationsformen.

Ähnlich wie in São Paulo blieb das Küstengebirge in Paraná wegen seiner schweren Zugänglichkeit von einem Kahlschlag im Zuge der Ost-West-Kolonisation verschont. Siehe hierzu Abbildungen 4 a - c:

---

[37] Vgl. SMA (1992e), S. 71.
[38] Vgl. SMA (o. J.a), S. 3.
[39] Vgl. SERRA (18.3.94), S. 14.
[40] Hauptprodukte waren Tee, Bananen und Reis. Vgl. SMA (1992a), S. 57.
[41] Auch der Bau eines Kanals (Valo Grande), der den Transport der landwirtschaftlichen Produkte (Reis, Tee und Bananen) über den Ribeira-Fluß erleichtern sollte, führte unwillkürlich zur wirtschaftlichen Dekadenz des Ribeira-Tals. Das ökologisch unsinnige Projekt verursachte zuerst eine Versandung des Hafens von Iguape und später - beim Versuch, den Schaden durch eine Eindämmung des inzwischen auf die Breite von 200 m angewachsenen Kanals zu beheben - eine Krise in der Küstenfischerei und folgenschwere Überschwemmungen von Ackerland. Vgl. LAGANÁ (1994), Suplemento S. 2.
[42] Die aktuellen Konflikte werden in Gliederungspunkt 2.3 geschildert.
[43] Vgl. ALMANAQUE BRASIL 1993/1994, S. 99; POR (1992), S. 83.

Abb. 4 a - c:   Waldbedeckung des Staats Paraná 1890 / 1950 / 1980

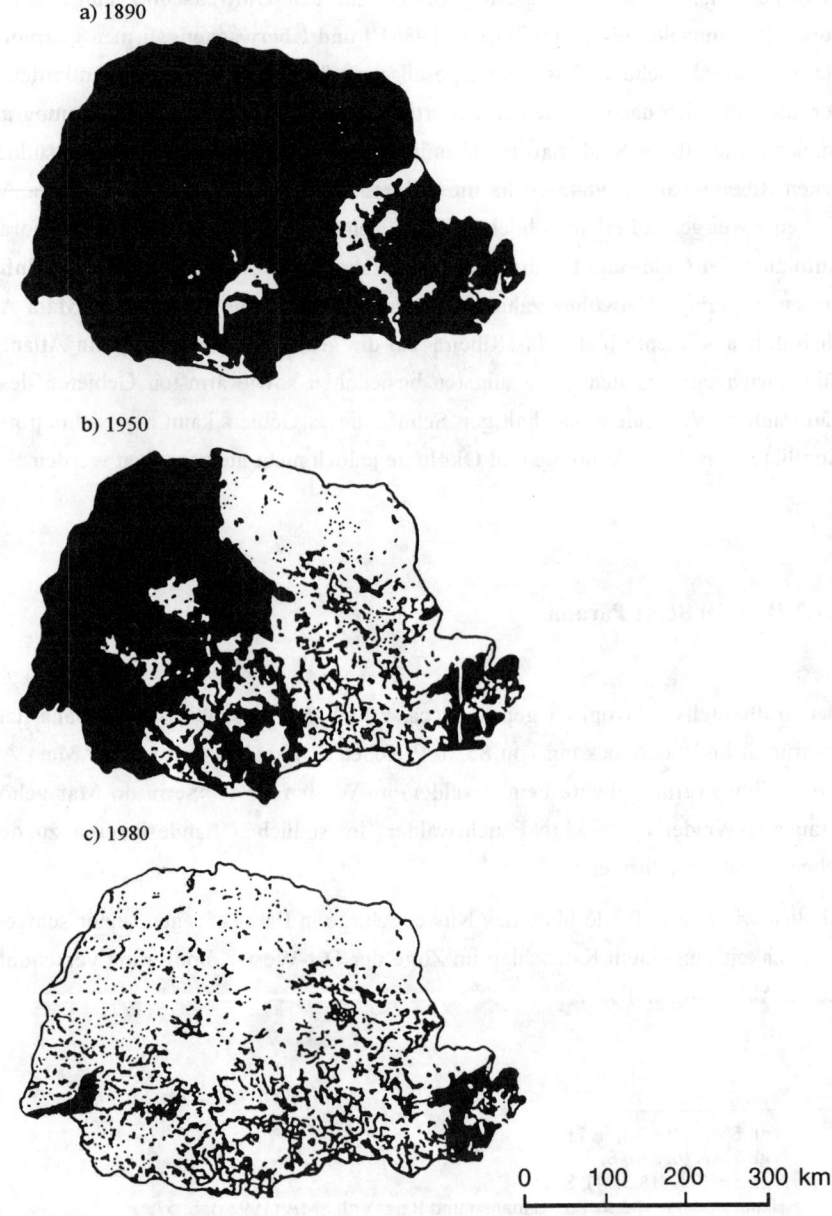

a) 1890

b) 1950

c) 1980

0   100   200   300 km

Quelle: DILGER/JUCHEM/LOUREIRO/QUEIROZ (1992), S. 5

Die Besiedlung des zentralen Südens erfolgte vom Hafen Paranaguá aus, und der Norden wurde hauptsächlich durch die Kaffeeproduzenten vom angrenzenden Staat São Paulo aus erschlossen. Dabei entstand die bis heute dominierende Großgrundbesitzstruktur.[44]

---

[44]   Vgl. ALMANAQUE BRASIL 1993/1994, S. 98.

Gegen Mitte des 19. Jahrhunderts erfolgten große Immigrationswellen aus São Paulo und Minas Gerais sowie aus Nord- und Osteuropa, und das Landesinnere begann intensiver für eine diversifizierte Landwirtschaft gerodet zu werden. Paraná entwickelte sich schließlich zur Kornkammer Brasiliens. Neben Weizen sind die Hauptanbauprodukte Mais, Soja und Baumwolle mit jeweils im Vergleich zu den anderen Staaten Brasiliens überdurchschnittlicher Produktion. Aus nationaler Sicht ebenso bedeutsam ist die Viehwirtschaft.[45]

Im Norden Paranás und in der Hauptstadt Curitiba erfolgte ab ca. 1930 eine auf der Verarbeitung der Agrarprodukte basierende Industrialisierung. Diese wurde ab den 60er Jahren durch hohe Investitionen in die Transport-Infrastruktur und die Energieversorgung, die auf der Nutzung des großen Wasserkraftpotentials basiert, verstärkt.[46] Weitere erwähnenswerte Tätigkeiten des Sekundärsektors sind die Holzverarbeitung, der Bergbau von Kalkstein und Schiefer und die chemische Industrie.[47] Paraná ist wesentlich weniger industrialisiert als São Paulo und weist keine vergleichbare Bevölkerungskonzentration auf, gehört jedoch mittlerweile zu den fünf führenden Staaten im Bereich der Industrieproduktion. Seine heute über 8 Mio. Einwohner zählende Bevölkerung lebt dennoch zu über 40 % in ruralen Zonen.[48] Der Beitrag Paranás zum Bruttoinlandsprodukt Brasiliens liegt heute bei ca. 6 %.[49]

Dieser Entwicklungsverlauf erfolgte - ebenso wie in São Paulo - auf Kosten der Mata Atlântica, deren Ausdehnung praktisch innerhalb von 100 Jahren von ca. 85 % der Fläche Paranás auf 7,6 % 1990 reduziert wurde.[50] Der Rodungsprozeß ist größtenteils dem dortigen Agrarkolonisationsmodell zuzuschreiben, durch das eine unkontrollierte und unorganisierte landwirtschaftliche Erschließung Paranás durch agrarpolitische Instrumente gefördert wurde.[51] Noch in den 70er Jahren, als die klassische Erschließung neuer Agrarfronten allmählich dem Ende zuging, wurde ein öffentliches Programm zur Ackerlandgewinnung durch die Beseitigung von Flußufervegetation und Trockenlegung von Flußbetten gestartet ("Pró-Várzea").[52] In den 80er Jahren wurden im Zuge der Agrarreform über 130.000 ha Land, von denen ca. 100.000 ha mit Mata Atlântica bedeckt waren, enteignet und an Landlose ("sem-terra") verteilt. Derartige Initiativen, verbunden mit dem steigenden Einsatz chemischer Mittel und der zunehmenden Mechanisierung, haben den Druck auf die Restbestände der Mata Atlântica kontinuierlich erhöht.

---

[45] Vgl. SEMA (1993b), S. 10.
[46] Paraná verfügt mit ca. 30.000 mw über 14 % des hydroelektrischen Potentials Brasiliens. Vgl. SUREHMA (o. J.).
[47] Vgl. SEMA (1993b), S. 10.
[48] Vgl. ALMANAQUE BRASIL 1993/1994, S. 100.
[49] Das Pro-Kopf-Einkommen liegt bei ca. 3.000 USD. Vgl. SEMA (1993b), S. 11.
[50] Vgl. FUNDAÇÃO SOS MATA ATLÂNTICA/INPE (1993b), S. 20. Der Vegetationsrückgang in Paraná ist in den Abbildungen 4 a - c und 5 erkennbar.
[51] Vgl. DILGER/JUCHEM/LOUREIRO/QUEIROZ (1992), S. 7 ff.
[52] Vgl. DILGER/JUCHEM/LOUREIRO/QUEIROZ (1992), S. 3; USP (1990), S. 2.

Ebenso darf der ökologische Nutzen einer bis in die 80er Jahre subventionierten Forstwirtschaft in Frage gestellt werden, die sich auf die Anpflanzung exotischer Monokulturen anstelle einheimischer Wälder zur Holz- und Papierproduktion spezialisierte.

Ein aus ökologisch-kultureller Sicht großer Verlust ist der Rückgang der gemischten Feuchtwälder, in denen die auch als "Paraná-Pinie" oder "Brasil-Kiefer" bekannte *Araucaria angustifolia* vorkommt. Deren Ausdehnung von 7,3 Mio. ha zu Anfang der 50er Jahre wurde bis 1993 auf 85.000 ha reduziert, und zwar infolge übermäßiger Beanspruchung durch die Holzindustrie und unkontrollierter Nutzung als Energierohstoff.[53] Der Flächenrückgang der Araucaria-Wälder ist auf der folgenden Karte erkennbar:

Abb. 5: Waldbedeckung des Staats Paraná 1990 und ehemalige Ausbreitung der Araucaria-Wälder

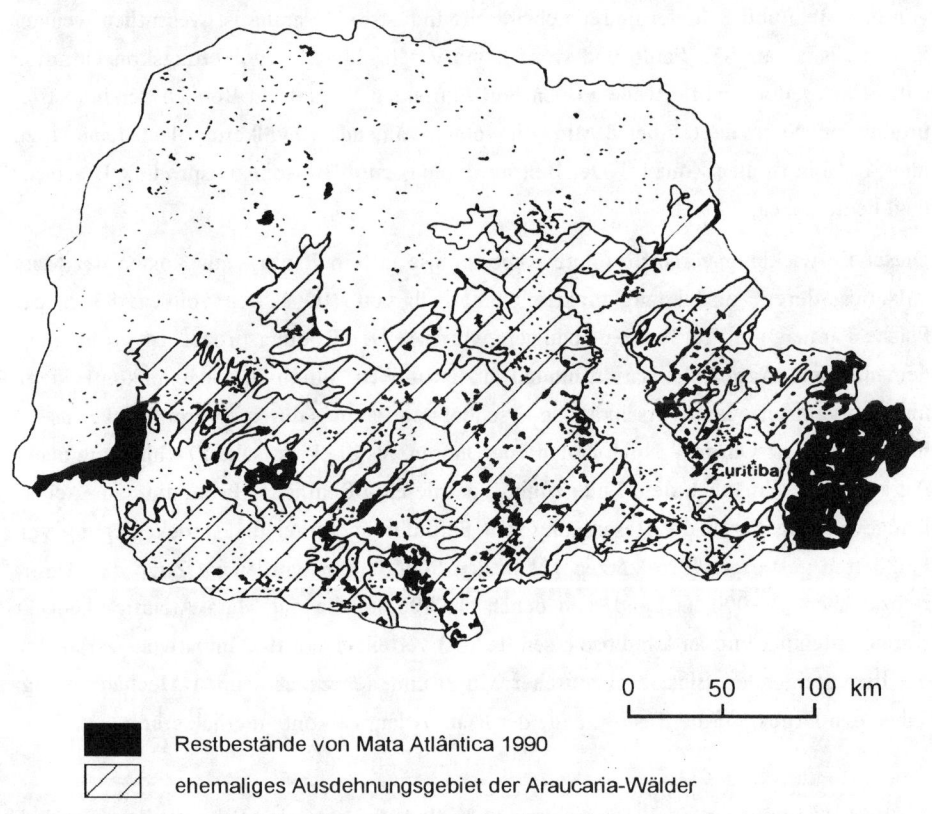

■ Restbestände von Mata Atlântica 1990
▨ ehemaliges Ausdehnungsgebiet der Araucaria-Wälder

Quelle: FUNDAÇÃO SOS MATA ATLÂNTICA/INPE (1992c)

In Paraná blieben bisher außer dem jahreszeitlich laubabwerfenden Wald im östlich gelegenen Nationalpark Foz do Iguaçu lediglich der immergrüne, dichte Feuchtwald der

---

[53] Vgl. POR (1992), S. 87 ff.

Serra do Mar und die dazugehörige Küstenvegetation in einer großen Fläche erhalten. Trotzdem gehört Paraná seit den 80er Jahren zu den Staaten mit den meisten Schutzeinheiten (46), was auch der staatlichen Umweltpolitik zu verdanken ist, die bereits in den 70er Jahren durch die Gründung zweier öffentlicher Umweltorganisationen (ITCF und SUREHMA) begann.[54] Deren Zusammenarbeit konnte jedoch erst 1992 mit der Gründung des Umweltorgans IAP, das heute mit dem Altorgan SEMA zusammen das staatliche Umweltministerium bildet, gefestigt werden.[55]

## 2.2 Die ökologische und die daraus abzuleitende ökonomische Bedeutung der Mata Atlântica

Angesichts des großen Substanzverlustes, den die Mata Atlântica im Laufe der wirtschaftlichen Entwicklung Brasiliens erlitten hat, mag die Frage nach ihrer Bedeutung ironisch erscheinen. Die immerhin noch 95.000 km$^2$ großen Restbestände - das entspricht etwa der Fläche von Bayern und Hessen zusammen - erfüllen jedoch weiterhin ökologische Funktionen, die auf viele wirtschaftliche Aktivitäten und die Lebensqualität etlicher Brasilianer Einfluß nehmen. Bei der folgenden Darstellung der Bedeutung der Mata Atlântica wird dementsprechend der ökonomische Nutzen, der sich aus den ökologischen Funktionen ergibt, nicht außer Acht gelassen. Dadurch lassen sich Bemühungen um den Schutz und die Regeneration der Mata Atlântica leichter rechtfertigen.

Die Mata Atlântica erfüllt wichtige Funktionen im hydrologisch-geologischen und mikroklimatischen Bereich:

- Ihre Wasserabsorbtionsfähigkeit läßt sie zur Quelle vieler Flüsse werden, die große Metropolen mit Wasser versorgen.[56]

- Sie verhindert Erosion und Erdrutsche, die zum Verlust der Bodenfruchtbarkeit und damit zu sinkenden Erträgen in der Landwirtschaft führen.[57]

- Ebenso verhindert sie die Versandung und Verunreinigung von Wasserläufen, die für die Bewässerung genutzt werden, und von Stauseen, die als Trinkwasserreservoirs dienen und zur Stromgewinnung verwendet werden.[58]

---

[54] Vgl. ZULAUF (1994), S. 48; FUNDAÇÃO SOS MATA ATLÂNTICA (1992a), S. 62.
[55] Vgl. SEMA (1993b), S. 1 f.
[56] Vgl. KFW (1990), Anlage VI, S. 1; SEMA (1993a), S. 7 f.
[57] Vgl. SMA (1992e), S. 64; SAA (1986), S. 4.
[58] Vgl. SAA (1986), S. 4; CAUBET/FRANK (1993), S. 7; O. V. (1991b), S. 1 ff.

- Sie fängt toxische Boden- und Luftpartikel aus landwirtschaftlichen und urbanen Gebieten ab und trägt zu deren Abbau bei, wodurch der Bau von aufwendigen Aufbereitungs- und Filteranlagen vermieden werden kann.[59]

Weiterhin ist die Mata Atlântica ein Reservoir vielfältiger nutzbringender und erneuerbarer Ressourcen,[60] nämlich u. a. für:

- Nahrungsmittel (Palmenherz,[61] Früchte, Nüsse, Gewürze, Fleisch u. v. a.);
- Holz für Energie, den Bausektor und die industrielle Holzverarbeitung (z. B. Bleistiftproduktion aus "caixeta"-Holz)[62];
- Zierpflanzen (Bromelien und Orchideen);
- Rohstoffe für die Textilbranche;
- medizinische Rohstoffe für die chemische und pharmazeutische Industrie (Harze, Öle sowie Heilmittel - z. B. aus "canela sassafrás"[63]).

Die Mata Atlântica stellt durch ihre große Vielfalt an teils endemischen Arten eine wichtige Genbank dar, die zur Umzüchtung von Kulturpflanzen genutzt werden kann.[64] Die Biodiversität im Faunabereich sorgt ferner für die Verhinderung von Schädlingsbefall in angrenzenden Kulturen.[65]

Die an die Mata Atlântica angeschlossenen Ökosysteme im Küstenbereich - die Nehrungsvegetation ("restinga") und die Mangroven - festigen die Küstenlinie[66] und sind als Lebens- und Vermehrungsraum zahlreicher Fisch-, Krebs- und Austernarten für die Fischerei von enormer Bedeutung.[67]

---

[59] Der "Grüne Gürtel" um São Paulo nimmt z. B. über die Hälfte des $CO_2$-Ausstoßes der Stadt auf. Vgl. hierzu BIOSFERA (1993), S. 162. Siehe zur Filterfunktion auch KFW (1990), Anlage VI, S. 1.

[60] Im Waldhintergrund befinden sich auch wertvolle, aber nicht erneuerbare mineralische Ressourcen (u. a. Kalkstein, Bleierze und Phosphate); vgl. IBGE (1990a), S. 379; IBGE (1990b), S. 71 f.; DIERCKE WELTATLAS (1991), S. 210 f.; SMA (1992e), S. 40. Näheres hierzu ist in Abschnitt 3.2.5 ersichtlich.

[61] Die nachhaltige Nutzung der Palmenart *Euterpe edulis* wird in Abschnitt 3.2.4 besprochen.

[62] Die nachhaltige Nutzung der *Tabebuia cassinoides* wird in Abschnitt 3.2.2 behandelt.

[63] *Ocotea pretiosa*.

[64] Über 70 % der Palmen, Bromelien und anderen Epiphyten sowie 39 % der dort lebenden Säugetiere kommen nur dort vor. Vgl. CONSÓRCIO MATA ATLÂNTICA/UNICAMP, S. 20.

[65] Vgl. auch SAA (1986), S. 4; CAUBET/FRANK (1993), S. 7; SPVS (1992), S. 5 f.; FUNDAÇÃO SOS MATA ATLÂNTICA (1988), S. 103 f.; ROSA (28.1.1993b), S. 3.

[66] Vgl. USP (1990), S. 1.

[67] Das Mündungs- und Lagunengebiet Iguape-Cananéia-Paranaguá an der Küste der Staaten São Paulo und Paraná gilt als eines der weltgrößten Lebensursprungsgebiete mariner Arten, mit großem Einfluß auf den Fischbestand des Südatlantiks. Vgl. SMA (1992a), S. 87; KFW (1990), Anlage VI, S. 2.

Schließlich gilt die Mata Atlântica - vor allem im Küstenbereich - als Freizeit- und Erholungsraum mit großem touristischen Potential.[68]

Die genannten Eigenschaften haben dazu beigetragen, daß einzelne repräsentative Teile der Mata Atlântica von der UNESCO seit 1991 nacheinander als *Biosphärenreservat*[69] deklariert wurden.[70] Dessen Gebiet erstreckt sich bereits auf vier Staaten (Espírito Santo, Paraná, Rio de Janeiro und São Paulo) und dürfte auf weitere zehn ausgedehnt werden.[71] Obwohl die Ausweisung als Biosphärenreservat nicht offiziell in die brasilianische Gesetzgebung oder die Nutzung der Mata Atlântica interferieren kann und daher eher symbolischen Charakter hat,[72] bietet sie wertvolle indirekte Vorteile. Indem die Mata Atlântica den Status besonders schutzwürdiger Ökosysteme erhält, wird die nationale und internationale Aufmerksamkeit auf sie gelenkt, und davon ist wiederum eine Verbesserung der Finanzierungsmöglichkeiten von Forschungs- und Umweltschutzprojekten in der Mata Atlântica wie auch deren quantitative und qualitative Steigerung zu erwarten. Positiv ist außerdem, daß die Ausweisung als Biosphärenreservat eine minimale Einrichtung gesetzlicher "Umweltschutzeinheiten"[73] voraussetzt und zur Erstellung von Aktionsplänen für das betreffende Gebiet aufruft.[74] Dadurch wird der nationale Dialog zwischen Regierungs- und Nichtregierungsorganisationen, Bildungs- und Forschungseinheiten sowie betroffenen Bevölkerungsgruppen gefördert, was das Umweltbewußtsein und die Suche nach praktizierbaren Formen der nachhaltigen Entwicklung entfacht.

Die Brasilianer wurden zwar schon Anfang dieses Jahrhunderts auf die besondere Bedeutung der Mata Atlântica aufmerksam, als klimatische Veränderungen auf den unkontrollierten Rodungsprozeß zurückgeführt wurden.[75] Erst seit den 80er Jahren wird jedoch durch mehrere gezielte umweltpolitische und technische Maßnahmen ein effektiver Schutz der Mata Atlântica gesucht.[76] Die Anzahl der gesetzlichen Schutzeinheiten in

---

[68] Vgl. FUNDAÇÃO SOS MATA ATLÂNTICA (1992b), S. 12; SEMA (1991b), S. 3; FUNDAÇÃO SOS MATA ATLÂNTICA (1988), S. 104; SERRA (28.1.93a), S. 4.
[69] Die Biosphärenreservate wurden von der UNESCO über das MAB-Programm 1972 ins Leben gerufen und bezwecken die nachhaltige Entwicklung durch Umweltschutz, -forschung und -bildung sowie internationale Kooperation. Sie werden in drei Nutzungskategorien eingeteilt: 1. Die Kernzone mit weitgehend erhaltener Umwelt, in der lediglich umweltneutrale Aktivitäten erlaubt sind; 2. die Zwischenzone, die die Kernzone umgibt und in denen eine Bewirtschaftung erfolgt, die die Integrität der Kernzone garantiert; 3. die Übergangszone, die den äußeren Rand des Reservats bilden und in der eine nachhaltige Nutzung des Gebiets sowie Forschungstätigkeiten gefördert werden. Zusätzlich werden innerhalb der zweiten und dritten Zone Forschungs- und Versuchsflächen sowie Flächen traditioneller Nutzung ausgewiesen. Im Mai 1993 existierten weltweit 300 Biosphärenreservate in 75 Staaten. Vgl. FEAM (1992), S. 3 f.; SPVS (1992), S. 7; CNRBMA (1993), S. 1; CUNHA/ROUGEULLE (1989), S. 68 f.
[70] Vgl. CONSÓRCIO MATA ATLÂNTICA/UNICAMP, S. 35.
[71] Vgl. CNRBMA (1993), S. 3.
[72] Vgl. HIRSZMAN (1993), S. 12; CONSÓRCIO MATA ATLÂNTICA/UNICAMP, S. 43.
[73] Darunter sind abgegrenzte Zonen mit je nach ökologischem Wert unterschiedlichen Beschränkungen wirtschaftlicher Aktivitäten zu verstehen.
[74] Vgl. CONSÓRCIO MATA ATLÂNTICA/UNICAMP, S. 16/27 ff./43.
[75] Vgl. VICTOR (1978), S. 19.
[76] Vgl. SMA (1993d), S. 13.

ihrem Erschließungsgebiet stieg sprunghaft (auf nunmehr 279), die Umweltschutzorgane wurden dezentralisiert, und die Umweltgesetzgebung wurde tendenziell verschärft - 1988 durch die neue Verfassung, 1990 durch das sog. "Collor-Dekret" und schließlich 1993 durch das sog. "Dekret Mata Atlântica" Nr. 750.[77] Dadurch konnte der Konflikt zwischen Ökonomie und Ökologie an der Mata Atlântica jedoch nicht beseitigt werden. Die Bedrohung der Mata Atlântica bleibt bestehen, wie im folgenden gezeigt wird.

## 2.3 Zur aktuellen Konfliktsituation

Der starke Rodungsrhythmus, dem die Mata Atlântica durch den wachstumsorientierten wirtschaftlichen Erschließungsprozeß seit Anfang des Jahrhunderts ausgesetzt ist, erzeugt Veränderungen in der Umwelt, die nicht nur ökologisch bedenklich sind, sondern auch die Lebensqualität der Bevölkerung ernsthaft gefährden. Diese bedrohliche Situation scheint bis heute jedoch von der Bevölkerung kaum erkannt worden zu sein, denn sie geht ihren gewohnten, kurzfristig ausgerichteten ökonomischen Aktivitäten nach - ohne eine ausreichende, ökologisch motivierte Umstrukturierung. Weder die Verrechnung ökologischer Kosten noch eine langfristige Planung, die die zukünftigen Bedürfnisse miteinbezieht, haben sich bisher in der Praxis durchsetzen können.

Satellitenaufnahmen, Kontrollaktionen der Forstpolizei und Zeitungsberichte weisen nach, daß die Rodungsaktionen bereits Ende der 80er Jahre den Bestand der Mata Atlântica auf unter 9 % des einst 1 Mio. km$^2$ betragenden Wertes sinken ließen. Die Rodung der Mata Atlântica setzt sich in den 90er Jahren mit einer weiterhin hohen und ökologisch bedenklichen Geschwindigkeit fort, die im Staat São Paulo mit einer Fläche von ca. zwei Fußballfeldern pro Tag angegeben wird.[78]

Die Ernsthaftigkeit der Situation kann anhand der Ergebnisse eines auf Satellitenbildern beruhenden Atlanten über die "Entwicklung der Waldrückstände und angeschlossenen Ökosysteme im Domínio Mata Atlântica im Zeitraum 1985 - 1990" veranschaulicht werden, der von der Naturschutzorganisation "Fundação SOS Mata Atlântica" in Zusammenarbeit mit dem Bundesforschungsorgan INPE 1993 herausgegeben wurde.[79] Folgende, daraus abgeleitete Tabelle zeigt das Ausmaß der Waldrodung - ohne die

---

[77] Vgl. CÂMARA (1991), S. 79 ff.; REDE DE ONGS DA MATA ATLÂNTICA (1993), S. 8. Eine ausführliche kritische Betrachtung der aktuellen Umweltgesetzgebung erfolgt in Abschnitt 3.3.1.
[78] Vgl. u. a. FUNDAÇÃO SOS MATA ATLÂNTICA (1992a), S. 66; SMA (1989a), S. 15; SMA (1990c), S. 6; FUNDAÇÃO SOS MATA ATLÂNTICA (1992d), S. 3 f.; DAVID (28.1.93), S. 2; O. V. (25.2.94), S. 21; FAGÁ (1.3.94), S. 24; FAGÁ (9.3.95), S. 15.
[79] Vgl. FUNDAÇÃO SOS MATA ATLÂNTICA/INPE (1993).

angeschlossenen Ökosysteme der Mangroven und "restingas" - in zehn Staaten Brasiliens:

Tab. 1: Flächenrückgang der Waldfragmente im Domínio Mata Atlântica zwischen 1985 und 1990

| STAAT | Waldfragmente 1985 in ha | Waldfragmente 1990 in ha | Differenz in ha (bzw. %) |
|---|---|---|---|
| Bahia | 1.336.961 | 1.267.478 | - 69.543 (-5,2) |
| Espírito Santo | 421.185 | 402.392 | - 19.212 (-4,6) |
| Goiás | 7.873 | 7.148 | - 725 (-9,2) |
| Mato Grosso do Sul | 52.598 | 39.274 | - 13.357 (-25,4) |
| Minas Gerais | 923.609 | 876.504 | - 48.242 (-5,2) |
| Paraná | 1.646.816 | 1.503.098 | - 144.240 (-8,8) |
| Rio de Janeiro | 942.375 | 914.525 | - 30.579 (-3,2) |
| Rio Grande do Sul | 706.023 | 656.717 | - 49.450 (-7,0) |
| Santa Catarina | 1.627.206 | 1.527.794 | - 99.412 (-6,1) |
| São Paulo | 1.792.629 | 1.731.472 | - 61.720 (-3,4) |
| Σ | 9.457.275 | 8.926.402 | - 536.480 (-5,7) |

Quelle: FUNDAÇÃO SOS MATA ATLÂNTICA (1993), S. 10

Herausragend ist der relative Waldrückgang in **Mato Grosso do Sul** - bei allerdings geringem absoluten Wert. Auffällig ist außerdem der hohe absolute Rodungswert in **Paraná**, der eine Rodungsgeschwindigkeit von 80 ha pro Tag andeutet.[80] Ebenfalls überdurchschnittliche Werte weisen die Staaten **Santa Catarina**, **São Paulo** und **Bahia** auf.

Die bis in die Gegenwart reichenden wirtschaftlichen Ursachen für den Rückgang der Mata Atlântica sind vielfältig und allgegenwärtig, aber mit einer je nach Staat unterschiedlichen Dominanz. In **Paraná** sind die häufigsten Rodungsursachen die Ausbreitung der Sojaplantagen, die Wiederaufforstungen mit exotischen Arten für industrielle Zwecke, die Holzextraktion (Hartholz und Energieholz) und die Landfreigabe über die Agrarreform.[81] In **Santa Catarina** sind es die Holzextraktion, die Expansion der Anbauwirtschaft, die Industrialisierung und die Urbanisierung.[82] In **São Paulo** sind es im Landesinneren die Wiederaufforstungen mit exotischen Arten für industrielle Zwecke, die expandierenden Zuckerrohrfelder für die Zucker- und Alkoholproduktion (größtenteils

---

[80] Dieser hohe Wert muß allerdings mit Vorsicht betrachtet werden, da die registrierte Rodung den Einschlag von ca. 100.000 ha von Plantagen der einheimischen Baumart "bracatinga" (*Mimosa scabrella*) einschließt, die zur Energiegewinnung genutzt und laufend wiederaufgeforstet werden. Vgl. TARDIVO (28.1.93), S. 2; POR (1992), S. 89.
[81] Vgl. ROSA (28.1.93b), S. 3; TARDIVO (28.1.93), S. 2.
[82] Vgl. LOCATELLI (28.1.93b), S. 2.

für Energiezwecke) sowie die steigende Orangenproduktion; im südlich gelgenen Ribeira-Tal die Bananen- und Teekultur, Viehwirtschaft sowie die Immobilienspekulation, wobei letztere sich im Zuge der touristischen Erschließung in der gesamten Küstenregion fortsetzt.[83] In **Bahia** sind es die Holzwirtschaft sowie die Expansion der Anbau- und Viehwirtschaft.[84] In **Rio de Janeiro** ist die häufigste Ursache für den Waldrückgang die Expansion der Anbau- und Viehwirtschaft.[85] In **Minas Gerais** ist es die Holzextraktion für das Betreiben von Hochöfen.[86] In **Espírito Santo** sind die häufigsten Rodungsursachen die Wiederaufforstung mit exotischen Arten sowie die Expansion der Anbau- und Viehwirtschaft.[87]

Betrachtet man alle Staaten, so erweist sich die expandierende Landwirtschaft als der größte Verantwortliche für das Verschwinden der Mata Atlântica.[88]

Die gennanten wirtschaftlichen Aktivitäten fügen der Mata Atlântica auch indirekte Schäden durch den Ausstoß toxischer Partikel in Boden, Luft und Wasser zu. Bekannt sind z. B. die Erosionsschäden, die die Luftverschmutzung am Industriestandort Cubatão an den Hängen der bewaldeten Serra do Mar verursachte, mit Rückwirkungen auf die anthropogenen Tätigkeiten in der Talzone.[89] Ebenso sollten die Nachteile durch die Verwendung von leicht löslichen künstlichen Düngemitteln und Pestiziden nicht vergessen werden, die in die Wasserläufe gelangen und die Ökosysteme der Mata Atlântica in ein ökologisches Ungleichgewicht versetzen, das u. a. die Fischproduktion beeinträchtigt.[90]

Die industriellen und landwirtschaftlichen Aktivitäten müssen sich selbstverständlich infolge der demographischen und kulturellen Entwicklung auf einen steigenden Bedarf nach Lebensmitteln und Konsumgütern, nach Wohn- und Gewerbeflächen sowie nach einer verbesserten Transportinfrastruktur, Wasser- und Stromversorgung einstellen.[91] Falls jedoch der erforderliche Produktionszuwachs sich weiterhin auf die Verschwendung des immer knapper werdenden "Umweltguts" Mata Atlântica stützt, sind nicht nur irreparable ökologische Schäden, sondern auch eine Beeinträchtigung der Lebensqualität zu erwarten.[92] Auf diese offensichtlich bedrohliche Situation reagierte die Bundesregierung

---

83  Vgl. ROSA (28.1.93b), S. 3.; SERRA (28.1.93a), S. 4.
84  Vgl. MELO (28.1.93), S. 2.
85  Vgl. ADEODATO (28.1.93b), S. 3.
86  Vgl. ROSA (28.1.93a), S. 1.
87  Vgl. FAGÁ (17.2.93), S. 14.
88  Vgl. auch ROSA (28.1.93b), S. 3.
89  Vgl. z. B. SMA (1992d), S. 45; SMA (1990a), S. 11 ff.
90  Vgl. SMA (1992a), S. 244 ff.; SMA (1991b), S. 52.
91  Zur Deckung des gestiegenen Strombedarfs ist nun auch das südlich der Stadt São Paulo gelegene Ribeira-Tal bedroht, in dem sich die größten geschlossenen Restbestände von Mata Atlântica befinden. Dort sind vier neue Staudammprojekte geplant: "Tijuco Alto", "Funil", "Itaoca" und "Batatal". Zwar würden die Betreibergesellschaften im Falle einer staatlichen Erlaubnis durch gesetzliche Auflagen zu Maßnahmen gezwungen, die die Einwirkung der Projekte auf die Natur lindern, aber eine großflächige Überschwemmung der Mata Atlântica ließe sich dadurch nicht vermeiden. Vgl. FAGÁ (26.5.94), S. 13.
92  S. o. Abschnitt 2.2.

ab Ende der 80er Jahre mit einer Verschärfung der Umweltgesetze in bezug auf die Mata Atlântica. Sie wurde in der Bundesverfassung von 1988 explizit zum Staatseigentum erklärt und darf folglich nur unter der Garantie ihrer Erhaltung genutzt werden. 1990 wurde ihre wirtschaftliche Nutzung durch das Bundesdekret Nr. 99.547 (sog. "Collor-Dekret") gänzlich verboten. Dieses aufgrund seiner übertriebenen Härte umstrittene Gesetz wurde jedoch 1993 durch das Bundesdekret Nr. 750 (sog. "Mata Atlântica-Dekret") abgelöst. Es erlaubt die Nutzung der Mata Atlântica allerdings nur unter bestimmten Bedingungen.[93]

Zusätzliche staatliche Aktionen zum Schutz der Mata Atlântica folgten durch die gelegentlich international unterstützte Einrichtung weiterer Schutzeinheiten.[94] Sie nehmen mit ca. 24.660 km$^2$ mittlerweile etwa 26 % des gesamten Restbestandes der Mata Atlântica ein.[95] Deren Akzeptanz und Zweckmäßigkeit wird allerdings durch die schätzungsweise erst in einem Drittel der gesamten Schutzfläche gelösten Eigentumsfragen gestört.[96] Außerdem werden die Schutzeinheiten oft in Flächennutzungsplanungen eingebunden, die in Brasilien hinsichtlich ihrer Wirksamkeit sehr umstritten sind.[97]

Die genannten gesetzlichen Anstrengungen und Ausrufungen von Schutzzonen haben bisher nicht den erhofften Erfolg erbracht. Der Regenwald konnte trotzdem nicht erhalten, geschweige denn regeneriert werden. Er wird vielmehr durch ständige gesetzliche Übertretungen weiterhin stark bedroht.[98] Dafür können folgende Erklärungen herangezogen werden. Dem zweifelhaften Umweltbewußtsein und der mangelnden Gesetzestreue der Bevölkerung steht ein ineffizienter Überwachungsapparat gegenüber, der durch das Dickicht der Bestimmungen und die Größe des zu kontrollierenden Gebietes überfordert wird.[99] Der Forstpolizei mangelt es zugleich an Geld und dadurch an technischen Hilfsmitteln und Arbeitskräften.[100] Außerdem sind die Strafen für Umweltvergehen sehr niedrig, wodurch deren abschreckende Wirkung verfehlt wird.[101] Die wichtigste Feststellung ist jedoch das Fehlen von Alternativen für eine beträchtliche Teilmenge der

---

[93] Die derzeit in der Mata Atlântica zu beachtenden Gesetze und die darin geregelten Nutzungsbestimmungen werden in Abschnitt 3.3.1 kritisch dargestellt.

[94] U. a. kooperiert der Staat São Paulo mit der KfW im Bereich der Parküberwachung. Vgl. KFW (1993), S. 1 ff.

[95] Vgl. FUNDAÇÃO SOS MATA ATLÂNTICA (1992a), S. 64.

[96] Vgl. FUNDAÇÃO SOS MATA ATLÂNTICA (1992a), S. 73; CONSÓRCIO MATA ATLÂNTICA/ UNICAMP, S. 63 f.

[97] Die zunehmende Bedeutung der Flächennutzungsplanung im Domínio Mata Atlântica wird z. B. in SMA (1990c), S. 10 ff. und in SERRA (18.3.94), S. 14 dokumentiert. Deren Wirkung wird u. a. in SMA (1989c), S. 6 ff. und NITSCH (1991), S. 6 äußerst kritisch betrachtet.

[98] Bei einer gemeinsamen "Razzia" durch die Forstpolizei, die Militärbrigade und ein staatliches Umweltschutzorgan (FEPAM) wurden z. B. in Rio Grande do Sul am 12.1.93 nicht weniger als 113 Vergehen in einem Gebiet von 30.000 km$^2$ registriert, die u. a. Brandrodungen, Abholzungen, illegale Parzellierungen und Bergbau einschlossen. Vgl. DAVID (28.1.93), S. 2.

[99] Zur Frage des Umweltbewußtseins der Bevölkerung einerseits und der Handlungsmöglichkeiten der Umweltbehörden andererseits siehe jeweils Abschnitte 3.3.2 und 3.3.3.

[100] Vgl. BERGAMASCO (28.1.93), S. 4.

[101] Vgl. z. B. FAGÁ (7. - 9.5.94), S. 13.

wirtschaftenden Bevölkerung, die sich bei ihren Aktivitäten weiterhin auf eine direkte oder indirekte Beeinträchtigung der Mata Atlântica stützen muß. Diesen Bevölkerungsgruppen fehlen wegweisende Initiativen staatlicher oder privater Herkunft, die ihnen die Umsetzung einer nachhaltigen Nutzung der Mata Atlântica - mit ansprechenden Verdienstaussichten - ermöglichen.

Es wurden insofern keine ursachenbekämpfenden Anstrengungen unternommen, um den Konflikt zwischen Ökonomie und Ökologie, der sich in bedrohlichem Ausmaß zum Nachteil der Mata Atlântica auswirkt, zu entschärfen. Die bisherigen staatlichen und privaten Aktionspläne zum Schutz der Mata Atlântica blieben wirkungslos, wie die obigen Statistiken zum Waldrückgang zeigen.

Es fehlt eine konsequente Suche nach ökonomisch und ökologisch interessanten Nutzungsalternativen, die der Dringlichkeitssituation entsprechend in der Mata Atlântica schnell durchgesetzt und verbreitet werden können. Geprüft werden sollte, ob und wie die Bevölkerung zur freiwilligen Übernahme der gesuchten Alternativen bewogen werden kann. Dabei müßte überlegt werden, wie sie attraktiver gemacht werden können bzw. inwiefern das Umweltbewußtsein der Bevölkerung eingeschaltet oder ein auf Motivationsbasis funktionierendes Anreizsystem geschaffen werden muß. Diesen und weiteren Aufgaben widmet sich das folgende Kapitel.

## 3. Umsetzung ökologisch angepaßter Wirtschaftsformen in der Mata Atlântica

Als ökologisch angepaßte Wirtschaftsformen können alle wirtschaftlichen Aktivitäten angesehen werden, die das ökologische Gleichgewicht in einem bestimmten Wirtschaftsraum nicht stören. Sie werden von der Weltgemeinschaft in tendenziell steigendem Maße seit 1972 angestrebt, nachdem das Buch "Die Grenzen des Wachstums"[102] großes Aufsehen erregt und die erste Umweltkonferenz in Stockholm stattgefunden hatte. Erstmals wurden die gravierenden globalen Umweltschäden dem weltweit verbreiteten wirtschaftlichen Wachstumsmodell zugeschrieben, das es nun umzustrukturieren galt. Die Lösungsvorschläge sahen zumeist Einschränkungen der wirtschaftlichen Aktivitäten durch eine strenge Umweltgesetzgebung vor, die auf den Widerstand organisierter Interessengruppen trafen. Weiter fortgeschrittene theoretische Modelle, durch die das Ziel des Umweltschutzes ohne Beeinträchtigung des wirtschaftlichen Wachstums erreicht werden sollte, folgten nach dem Brundtland-Bericht von 1987[103], der eine weltweite "nachhaltige Entwicklung" forderte. Obwohl diese Lösungsmodelle zu erkennen gaben, daß Umweltschutz und Wohlstand keine Gegensätze sein müssen, wiesen sie ernsthafte Probleme bei der Umsetzung in die Praxis auf, so daß sich die Verschlechterung der Umweltsituation weltweit fortsetzte. Insbesondere die in den Entwicklungs- und Schwellenländern gelegenen Regenwälder konnten von der wissenschaftlichen Entwicklung im Bereich der Umweltökonomie bisher kaum profitieren, wie aus den neuesten Rodungsstatistiken hervorgeht.[104]

Auch im Domínio Mata Atlântica konnten sich bisher ökologisch angepaßte Wirtschaftsformen kaum durchsetzen. Einzelne private und öffentliche Initiativen sind zwar beobachtbar,[105] aber reelle Durchsetzungschancen werden ökologisch angepaßte Wirtschaftsformen erst dann haben, wenn sie auf die breite Akzeptanz und Mitwirkung der Bevölkerung zählen können. Denn dadurch erhöht sich die Umsetzungsgeschwindigkeit der Lösungen, während sich gleichzeitig der finanzielle Aufwand von Unterstützungsaktionen vermindert.

Die bisherigen Lösungsmöglichkeiten müssen dementsprechend überarbeitet, an das Untersuchungsgebiet besser angepaßt und durch neue Ideen und Erkenntnisse ergänzt werden. Um eine erfolgreiche Umsetzung der theoretisch in Frage kommenden ökologisch angepaßten Wirtschaftsformen zu erreichen, müssen die natürlichen und wirt-

---

[102] Vgl. MEADOWS (1974).
[103] Vgl. HAUFF (1987).
[104] Nach einem 1993 veröffentlichten FAO-Bericht gingen in den 80er Jahren in Lateinamerika pro Jahr 7,4 Mio. ha Tropenwald verloren, in Afrika 4,1 Mio. ha und in Asien 3,9 Mio. ha. Vgl. O. V. (11.8.93), S. 3.
[105] Es sei z. B. an den Bioanbau gedacht, für den es ja schon Vermittlungsinstitute gibt (u. a. in Botucatu, SP), oder etwa an die wissenschaftlichen Anstrengungen im Rahmen der nachhaltigen Palmenherznutzung. Siehe hierzu Abschnitt 3.2.

schaftsstrukturellen Besonderheiten der Mata Atlântica, vor allem jedoch die Bedürfnisse und Interessen der einheimischen Bevölkerung stärker in Betracht gezogen werden.

Dieser Aufgabenbereich soll in folgenden drei Etappen beleuchtet werden. In *Abschnitt 3.1* werden zunächst die allgemeinen Theorien aus der internationalen wissenschaftlichen Umweltforschung hinsichtlich deren Anwendbarkeit auf die Mata Atlântica untersucht und nach brauchbaren Instrumenten durchforstet, die die Realisierbarkeit von ökologisch angepaßten Wirtschaftsformen erhöhen können. In *Abschnitt 3.2* werden spezielle - teils international bewährte, teils neue - alternative Nutzungsformen und -systeme bezüglich deren Übertragbarkeit auf die Mata Atlântica analysiert. Und in *Abschnitt 3.3* werden Aspekte der brasilianischen Realität in die Diskussion eingebracht, die auf die Umsetzung der Alternativen einen entscheidenden Einfluß haben können. Jeweils am Ende der drei genannten Abschnitte dieses Kapitels kommen die Ergebnisse aus den Expertengesprächen hinzu. Dadurch werden den jeweils zuvorgegangenen theoretischen Überlegungen unterstützende oder widerlegende Kommentare hinzugefügt, die auf dem theoretischen Wissen und der praktischen Erfahrung der befragten Personen basieren. Dieser Zusatz soll der Analyse der Umsetzung von ökologisch angepaßten Wirtschaftsformen in der Mata Atlântica einen Rückhalt aus der einheimischen Bevölkerung liefern.

## 3.1 Übertragung theoretischer Grundlagen auf das Untersuchungsgebiet

Die wissenschaftlichen Erkenntnisse im Bereich der Umweltökonomie haben in den letzten Jahren aufgrund des weltweit steigenden Umweltbewußtseins in Quantität und Qualität sichtlich zugenommen, doch sie sind oft sehr theoretisch und lassen sich nicht auf jedes Anwendungsgebiet übertragen. Sie liefern jedoch wertvolle Denkanstöße und bilden einen sinnvollen Ausgangspunkt für die Suche nach realisierbaren Lösungen für den Konflikt zwischen Ökonomie und Ökologie in der Mata Atlântica. Dementsprechend sollen nachfolgend die theoretischen Grundlagen über die Vereinbarkeit von Ökonomie und Ökologie (*Abschnitt 3.1.1*), die nachhaltige Entwicklung (*Abschnitt 3.1.2*) sowie die umweltpolitischen Instrumente und Anreizsysteme (*Abschnitt 3.1.3*) hinsichtlich ihrer Übertragbarkeit auf die Mata Atlântica untersucht werden.

## 3.1.1 Vereinbarkeit von Ökonomie und Ökologie

Die Mata Atlântica zeichnet sich nicht nur durch besondere ökologische Eigenschaften aus, sondern auch dadurch, daß sie Millionen von Menschen einen Lebens- und Wirtschaftsraum bietet. Deswegen müssen bei der Verfolgung des ökologischen Ziels ihrer Erhaltung und Regeneration stets auch ökonomische Ziele berücksichtigt werden. Ökonomie und Ökologie werden in der Mata Atlântica jedoch traditionell als Gegensätze verstanden. Das beweist die wirtschaftshistorische Entwicklung im Untersuchungsgebiet, die mit der Agrarkolonisation begann und sich mit einer umweltbelastenden Industrialisierung und Urbanisierung fortsetzte. Erst die seit einigen Jahren eintretende Knappheit des bislang freien Umweltguts konnte ein Aufkeimen des Umweltbewußtseins ermöglichen.[106] Doch obwohl die Bedeutung der Mata Atlântica langsam erkannt wird, konnten sich die wirtschaftenden Menschen bisher kaum auf eine umweltschonende Ressourcennutzung umstellen, so daß dieser ökologisch bedeutende Regenwald nun in seiner Existenz gefährdet ist.

Noch in der heutigen Zeit erscheint es nicht nur in Brasilien, sondern weltweit - auch in den vermeintlich fortschrittlicheren Industrieländern - sehr problematisch, Umweltschutzmaßnahmen in die wirtschaftliche Aktivität ohne Einkommensverluste zu integrieren. Folgende weitverbreitete Aussagen bestätigen die Aktualität des ökonomisch-ökologischen Konfliktes: "Entgegen modischen Beteuerungen gibt es sehr wohl einen Widerspruch zwischen Ökologie und Ökonomie"[107]; "die Ansicht, `für eine prinzipielle Harmonie zwischen Ökonomie und Ökologie auf der Ebene der einzelnen Unternehmen gibt es keinerlei Anhaltspunkte´, ist in der betriebswirtschaftlichen Diskussion weit verbreitet".[108] Derlei Ansichten sind mit der einseitigen Überzeugung zu erklären, daß Umweltschutzmaßnahmen nur höhere Kosten verursachten, wodurch die Gewinnerzielung beeinträchtigt werde. Übersehen wird dabei jedoch, daß die zur Debatte stehenden Investitionen oft über Effizienzverbesserungen und Marktanpassungen kurzfristig kostenmindernd und langfristig ertragssteigernd wirken, so daß durchaus eine Grundlage für eine höhere Rentabilität gebildet wird:[109] "... environmentally sound methods are `profitable´ in the long run, and often in the short run too".[110] Die Vereinbarkeit von Ökonomie und Ökologie wird insofern für möglich gehalten. Diese Unterstellung sollte im folgenden aufgegriffen und mit weiteren Überlegungen und Beispielen untermauert werden, um die zumindest theoretisch guten Voraussetzungen für die Erhaltung und Regeneration der Mata

---

[106] Die Entwicklung des Umweltbewußtseins in Brasilien wird in Abschnitt 3.3.2 ausführlicher behandelt.
[107] SCHMIDT-WULFFEN (1992a), S. 6.
[108] BRÄUER (1992), S. 39.
[109] Vgl. BEUERMANN/CICHA-BEUERMANN, S. 373.
[110] LÉLÉ (1991), S. 612.

Atlântica aufzuzeigen. Dabei sollte die sich auf alle Wirtschaftssektoren beziehende Argumentation neben der betriebswirtschaftlichen auch auf der volkswirtschaftlichen Ebene bewegen, um der Lenkungsrolle des Staates gerecht zu werden.

Aus gesamtwirtschaftlicher Sicht läßt sich die Unterstützung des ökonomischen Prinzips durch das ökologische nicht leugnen, denn "... eine Wirtschaft kann zweifellos auf Dauer nicht dadurch reicher werden, daß sie sich durch die Art und Weise, wie produziert und konsumiert wird, langfristig ihre eigenen natürlichen Lebensgrundlagen untergräbt".[111] Zudem bedeutet die Beseitigung von Umweltschäden eine große Belastung für die Volkswirtschaft.[112] Demgegenüber kann sich die Ökologisierung der Wirtschaft aus volkswirtschaftlicher Sicht lohnen, wenn man die großen Marktpotentiale für Technik, Produkte und Dienstleistungen im Umweltschutz berücksichtigt; denn die Erträge aus einem umweltverträglichen Verhalten der Wirtschaft können die sich daraus ergebenden Kosten überkompensieren.[113] Problematisch an diesen gesamtwirtschaftlichen Überlegungen ist, daß sie meistens eine langfristige Betrachtungsweise beinhalten. Das einzelne Wirtschaftssubjekt neigt jedoch dazu, im Rahmen seiner persönlichen Nutzenerzielung kurzfristig zu denken.[114] Das gilt vor allem für ärmere Wirtschaftsräume, die über eine prekäre soziale Infrastruktur verfügen und kaum eine familiäre Zukunftsplanung erlauben, was auch für große Teile des Untersuchungsgebiets gilt. Es können jedoch zahlreiche Beispiele erfolgreichen Umweltverhaltens - aus Kosten- und Ertragssicht - genannt werden, die auch auf die dort typischen wirtschaftenden Menschen ermutigend wirken müssen, unabhängig von der Fristigkeit der Ergebniserwartung.

Auf der **Kostenseite** kann z. B. bei der betrieblichen Leistungserstellung eine ressourcenschonende - also umweltfreundliche - Produktionstechnik aufgrund geringerer Einsatzmengen von Rohstoffen und Energie kostenmindernd wirken.[115] Ebenso kann durch den Einsatz von Umweltmanagement-Systemen[116] der sich allgemein verschärfenden Umweltgesetzgebung kosteneinsparend zuvorgekommen werden[117].[118] Als weitere direkte Vorteile von technischen und logistischen Systemen der Abfallverringerung und Vermeidung von Umweltverschmutzung können genannt werden: Senkung der Entsorgungskosten; Reduzierung der Betriebs- und Wartungskosten von Betriebsanlagen; Verringerung des Arbeitsrisikos; Erhöhung der Produktivität.[119] Die

---

111 NUTZINGER (1992), S. 34.
112 In Deutschland werden die volkswirtschaftlichen Schäden durch den Umweltschutz auf eine "dreistellige Milliardenhöhe" beziffert. Vgl. TÖPFER (1993), S. B 3.
113 O. V. (15.10.93), S. 17.
114 Vgl. u. a. SCHMIDT-WULFFEN (1992a), S. 7.
115 Vgl. TÖPFER (1993), S. B 3.
116 Durch sie wird eine umweltverträgliche Produktion auf der Basis von Umweltbetriebsprüfungen angestrebt. Vgl. SCHMITZ-SANDER (27.9.94), S. B 3; BROCKMANN (9.5.95), S. B 5.
117 Vgl. O. V. (19.10.93), S. 15; O. V. (4.5.95), S. 17; BRÄUER (1992), S. 40.
118 Dieses Argument setzt eine konsequente Befolgung der Gesetze durch die Bevölkerung voraus. Davon kann in Brasilien jedoch nicht die Rede sein (s. o. Abschnitt 2.3).
119 Vgl. HUISINGH (1988), S. 8; O. V. (16.6.93), S. 21.

Amortisationszeit der notwendigen Investitionen ist meistens überschaubar und variiert gemäß Fallstudien in der Industrie oft zwischen einem Monat und drei Jahren.[120] Praxisbeispiele, die mit Zahlen belegt werden, sind bereits verfügbar.[121]

Auch auf der **Ertragsseite** lassen sich Verbesserungen durch eine umweltschonende Leistungserstellung und das Angebot umweltfreundlicher Produkte verzeichnen.[122] Dies kann mit dem tendenziell steigenden Umweltbewußtsein des Konsumenten erklärt werden.[123] Der Markt für umweltfreundliche bzw. umweltfreundlich hergestellte Produkte ist stark expansiv und bietet kurz- und vor allem langfristig gute Gewinnmöglichkeiten.[124] Hier kommt die Erringung von Wettbewerbsvorteilen durch Umweltinvestitionen zum Tragen. Die Unternehmen aller Sektoren, die sich auf die Entwicklung des Umweltbewußtseins einstellen, können dem steigenden Druck der Konsumenten, der Umweltschutzorganisationen und des Gesetzgebers besser standhalten und somit langfristig deren Überlebenschancen verbessern.[125]

Es ist zu erwarten, daß diese theoretischen Lösungsmöglichkeiten des Konflikts zwischen Ökonomie und Ökologie im Grundsatz auf die Mata Atlântica übertragbar sind, denn dort verfolgen Konsumenten und Produzenten ebenso marktwirtschaftliche Ziele wie in den Industrieländern, auch wenn sie sich dabei auf einem niedrigeren Entwicklungsstadium befinden. Die vorgetragenen beispielhaften Lösungsstrategien bedürfen allerdings - vor der Umsetzung in den industriellen und bergbaulichen Betrieben, ebenso wie in den typischen, ökologisch wertvolle Flächen beanspruchenden Agrar- und Forstbetrieben - einer Anpassung an spezielle relevante Eigenschaften des Wirtschaftslebens im Domínio Mata Atlântica. Ferner muß bei der Durchführung ökonomisch und ökologisch zufriedenstellender Strategien mit Schwierigkeiten gerechnet werden, die z. B. mit der Bildung oder dem Umweltbewußtsein der betroffenen Personen oder auch mit der sozio-ökonomischen Struktur im Untersuchungsgebiet zusammenhängen. Derartige Faktoren, die über die endgültige Realisierung der Lösungsmöglichkeiten entscheiden, werden noch im Laufe der vorliegenden Arbeit besprochen.[126] Zunächst kann jedoch festgehalten werden, daß der Konflikt zwischen Ökonomie und Ökologie in technischer Hinsicht lösbar ist - theoretisch auch in der Mata Atlântica.

---

[120] Vgl. HUISINGH (1988), S. 9.
[121] Dow Chemical, Du Pont und Chevron konnten z. B. direkte Kostenersparnisse erzielen, indem sie Abfälle um 50 bis 90 % reduzierten mit Investitionen, die sich in unter ein bis drei Jahren amortisierten und innerhalb von zehn Jahren sogar einen Gewinn von 420 Mio. USD einbrachten. Vgl. CRAMER/ZEGFELD (1991), S. 462 f.
[122] Ein Nebenverdienst kann außerdem durch den Verkauf von Lizenzen auf patentierte Verfahren und Produkte erzielt werden.
[123] Zum Umweltbewußtsein in Brasilien siehe Abschnitt 3.3.2.
[124] Vgl. SCHORSCH (1990), S. 6 ff.; SOUTER (1991), S. 67; BEUERMANN/CICHA-BEUERMANN (1992), S. 378; O. V. (16.6.93), S. 21.
[125] Vgl. CRAMER/ZEGFELD (1991), S. 463; BRÄUER (1992), S. 41; BEUERMANN/CICHA-BEUERMANN (1992), S. 377 f.; O. V. (4.5.95), S. 17; BROCKMANN (9.5.95), S. B 5.
[126] Siehe vor allem Abschnitt 3.3.

Die auf betrieblicher Ebene international bereits weitverbreitete Anerkennung des Zielpaars Umweltschutz und Gewinn als *langfristig* komplementär[127] kann den Weg in Richtung einer ökologisch sinnvollen Wirtschaftsweise weiter erleichtern. Eine langfristig ausgerichtete, ökologisch vertretbare Wirtschaftsform, wie sie auch für das Untersuchungsgebiet benötigt wird, ist jedoch schwer zu erreichen, wenn nur wenige Betriebe langfristig planen wollen und können. Die Voraussetzungen dafür müssen erst durch gebietsspezifische Entwicklungsmuster geschaffen werden, die durch die Strukturpolitik unterstützt werden können.

Die benötigten Entwicklungsmuster - beispielsweise die "nachhaltige Entwicklung"[128] -, die auf die aktive Mitwirkung des Staates angewiesen sind, werden schon seit Jahren global gefordert und diskutiert. Da die nachhaltige Entwicklung für das Untersuchungsgebiet der vorliegenden Arbeit relevante Anregungen birgt und als Konzept für staatliche Zukunftsplanungen in Frage kommt, soll sie im folgenden Abschnitt durchleuchtet werden.

### 3.1.2 Das Konzept der nachhaltigen Entwicklung

Die "nachhaltige Entwicklung" wird in der internationalen umweltpolitischen Diskussion seit dem Brundtland-Bericht von 1987[129] häufig als Lösungsideologie für den Konflikt zwischen Ökonomie und Ökologie vorgestellt, wobei sie sich in vielfältiger Weise definieren läßt. Nach einer gängigen Definition sind die Bedürfnisse der Gegenwart ohne Nachteile für nachfolgende Generationen zu befriedigen.[130] Der Begriff der nachhaltigen Entwicklung kommt in mehreren Varianten vor (z. B. "nachhaltiges Wachstum", "tragfähige Entwicklung" oder "dauerhafte Entwicklung") und läßt sich auf bestimmte Wirtschaftsbereiche beziehen ("nachhaltige Landwirtschaft", "tragfähiger Anbau", "nachhaltige Forstwirtschaft").[131] Die nachhaltige Entwicklung erfuhr einen kräftigen Vertrauensschub seit der UN-Umweltkonferenz ECO-92 in Rio de Janeiro und wird von allen Seiten als die ersehnte Lösungsstrategie weitgehend akzeptiert. Inzwischen wurde die Übernahme dieser Ideologie auch in Brasilien bereits in mehreren Regierungs-

---

[127] Vgl. BRÄUER (1992), S. 41; BEUERMANN/CICHA-BEUERMANN (1992), S. 381.
[128] Die mannigfachen Deutungen dieses Begriffes werden unter 3.1.2 präsentiert.
[129] Vgl. WCED (1987).
[130] Vgl. STAHL (1992), S. 44. Eine weitere Definition kann aus YOUNG (1992) auf S. 49 entnommen werden: "Sustainable development [nachhaltige Entwicklung] encompasses the idea of the qualitative improvement of a non-growing system and, also, any increase in the rate of resource use that can be maintained in perpetuity."
[131] Vgl. z. B. STAHL (1992), S. 44; PIMENTEL/CULLINEY/BUTTLER/REINEMANN/BECKMANN (1989), S. 1; RUTTAN (1992); BUCHHOLZ (1991), S. 29; ANTONIAK (1991), S. 31.

deklarationen zur Priorität erhoben und kommt oft als Zielvorgabe in den Satzungen von privaten Institutionen wie etwa Naturschutzorganisationen vor.[132]

Die definitorische Flexibilität des Begriffs der nachhaltigen Entwicklung erzeugt jedoch einen Idealismus und eine strategische Ungenauigkeit, die die Umsetzung dieses Konzepts in die Praxis erschweren. Zwar muß eine gewisse Flexibilität erhalten bleiben, um notwendige Anpassungen dieser Ideologie an jeweils unterschiedliche lokale Umweltbedingungen und an den fortschreitenden Erkenntnisstand der Wissenschaft zu ermöglichen, aber der gewährte Spielraum kann zu einem Mißbrauch dieses Begriffs verleiten. Er wird inzwischen bei der Formulierung der meisten Zukunftspläne für die Mata Atlântica, seien sie staatlicher oder privater Initiative, verwendet.[133] Selbst wenn diese Praxis aufgrund der Möglichkeit des Mißbrauchs nicht als sicheres Indiz für ein größeres ökologisches Bewußtsein gedeutet werden kann, darf sie jedoch nicht verurteilt werden. Vielmehr sollte dieser Begriff inhaltlich besser verankert werden, um über die wirklich bezweckten Umweltmaßnahmen größere Klarheit zu verschaffen.

Als ein Konzept, in das unterschiedliche Gruppen - Naturschützer wie Unternehmer - gemeinsam große Hoffnungen setzen, sollte die nachhaltige Entwicklung auf jeden Fall weiterentwickelt werden. Die europäischen Staaten haben bereits eine Nachbesserung des Prinzips der Nachhaltigkeit im Rahmen der Forstwirtschaft vorgenommen, dessen Übernahme in Brasilien auch der Mata Atlântica zugutekäme. Die Nachhaltigkeit, die traditionell so verstanden wurde, daß nur soviel Holz geschlagen werden darf, wie im selben Zeitraum nachwächst, bedeutet nun "die Verwaltung und Nutzung der Wälder in einer Weise, welche die biologische Vielfalt, die Produktivität, die Regenerationsfähigkeit, die Vitalität und die Fähigkeit erhält, jetzt und in Zukunft bedeutsame ökologische, ökonomische und soziale Funktionen in lokalem, nationalem und globalem Maßstab zu erfüllen, und anderen Ökosystemen nicht schadet".[134]

Wenn eine solche Vorschrift sich auch in Brasilien durchsetzen ließe, käme man der Erhaltung der Mata Atlântica einen großen Schritt näher. Doch die Realität sieht leider anders aus. Die brasilianische Regierung läßt sich von den Industriestaaten nichts vorschreiben und befindet sich gemeinsam mit anderen Entwicklungs- und Schwellenländern lediglich in Verhandlung über ein neues internationales Tropenholzabkommen, nach dem die Tropenländer ab dem Jahr 2000 nur noch Holz aus nachhaltig bewirtschafteten Wäldern vermarkten dürfen.

---

[132] Die nachhaltige Entwicklung wurde z. B. von den Staaten Rio de Janeiro und São Paulo als Regierungsziel übernommen (vgl. SECRETARIA DE ESTADO DE MEIO AMBIENTE (1991), apresentação; SMA (1991b), S. 17 ff.). Sie gehört beispielsweise auch zu den Zielen der Nichtregierungsorganisation "Fundação SOS Mata Atlântica" (vgl. FUNDAÇÃO SOS MATA ATLÂNTICA (1995), S. 2).

[133] Vgl. z. B. SECRETARIA DE ESTADO DE MEIO AMBIENTE (1991), apresentação; SMA (1993a), S. 7; KFPC (o. J.), S. 2.

[134] O. V. (1.9.93), S. N 1.

Die Übertragung von Nachhaltigkeitskonzepten auf die ärmeren Länder dieser Welt ist nach wie vor problematisch. Im Laufe der internationalen umweltpolitischen Diskussion ist bereits erkannt worden, daß allein moralische Grundsätze den Tropenländern, wo die Problemgebiete liegen, nicht zu einem größeren Umweltbewußtsein verhelfen werden.[135] Es sind jedoch in der umweltpolitischen Diskussion Fortschritte gerade in bezug auf das Verhältnis zwischen den Industrie- und den Tropenländern zu verzeichnen, die eine Verwirklichung der nachhaltigen Entwicklung in Zukunft erleichtern können. Sie soll durch globale Zusammenarbeit der Länder - über Regierungen und Nichtregierungsorganisationen -, unter Verbindung folgender Aspekte erfolgen:[136]

1. Ökologisch verträgliches Wirtschaftswachstum und Armutsbekämpfung im Süden.

2. Mehr Gerechtigkeit in den Nord-Süd-Beziehungen.

3. Ökologischer Umbau der Wirtschaft und Gesellschaft in den Industrieländern.

Damit wird die Verantwortung für die ökologische Problematik in der Dritten Welt, die die Regenwaldrodung einschließt, auf die reichen Industrieländer ausgedehnt. Nun könnten die Industrieländer, ähnlich wie bei der Verschuldungsdiskussion, finanzielle Transferleistungen von der Berücksichtigung ökologischer Belange in der Wirtschaftspolitik der betroffenen Entwicklungsländer abhängig machen. Ein solches Konzept ist jedoch schon aus politischen und technischen Gründen schwer realisierbar, auch wenn die Erstellung einer ökonomischen bzw. finanziellen Gegenleistung - beispielsweise für die Erhaltung von tropischen Regenwäldern - im Sinne der Empfängerländer wäre. Ein globales Konzept nach der Formel "globaler Schuldenerlaß gegen globalen Umweltschutz"[137] ist kaum geeignet, auf die speziellen Bedürfnisse und sonstigen Gegebenheiten der Bevölkerung der einzelnen Länder und Regionen einzugehen und deren Situation langfristig zu verbessern.[138] Eine von den Industrieländern diktierte globale Umwelt- und Entwicklungspolitik hat wenig Chancen auf Erfolg, wie die Erfahrungen eher dürftiger Ergebnisse beim jüngsten Umwelt-Gipfel in Rio bestätigt haben.[139]

Die globale Diskussion umweltbeeinflussender politischer und wirtschaftlicher Reformvorschläge muß trotzdem fortgeführt werden, damit für das Untersuchungsgebiet geeignete Wege und Instrumente für die Umsetzung der nachhaltigen Entwicklung gefunden werden. Insbesondere ökonomische Instrumente und Anreizsysteme können die nötigen wirtschaftlichen Umstrukturierungen im Zielgebiet erwirken. Deren Grenzen und Möglichkeiten sollen im nächsten Abschnitt aufgezeigt werden.

---

[135] Vgl. O. V. (1.9.93), S. N 1.
[136] Vgl. MÁRMORA (1992), S. 35.
[137] MÁRMORA (1992), S. 40.
[138] Vgl. STAHL (1992), S. 45.
[139] Vgl. auch MÖNNINGER (1993), S. 26.

## 3.1.3 Umweltpolitische Instrumente und Anreizsysteme

Die schnelle Verwirklichung einer für die Mata Atlântica zweckmäßigen Zielvorstellung wie der nachhaltigen Entwicklung kann auf den Einsatz effektiver umweltpolitischer Instrumente durch den Staat angewiesen sein. Diese Instrumente müssen dazu imstande sein, die wirtschaftlich aktive Bevölkerung auf breiter Basis von umweltschädlichen Tätigkeiten abzubringen und zu erwünschten ökologischen Handlungen zu bewegen. Da der Schutz und die Regeneration der Mata Atlântica bisher eine unzureichende Unterstützung durch die brasilianische Umweltpolitik erfuhren, sollten die gegenwärtig im Untersuchungsgebiet verwandten umweltpolitischen Instrumente kritisch betrachtet und durch neue Anregungen ergänzt werden. Um die theoretische Diskussion in angemessenem Rahmen und übersichtlich zu halten, werden grundlegende Kenntnisse der Umweltökonomie vorausgesetzt und nur die wichtigsten Argumente herausgestellt.

In der aktuellen umweltökonomischen, -politischen und -ethischen Diskussion[140] wird die Frage nach dem Wert einzelner umweltpolitischer Instrumente oft auf die Frage nach der Effizienz des jeweils zugrundeliegenden Umsetzungsmechanismus - staatliche Regulierung oder Marktwirtschaft - reduziert, wobei sehr uneinheitliche Ergebnisse präsentiert werden.[141]

Entsprechend dieser Aufteilung werden die nachfolgend zu bewertenden umweltpolitischen Instrumente in zwei Gruppen unterteilt: die **regulativen** und die **marktorientierten** Instrumente. In die Kategorie der **regulativen** umweltpolitischen Instrumente fallen: *Anweisungen*, *Ge-* und *Verbote*, *Enteignungen*, *Flächennutzungsplanungen*, *Standards* und *technische Normen*, *Verfahrensvorschriften*, *Haftungs-* und *Versicherungsregeln* sowie *sonstige Auflagen*. Zu den **marktorientierten** Instrumenten zählen: *Ökosteuern* und *Umweltabgaben*, *Umweltzertifikate* und *Umweltnutzungsrechte*, *Subventionen* und *Investitionszulagen*, *Kredit-* und *Steuererleichterungen*, *"Öko-Royalties"*, *Umweltma-*

---

[140] Dabei werden vor allem die Internalisierung externer Umwelteffekte, die Bewertung von Umweltgütern, die Steigerung des Umweltbewußtseins sowie umweltpolitische Instrumente und ihre Vollzugsprobleme analysiert. Vgl. u. a. SCHMID (1992), S. 168 ff.; HANSMEYER (1992), S. 3 ff.; GAWEL (1994), S. 191 ff.

[141] Hierzu folgen zwei repräsentative und antagonistische Meinungen. Erstens: "Indem Kapital von der staatlichen Regulierung entkoppelt wird, verhindert diese Strategie, daß eine soziale Kontrolle über die von privaten Kapitalinteressen verursachten Schäden einer ungezügelten Nutzung der Umwelt etabliert wird." (STAHL (1992), S. 48). Zweitens: Eine marktwirtschaftliche Umweltpolitik kann "die ökonomischen Interessen auf ökologische Ziele richten" und damit eine größere Anreizwirkung haben. (Vgl. SCHMID (1992), S. 171). Auch Mischlösungen mit einer neuen Rollenverteilung des Staates in der Marktwirtschaft kommen vor (vgl. O. V. (15.10.93), S. 17). Siehe auch FRANK (1989), S. 41 f.; HANSMEYER/SCHNEIDER (1992), S. 14 ff.; MAIER-RIGAUD (1992), S. 54.; STEGER/HULITZ/WEIHRAUCH (1992), S. 137.

*nagement-Systeme, "grüne Siegel", Umweltpreise* sowie - unter bestimmten Umständen - *Umweltbildungsprogramme*.[142]

Eignungskriterien der Instrumente sollten, unabhängig von der Kategorie, deren ökologische Wirksamkeit und Durchsetzungswahrscheinlichkeit im Untersuchungsgebiet sein. Dafür können spezielle politische, sozio-ökonomische und kulturelle Merkmale den Ausschlag geben. Besonderen Einfluß auf die Durchsetzbarkeit bestimmter Maßnahmen hat beispielsweise das Umweltbewußtsein der Bevölkerung.[143]

Die **regulativen** Instrumente sind in Brasilien am stärksten verbreitet, haben allerdings große Nachteile, die sich nicht nur im "Nachhinken" des Problemerkennungsvermögens und der politisch-administrativen Entscheidungsfindung des Staates resümieren. Sie sehen oft über die Bedürfnisse der Bevölkerung hinweg, ohne ihr Alternativen zu bieten, und daher stoßen sie meistens auf den Widerstand der betroffenen Bevölkerung, die ihre Aktivitäten dann illegal fortsetzt. Das ist gleichermaßen bei den sich auf strenge Umweltgesetze stützenden *Anweisungen, Geboten, Verboten* oder *Enteignungen* für die Einrichtung von Naturschutzeinheiten der Fall. Auch über die umstrittenen *Flächennutzungsplanungen* konnten bisher keine praktikablen Alternativen geschaffen werden.[144] Infolge der geringen Gesetzestreue und des noch wenig ausgeprägten Umweltbewußtseins ist die erfolgreiche Durchsetzung regulativer Instrumente von guten und finanzierbaren Kontroll- und Vollzugsmöglichkeiten abhängig.[145] Diese Voraussetzungen sind im flächenmäßig großen Domínio Mata Atlântica nur in wenigen Abschnitten gegeben, vor allem in urbanisierten Zonen, wo z. B. eine Abwasser- und Abgaskontrolle der Industrie aufgrund der Transparenz der wirtschaftlichen Aktivitäten als leicht durchführbar gelten kann. Im urbanisiertesten und industrialisiertesten Staat Brasiliens, São Paulo, begann die technische Kontrolle der Industrie bereits 1968, als die umwelttechnische Überwachungsgesellschaft "CETESB" gegründet wurde und öffentliche Überwachungsfunktionen übernahm. Mit deren Hilfe konnte seit den 80er Jahren die Umweltverschmutzung in Cubatão zugunsten der Mata Atlântica stark verringert werden. Und auch die 1992 beschlossene und international finanzierte Sanierung des durch den Großraum São Paulo fließenden Rio Tietê schreitet durch eine Auflagenpolitik relativ gut voran. Die industrielle Verunreinigung des Flusses durch 1.250 Großindustrien konnte bis Anfang 1994 bereits um 40 % gesenkt werden.[146]

In ländlichen Gebieten dagegen erzeugen regulative umweltpolitische Instrumente einen Aufwand, der in einem ungünstigen Verhältnis zum Erfolg steht. Nutzungsverbote haben

---

142   Vgl. u. a. NUTZINGER (1992), S. 31; VOHRER (1992), S. 18 ff.; MAIER-RIGAUD (1992), S. 65 ff.; STEGER/HULITZ/WEIHRAUCH (1992), S. 135 ff.; SCHMITZ-SANDER (27.9.94), S. B 3; NITSCH (1991), S. 6; O. V. (19.10.93), S. 15.
143   Vgl. u. a. DIEKMANN/PREISENDÖRFER (1991), S. 207 ff.
144   Vgl. u. a. LEITE (29.5.94), S. 6-17; SMA (1989c), S. 6.
145   Vgl. STEGER/HULITZ/WEIHRAUCH (1992), S. 135; MAIER-RIGAUD (1992), S. 55.
146   Vgl. SERRA (19. - 21.2.1994), S. 11.

durch die Entfernung zum Gesetzgeber und dessen Vollstrecker einen vernachlässigbaren Einfluß auf die Bevölkerung. Die benötigte Überwachung, die aufgrund der mangelnden Infrastruktur zusätzlich zu den ohnehin schwierigen Feldkontrollen eine Überwachung aus der Luft oder per Satellit erfordert, wird sehr teuer;[147] sie rentiert sich nur bei der Aufdeckung größerer Umweltschäden. Die meisten illegalen Tätigkeiten - u. a. unerlaubte Jäger- und Sammlertätigkeiten, punktuelle Abholzungen sowie illegale bergbauliche Aktivitäten - sind jedoch schwer kontrollierbar, da sie geringen Ausmaßes und breit über das Land verteilt sind. Aber selbst bei der offensichtlich illegalen Bebauung, wie sie z. B. im touristisch attraktiven Küstengebiet des Staats São Paulo deutlich zu beobachten ist, zeigen die Behörden kaum eine Reaktion. Da sich an den Ursachen für die Kontrollineffizienz der Regierungsorgane - u. a. mangelnde finanzielle Ressourcen und eine behäbige Bürokratie - in absehbarer Zeit nichts ändern dürfte, bieten regulative Instrumente allein keine positiven Zukunftsaussichten für die Erhaltung der Mata Atlântica.[148]

Die **marktorientierten** Instrumente haben gegenüber den regulativen Akzeptanzvorteile. Durch Mengen, Preis- und Informationssignale vermitteln sie den Marktteilnehmern Anreize zu ökologisch sinnvollen Handlungen, seien sie aktiv (z. B. durch die Entwicklung oder Herstellung umweltfreundlicher Produkte) oder reaktiv (z. B. durch eine geringere Nachfrage nach umweltschädlichen Produkten).[149] Da die Wirtschaftssubjekte aller Einkommensschichten weiterhin auf eine Beteiligung am veränderten Marktgeschehen angewiesen sind, deren Intensität jedoch noch frei steuern können, ist eine durch alle Schichten greifende Akzeptanz der marktorientierten Instrumente zu erwarten. Dadurch entfällt ein teurer Kontrollaufwand, der sich nur noch auf die erfolgreiche Instrumentenplazierung sowie auf die Ergebnisüberprüfung beschränkt. Aus diesen Instrumenten ist folglich eine größere Durchsetzungswahrscheinlichkeit bzw. -geschwindigkeit zu erwarten. Die Marktsignale werden bei einem geringen Umweltbewußtsein der Marktteilnehmer durch staatliche Initiativen ausgelöst, wobei sich der Staat auf eine Rahmensteuerung beschränkt.

*Ökosteuern* und *Umweltabgaben*[150] können durch eine Aufwärtskorrektur der Marktpreise durch den Staat einen geringeren Verbrauch von umweltbeanspruchenden Produkten und Leistungen bewirken. Allerdings werden diese Instrumente in Brasilien noch

---

[147] Derzeit kann sich lediglich der reichste Staat, São Paulo, eine Satellitenüberwachung leisten ("Programa Olho Verde"). Deren Erfolg hält sich aber durch den großen und langwierigen technischen Aufwand, der mit der Deutung und der Feldkontrolle von Rodungsherden verbunden ist, noch in Grenzen. Vgl. BERGAMASCO (28.1.93), S. 4.
[148] Siehe zu den Handlungsmöglichkeiten der brasilianischen Umweltbehörden Abschnitt 3.3.3.
[149] Vgl. z. B. MAIER-RIGAUD (1992), S. 67 f.
[150] Beide Instrumente verfolgen Lenkungszwecke (Verringerung der Umweltbelastung). Deren Unterschied besteht allerdings darin, daß die Ökosteuer sich nicht direkt an der Internalisierung externer Effekte orientiert und auch steuerpolitische Ziele (Haushaltsdeckung) verfolgt. Vgl. EWRINGMANN (1994), S. 277; FÖRSTER (1990), S. 5 ff.

nicht genutzt. Sie sind auch international noch recht neu und umstritten.[151] In Europa ist jedoch eine Durchsetzung der Ökosteuern bereits in naher Zukunft zu erwarten.[152] Daher müßte die brasilianische Wirtschaft keine Nachteile im internationalen Wettbewerb durch die Übernahme dieser Instrumente befürchten.

*Umweltzertifikate* sind vom Staat ausgegebene, verbriefte und marktfähige Umweltnutzungsrechte. Durch sie ließe sich ein gesetztes Mengenziel effizient erreichen,[153] aber hier fehlen noch internationale Erfahrungen - z. B. in Bezug auf die Bemessung des Mengenziels und auf die Akzeptanz und Wirkung in der Bevölkerung -, um deren Anwendung in Brasilien schon zu empfehlen.

*Subventionen, Investitionszulagen, Kredit-* und *Steuererleichterungen* sind in Brasilien als wirtschaftspolitische aber weniger als umweltpolitische Instrumente bekannt.[154] Sie könnten ebenso für die Förderung besonders umweltfreundlicher Betriebe und Branchen eingesetzt werden und schon mittelfristig bedeutende strukturelle Veränderungen erzeugen, die für eine ökologisch orientierte Volkswirtschaft mit einer höheren Lebensqualität benötigt werden. Für einen konsequenten Schutz der Mata Atlântica wäre es auch ratsam, die Besteuerung bewaldeten Grundbesitzes abzuschaffen. Die angesprochenen Instrumente sind jedoch aufgrund der auf Dauer erzeugten finanziellen Belastung des Staates nicht sehr realistisch, auch wenn die Möglichkeit besteht, die Zahlung von Subventionen und Investitionszulagen sowie die Gewährung von Steuererleichterungen durch zusätzliche Einnahmen durch Ökosteuern dauerhaft zu kompensieren. Insbesondere die Subventionen erzeugen unter den Nutznießern eine unwillkommene Abhängigkeit vom Staat, die schwer wieder zu lösen ist.

Das Instrument der *"Öko-Royalties"* in Form von Steuergeldern, die nach ökologischen Gesichtspunkten verteilt werden, wird erst seit kurzer Zeit und örtlich begrenzt im Untersuchungsgebiet angewendet. Sie kommen Munizipien zugute, die über große Bestände an Mata Atlântica verfügen. Da die Erhaltung des Waldes aus wirtschaftlicher und steuerlicher Sicht keine nennenswerten Einnahmen beschert, besteht seitens der Munizipien der Anreiz zu großen wirtschaftlichen Projekten, die den Regenwaldbestand beeinträch-

---

[151] Auch in Deutschland werden sie in der Gegenwart noch sehr kritisch betrachtet, und über deren Ausgestaltung herrscht in Politik und Wirtschaft Uneinigkeit. Vgl. z. B. KLEMMER (1994), S. 321 ff.; CAESAR (1994), S. 91 ff.; BARBIER (24.8.94), S. 11; O. V. (15.9.94), S. 15.

[152] In den meisten Ländern der EU gibt es zwar nur eine Mineralölsteuer - nur die Niederlande haben eine Kohlendioxyd-Abgabe -, aber bereits vorliegende Gesetzesbeschlüsse deuten auf eine in Zukunft verstärkte Nutzung von Umweltsteuern und -abgaben hin. Im übrigen Europa sind in den skandinavischen Ländern neben Energiesteuern (aufgrund der Luftverschmutzung bei der Energieerzeugung) bereits vielfältige Abgaben auf Sondermüll, Waschmittel, Pestizide und Kunstdünger vorzufinden. Vgl. O. V. (15.8.94), S. 11; O. V. (23.8.94), S. 2.

[153] Vgl. STEGER/HULITZ/WEIHRAUCH (1992), S. 136 ff.; O. V. (26.8.93), S. 15.

[154] Die heute noch geltenden zinsermäßigten Agrarkredite ("crédito agrícola") sind ausschließlich in agrarpolitischen Zielen und nicht im Schutz der Mata Atlântica begründet. Dies gilt analog für die von 1966 bis 1986 existierenden Steueranreize für die Forstwirtschaft, die zur Sicherung der Holzversorgung beitragen sollten. Vgl. ABPM (1993), S. 10.

tigen. Deswegen ist es sinnvoll, diesem Anreiz durch Steuermittel entgegenzuwirken. Die ersten Initiativen stammen aus dem Staat Paraná; dort bekommen Munizipien, die über Naturschutzgebiete verfügen, einen je nach Größe des Schutzgebiets höheren Anteil an den Einnahmen der staatlichen Mehrwertsteuer ICMS zugeteilt, und zwar schon seit 1992.[155] Im Ribeira-Tal, im Staat São Paulo, erhielten die über große Regenwaldbestände verfügenden Munizipien Barra do Turvo und Iporanga erstmals im März 1994 höhere ICMS-Zuschüsse.[156] Im Staat Rio de Janeiro wird derzeit über ein ähnliches Projekt verhandelt.[157] Die Einführung dieses Instruments erzeugt durch die Verteilung von Steuergeldern nach neuen ökologischen Kriterien keine Mehrbelastung der öffentlichen Haushalte. Allerdings kann dessen Einführung zeitraubende Verteilungskämpfe auslösen.

*Umweltmanagement-Systeme* können auf der Basis von "Ökobilanzen" (Stoff- und Energiestromerfassungen), "Öko-Controlling", Umweltinformationssystemen sowie freiwilligen und von neutralen Gutachtern erstellten "Öko-Audits" erarbeitet werden.[158] Durch derartige Überprüfungen der Umweltverträglichkeit der Produktion können Kostenreduzierungen erreicht werden (z. B. über die Senkung des Energieverbrauchs). Ferner können auf den Betriebsprüfungen basierende Umweltverträglichkeitsbescheinigungen zu Wettbewerbsvorteilen auf umweltbewußten Märkten führen. Eine Durchsetzung des Umweltmanagements in Brasilien ist in absehbarer Zeit jedoch nicht realistisch, da einerseits eine den Mißbrauch verhindernde Reglementierung der Umweltprüfungen fehlt und andererseits von einem hohen Umweltbewußtsein der Verbraucher noch nicht ausgegangen werden kann.[159]

In ähnlicher Weise ist die Einführung *"grüner Siegel"* zu sehen, die Auszeichnungen für umweltfreundliche Produkte entsprechen. Im forstwirtschaftlichen Sektor existiert in Brasilien bereits das Nachhaltigkeitssiegel "Cerflor". Es wurde jedoch von den Forstunternehmen ins Leben gerufen und wird auch Holzprodukten erteilt, die zwar nachhaltig, aber aus Monokulturen mit exotischen Baumarten stammen.[160] Der ökologische Hintergrund dieser Auszeichnung kann insofern angezweifelt werden.

Die Vergabe von *Umweltpreisen* ist ein Instrument, das auf europäischer Ebene bereits etabliert ist.[161] Es inspiriert zu weitverbreiteten Umwelforschungen und -handlungen, ohne besonders kostenintensiv zu sein. Gleichzeitig können eine gute Medienwirksamkeit und ein angemessener Umweltbildungseffekt erzielt werden.

---

155 Vgl. O. V. (18.5.94), S. 54
156 Vgl. SERRA (3.3.94), S. 15.
157 Vgl. ADEODATO (3.3.94), S. 15.
158 Vgl. SCHMITZ-SANDER (27.9.94), S. B 3; O. V. (19.10.93), S. 15; O. V. (4.5.95), S. 17; BROCKMANN (9.5.95), S. B 5; LÖRCHER (9.5.95), S. B 6.
159 Die Regelungsproblematik ist nicht zu unterschätzen, wie z. B. die langwierige Diskussion um die Öko-Audit-Verordnung der EU gezeigt hat (vgl. O. V. (28.10.94), S. 17; O. V. (5.11.94), S. 43). Zur Frage des Umweltbewußtseins siehe Abschnitt 3.3.2.
160 Vgl. FAGÁ (9.2.94), S. 12; SBS (1993a), S. 34.

Ein großes Umweltbewußtsein der Konsumenten kann bei den Produzenten ebenso wichtige Anreize zum freiwilligen Umweltschutz erzeugen, da die Nachfrage nach umweltfreundlichen Produkten dadurch steigt und den Weg für eine höhere Gewinnerzielung bereitet.[162] Daher sollten *Umweltbildungsprogramme* auch zur Umweltpolitik gehören. Schwierigkeiten bereitet die Tatsache, daß sie eher auf lange Sicht wirken und eine entsprechend umfangreiche Finanzierung erfordern, die erst langfristig durch höhere Steuereinnahmen ausgeglichen werden kann. Umweltbildungsprogramme sind insofern in kurzfristig orientierten Staaten nicht einfach durchsetzbar.

Die vorgetragenen Vor- und Nachteile der umweltpolitischen Instrumente deuten zwar auf eine Favorisierung der marktorientierten gegenüber den regulativen hin, aber der Weg zu einer erfolgreichen Umweltpolitik in der Mata Atlântica führt über die Auswahl und Kombination von allen verfügbaren Instrumenten, die den wichtigen und mitunter regional unterschiedlichen sozio-ökonomischen und kulturellen Aspekten im Untersuchungsgebiet Rechnung tragen. Diese betreffen beispielsweise die wirtschaftliche Situation oder den Grad des Respekts vor der Staatsgewalt. Bei ausgeprägter wirtschaftlicher Not z. B. geht das Umweltbewußtsein verloren, und die betroffene Bevölkerung reagiert kurzfristig nur noch auf finanzielle Anreize.[163] Und wo z. B. die Gefahr einer Überführung durch die Polizei oder die Angst vor Gerichtsverhandlungen groß ist, können strenge Gesetze eine einfache Lösung des Umweltproblems bieten.[164]

Mit umweltpolitischen Instrumenten allein kann jedoch kein dauerhafter Schutz der Mata Atlântica gewährleistet werden. Dieser ist auch auf Privatinitiativen angewiesen, durch die nach gewinnbringenden ökologischen Nutzungsformen geforscht wird.

### 3.1.4 Ergebnisse aus den Expertengesprächen

In den bisherigen Abschnitten des Kapitels 3.1 wurden theoretische Grundlagen diskutiert, die bei der Umsetzung ökologisch angepaßter Wirtschaftsformen in der Mata Atlântica beachtet werden sollten. Diese Ausführungen werden nun auf der Basis der Ergebnisse aus den im Rahmen der vorliegenden Untersuchung geführten Expertengesprächen ergänzt. Diese geben weiteren Aufschluß über die Gültigkeit theoretischer

---

[161] Vgl. O. V. (5.5.94), S. 16.
[162] Vgl. SCHALTEGGER/STURM (1992), S. 202.
[163] Auch in einem Entwicklungsprojekt in Afrika mußte zugegeben werden: "Wir hatten am Anfang nicht erkannt, wie wichtig für die Bauern das Geldverdienen ist. Sie sind arm und daher ist es ihr wichtigstes Ziel, zu Geld zu kommen. Solange das so ist, werden Bauern keinen Sinn für 'Umweltschutz' haben können." (SCHMIDT-WULFFEN (1992b), S. 14).
[164] Zu einer realistischen Einschätzung der Effektivität und Akzeptanz umweltpolitischer Instrumente können weiterhin die Ergebnisse der Befragung verhelfen, die in Kapitel 4 ausgeführt werden.

Konzepte im Untersuchungsgebiet.[165] Die Experten setzen sich aus einheimischen Wissenschaftlern sowie Entscheidungsträgern privater und öffentlicher Institutionen und Betriebe zusammen. Eine Auflistung der Interviewpartner, mit Daten über ihre Stellung, die vertretene Organisation und das Datum des Interviews, ist im Anhang ersichtlich.

Zunächst werden zu *Abschnitt 3.1.1* Meinungen und Beispiele über die Vereinbarkeit zwischen Ökonomie und Ökologie im Rahmen konventioneller wirtschaftlicher Tätigkeiten im Untersuchungsgebiet geschildert.[166] Außerdem werden Hinweise der Interviewpartner auf Schwierigkeiten bei einer ökologischen Orientierung wirtschaftlicher Tätigkeiten aufgegriffen.

Nach der Meinung von Cezar, technischer Assessor des Umweltdirektoriums der Wasserversorgungsgesellschaft SABESP, bestehen im Staat São Paulo optimale Voraussetzungen für die Vereinbarkeit zwischen Ökonomie und Ökologie. Es kann danach kein Konflikt zwischen dem Wirtschaftswachstum und dem Schutz der Mata Atlântica bestehen, denn der Bestand dieses Regenwaldes garantiert die für die ökonomische Entwicklung notwendige Wasserversorgung.

Es gibt jedoch auch konkrete Beispiele, die eine in Zahlen ausdrückbare Vereinbarkeit von Ökonomie und Ökologie im Untersuchungsgebiet zeigen. Eines kann dem Gespräch mit Schwenck, einem technischen Assessor des Landwirtschaftsministeriums des Staates São Paulo, entnommen werden. Im Rahmen des öffentlichen Schädlingsbekämpfungsprogramms "MIP" werden Landwirte zur Umstellung vom bewährten, aber verschwenderischen Kalendersystem[167] auf ein sparsameres bewogen, das sich ausschließlich nach dem Schädlingsvorkommen richtet. Nach den bisherigen Beobachtungen können Landwirte durch dieses kostenlose Beratungsprogramm den Einsatz der teuren und leicht löslichen Gifte um bis zu 80 % senken, ohne Ertragsverluste zu erleiden. Aus der Sicht des Staates dient die Reduzierung der chemischen Belastung von Wasser und Boden nicht nur der Erzielung von Umweltschutzzielen, sondern führt auch zu Kosteneinsparungen im Bereich der Wasseraufbereitung. Im Staat São Paulo wurde durch das "MIP" 1990 bis 1993 eine Verringerung des Pestizideinsatzes pro Agrarflächeneinheit um 20 bis 30 % erreicht.

Durch ein ähnliches, im Jahr 1994 angelaufenes Projekt im Staat Paraná ("Água Limpa") sollen Landwirte von der Wiederaufforstung der Flußufer überzeugt werden. Die Ertragsverluste durch die Verkleinerung landwirtschaftlicher Nutzungsflächen werden dabei

---

[165] Gemäß der Zielsetzung der Interviews wurden den Experten in den Gesprächen Gestaltungsfreiräume gewährt, die deren inhaltliche Ergiebigkeit förderten, gleichzeitig aber keine schematische oder statistische Präsentation der Ergebnisse erlauben, wie sie bei der Auswertung der Fragebögen in Kapitel 4 zu erwarten ist.

[166] Die Vereinbarkeit ökonomischer und ökologischer Ziele durch zukunftsorientierte alternative Wirtschaftsformen wird unter Abschnitt 3.2 diskutiert.

[167] Nach diesem Verfahren werden die Pestizide in regelmäßigen Abständen - unabhängig vom tatsächlichen Schädlingsbefall - auf die Felder gesprüht.

durch eine verbesserte Wasserqualität und -quantität aufgewogen, weil dadurch die Kosten für die Wasserbeschaffung und -reinigung sinken. Gleichzeitig kann das Bodenleben langfristig erhalten werden. Der Koordinator dieses vom Landesumweltministerium (IAP) eingeleiteten Projekts, Carmo, berichtete von einer Erfolgsquote von über 70 %, bei einer Erschließung von bereits 1.100 km Flußufer bis März 1994. Dieses ursachenbekämpfende Projekt ist, analog zum "MIP" in São Paulo, für den Staat Paraná kostengünstiger als die Einrichtung von Wasseraufbereitungsanlagen.

Ein weiteres Beispiel für die Vereinbarkeit von ökonomischen und ökologischen Zielen im Untersuchungsgebiet bietet die Einführung der "Direktsaat", einer 1968 von der GTZ angepaßten Technik des Mulchens, in der konventionellen Landwirtschaft im Süden Paranás. Nach der Aussage von Leh, Geschäftsführer der landwirtschaftlichen Produktionsgenossenschaft "Agrária Mista" in Entre Rios, bildet die seit Ende der 70er Jahre angewandte und heute weitverbreitete Direktsaat eine wesentliche Grundlage für den ökonomischen Erfolg der lokalen Landwirtschaft. Erst durch die Direktsaat konnte das gravierende Erosionsproblem auf den mittlerweile über 100.000 ha Land, die an die Produktionsgenossenschaft angeschlossen sind, zurückgedrängt werden. Die weiteren Vorteile dieser Maßnahme bestehen in der Verhinderung der Bodenkompaktierung, der Erhaltung des Bodenlebens sowie im geringeren Einsatz von Pflanzenschutzmitteln, Kunstdünger und Energie (Motorentreibstoff), mit stark kostenminderndem Effekt. Die Umwelt wird wiederum wesentlich weniger durch chemische Mittel belastet. Die Direktsaat wird heute in Entre Rios durch weitere ökonomisch und ökologisch sinnvolle Maßnahmen ergänzt. Es werden u. a. einheimische Bäume am Feldrand angepflanzt, die als Windschutz dienen und Vögel anlocken, die zu einer biologischen Schädlingsbekämpfung beitragen. Berghänge und Täler bleiben über die gesetzlichen Anforderungen hinaus bewaldet, um der Erosion weiteren Einhalt zu gebieten und aktiven Wasserschutz zu betreiben - ebenfalls mit langfristig kosteneinsparender Wirkung.

Die Stromgesellschaft CESP erreicht durch den Schutz und die Regeneration der Mata Atlântica an den Ufern von Stauseen im Staat São Paulo auf ebenso bewährte Weise ökologische und ökonomische Ziele. Nach der bestätigenden Darstellung von Furgler, Leiter der "Abteilung für Forschung und Projekte im Biosystem", vermindert der natürliche Uferschutz bzw. die Revegetation Erosionserscheinungen, wodurch eine hochwertige Wasserqualität der Reservoirs gesichert sowie die Kosten für die Wasseraufbereitung und die Wartung von Turbinenanlagen reduziert werden. Durch die Verhinderung der Versandung der Reservoirs kann auch die Lebensdauer der Wasserkraftwerke entscheidend erhöht werden. Natürlich ist eine sinnvolle Beurteilung des ökologischen Gewinns durch die Revegetation davon abhängig, ob durch die Anlage eines Stausees mehr Regenwald vernichtet (vor allem durch die Überschwemmung) oder geschützt (durch die

Erfüllung gesetzlicher Auflagen in Form kompensierenden Umweltschutzes an einem anderen Ort) bzw. regeneriert wird (durch die Renaturierung von Ufern und Inseln).

Die in den Beispielen geschilderten Umweltschutzmaßnahmen haben gemeinsam, daß sie den betriebswirtschaftlichen Erfolg durch Kostensenkungen unterstützen. Denkbar ist andererseits auch eine positive Erfolgswirksamkeit von Umweltschutzmaßnahmen durch Ertragssteigerungen, die sich infolge einer höheren Produktnachfrage und der Akzeptanz höherer Preise ergeben. Hierzu konnten über die Expertengespräche zwar keine konkreten Beispiele aus dem Untersuchungsgebiet eingesammelt werden, aber es ist zu erwarten, daß das tendentiell wachsende allgemeine Umweltbewußtsein in Brasilien zu Ertragssteigerungen führen kann, wenn die nötigen umweltfreundlichen Strategien übernommen werden. Die Einführung von Umweltschutzstrategien ist aus betriebswirtschaftlicher Sicht allerdings nur zu empfehlen, wenn die aufgrund des Umweltbewußtseins zu erwartenden Ertragsverbesserungen die meist hohen Kosten der Umweltschutzmaßnahmen überkompensieren.

Im privatwirtschaftlichen Bereich herrscht noch Unsicherheit über die Rolle des brasilianischen Umweltbewußtseins im Konsumbereich. Behrens, Vorstandsvorsitzender der Henkel do Brasil, befürchtet, daß noch kein großes Nachfragepotential für umweltfreundliche Produkte besteht: "Der Kunde ist nicht umweltbewußt und achtet nur auf den Preis." Auch durch ein Umweltschutzprojekt an der Mata Atlântica nahe Guarujá, an dem sich Henkel beteiligt, sieht er nur indirekte Konkurrenzvorteile durch eine Imageverbesserung seiner Firma.

Es folgen nun Meinungen von gesamtwirtschaftlich orientierten Experten aus Regierungsorganen und Nichtregierungsorganisationen, die die Ausführungen über die Rolle der nachhaltigen Entwicklung in der Mata Atlântica in *Abschnitt 3.1.2* ergänzen sollen.

Die Experten bemängeln die definitorischen und inhaltlichen Unklarheiten der nachhaltigen Entwicklung und stehen ihrer Anwendung im Untersuchungsgebiet meistens mit Skepsis gegenüber. Capobianco, Superintendent der größten Naturschutzorganisation Brasiliens,[168] "Fundação SOS Mata Atlântica" (FSOSMA), ist der Ansicht, daß der Begriff der "nachhaltigen Entwicklung" seit der Umweltkonferenz "ECO-Rio" 1992 systematisch mißbraucht wurde. Unter diesem Decknamen förderte die Regierung beispielsweise große Monokulturanpflanzungen. Und die Forstindustrie gründete eine "Stiftung für die Nachhaltige Entwicklung", obwohl sie für eine Expansion von Plantagen exotischer Baumarten sowie eine teilweise umweltbelastende Papier- und Zellstoffproduktion verantwortlich ist, die den Regenwaldbestand gefährden. In der FSOSMA wird die nachhaltige Entwicklung, die in ihrer Satzung als Ziel festgeschrieben ist, anders interpretiert. Sie wird mit tiefgreifenden Veränderungen im brasilianischen Entwick-

---

[168] Vgl. BERNARDES/NANNE (9.2.94), S. 74.

lungsmodell in Verbindung gesetzt, die auf eine politische und wirtschaftliche Dezentralisierung hin wirken.

Mantovani, einer der Projektleiter der FSOSMA, stellt den Nutzen der nachhaltigen Entwicklung für die Mata Atlântica ebenfalls in Frage. Denn die gewöhnliche Auslegung der nachhaltigen Entwicklung erlaubt wirtschaftliche Tätigkeiten im Anwendungsgebiet. Die Restbestände der Mata Atlântica sind jedoch so gering, daß deren Rettung nur durch einen strikten Umweltschutz möglich ist, der jegliche wirtschaftliche Nutzung untersagt.

Borges, Exekutiv-Direktor der SPVS, einer in der Mata Atlântica Paranás aktiven Umweltschutzorganisation, vermeidet bei der Beschreibung der Ziele und Projekte seiner Nichtregierungsorganisation die Verwendung des Begriffs der "nachhaltigen Entwicklung". Nach seinen Worten bezweckt der "Guaraqueçaba-Plan", ein von der SPVS geleitetes Umweltprojekt in der Schutzeinheit Guaraqueçaba[169], eine Vereinbarkeit des Schutzes der Mata Atlântica mit der Verbesserung der Lebensqualität der einheimischen Bevölkerung.

In Regierungskreisen herrscht keine geringere Skepsis über die nachhaltige Entwicklung. Zulauf, Generalsekretär des Umweltamtes der Stadt São Paulo (SVMA), kritisiert, daß die nachhaltige Entwicklung von der Bevölkerung noch nicht richtig verstanden worden ist und deren Auffassung sich regelmäßig ändert.

Weitere Kritiken betreffen das allgemein geringe Interesse und die mangelnde wissenschaftliche Basis für die Umsetzung der nachhaltigen Entwicklung. Die in den theoretischen Überlegungen in Abschnitt 3.1.2 festgestellte Notwendigkeit des Dialogs und der Kooperation zwischen Regierungsorganen, Nichtregierungsorganisationen, Privatunternehmen und Wissenschaftlern wird von den Experten bestätigt. Der Ablauf derartiger Kooperationen wird allerdings durch eine mangelnde gegenseitige Akzeptanz behindert.[170]

Den skeptischen Meinungen über die Umsetzbarkeit der nachhaltigen Entwicklung zum Trotz, können den Expertenäußerungen viele verdeckte Hinweise zur Realisierung dieser Ideologie entnommen werden. Vor allem positive Einschätzungen der Zukunft des ökologischen Anbaus, des Ökotourismus, der Agroforstwirtschaft, des nachhaltigen Bergbaus oder des nachhaltigen Palmenherzextraktivismus deuten auf indirekte Umsetzungsmöglichkeiten der nachhaltigen Entwicklung. Diese alternativen Wirtschaftsformen und ihre Übertragung auf die Mata Atlântica werden ausführlich in Kapitel 3.2 behandelt.

---

[169] Sie befindet sich an der Küste von Paraná und schließt große Restbestände der Mata Atlântica sowie den Lebensraum einiger Familien von Subsistenzfarmern und Fischern ein. Diese Familien dürfen dort bleiben, da Guaraqueçaba den Status einer APA besitzt, wo eine nachhaltige Nutzung in Teilgebieten erlaubt ist.

[170] Diese Problematik wird in den Abschnitten 3.3.3, 3.3.4 und 3.3.5 wieder aufgegriffen und ausführlich diskutiert.

Die nachfolgenden Ergebnisse aus den Expertengesprächen können dazu beitragen, die in *Abschnitt 3.1.3* dargestellten umweltpolitischen Möglichkeiten für die Umsetzung der nachhaltigen Entwicklung besser einzuschätzen.

Die Experten stellen die grundsätzliche Legitimität der bestehenden *regulativen* Umweltpolitik nicht in Frage, stehen jedoch den in der Umweltgesetzgebung festgeschriebenen Bestimmungen (*Ge-* und *Verbote, Grenzwerte, Haftungsregelungen* usw.) sehr kritisch gegenüber. Neben deren Umfang und Inhalt bemängeln sie die Effizienz der Umweltkontrolle und -überwachung, die für die Durchsetzung der regulativen Instrumente erforderlich sind.[171] Darauf muß nach der Meinung von Staatsanwalt Prof. Benjamin und anderen Experten besonders geachtet werden, da das eher unzureichende Umweltbewußtsein und der mangelhafte Strafvollzug zu einer geringen Befolgung der Umweltgesetze durch die Bevölkerung führen.

Eine Vielzahl von Experten sieht im Kontroll- und Überwachungsbereich große Mängel hinsichtlich Ausrüstung und Personal. Sie sind sich jedoch darin einig, daß die regulative Umweltpolitik durch die Behebung der genannten Mängel erfolgreich sein kann. Dies setzt allerdings eine Erhöhung der finanziellen Zuwendungen an die zuständigen Umweltschutzbehörden voraus und zieht damit weitere Schwierigkeiten nach sich.

Das Instrument der *Enteignung* wird von den Experten insgesamt als legitimes, aber teures und insofern problematisches Mittel für den Schutz der Mata Atlântica angesehen. Der Mangel an finanziellen Ressourcen aus dem In- und Ausland verhindert oder verzögert Entschädigungszahlungen seitens der Regierungsorgane, die bereits durch die aufwendige Verwaltung und Überwachung von Farmen oder Parkeinrichtungen überfordert sind.

Die in Brasilien bisher umstrittene *Flächennutzungsplanung* wird von zwei Experten aus der Forststiftung FF als umweltpolitisches Instrument positiv beurteilt. Sie sind davon überzeugt, daß dieses Instrument auf Parkebene funktioniert, wobei sein erfolgreicher Einsatz lediglich von etwas Erfahrung abhängt.

In Brasilien können regulative Instrumente allerdings durch ihre Komplexität bzw. die damit verbundene Bürokratie einen negativen Einfluß auf das ökonomische Verhalten ausüben. Dr. Priscinotti, Leiterin des Geologischen Instituts des Staats São Paulo (IG), ist der Meinung, daß viele Bergbauern sich durch den äußerst bürokratischen, mit diversen Auflagen verbundenen und kostspieligen Genehmigungsprozeß abschrecken lassen und letztendlich illegal arbeiten - mit entsprechendem Schaden für die Umwelt. Auch Deitenbach, Assessor der Agroforst-NRO "REBRAF", vertritt die Meinung, daß die Einführung des über den Schutz und die Nutzung der Mata Atlântica bestimmenden

---

[171] Diesbezügliche Kritiken werden unter Abschnitt 3.3.5 ausführlich dargestellt und kommentiert.

Bundesdekrets Nr. 750 von 1993[172] Bürokratisierungen erzeugt, die die konventionelle Nutzung der Mata Atlântica in die Illegalität treiben und letztendlich zu schwerwiegenderen Waldschäden führen. Die nachhaltige Nutzung der Mata Atlântica wird nur unter Bedingungen erlaubt, die von der wirtschaftenden Bevölkerung schwer erfüllt werden können. Dazu zählt z. B. die Erbringung des Besitznachweises der Nutzungsfläche, wodurch bereits 80 % der Genehmigungen wegfallen.[173]

Der Volksvertreter Neves aus dem Munizip Iguape weist in diesem Zusammenhang auf die Zunahme der illegalen Palmenherzextraktion im Vale do Ribeira hin, die seit Einführung des Dekrets Nr. 750 zu beobachten ist. Dieses Dekret ist insofern umstritten, obwohl es in vielerlei Hinsicht fortschrittlich erscheint. Die Vor- und Nachteile dieses Dekrets werden noch ausführlich in Abschnitt 3.3.1 diskutiert.

Die Kontraproduktivität komplexer Regelungen ist von Hrdlicka, Generaldirektorin des Exekutivorgans des Umweltministeriums des Staats São Paulo (DEPRN), bereits erkannt worden. Das DEPRN arbeitet an einer Vereinfachung der Zulassungsverfahren für die nachhaltige Nutzung von Produkten aus der Mata Atlântica. Die entsprechende Ergänzung umweltgesetzlicher Regelungen wird jedoch durch den Einfluß einer Vielzahl öffentlicher Organe aus den drei Verwaltungsebenen (Bund, Staaten und Munizipien) gestört.[174] Durch Kompetenzüberschneidungen und mangelnde Koordination entstehende Störeffekte werden von weiteren Repräsentanten von Regierungsorganen bestätigt.[175]

Weitere administrative Schwierigkeiten ergeben sich aus der regulativen Umweltpolitik durch den Inhalt der Normen, Standards und Verfahrensvorschriften. Um inhaltlich anspruchsvolle Regelungen zustande zu bringen, muß der Staat auf ausführliche Forschungsergebnisse zurückgreifen können. Nach der Meinung der Experten besteht jedoch bei der Umweltforschung im Bereich der Mata Atlântica ein großer Nachholbedarf. Hinzu kommen Schwierigkeiten durch die hohen Kosten und die Dauer der Untersuchungen.

Diese administrativen Schwierigkeiten erhalten - ebenso wie die Kontroll- und Überwachungsprobleme - im Umfeld der regulativen Umweltpolitik ein größeres Gewicht. In diesem Kontext kommt der Vergrößerung des Umweltbewußtseins und der Bereit-

---

[172] Vgl. REDE DE ONGS DA MATA ATLÂNTICA (1993), S. 6. Siehe auch Abschnitt 3.3.1.
[173] Zu den weiteren Auflagen zählen eine Geländevermessung zur Erstellung einer topographischen Karte sowie die Erstellung oder Erlangung eines nachhaltigen Nutzungsplans. Diese Bedingungen sind der unter schwierigen sozio-ökonomischen Verhältnissen lebenden, lokalen Bevölkerung nicht zuzumuten.
[174] Für dieses von Barbosa aus dem Umweltbildungsorgan CEAM genannte Problem gibt es ein aktuelles Beispiel: Das Bundesumweltorgan IBAMA streitet sich öffentlich mit den Umweltorganen mehrerer Staaten über die Genehmigung eines Umleitungsprojektes des Flusses São Francisco zur Bewässerung niederschlagsarmer Gebiete. Vgl. FAGÁ (3.8.94), S. 12.
[175] Eine Analyse der Effizienzprobleme der Regierungsorgane erfolgt in Abschnitt 3.3.3.

stellung von wirtschaftlich attraktiven Nutzungsalternativen in der Mata Atlântica eine besondere Bedeutung zu.

Einige dieser Schwierigkeiten könnten durch die *marktorientierten* umweltpolitischen Instrumente behoben werden, die in Abschnitt 3.1.3 diskutiert wurden. Dazu werden nun Meinungen und ergänzende Vorschläge von den Experten herangezogen.[176]

Viele Experten vermissen eine wirksame Anreizpolitik zum Schutz und zur Regeneration der Mata Atlântica. Sie haben allerdings Verständnis für eine Ablehnung von kostspieligen Instrumenten wie *Subventionen*. Die Repräsentanten der Nichtregierungsorganisationen erkennen demgegenüber mehrere "Gegenanreize" für die Nichterhaltung der Mata Atlântica:

- Das Bundesorgan INCRA erhebt höhere Steuern auf Regenwaldflächen, weil sie als unproduktives Land eingestuft sind.
- Regenwaldflächen werden im Zuge der Agrarreform oft für Enteignungen ausgewählt.
- Der Landwirt kann sich aufgrund gesetzlicher Mängel mit rechtlichen Mitteln gegen eine Besetzung eigener Regenwaldflächen durch landlose Bauern nicht wehren.
- Der Wert des Regenwaldes läßt sich im Lichte rechtlicher und bürokratischer Hindernisse am einfachsten durch seine Abholzung in Geld konvertieren.

Für Ogawa, einen technischen Assessor des Forstinstituts vom Staat São Paulo (IF), reichen die bestehenden Anreize zur Erhaltung der Mata Atlântica jedoch aus. So werden *begünstigte Agrarkredite* seit Jahren nur an landwirtschaftliche Betriebe gewährt, die 20 % der Fläche mit Regenwald belassen oder - falls dieser Anteil nicht mehr besteht - eine entsprechende Regeneration vornehmen.

Weitere sinnvolle Anreize können nach der Meinung von Dias, einem technischen Assessor des Umweltministeriums von Paraná (IAP), durch die bevorstehende Einführung des Prinzips *"user-payer"* in der Wasserwirtschaft erzeugt werden.[177] Mit den damit verbundenen Zusatzeinnahmen eröffnen sich gleichzeitig - ähnlich wie bei einer *Ökosteuer* - weitere Finanzierungsmöglichkeiten für die Erhaltung der Mata Atlântica.

Demgegenüber fordern Experten aus Naturschutzorganisationen und der privaten Wirtschaft die Einführung zusätzlicher steuerlicher Anreize für den Schutz der Mata Atlântica. Borges, Exekutiv-Direktor der NRO SPVS, argumentiert, daß diese Lösung für die

---

[176] Bestimmte marktorientierte Instrumente - Investitionszulagen, Umweltzertifikate und -nutzungsrechte sowie die Vergabe von Umweltpreisen - wurden in den Expertengesprächen nicht angesprochen.

[177] In Brasilien bezahlt die Bevölkerung lediglich für die Wasserverteilung und -behandlung. Ein Bundesgesetz, das die zusätzliche Bezahlung für den Wasserverbrauch und die Wasserverunreinigung vorsieht, besteht zwar schon seit 1991, konnte aber bislang in den einzelnen Staaten nicht umgesetzt werden. Vgl. FAGÁ (31.8.94), S. 17; FAGÁ (21.2.95), S. 15.

Regierung billiger als die Enteignungen und Parkeinrichtungen ist. Der bereits durch die Einrichtung von Schutzeinheiten finanziell belastete Staat kann im günstigsten Fall 1.000 ha der in Paraná gefährdeten Araucaria-Wälder bis zur Jahrhundertwende kaufen, mit einem geschätzten Aufwand von 15 Mio. USD. Leh, Geschäftsführer der landwirtschaftlichen Produktionsgenossenschaft "Agrária Mista" in Entre Rios, sieht die Einführung von *Steuernachlässen* neben *Kreditfazilitäten* ebenfalls als eine sinnvolle und erfolgversprechende Methode für den Schutz der Mata Atlântica an.

Auch die Einführung von *Öko-Royalties* zählt zu den möglichen Alternativen, um den waldbesitzenden Munizipien einen Anreiz zur Erhaltung der Mata Atlântica zu geben. Dilger, Koordinator des IAP-Programms "Umwelteinwirkungen von Staudämmen" im Auftrag der GTZ, bedauert jedoch, daß die den Öko-Royalties zugrundeliegende Mehrwertsteuer (ICMS) am Verbrauch und nicht an der Produktion ansetzt.

*"Grüne Siegel"* werden als marktbeeinflussendes Instrument von den Experten ebenfalls gelobt. Der erfolgreiche Biofarmer Konzen aus Paraná verdankt eine breite Akzeptanz seiner biodynamisch hergestellten Lebensmittel (hinsichtlich Qualität und Preis) dem Gütesiegel des Biodynamischen Instituts in Botucatu im Staat São Paulo. Große Erwartungen werden ferner in die Einführung des Nachhaltigkeitssiegels "Cerflor" in der Holzwirtschaft gelegt. Garlipp und Alvarenga aus der "SBS", einer die Interessen der Forstwirtschaft vertretenden Nichtregierungsorganisation, stellen den mit diesem Siegel versehenen, nachhaltig produzierten Holzprodukten größere internationale Absatzchancen in Aussicht.

Im Inland können derartige Chancen ebenso durch *Umweltbildungsprogramme* geschaffen werden. Die Experten gehen zwar von einer direkten Marktbeeinflussung durch dieses Instrument nicht aus, aber sie nannten Beispiele, nach denen die am Marktgeschehen teilnehmende Bevölkerung sich durch Umweltbildungsprogramme indirekt beeinflussen ließ. Dazu zählt das am Anfang dieses Abschnittes beschriebene Projekt "Água Limpa". Ogawa, aus dem Forstinstitut IF, verwies auf gute und bereits kurzfristig einsetzende Erfolge eines schulischen Umweltbildungsprogramms in einer seit Jahren durch illegale Rodungen bedrohten Schutzeinheit an der westlichen Grenze des Staats São Paulo ("Morro do Diabo"). Es stellte sich heraus, daß die Schüler die Eltern stark beeinflußten und für den aktiven Schutz der Mata Atlântica gewinnen konnten. Es ist denkbar, daß dieses Verhalten ebenso auf das Marktverhalten übergreifen kann.

Dr. Priscinotti, Leiterin des Geologischen Instituts des Staats São Paulo (IG), empfiehlt aufgrund ihrer Erfahrungen ebenfalls die Einführung von Umweltbildungsprogrammen zur Beeinflussung kleiner Bergbau-Betreiber.

## 3.2 Übertragung alternativer Nutzungsformen und -systeme auf das Untersuchungsgebiet

Wie in den vorherigen Kapiteln festgestellt wurde, hängt die Zukunft der Mata Atlântica von der Durchsetzung von Wirtschaftsformen ab, die unter ökologischen Gesichtspunkten vertretbar sind. Es stellt sich nun die Frage nach den für die Mata Atlântica geeignetsten Alternativen.

Unter der Vielzahl weltweit bestehender alternativer Möglichkeiten der Nutzung natürlicher Ressourcen (aus Untergrund, Boden und Vegetation)[178], die sich durch Umweltverträglichkeit und Rentabilität auszeichnen, kommen vorerst die Alternativen in Frage, die mit geringem Aufwand auf die Mata Atlântica übertragen werden können. Aufgrund der internationalen Erfahrungen und bestimmter inländischer Initiativen bietet es sich an, folgende Nutzungsformen in Betracht zu ziehen und bezüglich erfolgversprechender Systeme zu durchforsten: Ökologischer Landbau (*Abschnitt 3.2.1*), nachhaltige Forstwirtschaft (*3.2.2*), Agroforstwirtschaft (*3.2.3*), nachhaltiger Extraktivismus sekundärer Waldprodukte (*3.2.4*), nachhaltiger Bergbau (*3.2.5*) und Ökotourismus (*3.2.6*). Außerdem werden unter "sonstigen Alternativen und Anregungen" (*Abschnitt 3.2.7*) moderne Nutzungsverfahren und Ideen aus dem In- und Ausland vorgestellt, die auf die Mata Atlântica erfolgreich übertragen werden könnten. In *Abschnitt 3.2.8* folgen schließlich die Ergebnisse aus den Expertengesprächen in bezug auf die wichtigsten Themen des Kapitels 3.2.

### 3.2.1 Ökologischer Landbau

Wie bereits in den Abschnitten 2.1 und 2.3 bemerkt, stellt die Expansion der konventionellen Anbau- und Viehwirtschaft die wichtigste Ursache für den Flächenrückgang der Mata Atlântica dar. Weitere Gefahrenpotentiale entstehen durch die aktuell zu beobachtenden Tendenzen zur Intensivierung der Agrarproduktion, deren negative Umweltauswirkungen durch folgende Tabelle veranschaulicht werden können:

---

[178] Industrielle Aktivitäten werden in der vorliegenden Arbeit, die eher auf die Land- bzw. Waldnutzung ausgerichtet ist, nur in Verbindung mit dem Bergbau behandelt und soweit der Bestand der Mata Atlântica entscheidend beeinflußt wird. Ebenso wird die Fischerei ausgeklammert, obwohl diese seit der Ausweitung der Küstenwirtschaftszonen auf 200 sm durch die UN-Konvention von 1982 in der Wirtschaft Brasiliens eine große Bedeutung hat (vgl. GLÄSSER et al. (1994), S. 17).

Tab. 2:   Konsequenzen aus der Intensivierung der Agrarproduktion

|  | Vorteile | Nachteile |
|---|---|---|
| Rationalisierung | Zeitersparnis<br>Arbeitserleichterung | Landschaftsverödung<br>Naturverarmung<br>Bodendegeneration<br>ökologische Instabilität<br>Umweltverschmutzung<br>Rohstoffverschleiß<br>Naturentfremdung<br>Auslandsabhängigkeit |
| Synthetische Mineral-, Stickstoff-Dünger | Mehrertrag | Qualitätsverlust der Nahrung<br>Trinkwasserbelastung<br>Gewässerverschmutzung<br>Bodendegeneration<br>Resistenzverlust<br>Aufschaukelung<br>Naturverarmung<br>Umweltverschmutzung<br>Energieverschleiß |
| Pestizideinsatz | Verluste verhüten<br>Mehrertrag sichern | Giftige Nahrung<br>Naturverarmung<br>Verschiebung Artendominanz<br>Resistenzbildung<br>Aufschaukelung<br>Umweltverschmutzung<br>Energieverschleiß |

Quelle: VOGTMANN (1991), S. 14

Neben diesen allgemeinen Nachteilen der intensiven Landwirtschaft ist es besonders problematisch, daß durch die zunehmende Bodendegeneration der Drang zur Erschließung "frischer" Böden wächst und der Regenwald zusätzlich bedroht wird.

Es stellt sich die Frage, ob der Druck auf die Mata Atlântica durch die Umstellung der konventionellen Landwirtschaft im Untersuchungsgebiet auf den *ökologischen Landbau* verringert werden kann. Um diese Frage zu beantworten, muß - nach entsprechender Definition und Ergründung des Grundkonzepts - geprüft werden, ob durch diese landwirtschaftliche Alternative aus *ökologischer* Sicht signifikante Verbesserungen in der Umwelt zu erwarten sind, und ob sie aus *ökonomischer* Sicht von deren Betreibern und vom Staat als sinnvoll eingestuft und folglich unterstützt werden kann. Dabei muß jeweils darauf geachtet werden, inwiefern die internationalen Erkenntnisse über den ökologischen Landbau auch auf das Untersuchungsgebiet übertragen werden können.

Das ökologische Ziel der zur Debatte stehenden Alternative kann folgendermaßen definiert werden: "Der ökologische Landbau will eine Landwirtschaft aufbauen, die nachhaltig die Lebens- und Produktionsgrundlagen erhält, die Gesundheit der Menschen,

Tiere und Pflanzen fördert und so ein stabiles System darstellt."[179] Mit anderen Worten, in der Landwirtschaft soll eine Kreislaufwirtschaft hergestellt werden, die auf dem Prinzip der Nachhaltigkeit basiert und auf künstliche chemische Zusatzstoffe verzichtet. Dabei werden häufig Begriffe wie "biologische", "biodynamische", "organische", "alternative" oder "nachhaltige" Landwirtschaft sowie Abkürzungen wie "Bioanbau" und "Ökolandbau" verwendet. Hinter dieser Vielfalt an Begriffen verbergen sich geringe, für die vorliegende Arbeit jedoch irrelevante methodische Unterschiede, so daß die genannten Begriffe im folgenden als weitgehend synonym verstanden werden sollen.[180]

Um eine Nachhaltigkeit zu gewährleisten, wird im ökologischen Landbau den Maßnahmen zur Bodenerhaltung bzw. Erosionsvermeidung eine besondere Aufmerksamkeit geschenkt. Die Durchsetzung derartiger Maßnahmen wäre für die Landwirtschaft innerhalb des Untersuchungsgebiets von großer Bedeutung, insbesondere weil die Erosionsschäden dort inzwischen ein großes Ausmaß angenommen haben.[181] Durch die Vermeidung des Bodenverlustes könnte eine wichtige Ursache für die Agrarexpansion entfallen und somit der Druck auf die Mata Atlântica verringert werden.

Außerdem können beim ökologischen Anbau durch den weitgehenden Verzicht auf künstlich hergestellte Dünge- und Pflanzenschutzmittel indirekte Schäden an Flora und Fauna verhindert und eine hohe Biodiversität erhalten werden. Die Verunreinigung der Gewässer, ein ernstzunehmendes Problem aufgrund des Einsatzes leicht löslicher chemischer Mittel im Untersuchungsgebiet,[182] kann deutlich reduziert werden.

Fraglich ist, ob die Konzepte bzw. die einzelnen Maßnahmen des ökologischen Landbaus, die in den auf diesem Gebiet fortschrittlicheren Industrieländern entwickelt wurden, ohne weiteres auf tropische und subtropische Gebiete übertragbar sind. Obwohl die übergeordnete Logik der Erhaltung des Bodenlebens nicht berührt sein dürfte, ist es denkbar, daß aufgrund der großen Unterschiede u. a. im Klima, in der Bodenbeschaffenheit, in der Artenvielfalt und in der Nährstoffdynamik[183] einzelne auf der Nordhalbkugel entwickelte Praktiken in Brasilien nicht dieselbe Wirksamkeit haben.[184] Es ist demnach eine Anpassung der Anbautechniken an örtliche Bedingungen notwendig, z. B. bei der Auswahl der Früchte[185], bei der Konzeption der Fruchtfolge oder bei der Düngung.

---

[179] PADEL (1991), S. 211.
[180] So schließt z. B. die biodynamische Landwirtschaft auch die Verwendung von Pflanzenschutzmitteln mit ein, die aus natürlichen Rohstoffen gewonnen werden.
[181] Der Staat São Paulo verliert jährlich 200 Mio. t fruchtbaren Bodens. Paraná weist ähnliche Werte auf, während bundesweit durch die Erosion 1 Mrd. t fruchtbaren Bodens verlorengehen. Vgl. SMA (1993a), S.3; CODASP (1994), S. 4; SBS (1993b), S. 65.
[182] Vgl. SMA (1991b), S. 52.
[183] Beispielsweise gibt es große Unterschiede in der Phosphatfestlegung im Boden; in Deutschland beträgt sie z. B. 50 %, in den Tropen dagegen 95 %. Vgl. VOGTMANN (1991), S. 17.
[184] Vgl. EGGER/KOTSCHI (1991), S. 262.
[185] França und Moreira sind der Ansicht, daß in Brasilien aus klimatischen und Bodenbeschaffenheitsgründen nicht der klassische europäische Kornanbau, sondern der Anbau permanenter,

Um die in Brasilien im Bereich des ökologischen Landbaus noch nicht ausgereiften Erfahrungen sinnvoll zu ergänzen, kann gemäß der "Konvergenz-" und der "Kontinuitätsregel" auf diesbezügliche Erkenntnisse in geographisch ähnlichen Zonen der Erde zurückgegriffen werden.[186] Es gibt einige passende Beispiele gut funktionierenden Bioanbaus im Rahmen deutscher Entwicklungsprojekte in Ruanda, in Tansania (an den Usambarabergen) und in Togo.[187]

Ferner bietet sich die Einbringung der Erfahrungen traditioneller einheimischer Anbaupraktiken an (z. B. Methoden der *caiçaras*[188] und den im Ribeira-Tal noch lebenden *tupi*-Indianern, aber ebenso Praktiken von Indianern im Amazonas-Gebiet, über die detaillierte Berichte bereits vorliegen[189]), die einem ökologischen Landbau nahekommen.

Die traditionellen Methoden können mit bestimmten modernen Techniken kombiniert werden,[190] deren Übertragung keinen regionalen Beschränkungen unterliegen, wie *Mulchen, Konturpflügen, Terrassierung, Hecken, Fruchtfolgen, Zwischenpflanzen, Mischfruchtanbau, Gründüngung, mineralische Düngung, kombinierte Anbau- und Viehwirtschaft* sowie *Kompostwirtschaft*.[191] Deren Anwendung bzw. Anpassung in Brasilien, unter Rücksichtnahme auf seine geologischen und geographischen Charakteristika, kann über Kurse, die z. B. vom Biodynamischen Institut "IBD" in Botucatu (SP) organisiert werden,[192] oder über Fachbücher erlernt werden, die in technisch detaillierter und zugleich verständlicher Form geschrieben sind.[193] Letztere können auch Praktiken beinhalten, die insbesondere in den Tropen sinnvoll sind. Beispielsweise kann hier die Grundstücks-Demarkierung mit "Lebendzäunen" (meistens Fruchtbäume) genannt werden, die auf die große biologische Aktivität bzw. die Rolle der Vogelfauna in der biologischen Schädlingsbekämpfung zurückgreift.[194] Ebenso sind vielfältige Hinweise dafür auffindbar, wie die Erhaltung und die Regeneration der natürlichen Vegetation zu

---

anpassungsfähiger Kulturen am geeignetsten ist. Als ökologisch und ebenso ökonomisch interessant nennen sie den Anbau von - teils einheimischen - Bäumen und Sträuchern mit folgender Frucht- und Rohstoffproduktion: Obst, Kaffee, Pará-Nuß, Kaju-Kastanie, Kakao, Kautschuk, Guaraná (Heilmittel), Jojoba (Öl) und Dendê (Öl). Vgl. FRANÇA/MOREIRA (1988), S. 14.

[186] Nach der *Konvergenzregel* weisen traditionelle Anbausysteme in verschiedenen Kontinenten unter gleichen Klimabedingungen große Ähnlichkeiten auf. Nach der *Kontinuitätsregel* gehen die tropischen Klimate trotz aller Vielfalt kontinuierlich und ohne Brüche ineinander über, wodurch eine grobe Typologisierung möglich wird. Vgl. EGGER/KOTSCHI (1991), S. 261.

[187] Vgl. EGGER/KOTSCHI (1991), S. 274.

[188] Traditionelle Einwohner des Küstenbereichs vor der Serra do Mar.

[189] Vgl. die Beschreibung der Anbautechniken der Kayapó-Indianer in BROSE (1991), S. 98 f.

[190] Eine derartige Idee ist schon seit längerer Zeit im Gespräch, aber immer noch aktuell. Vgl. hierzu GLAESER (1978), S. 18; BROSE (1991), S. 102.

[191] Vgl. SCMIDT-WULFFEN (1992b), S. 12; EGGER/KOTSCHI (1991), S. 251.

[192] Das "IBD" (Adresse: C. P. 321 - CEP 18603-970 Botucatu / SP) ist mit 400 Mitgliedern die größte Ökoanbau-Organisation Brasiliens und bietet seit seiner Gründung vor elf Jahren Einführungskurse in den Bioanbau über die Partnergesellschaft "Associação ELO" an. Vgl. INSTITUTO BIODINÂMICO (1994), S. 2/14.

[193] Vgl. z. B. PRIMAVESI (1990), S. 80 ff.; PRIMAVESI (1992), S. 11 ff.; FRANÇA/MOREIRA (1988), S. 23 ff.

[194] Vgl. FRANÇA/MOREIRA (1988), S. 60.

landwirtschaftlichen Produktivitätsverbesserungen in Schräglagen und in Gebieten mit großem Aufkommen von Wind und Regen führen können.[195]

Die Effizienz des Bioanbaus kann gesteigert werden, wenn bei der Auswahl der Anbaufrüchte und -techniken die natürlichen Eigenschaften des Bodens in die Überlegungen mit einbezogen werden. Eine nachhaltige Produktion nach dem Vorbild des europäischen Bioanbaus (mit Kornanbau) dürfte eher in Böden mit hoher natürlicher Fruchtbarkeit zu erreichen sein. Im Domínio Mata Atlântica erfüllt ein großer Teil der landwirtschaftlichen Böden - hauptsächlich in den Staaten Paraná und São Paulo - diese Voraussetzung.[196] Im Staat São Paulo weisen Klassifizierungen des staatlichen Landwirtschaftsministeriums 60 % seiner Fläche als für die Anbau- und Viehwirtschaft geeignet aus.[197] Trotzdem braucht die Möglichkeit einer nachhaltigen Landwirtschaft nach europäischem Muster in den nährstoffärmeren Böden nicht grundsätzlich ausgeschlossen werden, wenn auch dabei schlechtere Erträge in Kauf genommen werden müssen.[198]

Mit ökologischen Vorzügen allein läßt sich der ökologische Landbau in Brasilien jedoch nicht rechtfertigen. Der typische, arme Landwirt erwartet von einer Umstellung auf den ökologischen Landbau verständlicherweise auch *ökonomische* Vorteile. Diese dürften - vor allem bei ausgeprägt kurzfristiger Orientierung - nicht auf Anhieb erkennbar sein. Durch den Entzug von synthetischen Düngemitteln und Pestiziden sieht sich ein Landwirt, der auf den Bioanbau umstrukturieren will, zunächst mit potentiellen Ertragsrückgängen konfrontiert. Kurzfristige Ertragsnachteile können jedoch durch die vielfältigen Möglichkeiten der organischen Düngung gering gehalten werden. Und die Biodiversität, die sich aus dem Anbau mehrerer Kulturen und dem Verzicht von Pestiziden ergibt, reduziert die früher in Kauf genommenen Schädlingsverluste. Die sich aus dem Bioanbau ergebende ökologische Stabilisierung, die zur Erhaltung des Bodenlebens und zur Erosionsvermeidung führt, wird auf die Dauer schließlich zu größeren Erträgen führen.

Außerdem wird das letztendlich ausschlaggebende Betriebsergebnis nicht allein vom Produktertrag bestimmt, sondern auch von der Verkaufslage - u. a. vom Nachfragerverhalten. Hier kann der Bioanbau dem Landwirt durch die relativ große Produktdiversifizierung eine bessere Absicherung vor Preisschwankungen bieten.

Der skeptische Landwirt wird sich ferner durch die mit einer chemiefreien landwirtschaftlichen Bewirtschaftung verbundenen Mehrkosten abschrecken lassen, die sich aus einem höheren Arbeitsaufwand und einem eventuell größeren Mechanisierungsbedarf

---

[195] Dazu können beispielsweise eine spezielle Art der Terrassierung ("microbacias") und die Diversifizierung mit bodenschonenden Fruchtbäumen genannt werden. Vgl. FRANÇA/MOREIRA (1988), S. 41 ff./52.
[196] Vgl. FRANÇA/MOREIRA (1988), S. 15. Die Darstellungen sind durch Kartenmaterial veranschaulicht.
[197] Vgl. SMA (1993d), S. 20.
[198] Vgl. SANCHEZ (1992), S. 115.

ergeben.[199] Je nach Produktionsbedingungen können Investitionen notwendig sein, die nicht nur eine erfolgreiche Aufbringung von Finanzierungsmitteln erfordern, sondern auch über Jahre amortisiert werden müssen. Diese hohe finanzielle Belastung kann andererseits durch Einsparungen kompensiert werden, die sich aus dem Verzicht auf teure Kunstdünger und Pestizide ergeben.[200] Wenn die anfängliche Investitionsphase überstanden ist, kann sich ein gutes Rentabilitätsniveau einstellen.[201]

Das Rentabilitätsniveau ökologisch produzierender Betriebe in Brasilien ist allerdings von vielen weiteren, lokal unterschiedlichen Faktoren abhängig, die die Produktion und den Verkauf der Bioprodukte betreffen. Die Produktionseffizienz einer Biofarm kann z. B. durch die lokale Bodenfruchtbarkeit oder das Klima, aber auch durch die Arbeitsmoral der Arbeitnehmer beeinflußt werden. Andererseits sind gute Verkaufsergebnisse von der jeweiligen Verkehrsanbindung an die Märkte oder von Besonderheiten im Nachfragerverhalten abhängig. Auf derartig erfolgsbeeinflussende betriebswirtschaftliche Aspekte muß bei der Standortwahl ganz besonders geachtet werden, weil in Brasilien aufgrund wirtschaftlicher Probleme auf absehbare Zeit noch nicht mit einer Förderung des Ökoanbaus zu rechnen ist, sei sie direkt durch den Staat oder indirekt durch den Konsumenten.

Die Rentabilitätsentwicklung in den Industrieländern deutet jedenfalls auf eine vielversprechende Zukunft des ökologischen Anbaus hin. In Deutschland zeigen seit Ende der 80er Jahre statistische Gegenüberstellungen, daß landwirtschaftliche Betriebe mit ökologischem Anbau gegenüber konventionellen Betrieben leichte Vorteile in der Gewinnerzielung aufweisen.[202] Auch in den USA wird nicht mehr bezweifelt, daß sich die Gewinne ökologisch orientierter Betriebe langfristig - aufgrund der Langlebigkeit der ökologisch bebauten Böden und der tendenziell höheren Preise ökologisch angebauter Produkte - auf höherem Niveau bewegen werden. Entfiele die staatliche Beeinflussung der Marktpreise, so wäre der ökologische Landbau schon heute deutlich profitabler.[203]

---

[199] Hierüber bestehen in der Literatur divergierende Meinungen, die auf einen fallspezifischen Maschinenbedarf schließen lassen. Einige Untersuchungen über den Bioanbau in Deutschland und in den USA ergaben, daß die Mechanisierungskosten zunehmen, nicht zuletzt aufgrund eines durch die Methode veränderten Maschinenbedarfs (vgl. hierzu PADEL (1991), S. 221; EDWARDS (1989), S. 31). In anderen Studien, die sich auf permanente Kulturen konzentrierten, wurden dagegen sinkende Mechanisierungskosten beobachtet (vgl. hierzu PIMENTEL/ CULLINEY/BUTTLER/REINEMANN/BECKMANN (1989), S. 16; FRANÇA/MOREIRA (1988), S. 15).

[200] Vgl. PADEL (1991), S. 221; EDWARDS (1989), S. 31; PIMENTEL/CULLINEY/BUTTLER/ REINEMANN (1989), S. 16.

[201] Diese Anfangsphase kann allerdings je nach Produktionsbedingungen relativ lang sein. Bei der Umwandlung der konventionellen in eine organische Kaffeeproduktion muß i. d. R. eine anfängliche Investitionsphase von vier Jahren überwunden werden. Vgl. INSTITUTO BIODINÂMICO (1994), S. 2.

[202] Vgl. PADEL (1991), S. 216f./224.

[203] Vgl. PIMENTEL/CULLINEY/BUTTLER/REINEMANN (1989), S. 16; LOCKERETZ (1989), S. 72 ff.

In Brasilien besteht auf betriebswirtschaftlicher Ebene noch Unkenntnis bzw. Unsicherheit über die Rentabilität des biologischen Anbaus. Es liegen diesbezüglich keine umfangreichen Statistiken vor, und die Verbreitung von Erfolgsmeldungen beschränkt sich auf fachspezifische Publikationen von geringer Auflage.[204] In der brasilianischen Fachliteratur lassen sich allerdings viele - wenn auch vage - Hinweise finden, die darauf abzielen, Zweifel an der Rentabilität des Bioanbaus auszuräumen. Beispielsweise wird erklärt, daß biologische Farmen über eine höhere (Energie-) Effizienz als konventionelle verfügen,[205] oder daß die Biofarmen keine Abhängigkeit von teuren chemischen Zusatzstoffen entwickeln und somit nicht subventioniert werden müssen, um rentabel zu sein.[206] Außerdem wird darauf hingewiesen, daß infolge der höheren Qualität der Bioprodukte höhere Umsätze erzielt werden können.[207] Hier kann ein Beispiel aus der Kaffeeproduktion zitiert werden: Der Kaffeesack aus organischer Produktion erreicht international Marktpreise von 200 USD, im Vergleich zu 80 USD beim konventionell hergestellten Kaffee.[208] Es bleibt jedoch fraglich, ob vergleichbare Preisvorteile auch im Inland erzielt werden können, wo ein geringeres Umweltbewußtsein herrscht.

Trotz des guten Zugangs zu methodischen Informationen im ökologischen Bereich und vielversprechender Marktvoraussetzungen im ökonomischen Bereich konnte der ökologische Landbau in Brasilien noch keine große Bedeutung erlangen. Es existieren lediglich ca. 70 landwirtschaftliche Betriebe, die vom "IBD" als organisch bzw. biodynamisch anerkannt werden. Verglichen mit Deutschland oder den USA, wo sich der Bioanbau schon als Nische etabliert hat, ist das relativ wenig. Hierfür lassen sich Erklärungen außerhalb des ökonomisch-ökologischen Bereichs finden.

Bei der Durchsetzung des Bioanbaus in Brasilien bestehen noch Schwierigkeiten kultureller und sozio-ökonomischer Natur. Erstens sind die Landwirte traditionell gewöhnt, bei Bodenerschöpfung neue Anbaugebiete zu erschließen, wobei es an der Einsicht mangelt, daß dafür kein großer Spielraum mehr besteht. Zweitens sind die Farmer in einem wirtschaftlich instabilen Land wie Brasilien hauptsächlich kurzfristig orientiert. Sie lassen sich durch langfristig orientierte Argumente - z. B. die dauerhafte Erhaltung der Produktionsgrundlagen - in ihren Entscheidungen kaum beeinflussen. Das fällt umso schwerer, wenn sich gerade auf den nährstoffärmeren Böden durch den Einsatz von Agrarchemie in kurzer Zeit ein dramatischer Ertragsanstieg erreichen läßt.[209] Drittens ist das Umweltbewußtsein seitens der Produzenten und Konsumenten insgesamt noch nicht

---

[204] Das vierteljährlich herausgegebene Mitgliedsheft der bedeutendsten Ökoanbau-Organisation Brasiliens, des Biodynamischen Instituts in Botucatu (SP), hat eine Auflage von ca. 5.000 Exemplaren. Vgl. INSTITUTO BIODINÂMICO (1994).
[205] Vgl. FRANÇA/MOREIRA (1988), S. 74.
[206] Vgl. PRIMAVESI (1992), S. 142.
[207] Vgl. PRIMAVESI (1990), S. 123.
[208] Vgl. INSTITUTO BIODINÂMICO (1994), S. 2.
[209] Vgl. EDWARDS (1989), S. 27.

so hoch, als daß ökologische Gesichtspunkte den Ausschlag für eine organische Produktion geben könnten.[210]

Um diese Probleme zu lösen, werden ursachenorientierte bildungs- und wirtschaftspolitische Maßnahmen benötigt. Die Landwirte müssen über die Umweltproblematik und die Möglichkeiten des Eigenbeitrages besser informiert werden. Zugleich muß ihnen eine familiäre Zukunftsplanung ermöglicht werden, die allerdings ohne Wirtschaftsförderungs- und Armutsbekämpfungsprogramme schwer zu erreichen ist. Erst durch derartige Maßnahmen kann eine langfristige Orientierung bei den Marktteilnehmern einsetzen.

### 3.2.2 Nachhaltige Forstwirtschaft

In diesem Kapitel steht die Nutzung des "primären" Waldproduktes Holz im Mittelpunkt des Interesses, und daher werden zunächst Statistiken im Bereich der Produktion und des Handels von Holz in der Welt und in Brasilien diskutiert. 1991 betrug die Weltproduktion von Rundholz 1,599 Mrd. m$^3$ und die von Brennholz und Holzkohle 1,830 Mrd. m$^3$.[211] Ein bedeutender Teil der Holzproduktion findet in den Ländern der "Dritten Welt" statt, in denen sich der größte Teil der Regenwaldbestände der Erde befindet. Brasilien, wo sich 30 % der tropischen Waldbestände der Erde konzentrieren,[212] hatte 1991 einen Anteil von 4,6 % an der Weltproduktion von Rundholz bzw. 10,4 % an der von Brennholz und Holzkohle.[213]

Die intensive Holznachfrage in den ärmeren, landwirtschaftlich orientierten Ländern (dort dienen 80 % des Holzeinschlages der Energiegewinnung) und in den holzimportierenden Industriestaaten (dort wird Holz hauptsächlich im Bausektor eingesetzt und in der Industrie weiterverarbeitet) führt zu einem Holzeinschlag, der die natürliche Regenerationsfähigkeit der tropischen Wälder weit übersteigt.[214] Aufgrund dieser übermäßigen Holzgewinnung, in Verbindung mit der landwirtschaftlichen Expansion als Hauptursache, ist bisher ein Rückgang des Tropenwaldes in einigen Ländern Südostasiens, Westafrikas und Südamerikas in den letzten 15 - 20 Jahren um 40 - 50 % zu verzeichnen.[215]

Die wirtschaftliche Entwicklung Brasiliens steht, wie in den anderen tropischen Ländern, in engem Zusammenhang mit der Holznutzung. In Brasilien belief sich das Holzangebot

---

210 Siehe hierzu Abschnitt 3.3.2.
211 Vgl. FISCHER WELTALMANACH 1995, S. 934.
212 Diese Statistik umfaßt sowohl die einheimischen Wälder des Amazonas - mit einem Anteil von 80 % an den inländischen Waldressourcen - und der Mata Atlântica als auch die Pinus- und Eucalyptus-Plantagen. Vgl. SBS (1991a), S. 2; SBS (1990), S. 3.
213 Vgl. FISCHER WELTALMANACH 1995, S. 934.
214 Vgl. LAMPRECHT (1986), S. 106, FISCHER WELTALMANACH 1995, S. 937 ff.
215 Vgl. O. V. (11.8.93), S. 3.

1987/88 - im Zuge eines ständig expandierenden Holzmarktes -[216] auf 263.490.000 m³ Holz, das zu über 50 % als Brennholz genutzt und zu etwa 25 % zu Holzkohle weiterverarbeitet wurde; das restliche Viertel wurde an Sägewerke oder an Papier- und Zellstoffabriken geliefert:

Tab. 3: Holznachfrage und -produktion in Brasilien 1987/88

|  | Menge (10³ t) | Rohholz-äquivalent (10³ t) | % |
|---|---|---|---|
| A) NACHFRAGE NACH INDUSTRIEHOLZ |  |  |  |
| Zellstoff | 3.664 | 14.740 | 6 |
| Holzkohle | 34.349 | 68.700 | 26 |
| Schnittholz | 16.790 | 33.500 | 13 |
| Tafelholz | 3.450 | 7.550 | 2 |
| *Zwischensumme* |  | *124.490* | *47* |
| B) NACHFRAGE NACH BRENNHOLZ |  | 139.000 | 53 |
| *Summe* |  | *263.490* | *100* |
| C) ANGEBOT AN HOLZ AUS PLANTAGEN |  |  |  |
| Eucalyptus | 64.300 |  |  |
| Pinus | 18.000 |  |  |
| *Zwischensumme* |  | *82.300* |  |
| D) ANGEBOT AN HOLZ AUS NATÜRLICHEN WÄLDERN (Differenz) |  | 181.190 |  |

Quelle: SBS (1990), S. 15

In Brasilien herrschen aufgrund des Klimas und der Bodenstruktur allgemein gute Wachstumsbedingungen für Bäume. Das Potential für die Produktion von Biomasse wird dort auf jährlich 30 - 50 t/ha in den Erschließungsgebieten des Amazonas und der Mata Atlântica geschätzt und ist damit um ein Vielfaches höher als in den Wäldern der borealen Zone.[217] Trotzdem kann die aktuelle inländische Holznachfrage durch die Holzproduktion der Wiederaufforstungen allein nicht gedeckt werden; 1987/88 bestand ein Produktionsdefizit von 181.190.000 m³ Holz, das durch die Exploration der Regenwälder ausgeglichen wurde.[218]

---

[216] Allein für den Staat São Paulo wird eine Erhöhung der Holznachfrage um über 200 % in den nächsten 25 Jahren prognostiziert. Vgl. SMA (1992e), S. 135.
[217] Vgl. SBS (1990), S. 3/6; CLARK (1992), S. 46.
[218] S. o. Tabelle 3.

Dabei beschränken sich die bedarfsorientierten Rodungsaktionen, denen jährlich ca. drei Mio. ha Regenwald zum Opfer fallen,[219] nicht nur auf das Amazonasgebiet, sondern erstrecken sich auch auf die Mata Atlântica. In Minas Gerais, führend in der Eisen- und Stahlproduktion in Brasilien, wird z. B. die Eisenreduktion in den Hochöfen teils legal, teils illegal auf der Basis von Holzkohle betrieben, die größtenteils aus dem Holz natürlicher Wälder gewonnen wird.[220] Die Mata Atlântica ging in diesem Staat bis 1990 entsprechend auf 5,16 % des ursprünglichen Bestandes zurück.[221]

Aus den vorangegangenen Statistiken ist einerseits die Bedeutung des Rohstoffes Holz als einer der weltweit wichtigsten erneuerbaren Ressourcen für die weiterverarbeitende Industrie und für die Energiegewinnung ersichtlich. Andererseits läßt sich erkennen, daß die Nachfrage die Produktion übersteigt, wodurch ein umweltschädliches Wirtschaften in den holzabhängigen Branchen erkennbar wird. Diese aus ökologischer - und langfristig auch aus ökonomischer - Sicht ungünstige Lage könnte möglicherweise umgekehrt werden, wenn sich in den Tropenwaldländern eine Holzproduktion nach Nachhaltigkeitsgrundsätzen durchsetzen ließe.

Eine nachhaltige Forstwirtschaft[222] im einfachen Sinne wird erreicht, wenn die Holzgewinnung den Bestand des bewirtschafteten Waldes langfristig nicht beeinträchtigt. Eine derartige Wirtschaftsform ist in Europa seit längerem bekannt, wo die Forstwirtschaft diesen Nachhaltigkeitsgrundsatz schon vor ca. 200 Jahren übernahm. Danach darf Holz nicht in einer Menge geschlagen werden, die das natürliche Wachstum überschreitet.

Im Domínio Mata Atlântica beschränkt sich die Forstwirtschaft nach diesem einfachen Nachhaltigkeitskriterium fast ausschließlich auf Monokulturen von ortsfremden Baumarten - vornehmlich *Eucalyptus spec.* (ca. 52 %) und *Pinus spec.* (ca. 30 %).[223] Deren Bestand beläuft sich auf über 5 Mio. ha, wobei der jährliche Zuwachs derzeit bei 250.000 ha liegt.[224]

Diese exotischen Baumarten bieten viele Vorteile aus *ökonomischer* Sicht, wobei folgende hervorgehoben werden können:[225]

- Sie lassen sich relativ problemlos als Monokulturen anlegen, die wirtschaftlicher zu handhaben sind als ein heterogener Wald.

---

[219] Vgl. SBS (1987), S. 11.
[220] Holzkohle dient in der Schwerindustrie Brasiliens als Ersatz für die Steinkohle, deren geringe Reserven im Süden des Landes für eine Inlandsversorgung nicht ausreichen. Siehe hierzu Abschnitt 3.2.5.
[221] Vgl. ROSA (28.1.93a), S. 1.
[222] In diesem Abschnitt wird die Forstwirtschaft lediglich als Tätigkeit zur Holzgewinnung verstanden. Die Diskussion über die Exploration anderer, "sekundärer" Waldprodukte wird unter 3.2.4 besprochen.
[223] Vgl. SBS (1990), S. 5.
[224] Vgl. SBS (1991b), S. 2.
[225] Vgl. SBS (1990), S. 6 ff.; SBS (1987), S. 8 f.; SBS (1991b), S. 2; ABPM (1993), S. 14.

- Sie verfügen über einen relativ kurzen Einschlagzyklus von fünf bis sieben Jahren.
- Sie weisen selbst auf degradierten Böden ein wirtschaftlich nutzbares Wachstum auf.
- Sie greifen auf einen hochwertigen biotechnologischen Forschungsstand zurück, durch den laufend Ertragsverbesserungen erzielt werden können.

Auch aus gesamtwirtschaftlicher Sicht erscheint der auf exotische Monokulturen spezialisierte forstwirtschaftliche Sektor in gutem Licht. Er trägt mit 4 % zum Bruttoinlandsprodukt bei und sichert rund 600.000 direkte Arbeitsplätze.[226]

Aus *ökologischer* Sicht ist vor allem begrüßenswert, daß durch die genannten Plantagen der Druck auf die einheimischen Regenwälder verringert wird. Nach aktuellen Erkenntnissen können 5 Mio. ha dieser Aufforstungen die Rodung von 50 Mio. ha Regenwald verhindern.[227] Außerdem wirken sie erosionshemmend und bodenverbessernd. Landwirtschaftlich unbrauchbare, weil degradierte Böden können durch die Anlage von Aufforstungen mit organischem Material angereichert und weitgehend wiederhergestellt werden.

Trotz dieser unverkennbaren ökologischen Vorteile kann der forstwirtschaftlichen Tätigkeit in Brasilien keine Nachhaltigkeit nach heutigem Verständnis zuerkannt werden. Diese erweiterte Nachhaltigkeit wird über die Erfüllung zusätzlicher Aufgaben im ökologischen und im sozio-ökonomischen Bereich erreicht, wie die Erhaltung der Biodiversität und des ökologischen Gleichgewichts in der umgebenden Flora und Fauna oder die Begünstigung des kleinen Produzenten.[228] In dieser Hinsicht sind bei der bisherigen forstwirtschaftlichen Entwicklung erhebliche Mängel zu verzeichnen:[229]

- Die Monokulturen aus *Pinus spec.* und *Eucalyptus spec.* stellen einen Verstoß gegen die Aufrechterhaltung der pflanzlichen Biodiversität dar.
- Aufgrund schwer verträglicher Veränderungen im Lebensraum und im Nahrungsmittelangebot wird ebenso die Artenvielfalt der Fauna beeinträchtigt.
- Der hohe Wasserbedarf der Eucalyptusplantagen führt zu einer Versauerung der Böden und manchmal zu einer Senkung des Grundwasserspiegels.
- Die Bodenfruchtbarkeit wird durch Eucalyptusplantagen nur geringfügig verbessert, da der größte Teil der aufgenommenen Nährstoffe dem Wachstum der Baumstämme zugute kommt; und das organische Material, das dem Boden wieder durch die Blätter

---

[226] Vgl. SBS (1991a), S. 2.
[227] Vgl. SBS (1987), S. 8.
[228] Vgl. EHRENSTEIN (4.3.94), S. 9; COLCHESTER/LOHMANN (1990), S.13; SCHÄFER/ KRIEGER/BOSSEL (1992), S. 192. Siehe auch die Ausführungen in Abschnitt 3.1.2.
[229] Vgl. SPVS (1992), S. 76 f.; SMA (1992a), S. 179 f.; SCHÄFFER (1989), S. 41; SHIVA/ BANDYOPADHYAY (1991), S. 40/69/82 f.

zugefügt wird, entsteht erst nach einer relativ langen Zersetzungszeit und beinhaltet für andere Vegetationsarten z. T. toxische Substanzen.

- Durch die Monokulturen entsteht ein biologisches Ungleichgewicht, das Schädlinge wie z. B. den "*broca*"-Käfer begünstigt.
- In den Plantagen werden, wenn auch in geringerem Umfang als in der Landwirtschaft, Pestizide und synthetische Düngemittel verwendet.
- Die Produktivität der exotischen Arten ist oftmals geringer als die bestimmter einheimischer Arten.[230]
- Schließlich fördert die forstwirtschaftliche Praxis auf der Basis großer Monokulturen die Bildung konzentrierter Machtstrukturen, da die Wirtschaftlichkeit der Plantagen von umfangreichem Grundbesitz und hohen Investitionen im technischen Bereich abhängig ist.

Es stellt sich somit die Frage, ob eine Forstwirtschaft in den *Primär-* und *Sekundärwäldern* der Mata Atlântica möglich ist, durch die die genannten ökologischen und sozioökonomischen Mängel behoben werden können, ohne die Prämisse der Wirtschaftlichkeit zu verletzen. Die Realisierung einer im erweiterten Sinne nachhaltigen Forstwirtschaft in einem tropischen und subtropischen Regenwald ist allerdings aufgrund der großen Artenvielfalt und der komplexeren ökologischen Zusammenhänge weitaus schwieriger als in den Wäldern der gemäßigten Zone. Dadurch wird sie relativ forschungsintensiv und organisatorisch anspruchsvoll. Die Praktizierung der nachhaltigen Forstwirtschaft in den in der "Dritten Welt" einheimischen Regenwäldern wird dementsprechend mit Skepsis betrachtet: "There is no developing country where sustainable management of tropical rain forests is in any way a practical reality."[231] Diese negative Haltung wird künstlich dadurch unterstützt, daß bis heute keine konsequente Dokumentation und Veröffentlichung erfolgreicher Fälle von einer nachhaltigen Regenwaldnutzung betrieben wurde. Einzelne Meldungen sind in eher schwer zugänglichem fachspezifischen Schriftmaterial auffindbar.[232] Obwohl über die Existenz einer nachhaltigen forstwirtschaftlichen Nutzung des Regenwaldes kein Zweifel besteht, gibt es über ihre Verbreitung kaum

---

[230] Entsprechende Beobachtungen sind nicht nur außerhalb Brasiliens bestätigt worden (vgl. SCHÄFER/KRIEGER/BOSSEL (1992), S. 193). In der APA von Guraqueçaba (PR) gilt diese Feststellung z. B. für die einheimischen Arten "sangueiro" (*Pterocarpus violaceus*), "cedro" (*Cedrela fissilis*), "jacatirão" (*Tibouchina Sellowiana*), "guapuruvu (*Schysolobium parahyba*) und "embaúba" (*Cecropia pachystachya*). Vgl. SPVS (1992), S. 77.

[231] RICH (1990), S. 13. Ähnliche skeptische Aussagen verschiedener Experten sind in FUNDAÇÃO SOS MATA ATLÂNTICA (1988), S. 66/96, NIEMITZ (1991), S. 70 sowie HARMS (1991), S. 166 ersichtlich.

[232] Z. B. sind in der Niederschrift zu einem in Rio de Janeiro 1988 stattgefundenen "Seminar über die rationelle Nutzung Tropischer Wälder" Erfolgsbeispiele aus Peru, Surinam, Costa Rica, Kolumbien und Bolivien verzeichnet. Vgl. FUNDAÇÃO SOS MATA ATLÂNTICA (1988), S. 159 ff.

Statistiken. Eine Untersuchung ergab, daß in weniger als 0,125 % der tropischen Regenwälder eine erweiterte nachhaltige Forstwirtschaft betrieben wird.[233]

In Brasilien bestehen bei Regenwäldern bzw. Aufforstungen mit einheimischen Bäumen, anders als bei exotischen Arten, noch große wissenschaftliche Defizite und Erfahrungslücken in bezug auf eine nachhaltige forstwirtschaftliche Nutzung.[234] Für Initiativen in dieser Richtung könnte es hilfreich sein, zunächst auf die fortgeschritteneren forstwirtschaftlichen Erfahrungen in den tropischen Regenwäldern Südostasiens zurückzugreifen.

Nachfolgend werden grundlegende Forstsysteme aus Südostasien genannt, von denen es anzunehmen ist, daß sie grundsätzlich auch in den Regenwäldern Brasiliens, einschließlich in der Mata Atlântica, anwendbar sind. Diese Annahme wird durch die dokumentierte Existenz von analogen Fällen erfolgreicher Übernahmen von malaiischen Forstsystemen in Lateinamerika unterstützt, wie z. B. in den Beni-Wäldern im Norden Boliviens.[235] Außerdem zeigen neueste Untersuchungen der Dynamik von Wäldern, daß die gewonnenen Ergebnisse denen anderer Waldtypen "recht genau" entsprechen.[236] Vereinzelte, in bestimmten Mikrostandorten zu erwartende Übertragungsprobleme, die sich aufgrund von Unterschieden in Klima und Boden sowie in der Artenvielfalt und im Vorkommen kommerziell nutzbarer Bäume ergeben können, müssen durch die Erfahrungen vor Ort und durch eine parallele wissenschaftliche Forschung graduell behoben werden.[237]

In den tropischen Regenwäldern Südostasiens werden forstliche "Überführungssysteme" angewendet, bei denen der Waldbestand in relativ schonender Weise - meist durch Verjüngung - "domestiziert" wird. D. h. er wird in seiner Zusammensetzung verändert, bis eine angemessene Wirtschaftlichkeit und Nachhaltigkeit erreicht wird.[238] Grundsätzlich lassen sich diese Methoden in zwei Kategorien einteilen: das *polyzyklische* und das *monozyklische System*.

Beim *polyzyklischen System* werden bestimmte kommerziell nutzbare Baumarten in Umlaufzeiten (Zyklen) von ca. 20 - 30 Jahren abgeholzt, die i. d. R. geringer als das Rotationsalter (Reifezeit) der Bäume sind. Baumjünglinge mit einem Stammesdurchmesser unterhalb eines zuvor festgelegten Wertes werden stehengelassen. Die Einwirkungen in das Regenwaldökosystem bleiben gering, und dadurch wird das Wachstum schattentoleranter "Klimaxarten", i. d. R. wertvolle, schwere und langsam wachsende Harthölzer, gefördert. Beim *monozyklischen System* - auch als "Malayan Uniform System" bekannt, das in den relativ homogenen *Dipterocarpaceae*-Wäldern entwickelt wurde - werden alle

---

[233] Vgl. COLCHESTER/LOHMANN (1990), S.13.
[234] Vgl. WHITMORE (1993), S. 157; SPVS (1992), S. 77 f.; SCHÄFFER (1989), S. 35 f.; SPVS (1993a), S. 6; FUNDAÇÃO SOS MATA ATLÂNTICA (1988), S. 166.
[235] FUNDAÇÃO SOS MATA ATLÂNTICA (1988), S. 159 ff.
[236] Vgl. WHITMORE (1993), S. 163. Diese Möglichkeit war bis in die jüngste Vergangenheit ausgeschlossen worden. Vgl. z. B. LAMPRECHT (1986), S. 110.
[237] Vgl. zur Übertragungsproblematik u. a. LAMPRECHT (1986), S. 110.
[238] Vgl. LAMPRECHT (1986), S. 112/117.

kommerziell nutzbaren Bäume in einer einzigen Aktion abgeholzt. Der Abholzungszyklus entspricht hier in etwa dem Rotationsalter (ca. 70 Jahre). Dem Wald wird ein höherer Schaden zugefügt als im polyzyklischen System, und bei der natürlichen Regeneration der entstandenen Lichtungen wird das Wachstum der lichtbedürftigen, schnellwüchsigen Leichthölzer gefördert. Diese weniger wertvollen "Pionierarten" eignen sich eher als Brennholz, aber durch die chemische und die Druckimprägnierung erreichen sie heute eine Widerstandsfähigkeit, die sie mit den Harthölzern vergleichbar macht und ihnen folglich neue Marktchancen eröffnet.[239]

In den primären Regenwäldern Lateinamerikas herrscht eine im Vergleich zu Südostasien höhere Dichte und Diversität an Klimaxbäumen, die langsamer wachsen und zugleich wertvoller sind. Dort wäre aus ökologischer Sicht eher das polyzyklische System zu empfehlen. Durch die punktuelle Abholzung können Erosionsschäden besser vermieden werden, während gleichzeitig kein bedrohlicher Artenrückgang und kein unausgleichbarer Biomasseentzug zu erwarten ist.[240]

Aus ökonomischer Sicht weist das polyzyklische System ebenfalls Vorteile gegenüber dem monozyklischen auf: Durch das Fällen wertvoller Stämme kann ein gesetztes Ertragsziel schneller erreicht werden, und die Umlaufzeit ist überschaubarer und besser planbar. Nachteilig ist nur die größere Komplexität der Methode, die zu einem höheren Arbeitsaufwand führt. Die sich daraus ergebenden Mehrkosten können wiederum dadurch ausgeglichen werden, daß ein vorsichtiger Abtransport der geschlagenen Bäume über die Rückegassen erfolgt, wodurch mit einer schnelleren Regeneration und einem zusätzlich höheren Ertrag pro Hektar gerechnet werden kann.[241]

Als spezielle Beispiele dieser polyzyklischen Forstsysteme können u. a. das "Philippine Selective Logging System" (PSLS), das "Indonesian Selective Logging System" (ISLS) sowie das in Australien entwickelte "Queensland-System" genannt werden, bei denen das Fällen der Bäume nach dem Kriterium eines festzulegenden Mindesthaubarkeitsdurchmessers (MHD) erfolgt und mit bestimmten Pflege- und Anreicherungsmaßnahmen kombiniert wird.[242] Das PSLS ist ein relativ kompliziertes und arbeitsaufwendiges System, das jedoch zu hohen Erträgen bei weitgehender Erhaltung des ökologischen Gleichgewichts führt. Das ISLS zeichnet sich dagegen durch eine besondere Einfachheit aus und ist dadurch besser kontrollierbar und billiger. Das Queensland-System wiederum ist besonders flexibel und auch für Hanglagen geeignet. Die genauen Verfahrensweisen dieser Systeme sind in der einschlägigen forstwirtschaftlichen Literatur beschrieben und sollen an dieser Stelle nicht weiter ausgeführt werden.[243]

---

[239] Vgl. WHITMORE (1993), S. 155 f.
[240] Vgl. WHITMORE (1993), S. 160; LAMPRECHT (1986), S. 137 f.
[241] Vgl. WHITMORE (1993), S. 164.
[242] Vgl. LAMPRECHT (1986), S. 131 ff.; KENNEWEG (1991), S. 25; DANZER (1991), S. 156.
[243] Vgl. z. B. LAMPRECHT (1986), S. 131 ff.

Bei der Auswahl des jeweiligen Systems ist immer zu bedenken, daß die biologischen bzw. die immanenten dynamischen Fähigkeiten des Waldökosystems nicht überstrapaziert werden. Ökonomische Kriterien dürfen sich nicht außerhalb dieser ökologischen Grenzen bewegen.[244] Insofern werden spezielle Kenntnisse über die ökologischen Zusammenhänge und die Wachstumsdynamik eines potentiell forstwirtschaftlich nutzbaren Regenwaldbestandes gebraucht. Ebenso sind Kenntnisse über die Reaktion des Waldökosystems auf ein bestimmtes anzuwendendes Forstsystem unabdingbar, damit es in bezug auf die erreichbare Nachhaltigkeit beurteilt werden kann. Das ist natürlich aufgrund der langen Zeithorizonte in der Forstwirtschaft ein schwer zu bewältigendes Problem, das auch von der Zuverlässigkeit von Prognosen über die Walddynamik abhängig ist. Zur Lösung dieses Problems kann auf Simulationsmodelle für Primär- und Sekundärwälder zurückgegriffen werden, wie sie z. B. schon erfolgreich bei den *Dipterocarpaceae*-Wäldern verwendet werden. Hier kann an das relativ neue Modell "FORMIX" angeknüpft werden: Es sieht, unter Berücksichtigung der komplexen Zusammenhänge in tropischen Mischwäldern, die ökologische Konformität bestimmter Forstsysteme voraus, indem es optimale Umlaufzeiten zur Bewahrung der Nachhaltigkeit errechnet.[245]

Durch die Einbeziehung derartiger und angepaßter Modelle könnte der forstwirtschaftlichen Forschung in den Regenwäldern Brasiliens ein entscheidender Schub gegeben werden. Derzeit reduziert sich die forstwissenschaftliche Forschung auf langwierige Feldversuche im Amazonas, wo vor allem an monozyklische Forstsysteme ("Tropical System" und "Malayan Uniform System") angelehnte Methoden der nachhaltigen Forstwirtschaft in der Praxis erprobt werden.[246] Nach den bisherigen Erkenntnissen der brasilianischen Agrarforschungsgesellschaft "EMBRAPA" sorgt in den erforschten Waldformationen in Tapajós eine Exploration um 40 m³ Holz pro Hektar, bei einer Umlaufzeit von 30 Jahren, für das ausgeglichenste Verhältnis zwischen Ökonomie und Ökologie.[247] In diesem Fall reicht die natürliche Regeneration für eine Nachhaltigkeit aus, wobei jedoch regelmäßige Pflegemaßnahmen zu empfehlen sind. Das Problem ist, daß die errechneten Werte innerhalb der Regenwaldformationen örtlich verschieden sind und somit noch viele Feldversuche folgen müssen, bevor eine potentiell nachhaltige Forstwirtschaft in den Regenwäldern Brasiliens schematisiert werden kann.[248] Außerdem ist die Rentabilität direkt von den Transportkosten abhängig, die wiederum von der lokalen Infrastruktur bzw. der Entfernung zu den Absatzmärkten bestimmt werden. Ferner kann die Wirtschaftlichkeit der Holzexploration innerhalb ökologischer Grenzen von

---

[244] Vgl. WHITMORE (1993), S. 152.
[245] Vgl. SCHÄFER/KRIEGER/BOSSEL (1992), 193 ff.
[246] Seit 1994 verwendet das Forschungsinstitut "INPA" im Amazonas auch ein an das CELOS-System (s. u.) angelehntes Verfahren. Siehe hierzu die Ausführungen zu "Precious Woods" unter Abschnitt 3.2.7.
[247] Vgl. FUNDAÇÃO SOS MATA ATLÂNTICA (1988), S. 36 ff.
[248] Vgl. FUNDAÇÃO SOS MATA ATLÂNTICA (1988), S. 36/49.

vielen anderen betriebswirtschaftlichen Faktoren beeinflußt werden, wie etwa von der Qualität und dem Ausbildungsbedarf der Arbeitskräfte.[249]

Weitere Anpassungsversuche für die Mata Atlântica, verbunden mit verfahrenstheoretischen Empfehlungen zu einer nachhaltigen Forstwirtschaft in Primärwäldern, sind von der Universität von Santa Catarina ("UFSC") unternommen und veröffentlicht worden.[250] Allerdings bleibt das angebotene Lösungsmuster für die Holzextraktion relativ oberflächlich. Im Prinzip wird ein polyzyklisches System empfohlen, das die ökologische und ökonomische Nachhaltigkeit der forstwirtschaftlichen Tätigkeit unter Wahrung der Biodiversität erreicht. Dabei soll für jede kommerzialisierbare Art ein Holzgewinnungsplan auf der Basis einer Inventur der jeweiligen Individuenzahl und der artspezifischen Wachstumsdynamik innerhalb des Ökosystems aufgestellt werden. Die Handlungsweise wird in einem allgemeinen Fluxogramm schematisiert:

---

[249] Vgl. FUNDAÇÃO SOS MATA ATLÂNTICA (1988), S. 45 ff.
[250] Vgl. REIS/REIS/FANTINI (1993), S. 10 ff.

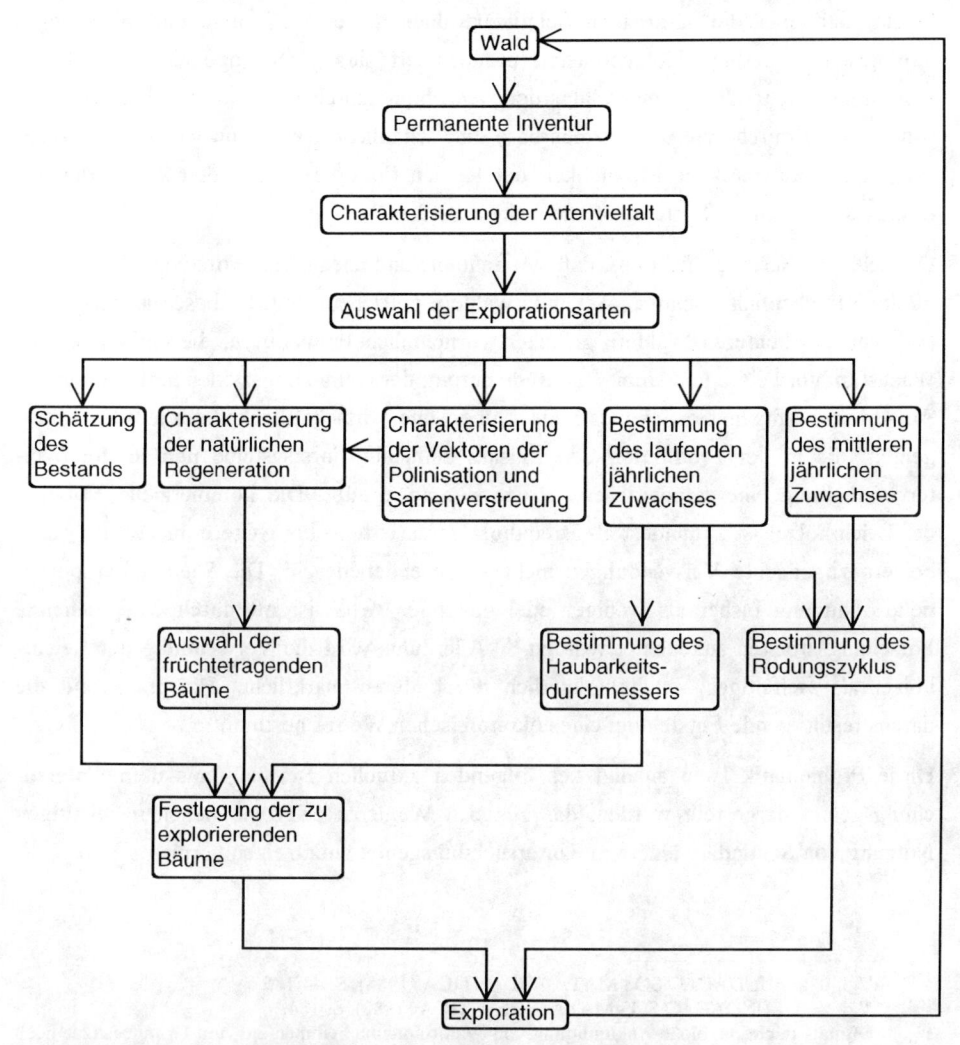

Abb. 6: Fluxogramm für die nachhaltige Forstwirtschaft im tropischen Regenwald

```
                          ┌──────┐
                          │ Wald │◄──────────────────────────┐
                          └──┬───┘                            │
                             ▼                                │
                   ┌────────────────────┐                     │
                   │ Permanente Inventur│                     │
                   └─────────┬──────────┘                     │
                             ▼                                │
                ┌────────────────────────────┐                │
                │ Charakterisierung der      │                │
                │ Artenvielfalt              │                │
                └─────────────┬──────────────┘                │
                              ▼                               │
                ┌────────────────────────────┐                │
                │ Auswahl der Explorationsarten│              │
                └──┬────┬────────┬────────┬───────┬──┘        │
                   ▼    ▼        ▼        ▼       ▼           │
           ┌────────┐┌──────────┐┌─────────┐┌─────────┐┌─────────┐
           │Schätzung││Charakter-││Charakter-││Bestim-  ││Bestim-  │
           │des     ││isierung  ││isierung  ││mung des ││mung des │
           │Bestands││der natür-││der Vektoren││laufenden││mittleren│
           │        ││lichen    ││der Polini-││jährlichen││jährlichen│
           │        ││Regeneration◄│sation und││Zuwachses││Zuwachses│
           │        ││          ││Samenverstreuung│       ││         │
           └───┬────┘└────┬─────┘└─────────┘└────┬────┘└────┬────┘
               │          ▼                      ▼          ▼
               │    ┌──────────┐            ┌─────────┐┌─────────┐
               │    │Auswahl der│            │Bestimmung││Bestimmung│
               │    │früchte-  │            │des Haubar-││des Rodungs-│
               │    │tragenden │            │keitsdurch-││zyklus    │
               │    │Bäume     │            │messers   ││         │
               │    └────┬─────┘            └────┬────┘└────┬────┘
               ▼    ▼    ▼                       │          │
              ┌──────────────┐                   │          │
              │Festlegung der│                   │          │
              │zu explorier- │                   │          │
              │enden Bäume   │                   │          │
              └──────┬───────┘                   │          │
                     ▼      ▼                    ▼          │
                    ┌──────────────┐                        │
                    │ Exploration  │────────────────────────┘
                    └──────────────┘
```

Quelle: REIS/REIS/FANTINI (1993), S. 18

Genaue Extraktionspläne und -berechnungen werden jedoch nur in bezug auf die Nutzung der Palmenart *Euterpe edulis* für die Palmenherzgewinnung präsentiert. Diese Nichtholzexploration wird in Abschnitt 3.2.4 kommentiert.

In der Mata Atlântica, wo der Bestand an Primärwäldern verschwindend gering ist und sich hauptsächlich auf den Küstenbereich der Staaten São Paulo und Paraná beschränkt, mag die Frage aufkommen, ob es einen gerechtfertigten Sinn hat, Primärwälder einer, wenn auch schonenden, Holzgewinnungstätigkeit auszusetzen. Einerseits ist es noch umstritten, daß in den Primärwäldern eine forstwirtschaftliche Nutzung ohne Beeinträchtigung der Biodiversität überhaupt möglich ist.[251] Andererseits wird von Wissenschaftlern betont, daß eher die naturnahen Sekundärwälder für eine lukrative und gleichzeitig ökologisch vertretbare Holzwirtschaft prädestiniert sind.[252] Solange aber die oft als unproduktiv geltenden Primärwälder der Bedrohung durch die landwirtschaftliche Expansion oder durch eine unkontrollierbare und schädliche Extraktion wertvoller Hölzer ausgesetzt sind, muß die Möglichkeit der legalen Forstwirtschaft unter einem der zur Diskussion stehenden Systeme offengehalten werden.[253]

Das schließt allerdings nicht aus, daß eine rentable und nachhaltige Forstwirtschaft in den ökologisch ebenfalls wichtigen Sekundärwäldern betrieben wird. In diesen artenärmeren und meistens lichteren Wäldern gedeihen vornehmlich Pionierarten, die ein schnelleres Wachstum vorweisen und somit eine Reduzierung der Abholzungszyklen herbeiführen.[254] Außerdem verfügen die Sekundärwälder über eine wirtschaftlichkeitsfördernde Homogenität, die in der Produktion den Einsatz einfacher Forstsysteme und in der Weiterverarbeitung eine standardisierte Prozessierung erlaubt. Die kommerzielle Nutzung der Leichthölzer ist zumindest als Brennholz garantiert, wobei weitere, bisher nur Harthölzern zugedachte Verwendungen nicht auszuschließen sind. Die Vielfalt der potentiellen Nutzung bisher als weniger edel geltender Arten ist oft durch entsprechende Forschungsarbeiten angedeutet worden.[255] Allerdings wird die Verwendung der Leichthölzer als vielfältiges Nutzholz letztlich durch deren marktliche Akzeptanz und die daraus resultierende Entstehung eines ökonomischen Wertes bestimmt.

Diese Problematik kann anhand des folgenden aktuellen Beispiels aus dem Untersuchungsgebiet dargestellt werden, das zugleich Wege zu einer möglichen nachhaltigen Nutzung von Sekundärwäldern im Untersuchungsgebiet aufzuzeigen vermag.

---

[251] Vgl. u. a. FUNDAÇÃO SOS MATA ATLÂNTICA (1988), S. 44/185.
[252] Vgl. z. B. FUNDAÇÃO SOS MATA ATLÂNTICA (1988), S. 184.
[253] Oftmals reicht die bloße Ankündigung von Waldschutzmaßnahmen aus, um Grundbesitzer noch vor zu erwartenden Kontrollmaßnahmen zur Gewinnabschöpfung durch Abholzung zu bewegen. Das ist insbesondere in den Araucaria-Wäldern in Paraná ein Problem, wo sie aufgrund des herrschenden Steuersystems als "unproduktives Land" behandelt werden. Vgl. SPVS (1993a), S. 1 f.; TARDIVO (28.1.93), S. 2.
[254] In der APA Guaraqueçaba (PR) und im Ribeira-Tal (SP) sind z. B. mehrere Baumarten mit forstwirtschaftlichem Potential bekannt, die einen Zyklus von sieben bis zwölf Jahren aufweisen, darunter: "alecrim" (*Cassia multijuga*), "aroeira" (*Schinus terebinthifolius*), "bracatinga" (*Mimosa scabrella*), "bracatinga-de-campo-mourão" (*Mimosa floculosa*), "canafístula" (*Senna multijuga*), "cedro" (*Cedrela fissilis*), "guapuruvu" (*Schizolobium parahyba*), "jacatirão" (*Tibouchina sellowiana*), "pinheiro-do-Paraná" (*Araucaria angustifolia*) und "sangueiro" (*Croton celtidifolius*). Vgl. SPVS (1992), S. 77; SMA (1992a), S. 181; LORENZI (1992), S. 355 ff.
[255] In diesem Zusammenhang können folgende Baumarten der Mata Atlântica als Beispiele genannt werden: "cedro" (*Cedrela fissilis*), "garapa" (*Apuleia leiocarpa*), "guanundi" (*Callophyllum brasiliense*), "guapuruvu" (*Schyzobium parahyba*), "ibatingui" (*Luehea divaricata*), "jacataúva" (*Cytharexyllum myriantum*), "jacatirão" (*Tibouchina sellowiana*), "jacatirão-açu" (*Miconia cinnamomifolia*), "pinheiro-bravo" (*Podocarpus lambertii*) "sangueiro" (*Croton celtidifolius*) und "timbuva" (*Pithecellobium lusorium*). Vgl. SPVS (1992), S. 49/77; REBRAF (1993b), S. 6 f.

Im Ribeira-Tal existieren natürliche, dem Ökosystem der "restinga"[256] zuzuordnende Waldformationen auf sumpfigen Böden, die sich durch eine deutliche Dominanz der schnellwüchsigen Baumart "caixeta" (*Tabebuia cassinoides*) auszeichnen. Ihr helles und leichtes Holz eignet sich hervorragend als Rohmaterial für die Produktion von Bleistiften, orthopädischen Schuhen, Prothesen, Spielzeugen und Skulpturen.[257] Dieses Nutzungspotential konnte bisher durch die "caixeteiros" (Caixeta-Bauern) nicht angemessen ausgeschöpft werden; das Rohmaterial trug nur zu ca. 1 % der Wertschöpfung des andernorts gefertigten Endprodukts bei. Zusätzlich verführte diese Situation zu einer über die natürliche Regenerationsfähigkeit hinausgehenden Nutzung der Bestände.[258]

Die Exploration dieser Sekundärwälder gehörte jedenfalls bis 1989 zu einer traditionellen Tätigkeit mit örtlicher Bedeutung und verschaffte z. B. im Munizip Iguape (SP) 400 Familien eine Existenzbasis. Im Zuge der Verschärfung der Umweltgesetze wurde ab 1990 die Caixeta-Nutzung jedoch untersagt oder nur unter drastisch erschwerten Bedingungen von den zuständigen Umweltbehörden zugelassen. Diese Situation verursachte eine Arbeitslosigkeit örtlich relevanten Ausmaßes, ohne einen effektiven Schutz der Mata Atlântica zu bieten. Manche Arbeitslose mußten auf illegale, aber rentable Tätigkeiten ausweichen, wie etwa den Palmenherzextraktivismus.[259]

Eine sozio-ökonomisch und ökologisch akzeptable Situation in den Caixeta-Gebieten könnte durch die Realisierung einer Idee geschaffen werden, die von den betroffenen "caixeteiros" aus Iguape in Zusammenarbeit mit verschiedenen privaten und öffentlichen Institutionen ausgearbeitet wurde.[260] Vorgesehen ist die Gründung einer Nichtregierungsorganisation durch die "caixeteiros", mit folgenden Aufgaben:[261]

- Erstellung der für eine Arbeitszulassung erforderlichen nachhaltigen Nutzungspläne.

- Aufbau einer ortsansässigen weiterverarbeitenden Industrie, die das Nutzungspotential des Caixeta-Holzes ausschöpft und eine Einkommenssteigerung der "caixeteiros" ermöglicht.

- Steigerung der Produktionseffizienz durch technische Hilfeleistungen.

- Stärkung der Anbieterposition beim Verkauf von Rohholz an große Abnehmer, unter Aussichtstellung eines nützlichen Marketinginstruments, nähmlich der Unterstützung traditioneller Bevölkerungsgruppen bei einer im erweiterten Sinne nachhaltigen Beschäftigung.

---

[256] Nehrungsvegetation.
[257] Vgl. SPVS (1992), S. 49; REBRAF (1994b), S. 14 f.; SMA (1989b), S. 13.
[258] Vgl. SMA (1991b), S. 30 f.
[259] Vgl. REBRAF (1994a), S. 3.
[260] Diese sind die Agroforstorganisation REBRAF, das an die Universität von São Paulo gebundene Institut für die Erforschung der Feuchtgebiete Brasiliens ("NUPAUB") und ein Abgeordneter des Munizips Iguape, Arnaldo das Neves Jr.
[261] Vgl. REBRAF (1994b), S. 14 f.

Der nachhaltigen Nutzung der Caixeta-Wälder kommt zugute, daß diese schon eine natürliche Homogenität einer ökonomisch nutzbaren Baumart aufweisen. Falls dies nicht der Fall sein sollte, können Sekundärwälder auch durch die systematische Förderung der wertvolleren Baumarten künstlich "angereichert" und dadurch ohne einen großen ökologischen Schaden in ihrer ökonomischen Nutzung attraktiver gemacht werden. Hierfür gibt es grundsätzlich zwei Methoden, die auch zu den oben genannten Überführungssystemen gezählt werden können: die *Verbesserungs-* und die *Anreicherungssysteme*.[262]

Bei den ersteren werden zur Steigerung der Ertragsleistungen Pflegemaßnahmen durchgeführt, durch die die wertvollen Baumarten von Konkurrenten regelmäßig befreit werden. Als erfolgreiche Beispiele dieser Systeme können die *Improvement Fellings* und das *CELOS-System* genannt werden. Beide Verfahren sind extrem einfach zu handhaben und versprechen durch die geringen Kosten eine hohe Rentabilität, wobei vor allem beim letzteren die ökologische Funktionsfähigkeit des Waldes weitgehend intakt bleibt.[263]

Die Anreicherungssysteme sind dann angebracht, wenn eine Mindestanzahl wirtschaftlich wertvoller Individuen fehlt. In diesem Fall werden in den Wald Schneisen geschlagen, in die dann die erwünschten Jungpflanzen eingebracht werden. Als erfolgreiche und kostengünstige Beispiele können die *Schneisenpflanzung*, das *Anderson'sche Verfahren* sowie die in den Llanos-Wäldern Venezuelas erprobte *Méthode Caimital* angeführt werden.[264] Einfache Anpassungen dieser Modelle, mit Empfehlungen zur Artenauswahl, werden bereits in Broschüren des Umweltministeriums des Staats São Paulo erklärt.[265] Sie liefern eine wertvolle Basis für Experimente in den Sekundärwäldern der Mata Atlântica.

Auch weitgehend homogene und insofern einfacher zu bewirtschaftende Wälder aus *einheimischen* Arten können herangezüchtet werden. Empfehlenswert ist eine Forstwirtschaft mit der relativ schnellwüchsigen "Brasil-Kiefer" (*Araucaria angustifolia*).[266] Ihr Holz ist leicht imprägnierbar, vielseitig in der Möbel- sowie in der Zellstoffproduktion einsetzbar und daher potentiell wertvoll aus wirtschaftlicher Sicht. Die Eignung der "Brasil-Kiefer" für Anreicherungspflanzungen wurde schon vor über zehn Jahren wissenschaftlich nachgewiesen. Danach sollte sie gruppenweise in zwei bis fünf Meter breiten Schneisen in Abständen von vier bis zwanzig Metern angebaut werden.[267] In

---

[262] Vgl. LAMPRECHT (1986), S. 118 ff. Ähnliche, in Lateinamerika verwendete Systeme werden in FUNDAÇÃO SOS MATA ATLÂNTICA (1988) auf S. 161 ff. und SCHÄFFER (1989) auf S. 65 beschrieben.
[263] Vgl. LAMPRECHT (1986), S. 118 ff.; FUNDAÇÃO SOS MATA ATLÂNTICA (1988), S. 163.
[264] Die genauen Details der verschiedenen Verbesserungs- und Anreicherungssysteme können den forstwirtschaftlichen Fachbüchern entnommen werden. Vgl. u. a.: LAMPRECHT (1986), S. 118 ff.
[265] Vgl. SMA (1993c), S. 16 ff.; SAA (1993), S. 4 ff.
[266] Aus ökologischer Sicht wäre die Wiederherstellung von Araucaria-Wäldern durchaus sinnvoll. Die Verbreitung der ursprünglich große Teile Paranás bedeckenden "Brasil-Kiefer" ist infolge der landwirtschaftlichen Expansion und des großen Brennholzbedarfs auf ein Gebiet von 85.000 ha reduziert worden. Vgl. SPVS (1993a), S. 1.
[267] Vgl. LAMPRECHT (1986), S. 207.

reinen Plantagen, die über die Experimentierphase kaum hinausgingen, wurden in Brasilien bei einer Umlaufzeit von 40 Jahren und regelmäßigen Durchforstungen jährliche Zuwächse von sechs bis zwanzig m³ pro Hektar beobachtet, die sich an die Werte von Plantagen mit exotischen Baumarten annähern.[268] Neueste Untersuchungen belegen, daß in Gebieten mit fruchtbaren Böden und gut verteilten Niederschlägen die *Araucaria angustifolia* sogar Zuwächse erreichen kann, die mit der weitverbreiteten exotischen Pinienart *Pinus elliottii* vergleichbar sind. Es wird auch die Anpflanzung der *Araucaria angustifolia* in Gemeinschaft mit anderen Arten empfohlen.[269]

Ein anderes Beispiel wirtschaftlich rentabler Plantagen mit einheimischen Bäumen ist aus Paraná bekannt. Dort wird die schnellwüchsige Pionierart "bracatinga" (*Mimosa scabrella*) für die Brennholzproduktion angebaut. In diesen Plantagen ist eine Abholzung von 15 % des Bestandes unter Wahrung der einfachen Nachhaltigkeit möglich.[270]

Aus ökologischer Sicht ist ein forstwirtschaftlicher Anbau natürlich interessanter, wenn mehrere Arten angepflanzt werden. Hier stellt sich die Frage, ob es möglich ist, ein degradiertes oder beispielsweise für die Landwirtschaft kahlgeschlagenes Gebiet in einen naturnahen und forstwirtschaftlich produktiven Wald innerhalb eines angemessenen Zeitraumes zu verwandeln. In technischer Hinsicht ist dies trotz der komplexeren ökologischen Zusammenhänge in den Regenwäldern möglich.[271] Auch für das Erschließungsgebiet der Mata Atlântica kann auf Modellvarianten zurückgegriffen werden, die schon für die Wiederherstellung degradierter Flußufer und gesetzlicher Umweltschutzflächen ausgearbeitet wurden.[272] Durch die sogenannte "Revegetation" kann innerhalb von 10 bis 15 Jahren wieder ein naturnaher Sekundärwald entstehen, wobei die Umlaufzeiten mit 20 bis 25 Jahren angegeben werden. Zur Beurteilung der ökonomischen Attraktivität der Revegetation müssen allerdings neben technischen auch vielfältige betriebswirtschaftliche Faktoren eingesehen werden.[273]

Trotz der Fortschritte in der internationalen Forstwissenschaft und der damit verbundenen Zunahme der Forstsysteme für tropische Regenwälder werden sie in der brasilianischen Realität kaum wahrgenommen und noch weniger umgesetzt. Dies läßt sich neben der technischen Komplexität auf allgemeine sozio-ökonomische und politische Probleme

---

[268] Über Experimente dieser Art verfügen u. a. die Papier- und Zellstoffhersteller "Cia. Melhoramentos" in Caieiras (SP) sowie das Forstinstitut IF in Itapeva (SP). Vgl. REBRAF (1993b), S. 8.
[269] Die dazugehörigen Aufforstungstechniken sind im Detail bereits in Fachblättern einsehbar. Vgl. REBRAF (1993b), S. 8 und die dazugehörigen Literaturangaben.
[270] Vgl. TARDIVO (28.1.93), S. 2.
[271] Die ersten Wiederaufforstungsexperimente in Brasilien datieren von 1861, als am Stadtrand von Rio de Janeiro innerhalb von 13 Jahren 100.000 Bäume gepflanzt wurden. Der heute als "Floresta da Tijuca" bekannte Wald weist eine hohe Artenvielfalt auf, wird allerdings nicht zur Holzgewinnung gebraucht, sondern dient als Quellwasserreservoir und touristische Attraktion. Vgl. ABPM (1993), S. 10.
[272] Vgl. SMA (1993c), S. 1 f./7 ff.; SAA (1993), S. 6 ff.
[273] Diese Problematik in bezug auf die Revegetation wird in Abschnitt 3.2.7 dargestellt.

zurückführen, die bei der Umsetzung von Forstsystemen zu beachten sind.[274] Eine Umsetzung von Forstsytemen im Untersuchungsgebiet könnte beispielsweise erleichtert werden, wenn die Regierungsorgane die sozio-ökonomisch schlechter situierten und eher kurzfristig orientierten Bauern durch Aufklärungsarbeit motivieren und ihnen bei bestimmten Planungsaufgaben helfen würden. Anfangs wären auch finanzielle Fördermaßnahmen zum Ausgleich der generell höheren Kosten der Forstwirtschaft mit einheimischen Arten und zur Überbrückung der langen Umlaufzeiten angebracht.[275] Im Staat São Paulo existiert bereits mit dem 1993 ausgearbeiteten und auf die nächsten 25 Jahre ausgelegten Forstwirtschaftsplan "PDFS" eine Initiative in dieser Richtung, allerdings mit dem Schwerpunkt bei Plantagen exotischer Arten.[276]

Der Markt für einheimische Hart- und Leichthölzer muß gefördert werden, bis sie ökonomisch attraktiv werden und mit fremden Arten konkurrieren können (in der privaten Holzindustrie wird derzeit schon intensiv nach alternativen ausländischen Arten für ökologisch umstrittene Monokulturen geforscht)[277]. Ebenso müssen Initiativen zur Einführung unbekannter Holzarten in die nationalen und internationalen Märkte unterstützt werden. Die ermutigenden Erfahrungen des Holzproduzenten "Cikel" aus Curitiba (PR), der Anfang 1994 für 2,5 Mio. USD 10.000 m$^3$ Nutzholz von bislang weniger bekannten Arten ("sapucaia", "timborana", "uchi", "jarana", "barrote" und "bacuri") an die Philippinen exportierte, deuten auf eine Marktnische, die weiter erschlossen werden kann.[278]

Zur Erhöhung der Akzeptanz einheimischer Holzarten im Ausland - zu einem Preis, der die Nachhaltigkeitskosten miteinbezieht - kann auch die Einführung eines Nachhaltigkeitssiegels führen. Entsprechende Maßnahmen werden derzeit von der brasilianischen Holzindustrie angestrengt, die ein Nachhaltigkeitssiegel namens "Cerflor" durchsetzen will.[279] Dieses Siegel muß allerdings mit Vorsicht betrachtet werden, denn es soll auch Holz aus exotischen Monokulturen auszeichnen, das dem erweiterten Nachhaltigkeitsgrundsatz kaum gerecht werden kann.[280]

---

[274] Auf die gleichermaßen große Bedeutung technischer, sozio-ökonomischer und politischer Entwicklungen für die internationale Forstwirtschaft weist u. a. SOYEZ (1988) auf S. 134 hin. Auf spezielle sozio-ökonomische und umweltpolitische Aspekte, die bei der Forstwirtschaft im Untersuchungsgebiet zu berücksichtigen sind, wird in Kapitel 3.3 eingegangen.

[275] Die durchschnittlichen Kosten für die Anlage von einheimischen Arten werden auf 2.000 USD pro Hektar, gegenüber 600 USD bei den exotischen, geschätzt. Vgl. SMA (1993d), S. 27.

[276] Vgl. SMA (Hrsg.) (1993d), S. 25 ff.

[277] Vgl. ABPM (1993), S. 14 f.

[278] Die genannten Holzarten erreichen mit 250 USD pro Kubikmeter gute Preise (zum Vergleich erreichen die bekannten Arten Preise von 300 bis 600 USD pro Kubikmeter). Vgl. BALARIN (28.1.94), S. 14.

[279] Vgl. FAGA (9.2.94), S. 12; SBS (1993a), S. 34.

[280] Siehe die obige kritische Stellungnahme zu den Monokulturen exotischer Arten.

## 3.2.3 Agroforstwirtschaft

In der Agroforstwirtschaft werden Anbauwirtschaft, Forstwirtschaft und Viehhaltung auf derselben Fläche kombiniert.[281] Diese Landnutzungsform ist schon seit Jahrhunderten bekannt, wird jedoch erst seit Ende der 70er Jahre wissenschaftlich erforscht, vornehmlich in tropischen Ländern Afrikas und Südostasiens.[282] In diesem Abschnitt wird der Frage nachgegangen, ob die Agroforstwirtschaft eine sinnvolle Alternative für die Landwirtschaft im Untersuchungsgebiet darstellt.

Die Einbringung von Bäumen und Sträuchern in die Ackerflächen bringt vielfältige ökologische und ökonomische Vorteile, die sich wie folgend resümieren lassen:[283]

- Erosionsvermeidung bzw. Bodenerhaltung;
- natürliche (und kostenlose) Schädlings- und Krankheitskontrolle durch Polykultur;
- Verbesserung des Wasserhaushalts des Bodens;
- Windschutz;
- Stabilisierung des Mikroklimas;
- Erhöhung der Bodenfruchtbarkeit durch Zuführung von Nährstoffen aus dem Bodenuntergrund (vor allem durch stickstoffbindende Leguminosen);
- Revitalisierung degenerierter Böden;
- Vermeidung von bodenerschöpfungsbedingten Standortwechseln (geringerer Drang nach der Erschließung "frischer" Waldböden);
- Verbesserung der Versorgung mit Viehfutter;
- Diversifizierung der Produktion durch zusätzliche Gewinnung von Nutz- und Brennholz sowie Früchten;
- wirtschaftliche Unabhängigkeit auch kleiner Produzenten und Subsistenzbauern.

Als Nachteil kann zunächst der geringere Ertrag der Jahreskulturen betrachtet werden. Dieser scheinbare Nachteil kann jedoch leicht durch die Produktionsdiversifizierung aufgewogen werden, die einen Ausgleich der Nachfrageschwankungen von Einzelprodukten bewirkt und somit die Beständigkeit des Einkommens garantiert. Außerdem sichert die Erhaltung der Bodenqualität eine regelmäßige und zeitlich unbegrenzte Er-

---

[281] Vgl. REBRAF (1993a), S. 1.
[282] Hauptsächlich in Nigeria, Ruanda, Kenia, Indien, Thailand, Java, Sumatra und auf den Philippinen. Vgl. INSTITUTO BIODINÂMICO, S. 4; EGGER/KOTSCHI (1991), S. 263; WHITMORE (1993), S. 178.
[283] Vgl. REBRAF (1993a), S. 1; REBRAF (1994a), S. 6; UICN (1992), S. 123; EGGER/KOTSCHI (1991), S. 265 ff.; ANDERSON (1991), S. 173 f.; WHITMORE (1993), S. 178f.; SBS (1993a), S. 64; ADEODATO (25.2.94), S. 21.

tragserzielung, die die Agroforstwirtschaft zu einer zuverlässigen Einkommensquelle werden läßt.

Die grundsätzliche Übertragbarkeit eines bewährten Agroforstsystems auf Zonen, die dem Ursprungsgebiet aus geographischer Sicht ähneln, ist aufgrund der *Konvergenz-* und der *Kontinuitätsregel*[284] gewährleistet. Zur Förderung des ökologischen Gleichgewichts kann sich die Übertragung auf die Methodik beschränken, während soweit möglich einheimische Arten eingesetzt werden.[285] Beispielsweise können beim Streifenanbau (*"alley-cropping"*) die Jahreskulturen zwischen Reihen aus einheimischen Bäumen angebaut werden.[286] Insofern könnten die nachfolgend aufgezeigten, erfolgreichen Beispiele afrikanischer und südostasiatischer Agroforstsysteme zu einer Anwendung in Brasilien kommen - nach den erforderlichen lokalen Anpassungen.

Die in Ruanda entwickelten *mehrstufigen Vegetationsgestaltungen* eignen sich als Muster für die Mata Atlântica insbesondere wegen der Ähnlichkeiten im Klima und in der Landschaftsform:

Abb. 7: Mehrstufige Vegetationsgestaltung im tropischen Regenwald Ostafrikas

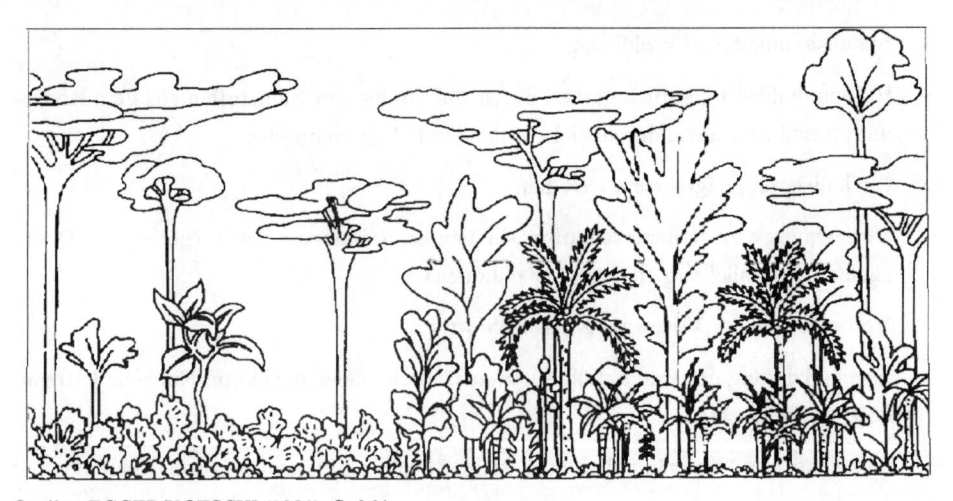

Quelle: EGGER/KOTSCHI (1991), S. 264

---

[284] S. o. Abschnitt 3.2.1.
[285] Empfohlen wird z. B. der Anbau der schnellwüchsigen Leguminose *Apuleia leiocarpa* (sie erreicht ein Wachstum von sechs Metern in zweieinhalb Jahren), deren hartes und haltbares Holz für den Bausektor und die Möbelindustrie prädestiniert ist. Vgl. REBRAF (1993b), S. 6 f
[286] Vgl. WHITMORE (1993), S. 178; UICN (1992), S. 123.

Abb. 8: **Mehrstufige Vegetationsgestaltung mit Erosionsschutz und Mischfruchtanbau auf dem tropischen Bergland Ruandas**

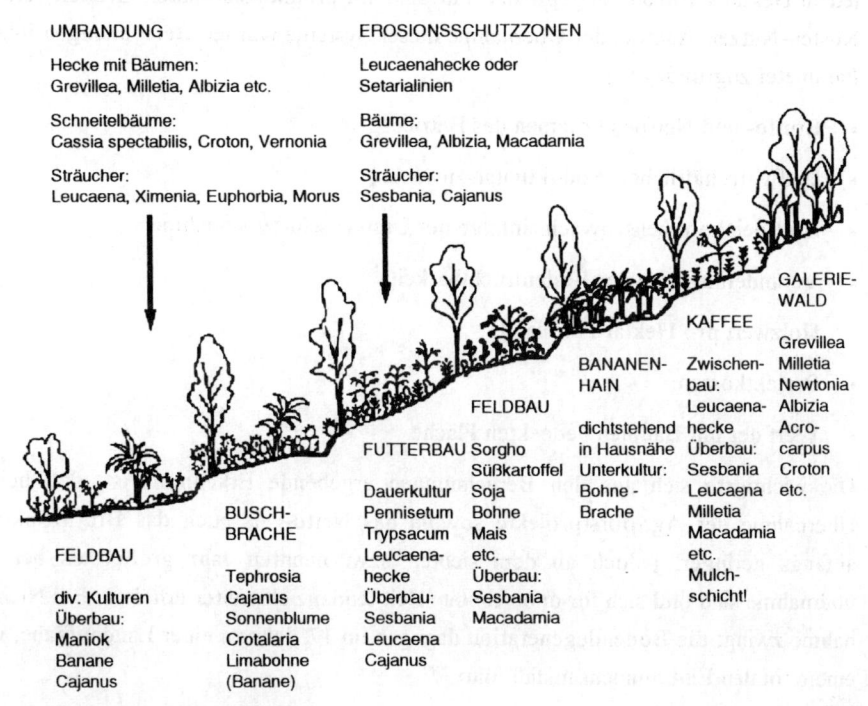

UMRANDUNG

Hecke mit Bäumen:
Grevillea, Milletia, Albizia etc.

Schneitelbäume:
Cassia spectabilis, Croton, Vernonia

Sträucher:
Leucaena, Ximenia, Euphorbia, Morus

EROSIONSSCHUTZZONEN

Leucaenahecke oder
Setarialinien

Bäume:
Grevillea, Albizia, Macadamia

Sträucher:
Sesbania, Cajanus

FELDBAU
div. Kulturen
Überbau:
Maniok
Banane
Cajanus

BUSCH-
BRACHE
Tephrosia
Cajanus
Sonnenblume
Crotalaria
Limabohne
(Banane)

FUTTERBAU
Dauerkultur
Pennisetum
Trypsacum
Leucaena-
hecke
Überbau:
Sesbania
Leucaena
Cajanus

FELDBAU
Sorgho
Süßkartoffel
Soja
Bohne
Mais
etc.
Überbau:
Sesbania
Macadamia

BANANEN-
HAIN
dichtstehend
in Hausnähe
Unterkultur:
Bohne -
Brache

KAFFEE
Zwischen-
bau:
Leucaena-
hecke
Überbau:
Sesbania
Leucaena
Milletia
Macadamia
etc.
Mulch-
schicht!

GALERIE-
WALD
Grevillea
Milletia
Newtonia
Albizia
Acro-
carpus
Croton
etc.

Quelle: EGGER/KOTSCHI (1991), S. 267

Diesen Systemen liegt ein dreistufiger Aufbau zugrunde, bei dem die Feldkulturen mit Sträuchern und Bäumen kombiniert werden. Die bodennahen Feldkulturen wie Hirse, Mais, Erdnüsse, Bohnen, Maniok und Süßkartoffeln können zusätzlich in einem Mischkultursystem angebaut werden. Deren zeitliche und räumliche Staffelung bietet gute Kombinationsmöglichkeiten von Produktion und Gründüngung. Die oberen Pflanzen sorgen für eine höhere Produktion von Biomasse (z. B. Gemüse, Früchte, Nüsse usw.) pro Flächeneinheit, und die permanente Bodenbedeckung leistet einen effizienten, für Schräglagen besonders wichtigen Erosionsschutz. Der Boden wird durch Blätter und Pflanzenreste mit Humus angereichert, und er wird durch die verschiedenen Nährstoffansprüche der vielfältigen Pflanzen nicht einseitig beansprucht.[287]

Daten über die betriebswirtschaftlichen Auswirkungen der Agroforstwirtschaft können aus einem Beispiel in Nigeria entnommen werden. Auf der Basis einer Felduntersuchung Ende der 80er Jahre wurden zwei relativ einfache und kostengünstige Systeme der Anreicherung von Kulturfeldern mit Bäumen analysiert: *shelterbelts* und *farm forestry*.[288] Bei der ersten Methode werden im Abstand von 200 m lineare Pflanzungen von sechs bis

---

[287] Vgl. EGGER/KOTSCHI (1991), S. 264 ff.
[288] Vgl. ANDERSON (1991), S. 172 ff.

acht Baumreihen angelegt. Bei der zweiten werden fünfzehn bis zwanzig Bäume auf jedem Hektar Farmland angepflanzt. Für eine auf prognostizierbaren Größen basierende Kosten-Nutzen-Analyse der Übernahme dieser Systeme wurden Berechnungen folgender Parameter zugrundegelegt:

- Brutto- und Nettoeinkommen des Betriebs;
- landwirtschaftlicher Produktivitätszuwachs;
- Bruttoeinkommenszuwachs infolge der Umweltschutzmaßnahmen;
- Veränderungsrate der Bodenfruchtbarkeit;
- Holzwert pro Hektar Farmland;
- Projektkosten;
- Wert der mit Bäumen bedeckten Fläche.

Die wichtigste sich aus den Berechnungen ergebende Erkenntnis ist, daß bei einer Übernahme der Agroforstprojekte sowohl das Netto- als auch das Bruttoeinkommen anfangs geringer, jedoch ab dem siebten bzw. neunten Jahr größer als bei Nichtübernahme sind und sich für unbestimmte Zeit tendenziell weiter erhöhen. Bei Nichtübernahme zwingt die Bodendegeneration dagegen im 17. Jahr zu einer Landaufgabe, was zu einem totalen Einkommensausfall führt.[289]

Die Anwendbarkeit und positive Erfolgswirksamkeit von *shelterbelts* und *farm forestry* in anderen Ländern, insbesondere auf abgeholzten und ausgelaugten Böden, werden vom Autor der Analyse nicht angezweifelt. Die Methodologie bleibt seiner Meinung nach trotz der verschiedenen Werte für die ökologischen Parameter gleich.[290]

Eine Durchsetzung dieser sowohl ökologisch sinnvollen als auch ökonomisch attraktiven Methoden in Brasilien würde allerdings eine intensive Aufklärungsarbeit seitens der Regierungsorgane und Nichtregierungsorganisationen erfordern. Es müßte erreicht werden, daß die genannten Agroforstsysteme trotz der erforderlichen, wenn auch geringen Anfangsinvestitionen und der sich erst langfristig auszeichnenden Einkommensvorteile von den i. d. R. kurzfristig orientierten Bauern akzeptiert werden.

In Brasilien sind agroforstwirtschaftliche Systeme noch kaum verbreitet. Es sind jedoch seitens öffentlicher und privater Institutionen in letzter Zeit Bemühungen erkennbar, um diese Situation durch die Veranstaltung von brasilienweiten Agroforstkonferenzen zu verbessern.[291] Es kann jedoch noch nicht auf eine adäquate Zahlenbasis zurückgegriffen

---

[289] Vgl. ANDERSON (1991), S. 179.
[290] Vgl. ANDERSON (1991), S. 172.
[291] Die seit einigen Jahren in kleinem Rahmen v. a. vom brasilianischen Agroforstexperten Allrik Copijn und von der NRO "REBRAF" angebotenen Agroforstkurse (vgl. REBRAF (1994a), S. 7) wurden 1994 erstmals durch brasilienweite Seminare und Konferenzen ergänzt. In Porto Velho, im Amazonasgebiet, haben im Juni 1994 der "Erste Brasilianische Kongreß über Agroforstsy-

werden, die die Gewinnung genauer betriebswirtschaftlicher Erkenntnisse über die Übernahme agroforstwirtschaftlicher Systeme im Untersuchungsgebiet erlaubt. Die noch weitgehend auf Forschungs- und Entwicklungsebene befindliche Agroforstwirtschaft konzentriert sich vornehmlich auf das Amazonasgebiet.[292] Seit einigen Jahren werden Forschungs- und Entwicklungsprojekte im Bereich der Agroforstwirtschaft vom Institut für Amazonienforschung ("INPA"), der Agrarforschungsgesellschaft "EMBRAPA", dem "Zentrum für Agroforstwirtschaftliche Forschung Rondônias", dem privat organisierten Agroforstnetzwerk ("REBRAF") und dem ebenfalls privat organisierten Biodynamischen Institut betrieben.[293]

Es existieren einzelne Berichte über erfolgreiche Agroforstsysteme im Amazonasgebiet. Obwohl sie insbesondere in den ökonomischen Belangen vage bleiben, können sie einen Anreiz zu Übertragungsversuchen geben. In Tomé-Açu (nahe Belém in PA) wurde z. B. vor einigen Jahren von japanischen Einwanderern ein Waldackerbausystem entwickelt, das hohe Erträge auf nährstoffarmen Böden verspricht. Zwischen schnellreifenden Reis-, Mais- und Bohnenkulturen werden die langsamer wachsenden Pfeffer- (*Piper nigrum*), Passionsfrucht- (*Passiflora*) und Vanillepflanzen (*Vanilla*) angebaut. Diese Kletterpflanzen wachsen an den Stämmen von Kakao- und Kautschukbäumen sowie von Kokosnuß- und Palmenherzpalmen (*Astrocaryum vulgare*). Der Boden wird organisch, u. a. mit Hühnerkot, gedüngt. Schädlings- und Krankheitsaufkommen werden zusätzlich durch Rotation und Fruchtfolge verhindert.[294]

In Uraim (nahe Paragominas in PA) wurde eine kleinbäuerliche agroforstliche Nutzung mit holzwirtschaftlichen Elementen beobachtet, bei der "eine relativ intensive Bodennutzung bei weitgehendem Erhalt des Primärwaldes bzw. seiner allmählichen Umwandlung in Kulturwald nicht ganz ausgeschlossen scheint"[295]. Dort werden verschiedene Schattenbäume, Pfeffersträucher und Bananenstauden mit Jahreskulturen und einer schonenden Viehwirtschaft kombiniert, wobei eine kollektive Waldnutzung zur Nachhaltigkeit der Nutzung beiträgt.[296] Durch die Koppelung an kleinbäuerliche Strukturen

---

steme" sowie das "Erste Treffen der Südlichen Halbkugel über Agroforstsysteme" stattgefunden (vgl. SBS (1993a), S. 64). Außerdem wurde - laut Programm - das Agroforstthema in die "Erste Brasilianische Konferenz über Biodynamischen Anbau" im September 1994 in Curitiba (PR) integriert.

[292] 1993 startete die 1988 gegründete NRO "REBRAF" zusammen mit verschiedenen Partnerorganisationen ein auf sechs Jahre ausgelegtes agroforstliches Entwicklungsprojekt an der Mata Atlântica, das speziell an das Ribeira-Tal angepaßt ist (vgl. REBRAF (1994a), S. 6). Weiterhin verfügt das Biodynamische Institut "IBD" in Botucatu (SP), an der Mata Atlântica, über ein agroforstliches Versuchsfeld, das weiter unten ausführlicher besprochen wird (vgl. INSTITUTO BIODINÂMICO (1994), S. 4).

[293] Vgl. BROSE (1991), S. 103; FUNDAÇÃO SOS MATA ATLÂNTICA (1988), S. 35; REBRAF (1994a), S. 1; INSTITUTO BIODINÂMICO (1994), S. 4; SBS (1993a), S. 64; ADEODATO (25.2.94), S. 21.

[294] Vgl. WHITMORE (1993), S. 178 f.

[295] NITSCH (1989), S. 71.

[296] Vgl. NITSCH (1989), S. 71.

sollte sich eine eventuelle Übertragung zunächst auf Regionen beschränken, in denen keine Großgrundbesitzstruktur vorherrscht.

An der Mata Atlântica betreibt das Biodynamische Institut in Botucatu (SP) seit 1987 ein Versuchsfeld, bei dem Agroforstsysteme erprobt werden, die mit Viehhaltung kombiniert werden und in der Methodik jahreszeitliche Elemente mit einbeziehen:

Abb. 9: Agroforstsystem unter Einschluß der Viehwirtschaft auf subtropisch geprägten Böden in Botucatu (SP)

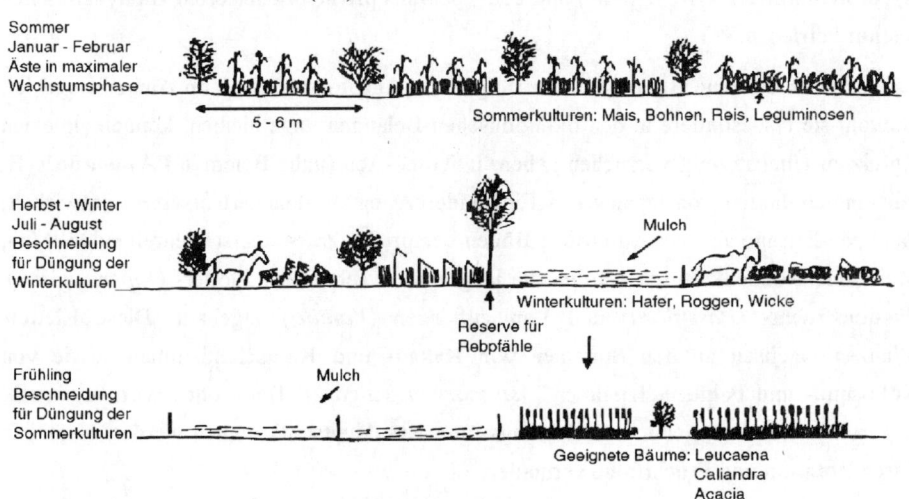

Quelle: INSTITUTO BIODINÂMICO (1994), S. 6

Die Veröffentlichung der Ergebnisse und Erkenntnisse beschränkt sich jedoch auf Angaben zu den Anbauvoraussetzungen, der Pflanzenauswahl und dem Anbausystem, ohne einen Aufschluß über die Rentabilität des erprobten Systems zu geben, die weitere betriebswirtschaftliche Daten erfordern würde.[297] Außerdem ist an diesem noch wenig fortschrittlichen System aus ökologischer Sicht zu kritisieren, daß unter den ausgewählten Strauch- und Baumarten sich viele exotische Arten befinden.[298]

Für das Untersuchungsgebiet existieren Empfehlungen für eine Agroforstwirtschaft, die auf Gemeinschaftspflanzungen von Bananenstauden und Palmenherzpalmen basieren.[299] Dabei werden die Palmen ein Jahr nach den Bananenstauden im Abstand von zwei mal zwei Metern gepflanzt. Im dritten Jahr werden die Bananenstauden geschlagen, sobald ihre Höhe von den Palmen übertroffen wird. Speziell an der Serra da Mantiqueira können

---

[297] Vgl. INSTITUTO BIODINÂMICO (1994), S. 4 ff.
[298] Vgl. INSTITUTO BIODINÂMICO (1994), S. 4 ff.
[299] Palmenherz, dessen internationaler Markt zu 95 % von Brasilien kontrolliert wird, ist in Europa sehr begehrt (vgl. CASTOR (1994), Suplemento S. 20 ff.). Allerdings entstammt der größte Teil dieses Produktes dem unnachhaltigen Extraktivismus aus Primärwäldern. Zur speziellen Palmenherzproblematik siehe Abschnitt 3.2.4.

diese Gemeinschaftspflanzungen mit strauchförmigen Leguminosen (z. B. "guandu") und Fruchtbäumen aus gemäßigten Zonen ergänzt werden. An niedrigeren Standorten können statt der letzteren auch tropische Fruchtbäume genommen werden.[300]

Im südlichen Bereich des Untersuchungsgebiets sind Agroforstsysteme zu empfehlen, die auf gemeinschaftlichen Pflanzungen von schattenspendenden Brasil-Kiefern (*Araucaria angustifolia*) und "Mate-Tee"-Bäumen (*Ilex paraguariensis*) basieren, eine pflanzliche Gemeinschaft, die auch natürlich vorkommt.[301]

Zu einem modernen Agroforstsystem sollte auch die Bienenzucht gehören. Die kostenlosen "Bestäubungsdienste" der Bienen können die landwirtschaftliche Produktivität um bis zu 30 % erhöhen.[302] Ein weiterer Vorteil wird durch die Vergrößerung der Produktionsvielfalt erreicht, die nun um die Produkte Honig, Wachs, Nektar, Pollen, Propolis und "Gelee Royale" erweitert werden kann. Zu den in der Mata Atlântica einheimischen Pflanzen, die für die Apikultur geeignet sind, gehören u. a.: "Bracatinga" (*Mimosa scabrella*), "angico" (*Piptadenia macrocarpa*), "caparosa-do-campo" (*Neea theifera*), "matadeira" (*Psychotria hancorniaefolia*), "cipó-uva" (*Serjania lethalis*) und "pau de estribo" (*Dalbergia frutescens*).[303] In der brasilianischen Literatur sind bereits sehr einfach verständliche und bildlich dargestellte Einführungen in die Imkerei im Einzugsgebiet der Mata Atlântica vorhanden.[304]

Die Agroforstwirtschaft kann eine gute Alternative für z. B. im Ribeira-Tal häufig vorkommende, kleine Landbesitze bilden, die über Hausgärten verfügen, die i. d. R. artenarm sind und zur Tierhaltung verwendet werden. Durch die Erhöhung der pflanzlichen Artenvielfalt kann eine diversifizierte, kostengünstige und die Lebensqualität fördernde Nahrungs- und Heilmittelversorgung für die landwirtschaftlichen Familien garantiert werden, wodurch auch eine sozio-ökonomische Nachhaltigkeit erreicht werden kann.[305]

Die Agroforstwirtschaft muß nicht als ein eigenständiges Mittel zur Erreichung der nachhaltigen Entwicklung angesehen werden, sondern kann in ein regionalpolitisches Maßnahmenbündel integriert werden, das auch andere wirtschaftliche Tätigkeiten mit einbezieht. So können Landnutzungsmodelle entstehen, die sich u. a. nach der ökologischen Tragfähigkeit und der Bevölkerungskonzentration einer Region richten.[306] Ein Beispiel für ein derartig gestaltetes, nachhaltiges Landnutzungssystem liefert die folgende Abbildung:

---

[300] Vgl. CASTOR (1994), Suplemento S. 22.
[301] Vgl. LAMPRECHT (1986), S. 207 f.
[302] Vgl. FRANÇA/MOREIRA (1988), S. 19.
[303] Vgl. SAA (1986), S. 15; SMA (1992a), S. 181.
[304] Vgl. SAA (1986), S. 15 ff.
[305] Vgl. REBRAF (1993b), S. 2; SMA (1991b), S. 28.
[306] Vgl. BRUENIG (1991), S. 83; EGGER/KOTSCHI (1991), S. 259.

Abb. 10: Querschnittsprofil durch eine tropische Landschaft mit feuchtem Klima

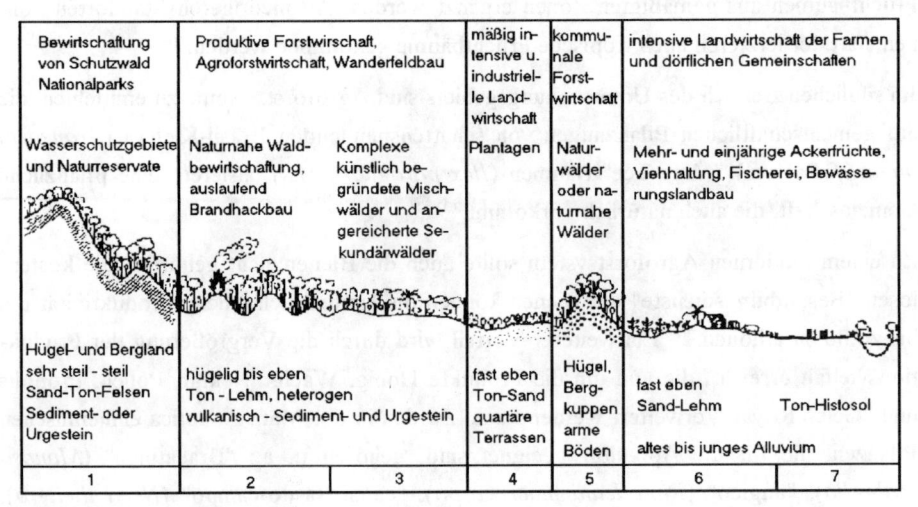

| Bewirtschaftung von Schutzwald Nationalparks | Produktive Forstwirschaft, Agroforstwirtschaft, Wanderfeldbau | | mäßig intensive u. industrielle Landwirtschaft | kommunale Forstwirtschaft | intensive Landwirtschaft der Farmen und dörflichen Gemeinschaften | |
|---|---|---|---|---|---|---|
| Wasserschutzgebiete und Naturreservate | Naturnahe Waldbewirtschaftung, auslaufend Brandhackbau | Komplexe künstlich begründete Mischwälder und angereicherte Sekundärwälder | Plantagen | Naturwälder oder naturnahe Wälder | Mehr- und einjährige Ackerfrüchte, Viehhaltung, Fischerei, Bewässerungslandbau | |
| Hügel- und Bergland sehr steil - steil Sand-Ton-Felsen Sediment- oder Urgestein | hügelig bis eben Ton - Lehm, heterogen vulkanisch - Sediment- und Urgestein | | fast eben Ton-Sand quartäre Terrassen | Hügel, Bergkuppen arme Böden | fast eben Sand-Lehm altes bis junges Alluvium | Ton-Histosol |
| 1 | 2 | 3 | 4 | 5 | 6 | 7 |

Quelle: BRUENIG (1991), S. 82

### 3.2.4 Nachhaltiger Extraktivismus sekundärer Waldprodukte

Außer dem "primären" Waldprodukt Holz bieten die Regenwälder weitere nachwachsende, "sekundäre" Waldprodukte. Einige von ihnen, wie z. B. Kautschuk, Paranüsse, Rattan, Chicle und Chinin, haben sich auf dem Weltmarkt schon seit längerem etabliert. Darüber hinaus haben die Regenwälder mit ihrer großen Artenvielfalt noch viele unbekannte Waldprodukte zu bieten, die nicht genutzt werden. Das Potential der Regenwälder als "biochemische Warenhäuser"[307] läßt sich durch folgende ausgewählte Beispiele der vielfältigen Nutzung von Regenwaldpflanzen nur erahnen:[308]

- Aus den Früchten der im Amazonas regelmäßig vorkommenden Palme "babaçu" (*Orbigna phalerata*) kann ein eßbares Öl gewonnen werden, das auch als Schutzmittel gegen Insektenstiche verwendbar ist oder in der Seifenproduktion eingesetzt werden kann. Außerdem beinhalten die Früchte Rohstoffe, aus denen neben hochwertigen Brennstoffen auch Mehl gewonnen werden kann. Schließlich liefern die Wedel und der Stamm Palmherzen und Rohstoffe für diverse Hausartikel (z. B. Körbe und Matten).

---

[307] WHITMORE (1993), S. 199.
[308] Vgl. WHITMORE (1993), S. 197 ff.; REBRAF (1993c), S. 5 ff.; RYAN (1991), S. 22 ff.; HOLCOMB (1990), S. 25; SANCHEZ (1992), S. 117; VALVERDE (1993), S. 39 ff.

- Aus der nach dem Schlagen nachwachsenden amazonischen Palme *Bactris gasipaes* können über einen Zeitraum von bis zu 20 Jahren große Mengen an Früchten und Palmenherzen geerntet werden.

- Die ebenfalls im Amazonas einheimische Leguminose *Copaifera langsdorfii* liefert alle sechs Monate 20 Liter brennbaren Öls.

- In Peru existieren große Bestände an "camu-camu", einer kirschgroßen Frucht mit einem Vitamin-C-Gehalt, der dreißigmal höher als bei der Orange liegt.

- In Ecuador werden Knöpfe aus den im Regenwald wachsenden "Tagua-Nüssen" produziert.

- In Malaysia stellen die großen Blätter der *Maracanga gigantea* ein hochwertiges Packmaterial.

- In den Samen der australischen Leguminose *Castanospermum australe* ist ein Wirkstoff enthalten, der für die Bekämpfung von AIDS in Betracht gezogen wird.

- Aus den Blättern vieler Regenwaldbäume lassen sich eßbare Proteine sowie Lignin, ein u. a. bei der Herstellung von Plastik, Keramik und vielfältigen Chemikalien verwendbarer Stoff, gewinnen.

In der Mata Atlântica, die schätzungsweise 10.000 Pflanzenarten birgt,[309] besteht vermutlich ein ähnlich großes Nutzungspotential sekundärer Waldprodukte. Dieser Extraktivismus konzentriert sich dort indessen nur auf wenige Produkte. Das Haupterzeugnis bildet das Palmenherz aus der Palme "juçara" (*Euterpe edulis*), die in den immergrünen Feuchtwäldern der südöstlichen Küstenzone Brasiliens einheimisch ist und sich nicht als Monokultur anbauen läßt. Der Bestand dieser einst in der Mata Atlântica dominant vorkommenden Palme ist aufgrund der Waldvernichtung einerseits und der übermäßigen bzw. unsachgemäßen Palmenherzextraktion andererseits stark zurückgegangen. Die Dezimierung dieser Palmenart zieht schwere ökologische Schäden nach sich, da viele Vogelarten sich von deren Früchten ernähren.[310] Aufgrund der nach wie vor großen wirtschaftlichen Bedeutung dieser Palme erscheint es sinnvoll, die Problematik dieses speziellen Extraktivismus näher zu beleuchten.

Die von einer hohen Inlands- und Auslandsnachfrage angetriebene Palmenherzernte erreichte 1973 im größten Produktionsgebiet der Mata Atlântica, dem Staat São Paulo, über 4.000 t pro Jahr und entwickelte sich damit zu einem bedeutenden Wirtschaftsfaktor.[311] Das Schlagen der Palme *Euterpe edulis* geschah seitdem in einem Ausmaß, das weit über der natürlichen Regenerationsfähigkeit des Palmenbestandes lag, und infolge-

---

[309] Vgl. FUNDAÇÃO SOS MATA ATLÂNTICA (1992a), S. 13.
[310] Vgl. SERRA (25.3.94), S. 17.
[311] Vgl. SAA (1986), S. 52.

dessen verringerte sich die Palmenherzernte in den nachfolgenden Jahren kontinuierlich. 1993 wurde die Palmenherzernte mit ca. 2.400 t beziffert.[312]

Mit der Verschärfung der Gesetze zum Schutz der Mata Atlântica seit Ende der 80er Jahre[313] konnte bisher eine Reduzierung der Palmenherzextraktion nicht erreicht werden. Diese Tätigkeit wurde dadurch lediglich in die Illegalität gedrängt, wobei das Palmenherz aufgrund mangelhafter Kontrollen den gewohnten Weg bis zum Konsumenten findet.[314] Schätzungen weisen darauf hin, daß im Staat São Paulo heute ca. 90 % der Palmenherzen illegal geerntet werden.[315] Aus sozio-ökonomischer Sicht ist das Verbot der herkömmlichen Palmenherzextraktion problematisch, weil sie z. B. im wirtschaftlich marginalen Ribeira-Tal eine wichtige Einkommensbasis für die lokale Bevölkerung bildet, die mit ca. 1,5 - 2 USD pro Kilo Palmenherz für die dortigen Verhältnisse gut daran verdient.[316]

Das heute gültige Bundesdekret Nr. 750/93[317] bietet eine Lösungsmöglichkeit, indem es eine nachweislich nachhaltige Palmenherzextraktion erlaubt. Die Umsetzung dieser Regelung gestaltet sich jedoch für den einfachen Bauern als schwierig. Er sieht sich mit bürokratischen Hindernissen konfrontiert, die mit der Beschaffung eines nachhaltigen Nutzungsplans beginnen und mit der Einholung der Nutzungserlaubnis bei den zuständigen Umweltschutzbehörden (u. a. DEPRN und IBAMA) enden.[318] Diese Schwierigkeiten kann er leicht umgehen, indem er die Palmenherzgewinnung in kontrollschwachen Orten und Zeiten wie bisher fortführt.

Derartige Reaktionen könnten durch Aufklärungsarbeit verhindert werden. Seit 1993 liegen Systeme für den nachhaltigen Palmenherzextraktivismus vor, die von Forschungsstellen in den Staaten São Paulo und Santa Catarina ausgearbeitet wurden und als ökonomisch vorteilhaft eingestuft werden können.[319] Versuchsergebnisse weisen nach, daß die Übernahme dieser Systeme einen Ertragszuwachs von bis zu 24 % in einem Zeitrahmen von 15 Jahren ermöglicht. Der Nutzungsplan kann mit relativ geringen Kosten ausgeführt werden und bietet eine regelmäßige und langfristig sichere Palmenherzernte. Nach einem Investment von 25 USD pro ha in einer ersten und 50 USD pro ha in einer zweiten Phase sind mit der Palmenherzextraktion und -präparation im Ribeira-

---

[312] Vgl. RIBEIRO/PORTILHO/REIS/FANTINI/REIS (1993), S. 15.
[313] 1990 war das "Collor-Dekret" erlassen worden, das jegliche Nutzung der Mata Atlântica verbot, bis es schließlich 1993 durch das Dekret Nr. 750 abgelöst wurde. Dieses erlaubt nur eine nachweislich nachhaltige Nutzung der Mata Atlântica. Näheres hierzu wird in Abschnitt 3.3.1 dargestellt.
[314] Vgl. SPVS (1992), S. 45 f.; REBRAF (1993b), S. 19.
[315] Vgl. SERRA (25.3.94), S. 17.
[316] Vgl. SERRA (25.3.94), S. 17; SPVS (1992), S. 46; REBRAF (1993b), S. 19.
[317] S. u. Abschnitt 3.3.1.
[318] Vgl. REIS/REIS/FANTINI (1993), Anhang.
[319] Vgl. IBAMA (1993), S. 1 ff.; RIBEIRO/PORTILHO/REIS/FANTINI/REIS (1993), S. 15; REIS/REIS/FANTINI (1993), S. 20 ff.; LOCATELLI (28.1.93a), S. 1.

Tal Umsätze in Höhe von jährlich über 60 USD pro ha zu erwarten. Die interne Jahresverzinsung dieser Tätigkeit wird mit 31 % beziffert.[320]

Eine zusätzliche Rentabilität könnte durch eine über die Palmenherzgewinnung hinausgehende Nutzung der Juçara-Palme erzielt werden. In diesem Zusammenhang kann auf die Erfahrung der Palmenherzfarm "Fazenda de Desenvolvimento Ecológico" in Iguape hingewiesen werden, die aus den Samen und dem Stamm der Juçara-Palme Lebensmittel (Saft, Eiscreme, Pastete, Suppe und Viehfutter) sowie Farbstoffe und Papier produziert.[321]

Aus der Sicht der aufklärenden Regierungsorgane könnte sich eventuell sogar eine Übernahme der Investitionskosten rentieren. Einerseits würde damit für die "palmiterios"[322] ein weiterer Anreiz zur Übernahme eines nachhaltigen Nutzungsplans geschaffen, und andererseits würde die bessere Transparenz des Palmenherzextraktivismus eine steuerliche Anbindung dieser Tätigkeit erleichtern.

Die geschilderte Problematik bei der Palmenherzgewinnung wäre nicht vorhanden, wenn es möglich wäre, die Juçara-Palme in Plantagen anzulegen. Im Agronomischen Institut von Campinas (SP) wird inzwischen wissenschaftliche Forschung betrieben, um dieses Problem zu lösen. Dort werden Experimente durchgeführt, bei denen *Euterpe edulis* mit artverwandten Palmen gekreuzt wird, u. a. mit der im Amazonas einheimischen Palme "açaí" (*Euterpe oleracea*). Letztere liefert zwar ein qualitativ weniger hochwertiges Palmenherz, ist jedoch insgesamt robuster und kann mehrmals geschlagen werden. Die Hybrid-Palme zeigt gegenüber der Juçara-Palme Vorteile in der Produktivität und Sonnentoleranz, bei gleichbleibender Palmenherzqualität.[323]

Zu den weiteren, mengenmäßig weniger bedeutenden sekundären Waldprodukten, die in der Mata Atlântica gewonnen werden können, zählen: *Heilpflanzen, Zierpflanzen, Kompostmaterial* sowie *sonstige Nähr- und Rohstoffe*. Die sich daraus ergebenden Möglichkeiten einer nachhaltigen Nutzung werden nachfolgend beschrieben.[324]

Die bisher positiven Erfahrungen mit der Heilwirkung vieler Regenwaldpflanzen und die Aussicht auf eine anhaltende Entdeckung neuer *Heilpflanzen* bereiten dem nachhaltigen Extraktivismus für die Gewinnung von Heilstoffen gute Zukunftsperspektiven.[325] In einer

---

[320] Vgl. SERRA (25.3.94), S. 17; RIBEIRO/PORTILHO/REIS/FANTINI/REIS (1993), S. 15.
[321] Vgl. SMA (1991b), S. 51.
[322] Palmenherzextrakteure.
[323] Vgl. SMA (1991b), S. 60; CASTOR (1994), S. S 21 ff.
[324] Die Nutzung tierischer Produkte wird ausgeklammert, da die Jagd nach wilden Tieren gesetzlich verboten ist. Die Berechtigung dieses Gesetzes kann allerdings für gewisse Bereiche der Mata Atlântica, die von traditionellen Bevölkerungsgruppen bewohnt werden, in Frage gestellt werden; spezielle Studien belegen den vorsichtigen Umgang der jagenden *caiçaras* mit den Tierpopulationen (u. a. von Wasserschweinen und Gürteltieren), die trotz der Jagd über Jahre konstant geblieben sind. Vgl. CUNHA/ROUGEULLE (1989), S. 43.
[325] Eine Liste bekannter einheimischer Heilpflanzen befindet sich in SAA (1986) auf S. 23 ff.

wissenschaftlichen Untersuchung im Ribeira-Tal, bei der das Wissen dort lebender traditioneller Bevölkerungsgruppen mitberücksichtigt wurde, wurden 455 Phytopräparate katalogisiert, die auf der Basis von 160 größtenteils wild wachsenden Heilpflanzen hergestellt und zur Behandlung von 57 verschiedenen Krankheitsbildern verwendet werden.[326]

Ein Teil des in der Mata Atlântica befindlichen Heilmittelpotentials wird bereits von der Papier- und Zellstoffirma "Klabin" in Telêmaco Borba (PR) mit ökonomischem Vorteil genutzt. Diese Firma unterhält neben den 115.000 ha Baumplantagen eine 73.000 ha große Schutzreserve mit einheimischem Wald. Daraus werden seit 1984 50 Heilpflanzen auf nachhaltige Weise entnommen und in einem Firmenlabor zu Medikamenten verarbeitet. Weitere 58 Heilpflanzen werden kultiviert und 18 von Dritten erstanden. Die phytotherapischen Medikamente werden in einem Kreis von 20.000 Firmenangestellten und deren Angehörigen verwendet. Sie können in 70 % der Behandlungsfälle eingesetzt werden und erreichen einen Wirkungsgrad von 96 %. Sie helfen bei der Bekämpfung vielseitiger Krankheiten und Beschwerden wie z. B. Grippe, Durchfall, Schürfungen, Stauchungen, Bluthochdruck, Wurmbefall usw. Insgesamt zeigen die phytotherapischen Medikamente im Vergleich zu den synthetischen Medikamenten eine längere Wirkung, weniger Nebeneffekte und eine höhere Akzeptanz durch den Organismus. Die Akzeptanz der phytotherapischen Medikamente ist seitens der Patienten dementsprechend hoch und wird zusätzlich durch günstigere Preise angeregt. Aus der Perspektive der Firma ist die Eigenproduktion der phytotherapischen Medikamente trotz geringer Medikamentenpreise ökonomisch interessant; insgesamt führte diese Strategie zu einer deutlichen Senkung der ärztlichen Behandlungskosten des Firmenpersonals.[327]

Der Extraktivismus von markttauglichen *Zierpflanzen* (dzu zählen u. a. Bromelien, Lianen, Sträucher, Palmen und sonstige Bäume)[328] kann eine weitere wirtschaftliche Alternative sein, die der Biodiversität des Ursprungsgebiets keinen Schaden bereiten muß. Das Ausholzen einzelner früchtetragender Zierbäume kann bei geschickter Planung sogar der Waldregeneration dienen: Die meistens große Anzahl der in Stammesnähe aufkeimenden Jungpflanzen kann sich durch die verbesserten Lichtverhältnisse in der Mehrzahl entwickeln und sowohl für die örtliche Waldregeneration als auch für die Züchtung in Baumschulen bzw. für den Weiterverkauf bestimmt werden.[329]

Für den Absatz von Jungbäumen eröffnen sich im Zuge des tendenziell steigenden Umweltbewußtseins gute Perspektiven. Beispielsweise startete die Präfektur der Stadt São Paulo 1993 ein Umweltprogramm, durch das im Stadtbereich 1 Mio. neue Bäume aus 300 verschiedenen einheimischen Arten gepflanzt werden sollen, wobei wegen der

---

[326] Vgl. SMA (1991b), S. 31 f.
[327] Vgl. O. V. (1991), S. 18 ff.
[328] Eine lange Liste einheimischer Zierpflanzen, die markttauglich sind, ist in SAA (1986) auf S. 27 ff. ersichtlich.
[329] Vgl. SAA (1986), S. 26.

großen Menge die Belieferung von Jungbäumen aus *privaten* Baumschulen vorgesehen ist.[330]

Auch die ökonomische Attraktivität der Produktion von Zierpflanzen inmitten der natürlichen Vegetation wird durch ein erfolgreiches Beispiel aus der Praxis belegt: Die 350 ha große Farm "Fazenda Plantas Exóticas do Brasil - Agri-Floricultura", 1986 in Juquiá (im Ribeira-Tal in SP) gegründet, konnte innerhalb von drei Jahren die gesamte Verschuldung abbauen und blickt seitdem in eine absatzreiche Zukunft - vor allem in bezug auf den Export von Zimmerpflanzen nach Europa.[331]

Eine weitere Form des Extraktivismus in der Mata Atlântica betrifft die Gewinnung von *Kompostmaterial* aus sich zersetzenden Ästen und Blättern ("serrapilheira") für die organische Düngung landwirtschaftlich genutzter Flächen. Für die Gewinnung von 20 $m^3$ Kompostmaterial für die Düngung von 1,5 ha landwirtschaftlicher Nutzfläche reicht die Abtragung einer 20 cm tiefen Bodenschicht in einem 100 $m^2$ großen Waldstück. Unter Beachtung spezieller Vorsichtsmaßnahmen, u. a. der Rotation des Extraktionsgebietes und der Beibehaltung einer unberührten Zone, kann die ökologische Nachhaltigkeit dieser Tätigkeit bewahrt werden.[332]

Zu den *sonstigen Nähr- und Rohstoffen* zählen Pilze, Honig, Früchte, Harze und Flechtmaterial. Der Pilz- und der Honigextraktivismus muß allerdings durch entsprechende Züchtung gefördert werden.

Zu den eßbaren Pilzen, die unter natürlichen Bedingungen in der Mata Atlântica (auch in Hanglagen) herangezüchtet werden können und für die ein Absatzmarkt bereits besteht, gehören: *Pleurotus, Lentinus* und *Volvariella*.[333]

Die Zucht von Honigbienen ist in der Nähe bestimmter honigliefernder einheimischer Pflanzen empfehlenswert, wie z. B.: "pau-Brasil" (*Caesalpinia echinata*), "peroba inguira", (*Aspidosperma cylindrocarpon*), "tamboriúva" (*Enterolobium maximum*), "bracatinga" (*Mimosa scabrella*), "ingá" (*Inga edulis*), "angico" (*Piptadenia macrocarpa*), "caparosa do campo" (*Neea theifera*), "matadeira" (*Psychotria hancorniaefolia*), "cipó-uva" (*Serjania lethalis*) und "estribo" (*Dalbergia frutescens*).[334]

Zu den Wildfrüchten, für die ein attraktiver Absatzmarkt entwickelt werden könnte, zählen u. a. "cambuci", "uvaia", "pitanga", "grumixama", "amora", "gabiroba", "araçá", "pitomba", "sabuti" und "seringuela".[335]

---

[330] Vgl. SVMA (1993), S. 515 ff.
[331] Vgl. SMA (1991b), S. 57 f.
[332] Vgl. SAA (1986), S. 48 ff.
[333] Vgl. SAA (1986), S. 7 ff.; SMA (1991b), S. 55.
[334] Vgl. SAA (1986), S. 15/44 ff.; SMA (1992a), S. 181.
[335] Vgl. SAA (1986), S. 46.

Beispiele harzliefernder Bäume sind u. a.: "urucuruna" (*Hieronyma alchorneioides*), "tamboriúva" (*Enterolobium maximum*), "sucupira amarela" (*Feirrerea spectabillis*), "massaranduba" (*Mimusope huberi*), "jacaré" (*Piptademia comunis*), "cedro branco" (*Cedrela fissilis*) und "canela preta" (*Nectandra mollis*).[336]

Aus einigen traditionellen Siedlungen im Ribeira-Tal ist die Eignung folgender Pflanzen (Bäume, Sträucher und Lianen) als Rohstoff für Haushaltswaren (z. B. Möbel und Behälter) und als Flechtsubstanz für Fischereihilfsmittel (z. B. Fischkörbe und Fangnetze) bekannt: "bacupari" (*Rheedia gardneriana*), "massaranduva" (*Ponteria ramiflora*), "paineira" (*Chorisia speciosa*), "bambu", "guamirim", "pau de macaco", "tabuvossu", "taquara" und "veludo".[337]

Bei den oben genannten Formen des Extraktivismus muß allerdings gewährleistet werden, daß er nachhaltig ist. Hier ist noch Forschungsarbeit zur Erstellung von Nutzungsplänen notwendig, die den Bestand der genutzten Arten mit angemessenem Spielraum zu sichern vermögen. Die Nachhaltigkeit des Extraktivismus kann jedenfalls bei Waldabschnitten mit einer hohen natürlichen Biodiversität durch die Kombination verschiedener der oben dargestellten Nutzungsmöglichkeiten gesteigert werden. Dadurch wird ein einseitiger, auf die Artenvielfalt drückender Abbau vermieden, während zugleich ein diversifiziertes und an die Marktlage anpaßbares Sortiment an Regenwaldprodukten zusammengestellt wird.

In der Mata Atlântica wäre es denkbar, den nachhaltigen Extraktivismus legal auf die zugänglichen Teile der gesetzlichen Schutzeinheiten auszudehnen, die gegenwärtig von illegalen Rodungsaktionen heimgesucht werden. Dadurch könnte der Staat die aufwendigen und oft mangelhaften Kontrollmaßnahmen auf die Leute übertragen, die den Extraktivismus betreiben, und mit einem sowohl billigeren als auch effektiveren Schutz dieser Gebiete rechnen. Denn die Extrakteure hätten schon aus ökonomischen Gründen ein Interesse an der Erhaltung des Waldes und wären durch ihre Tätigkeit zu einer ständigen Waldpräsenz gezwungen. Außerdem könnten neue Arbeitsplätze für die lokale Bevölkerung geschaffen werden. Damit diese eine sozio-ökonomisch nachhaltige, hohe Lebensqualität erreicht, müßte allerdings eine angemessene Verkaufsinfrastruktur für die sekundären Waldprodukte geschaffen werden, die nicht von Zwischenhändlern dominiert wird.[338] Dazu könnte der Aufbau von lokalen Weiterverarbeitungsstätten für die Waldrohstoffe am Rande des Waldschutzgebietes beitragen.

Als Vorbild für eine nachhaltige Nutzung in Schutzeinheiten kann das Beispiel der Nutzreservate im Amazonas dienen, die heute von "seringueiros" (Gummizapfern) verwaltet

---

[336] Vgl. SAA (1986), S. 44 ff.
[337] Vgl. CUNHA/ROUGEULLE (1989), Anhang 1; SPVS (1992), S. 52; LORENZI (1992), S. 61/119/324.
[338] Zur Zwischenhändlerproblematik siehe SMA (1991b), S. 27; SPVS (1992), S. 46.

werden.[339] Dort werden schon seit über 100 Jahren vor allem Paranüsse gesammelt und den Gummibäumen (*Hevea brasiliensis*) in regelmäßigen Zeitabständen eine von ihnen verkraftbare Menge an Kautschuk entnommen. Die geernteten Waldprodukte werden entsprechend der Nachfrageentwicklung in den nahegelegenen Städten (u. a. Rio Branco im Staat Acre) verkauft. Diese sekundären Waldprodukte bilden eine wichtige Existenzgrundlage für die "seringueiros", die deswegen ein Interesse an der Erhaltung des Waldökosystems haben. Dadurch ist die Nachhaltigkeit bei dieser Form der Waldnutzung gewährleistet.

Dieses Beispiel zeigt einerseits, daß die Erhaltung des Regenwaldes einen ökonomischen Nutzen vermitteln kann, auch wenn er noch schwer zu bewerten bleibt. Andererseits verdeutlicht es, daß dieser Nutzen von Waldprodukten abhängt, für die ein attraktiver Absatzmarkt besteht. Im Hinblick auf das noch wenig genutzte Potential der Mata Atlântica im Bereich der Nutzung von Waldprodukten müssen Aufklärungsprogramme gestartet werden, die auf die qualitativen Vorzüge dieser Produkte hinweisen und das Nachfragerinteresse wecken. Hier ist auch noch weiterführende Forschungsarbeit notwendig.

### 3.2.5 Nachhaltiger Bergbau

Da es sich beim Bergbau um den Abbau nicht erneuerbarer Ressourcen handelt, erscheint es zunächst schwierig, ihn zu einer *nachhaltigen* Aktivität zu entwickeln. Die größten Bedenken beziehen sich neben der Rohstofferschöpfung auf die weiteren Auswirkungen des Abbaus auf die Umwelt, allen voran die Abtragung der Regenwalddecke. Ungeachtet dessen können die mineralischen Rohstoffe, je nach der Größe der Lagerstätten, über Jahre eine bedeutende Entwicklungsgrundlage und die Basis für den Sekundärsektor bilden, mit entsprechender Arbeits- und Einkommenswirkung.[340]

Brasilien verfügt über eine Vielzahl von Bodenschätzen, wobei die Eisenerz-, Zinn- und Bauxitreserven mit jeweils über 10 % der Weltreserven in ihrer Bedeutung besonders hervorzuheben sind.[341] Die mineralischen Rohstoffe nahmen 1988 mit 126 Mio. t ca. 75 % der Exportmenge und mit 879 Mio. USD ca. 12 % des Exportwertes ein.[342] Dem-

---

[339] Vgl. FUNDAÇÃO SOS MATA ATLÂNTICA (1988), S. 71 ff.; RYAN (1991), S. 25 ff.; CUNHA/ROUGEULLE (1989), S. 69 f.
[340] Einen guten Überblick über die mit Tagebauen verbundenen ökologischen und ökonomischen Probleme liefert die Beschreibung der Folgen des deutschen Braunkohleabbaus für den Grundwasserhaushalt sowie für die landwirtschaftliche Produktion in GLÄSSER/VOSSEN (1985), S. 258 ff.
[341] Vgl. AMELUNG/DIEHL (1992), S. 93 ff.
[342] Vgl. IBGE (1990a), S. 682.

gegenüber trug der Bergbau 1988 nur zu 2 % des Bruttoinlandsprodukts und zu 0,2 % der Inlandsbeschäftigung bei.[343]

Ab Ende der 70er Jahre erfuhr der brasilianische Bergbau eine große Expansion durch die Entdeckung großer mineralischer Lagerstätten im Amazonas, die zur Durchführung großzügiger Abbauvorhaben führten, wie des Projekts "Grande Carajás" für den Eisenerzabbau im Staat Pará.[344] Im Untergrund der tropischen Regenwälder Brasiliens befindet sich nach heutigen Erkenntnissen ein jeweils großer Teil der nationalen Reserven verschiedener mineralischer Rohstoffe. Bei Eisenerz, Bauxit und Manganerz erreicht dieser Reservenanteil beispielsweise über 30 %, bei Kupfererz und Zinnerz sogar über 70 %.[345]

Der wesentliche Teil der Reserven im Untergrund der tropischen Regenwälder Brasiliens lagert zwar im Amazonas, aber auch in einigen Teilen der vergleichsweise kleinen Mata Atlântica befinden sich nennenswerte mineralische und Kohlelagerstätten, die schon seit Jahrzehnten abgebaut werden. Besonders hervorzuheben sind der Eisenerzabbau im Staat Minas Gerais und der Steinkohlebergbau im Staat Santa Catarina. Ferner werden im Ribeira-Tal (SP und PR) und an der Serra da Mantiqueira (RJ und ES) große Mengen an Baustoffen (mit in der Reihenfolge abnehmender Bedeutung: Kalkstein, Phosphat, Ton, Sand, Dolomit und Schotter) abgebaut.[346] Das Ribeira-Tal ist außerdem reich an verschiedenen Metallvorkommen (Blei und Zink, Kupfer, Gold und Silber). Die wichtigsten Bergbaugebiete Brasiliens sind auf der folgenden Karte eingezeichnet:

---

[343] Vgl. AMELUNG/DIEHL (1992), S. 93.
[344] Vgl. ALMANAQUE BRASIL 1993/1994, S. 266; AMELUNG/DIEHL (1992), S. 102; HETTLER (1991), S. 31.
[345] Vgl. AMELUNG/DIEHL (1992), S. 103.
[346] Vgl. IBGE (1990a), S. 379; IBGE (1990b), S. 71 f.; DIERCKE WELTATLAS (1991), S. 210 f.; SMA (1992e), S. 40.

### Abb. 11: Wichtigste Bergbaugebiete in Brasilien

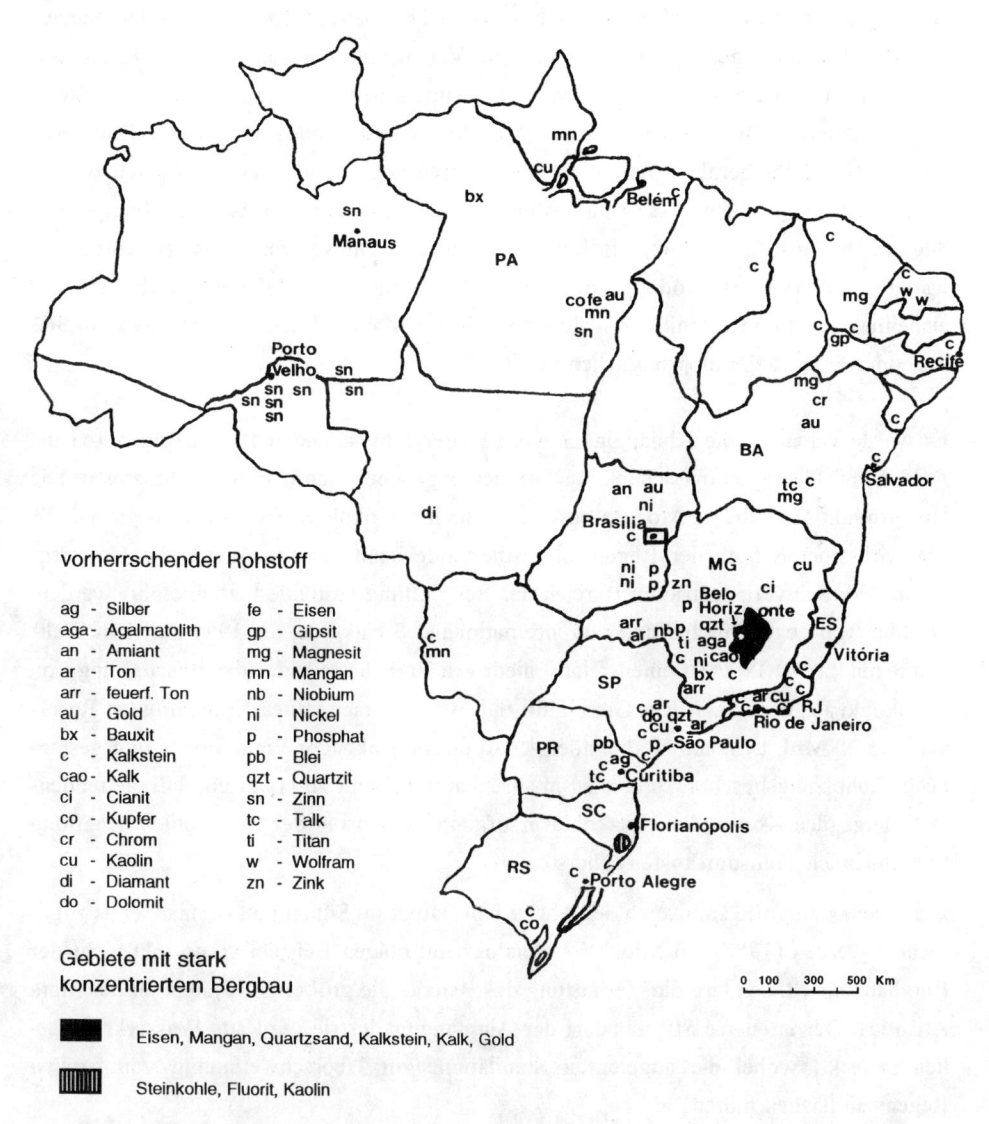

**vorherrschender Rohstoff**

| | | | |
|---|---|---|---|
| ag | - Silber | fe | - Eisen |
| aga | - Agalmatolith | gp | - Gipsit |
| an | - Amiant | mg | - Magnesit |
| ar | - Ton | mn | - Mangan |
| arr | - feuerf. Ton | nb | - Niobium |
| au | - Gold | ni | - Nickel |
| bx | - Bauxit | p | - Phosphat |
| c | - Kalkstein | pb | - Blei |
| cao | - Kalk | qzt | - Quartzit |
| ci | - Cianit | sn | - Zinn |
| co | - Kupfer | tc | - Talk |
| cr | - Chrom | ti | - Titan |
| cu | - Kaolin | w | - Wolfram |
| di | - Diamant | zn | - Zink |
| do | - Dolomit | | |

**Gebiete mit stark konzentriertem Bergbau**

▬ Eisen, Mangan, Quartzsand, Kalkstein, Kalk, Gold

▦ Steinkohle, Fluorit, Kaolin

Quelle: in Anlehnung an IBGE (1990b), S. 71 ff.; DIERCKE WELTATLAS (1991), S. 210 f.

Der Bergbau in der Mata Atlântica kann grundsätzlich in zwei Kategorien eingeteilt werden, die in ökonomischer und ökologischer Hinsicht einen unterschiedlichen regionalen Einfluß ausüben: der *große, langfristige Tagebau* und der *kleine, eher kurzfristige Bergbau*.

Ein Beispiel für den ersten Typ ist der Eisenerzabbau in Minas Gerais (1988: 163 Mio. t). Diese bergbauliche Aktivität führte zu großen indirekten Schäden an der Mata Atlântica, nachdem sie eine Grundlage für die Bildung einer regionalen weiterverarbeitenden Industrie geschaffen hatte, die 1984 bereits 279.000 Arbeitsplätze aufgewiesen hat.[347] Diese Branche ist durch eine ökologisch bedenkliche Eisenverhüttung mit Holzkohle aus der Mata Atlântica gekennzeichnet. Auf eine Versorgung mit einheimischer Kohle war von vornherein verzichtet worden, weil die damals bekannten und begrenzten Steinkohlevorkommen Brasiliens weit entfernt im Süden des Landes lagen (in SC und RS) und der Steinkohlebergbau bis vor wenigen Jahren noch relativ unterentwickelt war.[348] Mitte der 80er Jahre betraf die legale Abholzung der einheimischen Wälder Minas Gerais 800.000 ha pro Jahr. 1992, als bereits verschärfte Umweltschutzgesetze vorhanden waren, sank die legale Rodung auf 230.000 ha. Infolge der Holzkohleproduktion aus einheimischen Bäumen sank der Waldbestand in der Mata Atlântica auf heute ca. 14.363 km$^2$ oder 5, 16 % der ursprünglichen Fläche.[349]

Es wurde versucht, die Abhängigkeit vom weiter schwindenden Regenwald durch die Anlage von Plantagen mit schnell wachsenden exotischen Baumarten zu reduzieren. Die Holzproduktion in diesen Monokulturen ist jedoch aus ökologischer Sicht zweifelhaft.[350] Ein wirksamer Schutz der Regenwaldrestbestände kann dagegen durch die Umorientierung der Schwerindustrie im Bereich der Beschaffungsstrategie herbeigeführt werden. Denkbar wäre eine Beschaffung von internationaler Steinkohle, die 1994 auf dem Weltmarkt mit ca. 70 DM/t[351] einen relativ niedrigen Preis hatte, oder die Beschaffung von Steinkohle aus dem Staat Rio Grande do Sul, wo sich nach neuen Erkenntnissen Reserven von 28 Mrd. t Steinkohle befinden.[352] Aufgrund sinkender Waldvorräte und gesetzlicher Abholzungsbeschränkungen ist in absehbarer Zukunft zu erwarten, daß die tendenziell steigenden Kosten der Holzkohleversorgung die Kosten der Steinkohlebeschaffung (einschließlich Transportkosten) übersteigen.

Der ersten Kategorie kann auch der Abbau von Bauxit im Süden von Minas Gerais zugerechnet werden (1988: 2,6 Mio. t)[353]. Analog zum obigen Beispiel verursacht nicht der Bergbau an sich, sondern die Verhüttung des Bauxits die größeren Schäden an der Mata Atlântica. Der intensive Strombedarf der Aluminiumindustrie wird aus Wasserkraftwerken gedeckt, wobei die angelegten Staudämme zur Überschwemmung von großen Regenwaldflächen führen.

Ein ähnliches Vorhaben betrifft den Fluß Ribeira de Iguape in den Staaten São Paulo und Paraná. Die seit fünf Jahren geplante Errichtung des Stausees "Tijuco Alto" (vorgesehe-

---

[347] Vgl. IBGE (1990a), S. 375/382.
[348] Insofern ist unter standorttheoretischen Gesichtspunkten der Aufbau der Stahlindustrie nahe der Holzkohlevorräte, die sowohl umfangreich als auch leicht erschließbar waren, nachvollziehbar (zur industriellen Standorttheorie vgl. VOPPEL (1990), S. 49 ff.).
[349] Vgl. ROSA (28.1.93a), S. 1.
[350] S. o. Abschnitt 3.2.2.
[351] Vgl. O. V. (14.11.94), S. 15
[352] Vgl. USP (1990), S. 60.
[353] Vgl. IBGE (1990a), S. 380.

ne Leistung: 150.000 kw) soll ausschließlich der Stromversorgung des Aluminiumproduzenten "CBA" im 300 km entfernten Munizip Sorocaba dienen. Dieses Vorhaben wird von Naturschützern aus zwei Gründen stark kritisiert:

1. Sie befürchten, daß die Stauung des Ribeira de Iguape das ökologische Gleichgewicht im Ribeira-Tal, wo sich der größte Restbestand der Mata Atlântica befindet, empfindlich stören würde.

2. Der sozio-ökonomische Beitrag dieses Vorhabens für diese Region wäre begrenzt. Denn für den Bau des Staudamms an sich würden lediglich 3.200 Arbeitsplätze geschaffen und für den weiteren Betrieb nach der Fertigstellung des Staudamms sogar nur 60. Der Strom würde auch nicht der Versorgung der lokalen Bevölkerung dienen, sondern in ganzem Umfang an Sorocaba weitergeleitet werden.[354]

Verschiedene Nichtregierungsorganisationen versuchten deswegen, dieses Projekt zu blockieren, indem sie in São Paulo deren Mitbestimmungsrecht im staatlichen Umweltrat "CONSEMA" nutzten. Da sich diese Gruppierungen jedoch in der Minderheit befanden und ein Veto des Projekts lediglich mit Stimmen aus Regierungsorganen und Unternehmern zu erreichen gewesen wäre, scheiterten sie zunächst. Mitte 1994 lag bereits die Projekterlaubnis seitens der Staaten São Paulo und Paraná vor. Trotzdem konnten die Nichtregierungsorganisationen nach Einreichung einer Klage beim Bundesgerichtshof das Projekt vorerst stoppen.[355]

Ebenfalls in die erste Bergbaukategorie fällt der offene Steinkohlebergbau im Staat Santa Catarina (Reserven: 2 Mrd. t; Abbau 1988: 16 Mio. t)[356]. Die geförderte Steinkohle wird sowohl für die regionale Stromerzeugung als auch für die Versorgung der Schwerindustrie in der südöstlichen Region Brasiliens verwendet. Der im Südosten Santa Catarinas lokalisierte Tagebau brachte auf ökologischer Ebene gravierende Probleme mit sich, die - anders als bei den obigen Beispielen - direkt mit der Abbautätigkeit verbunden sind. Über Jahre wurde der Tagebau ohne Beachtung von Renaturierungsplänen vorangetrieben, was im Munizip Siderópolis zur Degeneration von über 3.500 ha Boden und zur Verschlammung und ph-Senkung der anliegenden Gewässer führte. Weitere Umweltprobleme sind im Zusammenhang mit der Weiterverarbeitung und der damit verbundenen Luftverschmutzung mit Benzol, Toluol und Kohlestaub zu sehen.[357] Die Sanierung des lokal als "Mondlandschaft" bezeichneten Gebiets wird mit 300 Mio. USD[358] beziffert und

---

[354] Vgl. FAGÁ (26.5.94), S. 13; REDE DE ONGS DA MATA ATLÂNTICA (1993), S. 2a; FUNDAÇÃO SOS MATA ATLÂNTICA (1993), S. 3; FUNDAÇÃO SOS MATA ATLÂNTICA (1994a), S. 4.
[355] Vgl. FAGÁ (26.5.94), S. 13; FAGÁ (16. - 18.9.94), S. 15; FUNDAÇÃO SOS MATA ATLÂNTICA (1994a), S. 4; FUNDAÇÃO SOS MATA ATLÂNTICA (1994b), S. 4.
[356] Vgl. USP (1990), S. 60.
[357] Vgl. ZULAUF (1994), S. 78.
[358] Vgl. LEONORA (1.2.94), S. 16.

kann den Bergbauunternehmen aus juristischen und finanziellen Gründen nicht allein zuerteilt werden.[359]

Diese aus ökologischer und ökonomischer Sicht unbefriedigende Situation läßt sich darauf zurückführen, daß die Umweltregeneration in den Abbaugebieten bis vor wenigen Jahren aufgrund der Gesetzeslage nicht in die Kalkulation der Bergbauunternehmen einbezogen werden mußte. Der Umweltschutz spielt im Bergbau erst ab Ende der 80er Jahre eine Rolle, als die Umweltgesetzgebung insgesamt verschärft wurde und vor neuen Abbauvorhaben Umweltverträglichkeitsprüfungen ("EIA/RIMA") verlangt werden.[360]

Die Wiederherstellung der Vegetationsdecke, die infolge der Abbautätigkeit abgetragen wird, wird im Bundesbergbaugesetz ("Código de Mineração") allerdings bis heute nicht berücksichtigt. Das ist problematisch, weil der Erteiler der Abbaukonzession und rechtmäßige Eigentümer des brasilianischen Untergrundes der Bund ist.[361] Dadurch ergeben sich Widersprüche zu den Gesetzen und Kompetenzen der Länder, und die Kontrolle der Abbaugebiete sowie die Durchsetzung von Renaturierungsmaßnahmen werden erschwert.

Der Bergbau der ersten Kategorie bringt durch seine Dimensionen Vor- und Nachteile. Aufgrund der abgeleiteten Arbeitsplatzwirkung, die ihn zu einem bedeutenden Wirtschaftsfaktor werden lassen, werden Umweltschäden möglicherweise geduldet bzw. legalisiert - wie bei der Holzkohlegewinnung in Minas Gerais. Andererseits stehen große Betriebe im Blickpunkt der Öffentlichkeit und können daher besser kontrolliert werden, insbesondere im Hinblick auf die Befolgung der Umweltgesetze.

Zu der zweiten Kategorie des Bergbaus zählen die Baugruben entlang der Serra do Mar und der Serra da Mantiqueira sowie die Schürfaktivitäten an den Flüssen des Ribeira-Tals. Diese Aktivitäten sind i. d. R. kleinen Ausmaßes und von kurzer Dauer, treten allerdings in hoher Anzahl auf. Sie sind organisatorisch einfach strukturiert und häufig illegal.[362]

In quantitativer Hinsicht spielt innerhalb dieser Kategorie der Abbau von Kalkstein, Phosphaten und Ton die größere Rolle.[363] Dieser Bergbau zieht die komplette Abtragung der Vegetationsdecke nach sich, welche jedoch mit einfachen Maßnahmen wiederhergestellt werden kann. Ein schwer zu behebender Schaden entsteht allerdings durch die mit dieser Tätigkeit verbundene Staubentwicklung; die in kleinste Poren eindringenden

---

[359] Dieses als "Kostensozialisierung" bezeichnete Problem, das zu Lasten der Bevölkerung geht, wird auch im wichtigsten Bergbau-Staat Minas Gerais beklagt. Vgl. SMA (1992b), S. 26.
[360] Vgl. SMA (1992c), S. 47; SMA (1992b), S. 52 ff.
[361] Vgl. SMA (1992a), S. 328.
[362] Vgl. FUNDAÇÃO SOS MATA ATLÂNTICA (1992d), S. 3; SMA (1989a), S. 15; ZULAUF (1994), S. 105; SMA (1992a), S. 223/328, SMA (1992c), S. 72 f.; MONTEIRO (1993), S. 12.
[363] Vgl. IBGE (1990a), S. 379 ff.; SMA (1992e), S. 40.

Feinstpartikel verursachen nicht nur Luftverschmutzung, sondern auch Gewässerverschlammung und das Absterben der Flußvegetation.[364]

Die Schürftätigkeiten wiederum führen zur Einleitung toxischer Substanzen in die Gewässer, die über die Nahrungskette die menschliche Gesundheit gefährden können. Der Rio Ribeira de Iguape ist beispielsweise aufgrund der Auswaschung (mit Quecksilber) von Gold, Blei, Zink und Kupfer mit hohen Schwermetallkonzentrationen belastet.[365]

Die illegalen Schürftätigkeiten und Bergbaugebiete geringer Dimension (bis zwei Hektar) bleiben innerhalb von Gebieten mit geschlossener Vegetationsdecke oft lange unentdeckt, bis sie große Umweltschäden anrichten. Sie breiten sich auch in gesetzlichen Schutzeinheiten aus, in denen bergbauliche Tätigkeiten verboten sind.[366]

Solange das Ribera-Tal, in dem sich der größte kontinuierliche Restbestand der Mata Atlântica befindet, über ökonomisch interessante Mengen an Erzen und Baugestein verfügt, werden illegale Schürftätigkeiten und kleine Baugruben durch gesetzliche Verbote kaum zu verhindern sein. Daher empfiehlt sich die Legalisierung dieser Aktivitäten an vorher festzulegenden, ökonomisch sinnvollen und ökologisch vertretbaren Stellen. Durch die bessere Kontroll- und Beratungsmöglichkeit können insgesamt wesentlich geringere Umweltschäden erwartet werden.

Bergbautreibende werden oft durch die Schwierigkeiten, die mit einer offiziellen Lizenzerteilung und der Berichterstattung bei verschiedenen Behörden verbunden sind, in die Illegalität gedrängt. Wie aus folgender Abbildung ersichtlich, ist eine Vielzahl von Behördengängen auf verschiedenen Verwaltungsebenen notwendig:[367]

---

[364] Vgl. IBGE (1990b), S. 76; HETTLER (1991), S. 35.
[365] Vgl. SMA (1992a), S. 218ff.
[366] Vgl. COELHO/PARLATO/GUIMARÃES (1993), S. 5/11;
[367] Bei der Lizenzvergabe an Betriebe werden neben den Regierungsorganen "CONSEMA", "SMA", "CETESB" und "DNPM" oft auch das "CEPM" sowie die Präfekturen involviert (vgl. BIOSFERA (1993), S. 156). Die Lizenzerteilung an Einzelpersonen wird neben einem rohstoffbedingten Behördengang durch die Bindung an die Munizipien, in denen eine Schürfung geschehen soll, sowie durch die eigenhändige Einholung einer Schürferlaubnis bei den Grundstückseigentümern verkompliziert (vgl. SUDELPA (1986), S. 11).

**Abb. 12:** Vereinfachtes Fluxogramm über die Genehmigung einer bergbaulichen Tätigkeit im Staat São Paulo

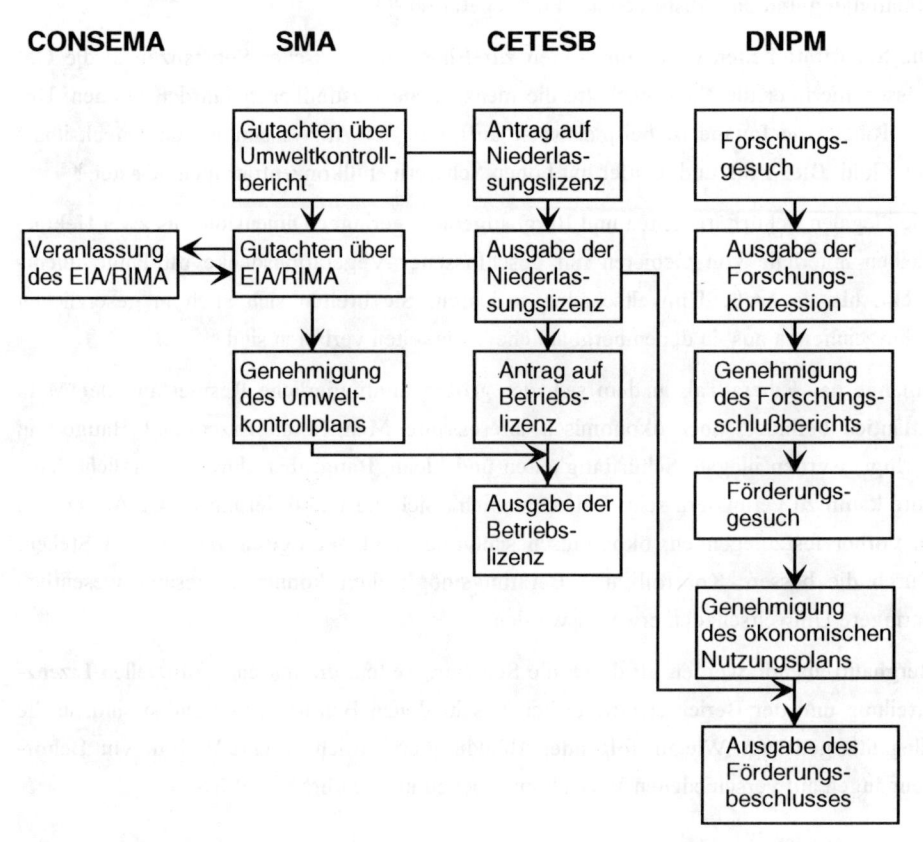

**CONSEMA          SMA          CETESB          DNPM**

```
                  ┌─────────────┐   ┌─────────────┐   ┌─────────────┐
                  │ Gutachten   │   │ Antrag auf  │   │ Forschungs- │
                  │ über Umwelt-├───┤ Niederlas-  │   │ gesuch      │
                  │ kontroll-   │   │ sungslizenz │   │             │
                  │ bericht     │   │             │   │             │
                  └──────┬──────┘   └──────┬──────┘   └──────┬──────┘
                         ▼                 ▼                 ▼
┌─────────────┐   ┌─────────────┐   ┌─────────────┐   ┌─────────────┐
│ Veranlassung│◄──┤ Gutachten   │   │ Ausgabe der │   │ Ausgabe der │
│ des EIA/RIMA├──►│ über        │   │ Niederlas-  ├───┤ Forschungs- │
│             │   │ EIA/RIMA    │   │ sungslizenz │   │ konzession  │
└─────────────┘   └──────┬──────┘   └──────┬──────┘   └──────┬──────┘
                         ▼                 ▼                 ▼
                  ┌─────────────┐   ┌─────────────┐   ┌─────────────┐
                  │ Genehmigung │   │ Antrag auf  │   │ Genehmigung │
                  │ des Umwelt- │   │ Betriebs-   │   │ des Forsch.-│
                  │ kontrollpl. │   │ lizenz      │   │ schlußber.  │
                  └─────────────┘   └──────┬──────┘   └──────┬──────┘
                                           ▼                 ▼
                                    ┌─────────────┐   ┌─────────────┐
                                    │ Ausgabe der │   │ Förderungs- │
                                    │ Betriebs-   │   │ gesuch      │
                                    │ lizenz      │   │             │
                                    └─────────────┘   └──────┬──────┘
                                                             ▼
                                                      ┌─────────────┐
                                                      │ Genehmigung │
                                                      │ des ökonom. │
                                                      │ Nutzungspl. │
                                                      └──────┬──────┘
                                                             ▼
                                                      ┌─────────────┐
                                                      │ Ausgabe des │
                                                      │ Förderungs- │
                                                      │ beschlusses │
                                                      └─────────────┘
```

Quelle: RICCIARDI (8. - 9.12.93), S. 13

Die Lizenzeinholungen sind finanziell aufwendig und sehr zeitintensiv, und dadurch fallen sie gerade ärmeren Bergbautreibenden schwer.[368] Hier ist Hilfeleistung von seiten der Behörden nötig. Eine sinnvolle Lösung wäre die Errichtung eines Einzelorgans, das die erforderlichen bürokratischen Arbeiten übernimmt und somit den illegalen Bergbau aufgrund bürokratischer Hindernisse überflüssig werden läßt. Die durch ein solches Zentralorgan verursachten Kosten können leicht durch die Einsparung von aufwendigen Kontrollaktionen sowie durch das zusätzliche Steueraufkommen[369] kompensiert werden.

Für beide Kategorien des Bergbaus in der Mata Atlântica sollten außerdem die technischen Möglichkeiten eines umweltfreundlichen Tagebaus geprüft werden. Wie eine deutliche Begrenzung des Schadens an der Waldbedeckung zu erreichen ist, wird durch

---

[368] Im Staat Rio de Janeiro ist mit dem amtlichen Beschluß über ein beantragtes Forschungsvorhaben nach durchschnittlich vier Jahren zu rechnen. Vgl. MONTEIRO (1993), S. 12.
[369] Die Besteuerung des Bergbaus erfolgt über die Erhebung der "IUM", die durch ihre Einfachheit und geringe Höhe keine abschreckende Wirkung haben dürfte. Vgl. SUDELPA (1986), S. 10 ff.

das Abbausystem an der Serra dos Carajás (PA) aufgezeigt. An dieser größten Eisenerzmine der Welt wird anhand eines parallelen Rekultivierungsprogramms die ständig offene Fläche auf 5.500 ha begrenzt.[370] Ein ähnlich waldschonendes und erosionsvermeidendes System wird an einer Bauxitmine in Porto Trombetas, ebenfalls im Amazonasgebiet, praktiziert.[371] Die Firma Shell entwickelte ein Abbausystem in vier Schritten: Zuerst wird die Vegetationsdecke abgetragen, wobei der Boden getrennt gelagert wird; danach wird das Bauxit abgebaut; anschließend wird der Tagebau mit den Auswaschungsrückständen gefüllt; und zuletzt wird der vorher gelagerte Boden wieder aufgetragen und mit einheimischen Bäumen bepflanzt.[372]

Die Belastung mit Schwebstaub, der beim Abbau (insbesondere bei Sprengungen), bei der Aufbereitung und beim Transport von Erzen und Kalkstein entsteht, ist in modernen Minenbetrieben durch Bindung oder Beregnung der Anlagen mit Wasser und Harzen zu unterbinden. Um bei der Auswaschung von Rohstoffen eine Belastung von intakten Gewässern mit Schwebstoffen zu vermeiden, können Rückhalte- und Absetzbecken im bereits abgebauten Lagerstättenbereich geschaffen werden.[373]

Die zusätzlichen Kosten, die durch eine umweltschutzbedingte Modernisierung des Bergbaus entstehen, müssen über die Rohstoffpreise an die Abnehmer weitergeleitet werden. Das wird allerdings nur gelingen, falls eine Umgehung gesetzlicher Umweltschutzmaßnahmen beim Bergbau nicht mehr möglich ist. Das sich letztendlich ergebende Überwachungsproblem - insbesondere bei kleinen Minenbetrieben - kann u. a. durch die bereits oben angesprochenen Legalisierungsfazilitäten behoben werden.

Ferner könnten die rohstoffbeziehenden Industrieländer indirekte Anreize zu einem nachhaltigen Bergbau geben, wenn sie sich dazu verpflichteten, nur Rohstoffe aus nachhaltigem Bergbau zu beziehen. Das wäre angesichts des in diesen Ländern stark steigenden Umweltbewußtseins und des in dieser Hinsicht hohen Drucks der Öffentlichkeit durchsetzbar. Dadurch könnten die entsprechenden Modernisierungen beim Bergbau refinanziert und gleichzeitig die aus ökologischer Sicht zweifelhaft wirtschaftenden Bergbauunternehmen aus dem Markt gedrängt werden (analoge Überlegungen gelten für die weiterverarbeitende Industrie).

---

[370] Trotzdem bietet das Projekt "Grande Carajás" Anlaß zur Kritik, denn für die Verhüttung des Eisenerzes werden 2,5 Mio. t Holzkohle pro Jahr benötigt, was in demselben Zeitraum zum Einschlag von 90.000 bis 200.000 ha Regenwald führt. Auch die international rückläufige Preisentwicklung für Roheisen spricht gegen den ökonomischen Sinn dieses Projekts, das vor allem bei Durchführung aufwendiger Umweltschutzmaßnahmen an Rentabilität einbüßt. Vgl. HETTLER (1991), S. 34/41/49.
[371] Vgl. HETTLER (1991), S. 34.
[372] Vgl. ALZER (1993), S. 28.
[373] Vgl. HETTLER (1991), S. 33 ff.

## 3.2.6 Ökotourismus

Der Ökotourismus repräsentiert eine neue Form des Tourismus, die auch durch folgende synonyme Begriffe beschrieben wird: "ökologischer Tourismus", "sanfter Tourismus", "naturorientiertes Reisen", "low impact tourism" usw.[374] Grundsätzlich verbirgt sich hinter diesen Bezeichnungen die Koppelung des gewöhnlichen Tourismus an ökologische Prinzipien. Eine gängige Definition des Ökotourismus lautet: "Es ist ein Tourismus, der in Ortschaften mit touristischem Potential in schonender Weise praktiziert wird, wobei die touristische Aktivität mit der Erhaltung der Umweltqualität in Einklang gebracht wird; er bietet dem Touristen einen engen Kontakt mit den natürlichen und kulturellen Ressourcen der Ortschaft, mit dem Ziel, sein ökologisches Gewissen zu wecken".[375]

Der Ökotourismus kommt dem steigenden Umweltbewußtsein der Touristen entgegen, das in den Industrieländern schon beobachtbar ist. Dort ist seit Jahren eine Steigerung der Nachfrage nach einem naturverbundenen Tourismus zu verzeichnen.[376] Im Zuge dieser Entwicklung bieten die Reiseveranstalter auch entsprechende Angebote in Übersee. Beispielsweise verzeichnet der Amazonas im Auslandstourismus jährliche Steigerungsraten von 12 - 20 %, die auf die Vielfältigkeit der dortigen Natur und das gestiegene Interesse für den Regenwald zurückzuführen sind.[377] Der brasilianische Teil des Amazonas lockt trotzdem mit ca. 100.000 Touristen pro Jahr verhältnismäßig wenige Auslandstouristen (in Rio de Janeiro waren es 1987 im Vergleich dazu 700.000). Die Erklärung dafür ist u. a. in den mittlerweile hohen Anforderungen der internationalen Reiseveranstalter an das Umweltbewußtsein der Partnergesellschaften in den Zielorten zu suchen.[378]

Um den Ökotourismus in den Entwicklungsländern zu propagieren, wird seine Koppelung an Umweltbildungsprogramme erforderlich, die sowohl beim Reiseveranstalter als auch beim normalen Touristen ansetzen. Letzterer kann erst durch eine angemessene Aufklärungsarbeit zu einem "Ökotouristen" werden, der als intelligente, interessierte und interaktive Person beschrieben wird, die "dem Besuchsort außer Wissen nichts entnimmt und außer Fußabdrücken nichts hinterläßt"[379].

Die Bedeutung der Modellierung des Tourismus zu einer nachhaltigen Aktivität in der Mata Atlântica kann verstanden werden, wenn die dortigen Folgen des gewöhnlichen Massentourismus betrachtet werden. So ist der landschaftlich attraktive nördliche Küstensaum des Staates São Paulo stark bebaut worden, nachdem er an das inter-

---

[374] Vgl. BARROS II (1991), S. 36.
[375] Freie Übersetzung aus: SMA (1992c), S. 147. Für weitere Definitionen vgl. u. a. SMA (1991b), S. 39; Vgl. BARROS II (1991), S. 36; CESP (1992a), S. 6.
[376] Vgl. CESP (1992a), S. 6; ZAMORA (1994), S. 24.
[377] Vgl. AYLÊ-SALASSIË (1994), Suplemento S. 19.
[378] Vgl. AYLÊ-SALASSIË (1994), Suplemento S. 19; BARROS II (1991), S. 37.
[379] BARROS II (1991), S. 37.

regionale Straßennetz angeschlossen wurde. Durch die Bebauung konnte ein Teil der großen Nachfrage nach Strandresidenzen und Hotels für den Urlaub und das Wochenende befriedigt werden, die von den großen Inlandsstädten (allen voran São Paulo) ausging. Das geschah allerdings ohne Planung und mit starken infrastrukturellen Defiziten, die schließlich zu Lasten verschiedener Ökosysteme der Mata Atlântica gingen. Den Bebauungsaktivitäten fielen neben großen Abschnitten des immergrünen Feuchtwaldes am Fuß der Serra do Mar auch zwei spezielle, an die Mata Atlântica angeschlossene Küstenökosysteme zum Opfer, die u. a. für die Fisch- und Krebsproduktion eine wichtige Rolle spielen: die Nehrungsvegetation ("restinga") und die Mangroven.[380]

Trotz der strikten Gesetzgebung zum Schutz der Mata Atlântica (vor allem durch das aktuelle Bundesdekret Nr. 750/93)[381] und der Flächennutzungsplanungen, denen die Küste an der Serra do Mar unterliegt, geht die Bebauung im illegalen Bereich weiter. Oft wird sie von den betroffenen Munizipien aus steuerlichen Gründen geduldet und nachträglich durch Ausnahmeregelungen legalisiert.[382] Die illegalen Aktivitäten im Immobilienbereich bedrohen bereits auch die infrastrukturell weniger gut erschlossene südliche Küste des Staats São Paulo und die Küste Paranás, wo sich große Restbestände der Mata Atlântica befinden. Die touristische Attraktivität dieser Gebiete nimmt aufgrund der zunehmenden Bebauung und Belastung der nördlichen Küste zu.[383]

Zusätzliche Umweltschäden im Küstenbereich ergeben sich dadurch, daß die infrastrukturellen Maßnahmen, vor allem im Abfall- und Abwasserbereich, mit dem Zustrom an Touristen meistens nicht Schritt halten. Weitere, aus ökologischer Sicht zweifelhafte Begleiterscheinungen des Tourismus sind der übermäßige und illegale Extraktivismus von Zierpflanzen sowie die Bedrohung der Fauna in der Umgebung.[384]

Ein weiteres Problem, das durch den Massentourismus hervorgerufen wird, ist seine Einflußnahme auf die traditionelle Fischerbevölkerung ("caiçaras"). Sie wird von den Touristen verdrängt oder muß sich an einen neuen, traditionsfremden Tages- und Arbeitsablauf anpassen, der von touristischen Unternehmen diktiert wird. Durch die Rodung von Mangroven und die Belastung der Meere durch Abwässer und selbst durch manche wassersportliche Aktivitäten wird auch der Fischreichtum beeinträchtigt, der die Lebensgrundlage vieler Fischerdörfer bildet.[385]

---

[380] Vgl. FUNDAÇÃO SOS MATA ATLÂNTICA (1994a), S. 6; BIOSFERA (1993), S. 127 f.; SMA (1992d), S. 51; SMA (1992b), S. 72; ADEODATO (28.1.93a), S. 3; SERRA (28.1.93b), S. 4; CAPOBIANCO (1993), S. 27.
[381] S. u. Abschnitt 3.3.1.
[382] Vgl. FUNDAÇÃO SOS MATA ATLÂNTICA (1994a), S. 6.
[383] Vgl. SPVS (1992), S. 82; SMA (1989d), S. 12; SERRA (23.2.94), S. 13; FAGÁ (1.3.94), S. 24; FAGÁ (4.3.94), S. 21.
[384] Vgl. SPVS (1992), S. 82.
[385] Vgl. SPVS (1992), S. 82.

Diese schwerwiegenden Schäden ökologischer und sozio-kultureller Natur können durch die Umwandlung des Massentourismus in einen Ökotourismus vermieden werden, bei dem ein Gleichgewicht zwischen der touristischen Erschließung und der Umwelteinwirkung angestrebt wird. Die ungebremst positive allgemeine Marktentwicklung in der Tourismusbranche sollte nicht nur zu einer kontrollierten regionalen wirtschaftlichen Entwicklung, sondern auch dazu genutzt werden, beim Touristen ein Interesse an der Erhaltung der Umwelt zu wecken. Dabei können unabhängige oder auch im Urlaubsprogramm integrierte Umweltbildungsprogramme die Entwicklung zum Ökotourismus nach dem Vorbild der Industrieländer beschleunigen. Der darauf folgende Umweltschutzeffekt würde wiederum die Absatzmöglichkeiten im vielversprechenden zukünftigen Marktbereich des Ökotourismus verbessern.

In Brasilien fehlen bislang Statistiken über den Ökotourismus, aber einige Reisegesellschaften aus Rio de Janeiro berichten über ein spürbar wachsendes Interesse der Touristen für naturorientierte Reiseangebote in der Mata Atlântica.[386] Dieses aufkommende Marktpotential veranlaßte z. B. eine Reisegesellschaft 1992 eine fast 20 Jahre zuvor stillgelegte Bahnlinie zu reaktivieren, die durch die Mata Atlântica entlang der Serra do Mar führt. Die 40 km lange, im 19. Jahrhundert für Kaffeetransporte und in diesem Jahrhundert für Kohletransporte verwendete Bahnlinie zwischen Angra dos Reis und Lídice (RJ) wurde für ein touristisches Programm von vier Stunden umfunktioniert, das Besichtigungsstopps und die Vermittlung von Informationen über die Umwelt einschließt.[387] Dieses Programm entwickelte sich sehr erfolgreich und führte zur Reaktivierung weiterer Streckenabschnitte in den Bergregionen vom Staat Rio de Janeiro, wie z. B. der 26 km langen Verbindung zwischen Miguel Pereira und Conrado 1993. Für Ende 1994 plant das verantwortliche Reiseunternehmen die Reaktivierung der Bahnlinie zwischen Rio de Janeiro und São Paulo (ca. 500 km) für touristische und Transportzwecke.[388]

Da diese Bahnlinien bereits existieren, ist ihre Reaktivierung nicht mit einer weiteren Rodung der Mata Atlântica verbunden. Sie stellen vielmehr eine ökologisch sinnvolle Alternative zum Straßennetz bzw. zu dessen Erweiterung dar, die aufgrund des großen Personen- und Güterverkehrs zwischen São Paulo und Rio de Janeiro zu erwarten ist. Durch die Wiederinbetriebnahme der Bahnlinien können wirtschaftliche und ökologische Zwecke sinnvoll kombiniert werden; die Transport- und die Tourismusbranchen werden wiederbelebt, während gleichzeitig die Mata Atlântica weder gerodet noch durch Emissionen belastet wird.

Das vorangegangene Beispiel verweist auf einen erfolgreichen Weg der Nutzung des touristischen Potentials der Mata Atlântica auf der Basis der Privatinitiative. Diese Mög-

---

[386] Vgl. ZAMORA (1994), S. 24.
[387] Vgl. ZAMORA (1994), S. 26 f.
[388] Vgl. SANTOS (1994), Suplemento S. 20.

lichkeit könnte auf Grundbesitze im Ribeira-Tal ausgedehnt werden, die aufgrund der Landschaftsform für die Landwirtschaft weniger geeignet sind.

Es sind allerdings auch Initiativen auf öffentlicher Basis zur gewinnbringenden, ökotouristischen Nutzung von Schutzeinheiten denkbar, die vom Bund und von den Ländern verwaltet werden. In der Mata Atlântica sind jedoch kaum Beispiele solcher Schutzeinheiten bekannt, deren Verwaltung, Überwachung und sonstige Programme durch den Ökotourismus vollständig getragen werden, und die darüber hinaus Gewinne erwirtschaften. Eine Ausnahme bildet der Nationalpark Foz do Iguaçu.[389] Hierbei handelt es sich allerdings um einen der ältesten Nationalparks Brasiliens, der infrastrukturell gut ausgebaut ist und sich als internationales Besucherziel wegen seiner berühmten Iguaçu-Fälle bereits etablieren konnte. Bei den neuen, unbekannten und kleineren Schutzeinheiten ist kurzfristig nicht mit einem vergleichbar hohen nationalen und internationalen Besucherstrom zu rechnen.

Trotz der insofern schlechteren Voraussetzungen gibt es ein Beispiel für einen neuen Versuch in dieser Richtung, der allerdings auf Landesebene, durch die Erstellung eines ökotouristischen Programms in der "Fazenda Intervales", vollzogen wird. Diese von der Forststiftung (FF) seit 1987 verwaltete, ehemalige Palmenherzfarm liegt 270 km südlich von São Paulo, an der Serra de Paranapiacaba (SP), und ist in die Schutzeinheit (Staatspark) "Serra do Mar" integriert. Die Fazenda Intervales beinhaltet 38.000 ha des immergrünen Feuchtwaldes der Mata Atlântica, die sich auf einem hohen Erhaltungsniveau befinden. Diese Farm verfügt über mehrere Wanderwege, einige kulturelle Sehenswürdigkeiten sowie Unterkunftsmöglichkeiten (mit 56 Betten) und erfüllt damit wesentliche Voraussetzungen für den Ökotourismus.[390]

Ausgewählte Monatsberichte in den Jahren 1992 bis 1994 zeigen eine positive Entwicklung des 1988 eingeleiteten ökotouristischen Geschäfts, die auf die wachsende Besucherzahl und die steigenden Einnahmen zurückzuführen ist. Allerdings reichen diese Einnahmen nicht aus, um die Fazenda Intervales als Unternehmung, die neben dem Programm *Ökotourismus/Umweltbildung* auch die ausschließlich Kosten verursachenden Bereiche *Verwaltung*, *Überwachung* und *Umweltmanagement* unterhält, profitabel zu gestalten. Die Monatsberichte weisen ein Defizit auf, das sich in einem Bereich um die 50.000 USD (pro Monat) bewegt und von den öffentlichen Mitteln der Verwaltungszentrale gedeckt werden muß. Seit 1988, als das ökotouristische Geschäft eingeleitet wurde, konnten durch die daraus erzielten Einnahmen nicht einmal die Kosten des Programms *Ökotourismus/Umweltbildung* gedeckt werden.[391]

---

[389] Vgl. O. V. (1994), S. 39.
[390] Vgl. FF (o. J.).
[391] Vgl. FF (1993), 37 ff.; FF (1994); SMA (1991b), S. 41.

Angesichts dieses aus betriebswirtschaftlicher Sicht unbefriedigenden Zustands der Fazenda Intervales stellt sich die Frage, ob nicht zumindest die Übertragung des Programms *Ökotourismus/Umweltbildung* auf ein Privatunternehmen sinnvoller wäre, vor allem im Hinblick auf die Gewinnerzielung. Diese Möglichkeit muß nicht auf Kosten der sozialen und ökologischen Rahmenbedingungen gehen. Diese können nicht nur durch die aktuelle Gesetzgebung über die Mata Atlântica, sondern eventuell auch durch ein vertragliches Arrangement zwischen der FF und dem in Frage kommenden Privatunternehmen geregelt werden. Darin können u. a. Eintrittsermäßigungen für sozial Schwächere, Baubeschränkungen sowie Zugangslimitierungen für das Publikum gemäß der bereits festgelegten und ökologischen Parametern angepaßten Flächennutzungsplanung in der Fazenda Intervales geregelt werden.

Durch eine mögliche Gewinnerzielung in Naturparks mit Ökotourismus-Programmen ließe sich nicht nur eine nachhaltige Entwicklung realisieren, sondern auch die Einrichtung und Erhaltung von gesetzlichen Schutzeinheiten gegenüber der einheimischen Bevölkerung besser rechtfertigen, da in diesem Fall eine positive Beschäftigungswirkung erzielt und eine zusätzliche Beanspruchung der öffentlichen Finanzmittel vermieden werden können. Diese Alternative ist besonders vorteilhaft, wenn die Einnahmen pro Hektar höher als bei den herkömmlichen Aktivitäten liegen, die große ökologische Schäden anrichten.[392]

Aus der Sicht des Bürgers erscheint diese Alternative ebenfalls vorteilhaft. Er erhält als Besucher von neuen oder für den Ökotourismus geöffneten Schutzeinheiten auf der einen Seite eine weitere Möglichkeit zur Erholung und Mehrung seines Umweltwissens. Durch die Förderung seines Umweltgewissens wird er auf der anderen Seite zugleich ein Interesse daran haben, zur Erhaltung der Schutzeinheiten beizutragen, wodurch sich im Endeffekt Überwachungskosten einsparen lassen. Diese Einsparungen können dann anderweitige Umweltprogramme ermöglichen.

Größere Probleme bei der Öffnung der Schutzeinheiten sind in der Anfangsphase zu erwarten, bei der Einrichtung einer Infrastruktur für den Ökotourismus in den vorgesehenen Schutzeinheiten bzw. in Teilen davon. Aufgrund des infrastrukturell prekären Zustands der meisten Schutzeinheiten sind hohe Investitionsbeträge erforderlich, die sich aus dem Bau von Zufahrtsstraßen und Unterkünften oder aus der Personalzusammenstellung und -ausbildung ergeben.[393] Für diese Investitionen, die bezüglich der Umwelteinwirkung erst geprüft werden müssen (u. a. mittels des EIA/RIMA) und sich auch bei

---

[392] Im Ausland existieren meßbare Beispiele dafür. So liegen in den Nationalparks in Kenia die Einnahmen pro ha 50mal höher als bei der Landwirtschaft. Vgl. KLAFFKE (8.10.93), S. 9.

[393] An der landschaftlich attraktiven und starkem Besucherdruck ausgesetzten Küste des Staats São Paulo gelten lediglich die Besuchszentren "Núcleo Picinguaba" und "Núcleo Caraguatatuba", an der Serra do Mar, als für den Ökotourismus ausreichend ausgebaut. Vgl. SMA (1993e), S. C2.

einem guten Besucherstrom voraussichtlich nur langfristig amortisieren lassen, müssen erst Finanzierungsquellen gefunden werden.[394]

Um die Besucher insbesondere für die weniger besuchten Schutzeinheiten zu interessieren, ist ein weitreichendes und kostspieliges Marketing unvermeidlich. Denn ein großes Hindernis zum Erfolg des Ökotourismus bildet der Informationsmangel der Bürger über die natürliche Attraktivität und die Besuchsmöglichkeiten einzelner Regionen.[395] Bei vielen Schutzeinheiten innerhalb der Mata Atlântica können dabei Vorteile durch die Nähe zum Markt genutzt werden. So befinden sich in einem Umkreis von 300 km von der Stadt São Paulo über 25 gesetzliche Schutzeinheiten, die vom Staat São Paulo verwaltet werden, darunter auch der vielseitige, aber hauptsächlich auf der Ostseite besuchte Staatspark "Serra do Mar" mit ca. 550.000 ha.[396] Mit ca. 12 Mio. Einwohnern in der Stadt bzw. ca. 18 Mio. Einwohnern im Großraum São Paulo ist das ausschöpfbare Marktpotential für den Tourismus ungewöhnlich hoch, wobei auch der ausländische Markt durch die gute Luftverkehrsanbindung an São Paulo angeworben werden kann.

Die Durchsetzung einer privaten Verwaltung von Schutzeinheiten ist nicht zwangsläufig an die Möglichkeit der Gewinnerzielung gebunden, wie ein Projekt demonstriert, das auf die Initiative der Deutsch-Brasilianischen Industrie- und Handelskammer in São Paulo zurückzuführen ist. An einem geschützten Küstenabschnitt im Norden vom Badeort Guarujá (SP) wurde 1993 vom Staat São Paulo ein Projekt zum Aufbau eines privaten und für Besucher kostenlosen Umweltbildungs- und Ökotourismus-Programms genehmigt, bei dem der finanzielle Aufwand durch deutsche Sponsoren getragen wird.[397] Die mit der Verwaltung des künftigen Besucherparks an der Serra do Guararu beauftragte Nichtregierungsorganisation "ACDA" wird vorerst von den deutschen Privatunternehmen Henkel und Siemens finanziert, aber inzwischen haben weitere Firmen Interesse an einer finanziellen Förderung dieses Projekts demonstriert. Derartige Initiativen können möglicherweise auch an anderen Orten genutzt werden.

Um das Gebot der Nachhaltigkeit in den Schutzeinheiten zu gewährleisten, ist allerdings eine angemessene Planung des ökotouristischen Programms unumgänglich, die den ökologischen und kulturellen Rahmenbedingungen der Schutzeinheiten Rechnung trägt. Bei der Übertragung der Organisation und Verwaltung des Ökotourismus auf private Unternehmen können dabei die Umweltschutzbehörden die gesetzlichen Kontrollspielräume nutzen, die sich u. a. durch Umweltverträglichkeitsprüfungen (EIA/RIMA) eröffnen.

---

[394] Es besteht die Möglichkeit der internationalen Finanzierung nach dem Vorbild des vom Staat Minas Gerais verwalteten Naturparks "Rio Doce"; 50 % der Investitionssumme für die von 1986 bis 1993 vollzogene Parkmodernisierung entstammen der Weltbank. Vgl. SCHETTINO (28.1.93), S. 3.
[395] Vgl. CESP (1992a), S. 7.
[396] Vgl. SMA (o. J.), Karte; FUNDAÇÃO SOS MATA ATLÂNTICA (1992a), S. 60 f.; SMA (1993e), S. C2.
[397] Vgl. IBGE (1993a), S. 1; AHK SÃO PAULO (1993), S. 10.

In bezug auf das Ribeira-Tal schlägt die SMA eine ökotouristische Planung in folgenden sechs Schritten vor:

1. Untersuchung des verfügbaren Angebots und der Besuchsorte;
2. Erhebung des natürlichen und kulturellen Potentials;
3. Umweltverträglichkeitsprüfung;
4. Materialanpassung;
5. Implementierung (inklusive Personalausbildung) und Marketing;
6. Bewertung und Kontrolle.[398]

Die Naturschutzorganisation SPVS empfiehlt eine Untersuchung zur Festlegung von Parametern für den Ökotourismus, die auf folgenden Punkten basiert:

- Erhebung der touristischen Attraktionen;
- Einschätzung der touristischen Tragfähigkeit;
- geographische Eingrenzung.

Die daraus zu ermittelnden Projekte sollen sich ferner den regionalen umweltgesetzlichen Vorgaben und Kontrollen unterziehen und insgesamt die regionalen Charakteristika nicht verändern.[399]

### 3.2.7 Sonstige Alternativen und Anregungen

Eine moderne Kombinationsmöglichkeit ökonomischer und ökologischer Interessen wird durch die in der Forstwirtschaft aktive Firma *Precious Woods Ltd.* vorgeführt. Diese von Schweizern 1990 in den Virgin Islands gegründete Holding von Holzgesellschaften in Brasilien und Costa Rica refinanziert sich am Kapitalmarkt (im außerbörslichen Handel)[400], um Aufforstungsprojekte und die nachhaltige Nutzung tropischer Edelhölzer in diesen Ländern zu unterhalten. Das genehmigte Kapital belief sich Ende 1994 auf 27 Mio. USD, von denen zu diesem Zeitpunkt ca. 17 Mio. USD einbezahlt waren.[401]

Über den Kapitalmarkt können langfristig orientierte Investoren gesucht werden, um die ertraglose langjährige Anfangsphase der Aufforstungsprojekte finanziell zu decken. Die in Costa Rica auf ca. 2.000 ha vorgesehenen Aufforstungen von den einheimischen Arten

---

398 Vgl. SMA (1991b), S. 40.
399 Vgl. SPVS (1992), S. 83.
400 Der Börsenhandel ist geplant.
401 Vgl. PRECIOUS WOODS (1994a), S. 3.

Teak (*Tectona grandis*) und Pochote (*Bombacopsis quinatum*) benötigen 20 bis 30 Jahre bis zur ersten Ernte. Precious Woods stützt sich auf den Grundgedanken, daß sich dafür Investoren finden lassen, wenn nur Aussichten auf eine überdurchschnittliche langfristige Rendite bestehen. Die entsprechende interne Jahresverzinsung, die bei Precious Woods mit real 11,5 % beziffert wird, ist unter anderem auf der Erwartung steigender Preise für das qualitativ hochwertige, immer knapper und somit wertvoller werdende Tropenholz begründet.[402]

Die kurzfristige Ertragssituation und die Aussicht auf Dividendenausschüttungen wird durch die Bewirtschaftung eines 80.000 ha großen Regenwaldgebiets verbessert, mit der 1994 begonnen wurde. In der "Fazenda Dois Mil", nahe Manaus, wird ein brasilianisches Forstsystem angewendet, das vom Forschungsinstitut INPA auf der Basis des *CELOS*-Systems[403] ausgearbeitet wurde. Durch dieses von der internationalen Holzhandelsorganisation ITTO anerkannte System wird das ökologische Gleichgewicht nur geringfügig gestört. Ein Drittel des Bestandes wird als permanente Schutzzone erhalten, während auf der restlichen Fläche der selektive Holzeinschlag durch einen 25-Jahre-Zyklus auf 2.000 ha pro Jahr beschränkt wird. Diesem Wirtschaftswald werden zuvor inventarisierte Bäume mit einem bestimmten Mindesthaubarkeitsdurchmesser (MHD) durch schonende Einzelfällungen entnommen, die auf ein Holzvolumen von 40 $m^3$ pro ha begrenzt werden.[404]

Die Investitionen und Betriebskosten in den ersten zwei Betriebsjahren der Fazenda Dois Mil belaufen sich auf 15 Mio. USD. Trotzdem sind aufgrund des im zweiten Jahr einsetzenden Ertrags schon Gewinne zu erwarten. Die erwartete interne Jahresverzinsung dieses langfristigen Forstprojekts wird auf 11,4 % berechnet.[405]

Die Verbindung der Aufforstungsprojekte mit der forstwirtschaftlichen Nutzung erlaubt die Erwartung einer Dividendenausschüttung ab 1997. Der Aktienkauf erweist sich jedoch auch für kurzfristige Anleger als interessant, die auf Spekulationsgewinne setzen. Die Aktien von Precious Woods erreichten von 1990 bis 1993 einen Kursgewinn von 50 %.[406]

Die Geschäftsidee von Precious Woods muß in Bezug auf die ökologische, ökonomische und soziale Nachhaltigkeit beurteilt werden, bevor seine Anwendbarkeit auf die Mata Atlântica betrachtet werden kann. Es stechen folgende Vorteile heraus:

- Durch die Aufforstungen mit tropischen Edelhölzern wird der Druck auf die Primärwälder reduziert.

---

[402] Vgl. PRECIOUS WOODS (1993), S. 23; PRECIOUS WOODS (1994b), S. 18.
[403] Vgl. LAMPRECHT (1986), S. 119; FUNDAÇÃO SOS MATA ATLÂNTICA (1988), S. 163. S. o. Abschnitt 3.2.2.
[404] Vgl. PRECIOUS WOODS (1994b), S. 24 ff.
[405] Vgl. PRECIOUS WOODS (1994b), 26.
[406] Vgl. PRECIOUS WOODS (1994b), S. 34; ZÜRCHER KANTONALBANK (1994), o. S.

- Die Aufforstungen führen zu einer Verbesserung der Bedingungen in den Bereichen Klima, Boden, Luft und Wasser und stellen deshalb eine wirkungsvolle Alternative für brachliegende und degradierte Böden dar.

- Die Verwendung einheimischer Hölzer bei den Wiederaufforstungen unterstützt die Erhaltung der Artenvielfalt von Flora und Fauna.

- Die Verwendung eines am *CELOS*-Verfahren angelehnten Forstsystems in bestehenden Wäldern garantiert die ökologische Nachhaltigkeit.

- Der Anreiz zur Beteiligung an den beabsichtigten Forstprojekten ist über ökologische Beweggründe hinaus durch ökonomisch attraktive Aktienrenditen gegeben.

- Durch die Refinanzierung der Projekte am Kapitalmarkt wird eine langfristige Planung ermöglicht.

- Der Kreis der Investoren wird durch den außerbörslichen und den für später vorgesehenen börslichen Handel der verbrieften Anteile enorm erweitert.

- Den Aktionären winken überdurchschnittlich hohe Renditen auf einem heranwachsenden Markt.

- Der Tropenwald wird durch die Erlangung eines wirtschaftlichen Wertes geschützt.

- An den internationalen Holzmärkten werden hochwertige Holzprodukte aus kontrollierter Bewirtschaftung angeboten.

- Die Lebensgrundlage der lokalen Bevölkerung wird durch die Schaffung neuer Arbeitsplätze und Ausbildungsmöglichkeiten verbessert.

Diesen Vorteilen stehen folgende Nachteile gegenüber:

- Meistens konzentrieren sich die Aufforstungen auf wenige Arten. In Costa Rica sind z. B. lediglich 5 % der Aufforstungsfläche für artenreiche Mischwälder vorgesehen.[407]

- Die langfristig ausgelegten Projekte sind gegen natürliche Schäden (z. B. Brände) nicht versichert, wodurch ein wirtschaftlich relevanter Risikofaktor entsteht.[408]

- Ein weiterer Risikofaktor ist durch die auf Jahrzehnte nicht genau prognostizierbare Entwicklung der internationalen Hartholzpreise gegeben.

- Ebenso können die Preise für Aufforstungen stark variieren (in Costa Rica beispielsweise um die 400 %)[409].

---

[407] Vgl. PRECIOUS WOODS (1994b), S. 27.
[408] Vgl. PRECIOUS WOODS (1994b), S. 38.
[409] Vgl. PRECIOUS WOODS (1994b), S. 37.

- Die wirtschaftliche und politische Instabilität, die in Entwicklungsländern i. d. R. existiert, schränkt die Aussagekraft langfristig ausgelegter Planvorgaben ein.

- Die einheimische Bevölkerung und die nationalen Regierungsorgane können auf den Kauf der einheimischen Wälder durch Ausländer skeptisch reagieren und für die Genehmigung der Projekte hohe Zugeständnisse verlangen, die deren Wirtschaftlichkeit beeinträchtigen.

Insgesamt dürften die Vorteile überwiegen, vor allem wenn davon ausgegangen wird, daß jede unternehmerische Tätigkeit mit Risiken verbunden ist. Es stellt sich nun die Frage, unter welchen Gesichtspunkten das System von Precious Woods für die Mata Atlântica eine Alternative darstellt. In bezug auf die forstwirtschaftliche Nutzung von Primärwäldern, wie im Amazonas, sind Bedenken aufgrund des geringen Restbestandes an Primärwäldern in der Mata Atlântica auszusprechen. Außerdem wäre eine einfache Übertragung der *CELOS*-Forstsysteme auf die Mata Atlântica ohne eine zuvor anzulegende, langjährige Forschungszeit mit ökologischen Risiken verbunden.[410]

Andererseits kann die Aufforstung mit wertvollen einheimischen Harthölzern nach dem Verfahren von Precious Woods eine sinnvolle Alternative in der Mata Atlântica bilden, wo infolge der intensiven Landwirtschaft zahlreiche degradierte Flächen vorhanden sind. Die Auswahl der anzuwendenden Arten, die sich nach ökologischen und ökonomischen Gesichtspunkten richten sollte, ist ein lösbares Problem. Es bestehen bereits ausreichende wissenschaftliche Kenntnisse über Aufforstungsverfahren mit einheimischen Bäumen in der Mata Atlântica.[411]

Dagegen erweist sich die Anwendung des Precious-Woods-Verfahrens auf degradierten Flächen als problematisch, wenn ein höheres Maß an Artenvielvalt erreicht werden soll, wie z. B. in gesetzlichen Schutzeinheiten (etwa in den wirtschaftlich nutzbaren APAs), in denen die Erhaltung der Artenvielfalt zu den Prioritäten zählt.

Der naturnahen Wiederherstellung degradierter Flächen kommt aufgrund der bedrohlichen Lage der Mata Atlântica eine große Bedeutung zu, denn nur durch ihre Regeneration kann der aktuelle Rodungsprozeß kompensiert werden. Trotz vorhandener gesetzlicher Basis wird der *Revegetation* in der Praxis jedoch eine zu geringe Aufmerksamkeit entgegengebracht. Daher sollte nach Möglichkeiten der Kombination dieses ökologischen Erfordernisses mit ökonomischen Aktivitäten gesucht werden.

Eine zu erörternde Alternative stellt der Aufbau eines privat organisierten Dienstleistungsbereiches dar, der mit der Wiederherstellung degradierter Flächen beauftragt werden kann. Aufgrund der privaten Organisation, des Gewinnstrebens und der Unab-

---

[410] S. o. Abschnitt 3.2.2.
[411] Vgl. SMA (1993c), S. 7 ff.; SAA (1993), S. 1 ff. Beachte zu diesem Thema auch die Ausführungen in Abschnitt 3.2.2.

hängigkeit würden Gesellschaften aus dieser Branche eine schnellere und kostengünstigere Regeneration der Mata Atlântica als durch die herkömmliche Weise erwirken, bei der die Landbesitzer mit den Umweltbehörden zusammenarbeiten.[412] Außerdem hätte die Entwicklung einer *Umweltdienstleistungsbranche* eine positive Wirkung auf den Arbeitsmarkt. Aufgrund des stark degradierten Zustandes des Domínio Mata Atlântica wäre die Existenz der Umweltdienstleistungsunternehmen auf Jahrzehnte gesichert.

Für eine Intensivierung der Revegetation in der Mata Atlântica über ein privates Umweltdienstleistungsnetz bleibt die Aufbringung finanzieller Mittel ein entscheidendes Problem, das durch ausländische Kreditaufnahme allein nicht nachhaltig gelöst werden kann. Ebenso ist es fraglich, ob die in den Staaten erhobene Steuer über die Verwendung von Waldressourcen ("reposição obrigatória") ausreicht, um neben den bisherigen Umweltprogrammen ein kurzfristig intensiviertes Revegetationsprogramm zu starten.[413]

Im Staat Rio de Janeiro ist ein Fonds zur Finanzierung von Erhaltungs- und Wiederherstellungsprogrammen im Umweltbereich eingerichtet worden, der aus Geldbußen und "Royalties" aus der Erdölförderung[414] gespeist wird.[415] Ähnliche Fonds könnten möglicherweise in anderen Staaten eingerichtet werden.

Eine zusätzliche Mittelaufbringung kann außerdem mit der Hilfe von Sponsorengeldern aus Unternehmen erreicht werden, die mit dem Umweltschutz werben möchten. Ein Beispiel für diese Möglichkeit stellt die finanzielle Unterstützung einer gesetzlichen Schutzeinheit in Rio de Janeiro dar: Die brasilianische Bank "Banco do Brasil" wirbt international damit, daß sie die erste Gesellschaft ist, die die Erhaltung des "weltgrößten urbanen Regenwalds", der Floresta da Tijuca, finanziert.[416] Ein weiteres Beispiel stellt die in Abschnitt 3.2.6 beschriebene Finanzierung des Umweltprojekts an der Serra do Guararu durch deutsche Unternehmen dar. Der unternehmerische Anreiz für ein derartiges Sponsoring liegt in der Verbesserung der Marktstellung, zumal das Umweltbewußtsein international kontinuierlich steigt.

Bei weiter bestehenden finanziellen Engpässen kann sich das zu finanzierende Revegetationsprogramm zunächst auf die Flußufervegetation konzentrieren ("mata ciliar"), die nach dem Forstgesetz "Código Florestal" an den meisten Flüssen 30 m breit sein muß.

---

412 Das Effizienzproblem der Regierungsorgane wird in Abschnitt 3.3.3 behandelt.
413 Im wirtschaftlich stärksten Staat São Paulo bringt die "reposição obrigatória" finanzielle Ressourcen in Höhe von 20 Mio. USD pro Jahr ein. Sie dienen der Teilfinanzierung des staatlichen Aufforstungsprogramms "PDFS", das auf 25 Jahre ausgelegt ist und die Herstellung einer Waldbedeckung von 30 % der Staatsfläche zum Ziel hat, von denen über $1/3$ Produktivwald sein sollen. Dieser Plan ignoriert allerdings Waldverluste, denen die Mata Atlântica im angelegten Zeitraum potentiell ausgesetzt ist (vgl. SMA (1993d), S. 25 ff.). Selbst wenn dieses Programm erfolgreich sein sollte, ließe es sich kaum in den ärmeren Staaten des Domínio Mata Atlântica durchführen.
414 An der Küste von Rio de Janeiro befindet sich das größte Offshore-Erdölförderungsgebiet in Brasilien, an der Bacia de Campos.
415 Vgl. SECRETARIA DE ESTADO DE MEIO AMBIENTE (1991), apresentação.
416 Vgl. O. V. (7.12.91), Survey S. 14.

Die Flußufervegetation nimmt eine Schlüsselstellung sowohl aus ökologischer als auch aus ökonomischer Sicht ein:[417]

- sie bildet einen wirksamen Erosionsschutz;
- sie verhindert die Einleitung agrarchemischer Produkte in die Gewässer;
- sie bildet natürliche Verbindungskorridore zwischen größeren Waldfragmenten (u. a. gesetzliche Schutzeinheiten) und sichert dadurch die genetische Vielfalt von Flora und Fauna.

Ein Revegetationsprogramm wäre in den landwirtschaftlichen Betriebe sinnvoll, bei denen die gesetzlich vorgesehene Schutzzone (APP) den vorgeschriebenen Anteil von 20 % des Grundbesitzes weit unterschreitet und zugleich eine Regeneration der erforderlichen Fläche die finanziellen Möglichkeiten des betreffenden Betriebs übersteigt.

Aufgrund der mit der Revegetation verbundenen hohen Kosten haben viele Landwirte Schwierigkeiten, die mittlerweile in das Landwirtschaftsgesetz eingefügte gesetzliche Verpflichtung zur Wiederherstellung der APP (in einer Mindestrate von $1/30$ pro Jahr) zu erfüllen. Die Stromgesellschaft CESP veranschlagt die Kosten der Wiederherstellung eines naturnahen Waldes mit ca. 10.000 USD je Hektar.[418] Nach diesem Wert müßte ein für das Landesinnere von São Paulo typischer landwirtschaftlicher Betrieb in der mittleren Größe von 500 ha, der keine Waldbedeckung hat, 30 Jahre lang 33.333 USD pro Jahr aufwenden, um der gesetzlichen Verpflichtung zur Wiederherstellung der APP nachzukommen. Das ist für brasilianische Verhältnisse in der Landwirtschaft ein kaum tragbarer Kostenfaktor, der die Geldbußen für Umweltvergehen weit übertrifft.[419] Dadurch wird die gesetzlich vorgesehene Regeneration der Mata Atlântica soweit möglich verzögert (mindestens um 30 Jahre), was aus ökologischer Sicht wenig zu begrüßen ist.

Es besteht zwar die Möglichkeit, die brasilianischen Landwirte davon zu überzeugen, daß diese Kosten durch Vorteile aufgewogen werden, die mit der Waldregeneration verbunden sind. Dazu zählen vor allem der Schutz vor Erosion, der Windschutz und die Verminderung des Schädlingsbefalls.[420] Die in der Regel kurzfristig denkenden und rein finanziell orientierten brasilianischen Landwirte werden jedoch den Rückgang der produktiven Fläche beklagen und ihre umweltgesetzlich festgelegte Verpflichtung nach

---

[417] Vgl. SMA (1993c), S. 2; ABPM (1993), S. 24; SAA (1993), S. 9.
[418] Vgl. CESP (1992b), S. 10.
[419] Die Geldbußen für illegale Rodungen lagen 1993 beispielsweise bei umgerechnet 50 bis 1.000 USD. Vgl. DAVID (28.1.83), S. 2.
[420] In Paraná startete die Nichtregierungsorganisation "ADEAM" in Zusammenarbeit mit dem Regierungsorgan "ITCF" ein Aufklärungsprogramm zur Revegetation der Flußufer (vgl. COAMO (1988)). Der Erfolg dieses Programms ist allerdings von den persönlichen Möglichkeiten der Landwirte abhängig. Außerdem können gerichtliche Schritte erforderlich werden, wodurch eine Revegetation verzögert werden kann.

Möglichkeit umgehen. Sie können eher durch Investitionshilfen zu einer Waldregeneration anregt werden.

### 3.2.8 Ergebnisse aus den Expertengesprächen

In den bisherigen Abschnitten des Kapitels 3.2 wurden die Übertragungsmöglichkeiten alternativer Nutzungsformen und -systeme auf die Mata Atlântica auf der Basis der Literatur- und Quellenforschung diskutiert. Diese Ausführungen werden nun den Ergebnissen aus den Expertengesprächen gegenübergestellt, um den Praxisbezug der vorliegenden Untersuchung zu steigern.[421]

Zuerst werden die theoretischen Ausführungen des *Abschnitts 3.2.1* ergänzt, indem Erfahrungen und Erfolgserwartungen der Experten in bezug auf die Anwendung des ökologischen Landbaus im Einflußbereich der Mata Atlântica dargelegt und kommentiert werden.

Schwenck, technischer Berater des Landwirtschaftsministeriums von São Paulo (SAA), schätzt den ökologischen Anbau zwar als eine fortschrittliche Alternative ein, die zum Schutz der Mata Atlântica beitragen kann. Trotzdem würde er der Einführung des Ökoanbaus die Disziplinierung der konventionellen Anbaupraktiken vorziehen. Denn durch die Ausschöpfung des Potentials an Effizienzverbesserungen in der konventionellen Landwirtschaft kann die Mata Atlântica kurzfristig stark entlastet werden.[422] Beispielsweise kann der Wirkungsgrad der chemischen Düngung durch kombinierte Bodenerhaltungsmaßnahmen stark erhöht und damit der Gesamtverbrauch an Düngemitteln verringert werden, ohne einen Ertragsrückgang zu bewirken. Ebenso kann der Pestizideinsatz in der Landwirtschaft durch Beratungsprogramme wie das in São Paulo durchgeführte, staatliche Schädlingsbekämpfungsprogramm "MIP" ohne Ertragsverluste verringert werden. Durch derartige Effizienzverbesserungen kann sowohl ökonomischen Zielen (durch Kostenersparnis, bei gleichbleibendem Ertrag) als auch ökologischen Zielen (in Form einer geringeren Belastung der Mata Atlântica) beigekommen werden.[423]

Nach Schwencks Meinung liegt die Zukunft einer tragbaren Landwirtschaft außerdem in der Einweisung in Nutzungskategorien, die sich nach strengen technischen Maßstäben richten. In dieser Hinsicht sollte die aktuell geltende gesetzliche Bestimmung, daß in

---

[421] Eine Auflistung der Interviewpartner, mit Daten über ihre Stellung, die vertretene Organisation und das Datum des Interviews, ist im Anhang ersichtlich.
[422] Ogawa (SMA) stuft beispielsweise nur 20 % der Landwirtschaft im Staat São Paulo als effizient ein.
[423] Siehe die ausführliche Beschreibung der Vorteile des "MIP" unter 3.1.4.

jedem Betrieb 20 % des Grundbesitzes als Naturschutzzone (APP) erhalten werden müssen, ergänzt werden. Aufgrund der jetzigen Version erfolgt in manchen Gebieten eine ökonomisch bedenkliche Verschwendung wertvoller landwirtschaftlicher Nutzflächen, während in anderen durch eine Übernutzung eine ökologische Bedrohung entsteht.

In der landwirtschaftlichen Produktionsgenossenschaft "Agrária Mista Entre Rios" wird ebenfalls die Ansicht vertreten, daß die konventionelle Landwirtschaft sich mit einem ausreichenden Umweltschutz verbinden läßt. In diesem Zusammenhang wurde von Geschäftsführer Leh die erfolgreiche Einführung der "Direktsaat" als Mittel zur Verringerung der Bodenerosion und des Einsatzes künstlicher Düngemittel hervorgehoben.[424] Außerdem wurde durch die staatliche MIP-Beratung der Einsatz von Pestiziden insgesamt um 60 % gesenkt.

Nach Lehs Meinung kann ein ausreichender Schutz der Mata Atlântica dadurch gewährleistet werden, daß die steilen Hänge und Flußufer nicht bebaut werden. Nach Auskunft von Gora, dem technischen Superintendenten der Produktionsgenossenschaft, nimmt die Naturschutzfläche (APP) mit 25.000 ha 25 % der zur Genossenschaft gehörenden Landfläche ein.

Diese Aussagen müssen insofern relativiert werden, als daß es sich bei der Genossenschaft "Agrária Mista Entre Rios" um einen für die Mata Atlântica ungewöhnlichen Betrieb handelt. Die zugrundeliegende Landfläche ist mit ca. 100.000 ha relativ groß. Die Genossenschaft ist besonders gut organisiert und verfügt über eine solide und erfolgreiche Geschäftsführung. Die Umweltgesetze werden vollständig befolgt. In der Mata Atlântica existieren jedoch typischerweise kleine Betriebe, die an keine Genossenschaft angebunden sind und unter enormem Konkurrenzdruck stehen. Die wenigsten können sich eine strikte Befolgung der Umweltgesetze leisten (z. B. die Erhaltung einer APP von 20 %).[425]

Der ökologische Landbau kann zumindest hinsichtlich einzelner Praktiken als ökonomisch attraktiv eingestuft werden. Die von den Experten genannten Effizienzverbesserungen in der konventionellen Landwirtschaft basieren meistens auf agrarökologischen Maßnahmen wie etwa der Direktsaat. Es stellt sich nun die Frage, ob der reine Bioanbau in Brasilien auch erfolgreich sein kann. Um der Antwort näherzukommen, wurden die Meinungen zweier Privatunternehmer eingeholt, die den Einstieg in das Geschäft des Ökoanbaus versucht haben - einmal mit und einmal ohne finanziellen Erfolg.

Der landwirtschaftliche Unternehmer Konzen gründete am Stadtrand von Curitiba (PR) 1986 die "Chácara Verde Vida", eine sechs Hektar große, biodynamische Farm mit dem

---

[424] Siehe die ausführliche Beschreibung der Vorteile der "Direktsaat" unter 3.1.4.
[425] Schwenck beziffert die Agrarbetriebe mit weniger als zehn ha in São Paulo mit ca. 100.000 (ein Drittel aller Betriebe). Nach seinen Worten halten sich die wenigsten an die Umweltschutzgesetze.

Schwerpunkt im Gemüseanbau. Nach einer anfänglich schwierigen Investitionsphase begann er mit dem Ökoanbau Gewinne zu erzielen, bis er sich schließlich am Nischenmarkt für organische Produkte etablieren konnte. Heute betreibt er neben seiner Farm ein Restaurant mit "Biokost" und eine Nichtregierungsorganisation zur Verbreitung seiner Produktionsphilosophie.

Konzen ist der Meinung, daß der Bioanbau lediglich in der Einstiegsphase Schwierigkeiten bereitet, wenn Maßnahmen zur Wiederherstellung der Bodenfruchtbarkeit und andere Investitionen zur Umstellung des konventionellen in den organischen Anbau erforderlich sind. Die Wende zur Gewinnerzielung ist je nach Bodenbeschaffenheit ab dem zweiten Jahr erreichbar. Durch den Bioanbau lassen sich Vorteile auf zwei Seiten wahrnehmen: auf der einen durch die Kosteneinsparung aus dem Verzicht auf agrarchemische Mittel und auf der anderen durch tendenziell höhere Verkaufspreise für die organisch angebauten Produkte.

Konzens Erfolg läßt sich ebenso auf gute Standortbedingungen (vor allem die gute infrastrukturelle Anbindung an die Verbrauchermärkte) wie auf eine intelligente Unternehmensstrategie zurückführen. Letztere beinhaltet sowohl eine konsequente Werbestrategie als auch eine vertikale Diversifizierung, und zwar durch die Kombination der organischen Produktion mit einem Restaurant-Betrieb auf der Basis dieser Bioprodukte.

Die landwirtschaftliche Unternehmerin Kolpatzik ist Mitbesitzerin einer Biofarm in Campos do Jordão (SP). Nach mehreren Betriebsjahren konnte noch kein Gewinn erzielt werden. Sie berichtet von weiteren erfolglosen Bioanbauversuchen in der Umgebung, die nach sieben Jahren eingestellt werden mußten. Die Versuche scheiterten vor allem an den lokal ungünstigen geographischen Bedingungen sowie an der mangelhaften Infrastruktur. Ferner werden die örtliche Bürokratie und die hohen steuerlichen Anforderungen als ein bedeutender Hemmfaktor für "Biobetriebe" empfunden. Trotz ihrer schlechten Erfahrungen ist Kolpatzik davon überzeugt, daß in besser an die Verbrauchermärkte angebundenen Standorten der Bioanbau eine ökonomisch erfolgreiche Alternative darstellt. Die Bioprodukte stoßen auf eine allgemein gute Kundenakzeptanz.

Einige Experten sind der Meinung, daß die Durchsetzung des ökologischen Landbaus in der Mata Atlântica neben ökonomischen Kriterien von einer konsequenten Vermittlungsarbeit abhängt, die das kulturelle und sozio-ökonomische Umfeld der Produzenten einbezieht.

Zur Frage nach der Übertragbarkeit der europäischen Erfahrungen im Bioanbau auf die Mata Atlântica äußerten sich die Experten weitgehend positiv. Nach der Meinung von Konzen können die internationalen Erfahrungen grundsätzlich übernommen werden, wobei nur geringe, über Forschung und Erfahrung leicht vorzunehmende Anpassungen an die örtliche Bodenstruktur und die klimatischen Bedingungen durchzuführen sind. Ein sichtbares Beispiel für den Erfolg derartiger Anpassungen bildet die Direktsaat in Entre Rios (PR), die auf der europäischen Mulchtechnik basiert. Ebenfalls als sinnvoll wird von Deitenbach, Forstingenieur bei "REBRAF", die Übernahme einzelner traditioneller Methoden der *caiçaras*, der Fischerbevölkerung an der Südostküste Brasiliens, eingestuft. Die Anwendung des traditionellen Wanderfeldbaus in der Mata Atlântica ist aufgrund der geringen Restbestände dagegen nicht zu empfehlen.

Zu *Abschnitt 3.2.2*, in dem über die Möglichkeiten der nachhaltigen Forstwirtschaft in der Mata Atlântica diskutiert wurde, folgen nun Ergebnisse aus den Expertengesprächen hinsichtlich folgender relevanter Fragen:

1. Inwiefern sind die Eucalyptus- und Pinusplantagen in der Mata Atlântica aus ökologisch-ökonomischer Sicht zu vertreten?
2. Ist eine nachhaltige Forstwirtschaft auf der Basis einheimischer Arten möglich?

Zu Frage 1: Das häufigste Argument zugunsten der Monokulturen aus exotischen Arten, das von seiten der Umweltschützer und Repräsentanten von Umweltbehörden vertreten wird, ist die Verringerung des Abholzungsdrucks, der auf der Mata Atlântica lastet, da zusätzliches und schnell wachsendes Brenn- und Nutzholz produziert wird. Dieses Argument für die Plantagen gewinnt an Gewicht, wenn die steigende Holznachfrage und das anhaltende Produktionsdefizit berücksichtigt werden.

In bezug auf die ökologische Verträglichkeit der Plantagen mit exotischen Baumarten zeigt sich ein zwiespältiges Bild. Auf der einen Seite stehen die Naturschützer, die auf die Beeinträchtigung des ökologischen Gleichgewichts durch die Plantagen hinweisen, u. a. durch die Einschränkung der Biodiversität, die Belastung des Bodens mit toxischen Substanzen und die Senkung des Grundwasserspiegels. Auf der anderen Seite stehen die Repräsentanten von Papier- und Zellstoffabriken, die bestreiten, daß Pinus- und Eucalyptusplantagen ökologische Nachteile für Boden und Wasser nach sich ziehen. Nach deren Erfahrungen können durch die Plantagen vielmehr erhebliche Verbesserungen bei degradierten Böden und ein wirksamer Erosionsschutz erzielt werden.

Ogawa, technischer Assessor des seit Jahrzehnten mit Plantagen experimentierenden Forstinstituts IF, vertritt die Ansicht der Papier- und Zellstoffproduzenten und weist auf die zusätzlichen ökonomischen Vorzüge der Pinus- und Eucalyptusplantagen im Harz- und Holzbereich hin. Auf diese Monokulturen kann zur Deckung des steigenden Holzbedarfs nicht verzichtet werden, da sie aufgrund langjähriger wissenschaftlicher Erfahrungen und Forschung das größte Ertragspotential pro Hektar aufweisen.

Die Repräsentanten der Papier- und Zellstoffabriken stehen ferner auf dem Standpunkt, daß durch den gesetzlichen und den freiwilligen Naturschutz, der in dieser Branche betrieben wird, ein nachhaltiger Schutz der Mata Atlântica erreicht werden kann. Neben der strikten Aufrechterhaltung einer gesetzlichen APP von mindestens 20 % des Grundbesitzes betreiben die Forstunternehmen beispielsweise Naturforschungszentren, in denen die einheimische Flora und Fauna wissenschaftlich untersucht werden, sowie Umweltbildungszentren.[426] Außerdem wird der Schutz der Mata Atlântica dadurch garantiert, daß die kostengünstigen, homogenen Plantagen nur durch eine Angrenzung an einheimische Wälder mit einer großen Artenvielfalt schädlingsfrei gehalten werden können.

Pfeffer, Vorstandsvorsitzender der Papier- und Zellstoffabrik Suzano, betont, daß durch die Fortschritte beim Eucalyptusanbau auch marginale Böden wiederaufgeforstet werden können. Durch die kontinuierliche Produktivitätssteigerung im forstwirtschaftlichen Sektor konnte die Flächenexpansion seiner Firma kontinuierlich zurückgeführt werden.

Capobianco, Superintendent der Naturschutzorganisation FSOSMA, befürchtet allerdings nach wie vor einen starken Rodungsdruck durch den Papier- und Zellstoffsektor. Er verweist auf den aktuellen Druck, den die Firmen Veracruz (SP), Aracruz (ES), Odebrecht (BA) und Klabin (PR) auf die Mata Atlântica ausüben.

Dieser Druck kann möglicherweise durch eine nachhaltige forstwirtschaftliche Nutzung einheimischer Bäume bzw. Wälder reduziert werden. Hier bietet vor allem das Ribeira-Tal ein großes Nutzungspotential. Eine nachhaltige Forstwirtschaft im Bereich der Primärwälder der Mata Atlântica (s. o. Frage 2) wird von den Experten aufgrund ökologischer Bedenken jedoch abgelehnt. Nach Aussage von Borges aus der SPVS werden die in Paraná über Umwege genehmigten forstwirtschaflichen Nutzungspläne für Primärwälder in der Form umgesetzt, daß ein selektiver Einschlag aller Bäume mit über 40 cm Durchmesser geschieht, ohne daß weitere ökologische Parameter beachtet werden. Die Erarbeitung nachhaltiger Nutzungspläne scheitert daran, daß die Holzbranche an ihnen kein Interesse zeigt.

Nach der Meinung von Garlipp, Superintendent einer Nichtregierungsorganisation des Forstsektors (SBS), ist eine nachhaltige Nutzung von Primärwäldern eher im Amazonas denkbar, wo lange Zyklen durch die Größe der Waldgebiete möglich sind und die natürlichen Wasserstraßen ("igarapés") als natürliche Rückegassen benützt werden können.

Bezüglich der Sekundärwälder der Mata Atlântica wird die nachhaltige forstwirtschaftliche Nutzung der in sumpfigen Böden des Ribeira-Tals gedeihenden Caixeta-Wälder als vielversprechendes Beispiel angesehen. Der Sägerei-Besitzer Carneiro versichert, daß eine langfristig bestandsneutrale Nutzung von Caixeta-Holz keine Schwierigkeiten bereitet, da die Art *Tabebuia cassinoides* sehr widerstandsfähig ist (auch gegen Brände) und mindestens viermal nachwächst.

---

[426] Lopes nannte in diesem Zusammenhang das Naturinterpretationszentrum "CIN" der Firma Klabin in Telêmaco Borba (PR).

In wirtschaftlicher Hinsicht können die Marktchancen des Caixeta-Holzes als gut eingestuft werden. Das schnelle Wachstum und die hohe Qualität des Caixeta-Holzes veranlaßten bereits den Bleistifthersteller FABER dazu, in ein entsprechendes Nutzungsprojekt in Morretes (PR) zu investieren.[427]

Als problematisch schätzen die Experten allerdings die hohen bürokratischen Anforderungen für eine Nutzungserlaubnis ein. Dadurch verlieren die traditionellen Einwohner das Interesse an der nachhaltigen Caixeta-Nutzung, was aus ökologischer und sozioökonomischer Sicht problematisch ist.[428]

Die Möglichkeiten der Wiederaufforstung mit einheimischen Arten wird von den Repräsentanten der Forstunternehmen als schlecht eingestuft. Lopes (Klabin) und Pfeffer (Suzano) beklagen, daß Plantagen mit einheimischen Baumarten sich ökonomisch kaum rechtfertigen lassen, da sie erfahrungsgemäß einen wesentlich geringeren Ertrag als die exotischen Arten *Pinus spec.* und *Eucalyptus spec.* aufweisen. In firmeneigenen Experimenten wurde bisher bei der einheimischen Baumart *Araucaria angustifolia* ein dreimal geringeres Wachstum pro Zeiteinheit als bei der exotischen Art *Pinus spec.* beobachtet.

Diese Ansicht wird von vielen Experten außerhalb der Forstindustrie nicht geteilt. Dias (IAP) behauptet beispielsweise, daß aufgrund von Versuchen auf bestimmten Böden das Wachstum von *Araucaria angustifolia* mit dem von *Pinus spec.* vergleichbar ist. Weitere ökonomische Vorteile ergeben sich durch die höhere Qualität des Holzes der Brasil-Kiefer. Zur Brennholzgewinnung schlägt Dias die Verwendung der einheimischen "bracatinga" (*Mimosa scabrella*) vor, die einen Umlaufzyklus von lediglich vier bis fünf Jahren hat und in Paraná bereits auf 120.000 ha großen Aufforstungsflächen nachhaltig genutzt wird.

Prof. Kageyama, Spezialist für Aufforstungen mit einheimischen Arten, sieht ein hohes forstwirtschaftliches Potential bei folgenden Edelhölzern: "cedro" (*Cedrela fissilis*), "jequitibá" (*Cariniana estrellensis*), "pau-marfim" (*Genipa americana*) und "peroba" (*Aspidosperma polyneuron*). Das Rotationsalter dieser langsam wachsenden Klimaxarten kann um über die Hälfte auf 20 bis 25 Jahre gesenkt werden, wenn sie in Gemeinschaft mit folgenden Schatten spendenden Pionierarten gepflanzt werden: "candiúba" (*Trema micrantha*), "capixingui" (*Croton floribundus*), "embaúba" (*Cecropia pachystachya*), "jacatirão" (*Miconia cinnamomifolia*), "mutambo" (*Guazuma ulmifolia*) und "bracatinga" (*Mimosa scabrella*). Diese Pionierbäume können ab dem fünften Jahr für die Brennholzgewinnung genutzt werden. Außerdem weisen folgende Arten aufgrund der mittleren Wachstumseigenschaften und Holzqualität gute Voraussetzungen für die

---

[427] Nach Informationen von Dilger, GTZ-Delegierter in Curitiba (PR).
[428] Zur Rolle sozio-ökonomischer Probleme in der Mata Atlântica siehe Abschnitt 3.3.2.

Kistenproduktion auf: "canafístula" (*Cassia ferruginea*), "angico" (*Anadenanthera macrocarpa*) sowie "ipê-felpudo" (*Zeyheria tuberculosa*).[429]

Im Bereich der Forstwirtschaft mit einheimischen Bäumen sind nach der Meinung mehrerer Experten jedoch noch große Forschungsdefizite zu verzeichnen. Die Schließung der bestehenden wissenschaftlichen Lücken muß als wichtige Voraussetzung für die Förderung und Verbreitung der nachhaltigen Nutzung einheimischer Bäume und Wälder betrachtet werden.

Das in *Abschnitt 3.2.3* beschriebene ökologische und ökonomische Potential der Agroforstwirtschaft als Alternative für die Mata Atlântica wird nun aus der Sicht der Experten beurteilt. Dabei werden auch ihre konkreten Vorstellungen über die im Untersuchungsgebiet anzuwendenden Methoden dargestellt.

Die Agroforstwirtschaft wird von vielen Experten als grundsätzlich sinnvolle Wirtschaftsform in der Mata Atlântica angesehen. Aufgrund der Tatsache, daß die Agroforstwirtschaft in Brasilien und insbesondere in der Mata Atlântica als ein neues Forschungsgebiet gilt, haben jedoch nur wenige von ihnen konkrete Vorstellungen zur anzuwendenden Methodik.[430]

Deitenbach ist als Forstingenieur beim 1988 gegründeten und privat organisierten brasilianischen Agroforstnetz "REBRAF" beschäftigt, das die Verbreitung der Agroforstwirtschaft im Amazonas und neuerdings auch in der Mata Atlântica anstrebt. Er sieht die Aufgabe der Agroforstwirtschaft darin, "einheimische und exotische Bäume in die landwirtschaftliche Produktion der Kleinbauern einzubeziehen, um erstens das natürliche Ökosystem Wald nachzuahmen und zweitens eine Bedürfnisbefriedigung über die Grundnahrungsmittel hinaus zu ermöglichen". Auf der Basis von Früchten, Holz und Heilkräutern kann eine Produktionsdiversifizierung erreicht werden, die der Subsistenz dient und neue Marktchancen eröffnet.

Obwohl REBRAF hauptsächlich auf die Vermittlung von Agroforstsystemen im Amazonas spezialisiert ist, sind die dort angewandten Agroforstsysteme nach bestimmten Anpassungen auch auf große Teile der Mata Atlântica übertragbar, einschließlich im subtropischen Bereich.[431] Die nötigen Anpassungen sind weniger durch klimatische als vielmehr durch historische Voraussetzungen bedingt. Die Mata Atlântica weist allerdings eine insgesamt geringere Baumdichte als der Amazonas auf, wodurch Agroforstmetho-

---

[429] Die wissenschaftlichen Zusatzbezeichnungen wurden aus dem Baumverzeichnis von LORENZI (1992) entnommen.
[430] Nach der Aussage von Deitenbach (REBRAF) wird in Brasilien die uralte, schon von Indianern praktizierte Agroforstwirtschaft erst wieder seit drei bis vier Jahren als ernsthafte Anbaualternative betrachtet, wobei sie vornehmlich im Amazonasgebiet angewandt wird.
[431] Die Systeme von REBRAF für den Amazonas sehen neben dem Anbau von Reis, Bohnen, Mais und Maniok auf der Basis des Wanderfeldbaus (mit acht bis zwölf Jahren Brachzeit zwischen den Anbauperioden) eine kleine Viehhaltung und die Anpflanzung von Fruchtbäumen und stickstoffbindenden Leguminosen auf dem zu regenerierenden Brachgelände vor.

den auf der Basis des Wanderfeldbaus kaum in Frage kommen. Aufgrund der Erfahrungen im Amazonas konnte REBRAF jedoch erfolgreiche Agroforstsysteme in Kaffee- und Bananenplantagen im Staat Espírito Santo aufbauen. Dort hat sich vor allem der Heckenanbau ("alley cropping") bewährt, mit Baumreihen aus Leguminosen und Palmenherzpalmen. In diesen Systemen wird neben einer Produktionsdiversifizierung auch eine chemiefreie Schädlingsbekämpfung erreicht.

Um die Chancen und Risiken der Übertragung spezieller *internationaler* Agroforstpraktiken auf die Mata Atlântica genau abzuwägen, rät Deitenbach vorsichtshalber zu einer Erprobungszeit von fünf bis zehn Jahren. Seiner Meinung nach ist der Erfolg der Agroforstwirtschaft jedoch weniger von technischen als von kulturellen und sozio-ökonomischen Faktoren abhängig, wie "dem Bevölkerungsdruck, dem Raum, der Arbeitskraft und den Marktverhältnissen". Im Ribeira-Tal ist unter diesen Aspekten die Einbringung der traditionellen Caixeta-Nutzung, der Palmenherzgewinnung sowie anderer wirtschaftlicher Praktiken der *"caiçaras"* in die Agroforstsysteme zu empfehlen. In Paraná und Santa Catarina empfiehlt Deitenbach die Praxis der Gründüngung durch stickstoffbindende Randpflanzen wie z. B. "mocuna" und eine Bodenbedeckung zur Erosionsvermeidung. Im tropischen Bereich der Mata Atlântica ist der Anbau von Leguminosen wirksamer.

Borges (SPVS) schlägt für das Inland von Paraná eine Agroforstwirtschaft nach dem Vorbild der nahe Guarapuava und Palmas vorkommenden "faxinais" vor. Diese traditionelle Wirtschaftsform beinhaltet die Viehhaltung in einem Wald, der sich hauptsächlich aus Brasil-Pinien (*Araucaria angustifolia*) und Teebäumen "erva-mate" (*Ilex paraguariensis)* zusammensetzt. Dieses artenarme, aber ökologisch stabile Ökosystem ist auch als Pufferzone am äußeren Rand der letzten natürlichen Araucaria-Wälder interessant, die auch heute noch unter Rodungsdruck stehen. Die "faxinais" werden jedoch zunehmend durch große und rentablere Soja-Monokulturen verdrängt. Daher sollte eine Förderung der "faxinais" in Erwägung gezogen werden. Sie wäre gegenüber der Öffentlichkeit sowohl durch Umweltschutzgesichtspunkte als auch durch sozio-kulturelle Erfordernisse im Sinne der nachhaltigen Entwicklung zu rechtfertigen.

Es folgen nun Anregungen der Experten zur in *Abschnitt 3.2.4* erfolgten Analyse des nachhaltigen Extraktivismus sekundärer Waldprodukte als ökonomisch-ökologische Alternative in der Mata Atlântica. Dabei wird auch der Spezialfall der Palmenherzgewinnung betrachtet.

Der nachhaltige Extraktivismus wird von mehreren Experten als eine aus ökonomischer und ökologischer Sicht vielversprechende Alternative für die Mata Atlântica bewertet, deren Potential noch weiter ausgeschöpft werden kann. Als noch zu intensivierende Aktivitäten werden die Nutzung von Heilkräutern (z. B. "erva-mate"), Zierpflanzen, Nutzpflanzen (u. a. zur Papier- und Schnurproduktion) sowie die Gewinnung von Waldhonig, Früchten, Öl und Harz betrachtet. Dazu sind allerdings Anstrengungen im Forschungsbereich und ein entsprechendes Investitionsverhalten erforderlich. Der privatwirtschaftliche Vorstoß der Firma Mercedes-Benz, die mit Kokosfasern kostengünstige Kfz-Kopfstützen herstellt, zeigt, daß sich Investitionen in diesem Bereich rentieren. Dadurch kann gleichzeitig die Einkommensbasis der einheimischen Bevölkerung vergrößert werden. Ein ähnlich ermutigendes Beispiel aus dem Amazonas stellt die Exploration des "jaborandi" (*Filocarpus spec.*) zur Produktion von medizinischen Augentropfen durch die Firma Merck dar.[432]

Beim Spezialfall der stark nachgefragten Palmenherzen, die im Ribeira-Tal inoffiziell die "zweit- oder drittwichtigste Einkommensquelle"[433] bilden, sind sich die Experten darüber einig, daß durch die übermäßige und unkontrollierte Exploration dieses Waldprodukts bereits die Grenze des ökologisch Vertretbaren überschritten wurde. Nach der Auskunft von Ribeiro, einem technischen Assessor der Forststiftung von São Paulo (FF), geht der Palmenherzextraktivismus hauptsächlich illegal vonstatten und hält auch vor gesetzlichen Schutzeinheiten nicht zurück. Der städtische Volksvertreter Neves behauptet ferner, daß allein im Munizip Iguape (SP) über 100 illegale Organisationen des Palmenherzextraktivismus existieren. Zwar sieht das Dekret Nr. 750/93[434] die Möglichkeit einer legalen Palmenherzextraktion für den Markt auf der Basis eines anerkannten nachhaltigen Nutzungsplans vor. Obwohl letztere bei verschiedenen Behörden (u. a. der Forststiftung FF) erhältlich sind, wird von dieser Möglichkeit jedoch kaum Gebrauch gemacht.

Die Gründe für ein Fortbestehen des illegalen Palmenherzextraktivismus liegen nach der Meinung vieler Experten neben der prekären Überwachung in der kostenverursachenden und zeitraubenden Bürokratie, die mit der Beschaffung eines nachhaltigen Nutzungsplans und der Legalisierung durch die Behörden verbunden ist. Unter diesen Umständen ist es für den "palmiteiro" (Palmenherzextrakteur) insgesamt einfacher, die Palmenherzextraktion illegal durchzuführen.

Nach der Ansicht von Hrdlicka, der Generaldirektorin der Umweltschutzbehörde DEPRN, müssen die Vermittlung und der Legalisierungsprozeß der nachhaltigen Nutzungspläne auch für die vielzähligen Kleinbauern im Ribeira-Tal erleichtert werden.

Prof. Targa, aus dem Umweltministerium von SP (SMA), meint andererseits, daß sich das Problem der illegalen Palmenherzgewinnung nicht einfach durch das Anbieten nachhaltiger Nutzungspläne, sondern vor allem durch eine bessere Überwachungsstruktur lösen läßt.

---

[432] Diese Beispiele wurden von Deitenbach (REBRAF) hervorgehoben.
[433] Ribeiro (FF).
[434] S. u. Abschnitt 3.3.1.

Ogawa, aus dem Forstinstitut von SP (IF), glaubt ebenfalls nicht an Veränderungen durch die nachhaltigen Nutzungspläne und schlägt statt dessen die Förderung des Palmenherzanbaus vor. Beispielsweise könnte jeder Landwirt im Rahmen der Regeneration der gesetzlich vorgesehenen Schutzzonen (APP) ohne großen Aufwand 12.000 Juçara-Palmen pflanzen. Nach sechs Jahren könnte er dann 200 Palmenherzen pro Monat ernten, die über den Eigenbedarf hinaus für einen hervorragenden Nebenverdienst sorgen würden. Dazu wird allerdings ein entsprechender Informationsaustausch bzw. Aufklärungsarbeit benötigt.

Die Anlage von Palmenherzplantagen ist nach Auskunft von Prof. Kageyama (ESALQ) in technischer Hinsicht mit Hilfe einer speziellen Beschattungstechnik möglich. Dabei ist mit einem Rotationszyklus von sechs bis sieben Jahren zu rechnen.

Schließlich ist Ribeiro (FF) davon überzeugt, daß ein legaler Palmenherzextraktivismus nur durch die Überwindung kultureller Hindernisse zu erreichen ist. Diesem Ziel muß im Rahmen eines langfristigen Umweltbildungsprogramms nachgegangen werden.

In der Literatur- und Quellenanalyse in *Abschnitt 3.2.5* wurde zunächst auf die Schwierigkeiten hingewiesen, die mit der Entwicklung des großen und kleinen Bergbaus zu nachhaltigen Aktivitäten in der Mata Atlântica verbunden sind. Die dazu befragten Experten stimmen darin überein, daß der Bergbau aufgrund der großen Einwirkung auf die Umwelt bis heute zu den belastendsten Aktivitäten im Untersuchungsgebiet gehört.

Dr. Priscinotti, Leiterin des Geologischen Instituts des Staats São Paulo (IG), zählt folgende Aktivitäten zu den wichtigsten aktuellen Bedrohungen der Mata Atlântica durch den Bergbau:

- den offenen Abbau schwefelhaltiger Steinkohle im Staat Santa Catarina;
- die Förderung von Bauxit und Uran in Poços de Caldas (MG);
- die gewässerverschmutzende Auswaschung von Blei im Ribeira-Tal;
- den Kalkstein-Abbau am Nordostrand der Serra do Mar als Ursache für Rodungen, Erdrutsche, Staubentwicklung und Lärmbelästigung;
- den Abbau von Kalkstein im Ribeira-Tal, der zur Schneisenöffnung und Rodung des Regenwaldes sowie zur Zerstörung natürlicher Höhlen führt;
- den Abbau von Sand an Flußbetten im Ribeira-Tal, der durch die Aufwirbelung von Feinstpartikeln zur Gewässertrübung und -verschlammung führt.

Der Großteil der Probleme ergibt sich durch den kleinen und mit inadäquaten Hilfsmitteln vollzogenen Bergbau, der oft auf illegaler Basis abläuft und schwer zu kontrollieren ist. Die Gründe für die Illegalität sind in der komplizierten Gesetzgebung und in der schlechten Beratung und Information zu suchen.

Zur Lösung dieses Problems empfiehlt Dr. Priscinotti eine bessere Überwachung, eine einfachere Gesetzgebung, eine gute Beratung und eine allgemeine Umwelterziehung.

Einige größere Bergbauunternehmen, die allerdings leichter zu kontrollieren sind, zeigen bereits, daß ein gesetzeskonformer und nachhaltiger Bergbau möglich ist. Ein gutes Beispiel stellt die Firma "Serrana" dar, die im Ribeira-Tal mit umweltfreundlicher Technik Kalkstein und Phosphat abbaut, ohne auf eine angemessene Rentabilität zu verzichten.

In *Abschnitt 3.2.6* wurden die Bedeutung und die Möglichkeiten der Substitution des Massentourismus durch den Ökotourismus in der Mata Atlântica aufgrund der Literatur- und Quellenanalyse dargestellt.

Experten aus verschiedenen Organisationen sind sich darüber einig, daß der Massentourismus in der Gegenwart einen hohen Druck auf die Mata Atlântica ausübt und daß die Immobilienspekulation und damit verbundene illegale Rodungen ein besorgniserregendes Ausmaß angenommen haben. Als größte Problemzonen werden die Ostseite der Serra do Mar und die daran angeschlossene Küstenzone sowie das Ribeira-Tal identifiziert.

Zwei Experten führen das hohe Ausmaß der Immobilienspekulation neben dem unkontrollierten Massentourismus auf die mangelnde Überwachung von Schutzzonen seitens der Regierungsorgane zurück. Der Staatsanwalt Prof. Benjamin kritisiert die in vielen Fällen zu beobachtende Duldung der illegalen Immobiliengeschäfte durch die Munizipien aufgrund der Aussicht auf höhere Steuereinnahmen.

Im Ökotourismus sehen viele Experten eine Lösung dieser Probleme. Er wird als eine im Sinne der nachhaltigen Entwicklung vielversprechende und praktikable Alternative in der Mata Atlântica bezeichnet. Nur ein Experte äußerte Bedenken über eine dauerhafte ökologische Verträglichkeit des Ökotourismus in empfindlichen Ökosystemen.[435]

Der Ökotourismus in Schutzeinheiten sollte nach vorherrschender Expertenmeinung viel stärker in Betracht gezogen werden. So können mit den Schutzeinheiten, die i. d. R. eine hohe finanzielle Belastung der Staatskassen nach sich ziehen, Erträge erwirtschaftet werden. Durch die Möglichkeit der Weitergabe dieser Erträge an die Munizipien kann letzteren außerdem ein Anreiz zu einem besseren Schutz der Mata Atlântica gegeben werden.[436]

In Schutzeinheiten, deren Ökotourismus-Programme durch Regierungsorgane dirigiert werden, sehen zwei Experten allerdings geringe Chancen auf Kostendeckung.[437] Als

---

[435] Die landwirtschaftliche Unternehmerin Kolpatzik bezog sich dabei speziell auf das Wanderziel "Pedra do Baú" im Naturschutzpark "Campos do Jordão" im Staat São Paulo.

[436] Als positives Beispiel einer Schutzeinheit, die Erträge einbringt, nannte Ogawa (IF) den im Ribeira-Tal gelegenen "PETAR", der wegen seiner attraktiven Höhlenlandschaft touristisch gut besucht ist.

[437] Als Beispiele nannten sie die Fazenda Intervales im Ribeira-Tal (SP) und den "Parque M. E. J. Salim" in Campinas (SP). Bei letzterem entstehen durch den Besucherstrom monatliche Kosten von 100.000 USD, während nur ein Ertrag von 20.000 USD erzielt wird.

Ursache dafür gelten ein mangelhaftes Marketing, eine übertriebene und zeitraubende Bürokratie sowie interne Koordinations- und Verständigungsprobleme in den Regierungsorganen.

Diese Meinungen werfen wieder die Frage auf, ob die Verwaltung von ökotouristischen Programmen nicht besser an Privatgesellschaften übertragen werden sollten. Diese Möglichkeit ist nach der Auskunft von Pisciotta (FF) in Staats- und Nationalparks gegeben. Allerdings sind die derzeitigen vertraglichen Grundlagen für einen ökologisch verträglichen Tourismus aus staatlicher Sicht nicht ausreichend.

Nach den Aussagen von den Repräsentanten aus der Privatwirtschaft ist die private Verwaltung von Umweltbildungs- bzw. Ökotourismusprogrammen in Schutzeinheiten allerdings auch mit Schwierigkeiten verbunden, die aus der Bürokratie und der Dauer der staatlichen Genehmigungen und Geländedemarkierungen hervorgehen. Die Firmen Henkel und Siemens zeigen jedoch durch das Sponsoring und die Verwaltung des Umweltprojekts "Serra do Guararu", daß eine Kooperation mit öffentlichen Organisationen möglich und zur Verbesserung des Umweltschutzimages geeignet ist.[438]

In *Abschnitt 3.2.7* wurden sonstige alternative Wirtschaftsformen sowie neue Anregungen beschrieben und diskutiert, die nun aufgrund der Ergebnisse aus den Expertengesprächen kommentiert und ergänzt werden. Das Precious-Woods-Verfahren konnte im Rahmen der Expertengespräche wegen der großen Informationsbedürftigkeit allerdings nicht angesprochen werden. Dagegen wurde das Thema der Regeneration der Mata Atlântica häufig aufgegriffen.

Für den Biologen Capobianco, aus der Naturschutzorganisation FSOSMA, hat die Regeneration für die Mata Atlântica eine große Bedeutung. Denn die Wahrung des ökologischen Gleichgewichts ist in der Mata Atlântica aufgrund der geringen Restbestände nicht allein mit einem statischen Umweltschutz zu erreichen.

Nach der Aussage des Genetikers Prof. Kageyama (ESALQ) bereitet die Revegetation mit einheimischen Arten keine großen technischen Schwierigkeiten. Die Revegetation steht jedoch in Konkurrenz zur konventionellen Landnutzung, die kurzfristig ökonomisch attraktiver ist. Daher bereitet die Wiederherstellung der einheimischen Vegetation Probleme, obwohl sie gesetzlich bis zu einem Anteil von 20 % (einschließlich der Hänge und Flußufer) vorgeschrieben ist.

Speziell die Revegetation der Flußufer ist nach der Meinung der Experten aus ökologischen und ökonomischen Gründen erstrebenswert. Unter ökologischen Gesichtspunkten werden dadurch Verbindungen zwischen Schutzeinheiten hergestellt, die als "genetische Korridore" fungieren. Prof. Kageyama und andere Experten schränken

---

[438] S. o. Abschnitt 3.2.6.

jedoch ein, daß die Revegetation der Flußufer die Artenvielfalt nicht so wirksam unterstützt wie Wälder mit mindestens 100 ha Größe. Außerdem sind nach Lopes (Klabin) die rechtlichen Probleme nicht zu vernachlässigen, die die Bildung von Korridoren nach sich ziehen, da mehrere Grundbesitze durchquert werden.

Aus der Revegetation der Flußufer lassen sich über die Bodenerhaltung, den Gewässerschutz und die Vermeidung von Schädlingsverlusten wiederum ökonomische Vorteile ableiten. In der Forstwirtschaft ist die Verlagerung der Revegetation auf die Flußtäler, die für Maschinen schwer zugänglich sind, aus natürlichen Gründen sinnvoll.

Trotz der gesetzlichen Vorschriften sowie der ökologischen und ökonomischen Vorteile sieht Schwenck (SAA) in den Kosten der Revegetation das größte Hindernis für ihre Durchsetzung in der Landwirtschaft. Nach seinen Informationen kostet die Revegetation einer degradierten Fläche in der Größe eines Hektars ca. 2.400 USD. Die Revegetation kann insofern nicht nur über eine strengere gesetzliche Kontrolle und eine Intensivierung der Umweltbildung erreicht werden, sondern auch über eine Verbesserung der öffentlichen Förderung (z. B. in Form von Steuernachlässen oder verbilligten Krediten).

Zuletzt soll noch ein Vorschlag im Bereich der Energieversorgung abgelegener und kleiner landwirtschaftlicher Betriebe in der Mata Atlântica aufgeführt werden. Zwei Experten verweisen auf die ökologischen und ökonomischen Vorteile der Solarenergie. Einerseits werden dadurch Rodungen zur Strommastenerrichtung und Kabelverlegung entbehrlich. Andererseits handelt es sich bei der Solarenergie - bei einem Investment von ca. 2.000 bis 5.000 USD - um eine langfristig günstige Stromversorgung.

Der Staatsanwalt Prof. Benjamin sieht dagegen geringe Chancen für die Einführung der Solarenergie in der Mata Atlântica, da ein wichtiges politisches Hindernis besteht. Eine moderne und kurzfristig teure Energieversorgung läßt sich angesichts der schlechten Infrastruktur in anderen wichtigeren Bereichen (u. a. der Wasserversorgung und Kanalisation) nur schwer rechtfertigen.

### 3.3 Berücksichtigung besonderer Rahmenbedingungen und sonstiger relevanter Faktoren bei der Übertragung alternativer Konzepte auf das Untersuchungsgebiet

Die in den Kapiteln 3.1 und 3.2 dargestellten alternativen Konzepte haben unterschiedliche Realisationschancen, die durch das regionale und lokale Umfeld bestimmt werden. Eine eingehende Beleuchtung und kritische Betrachtung der wesentlichen Bestandteile dieses Anwendungsumfeldes kann wichtige Erkenntnisse für eine effizientere Durchsetzung der alternativen Konzepte vermitteln.

Zu den besonderen Rahmenbedingungen, die kritisch untersucht werden sollen, zählt die aktuelle Umweltgesetzgebung. Ihre Auswirkungen auf die Umsetzung alternativer Wirtschaftsformen werden in *Abschnitt 3.3.1* dargestellt. In *Abschnitt 3.3.2* werden das sozio-ökonomische Umfeld und das damit verbundene Umweltbewußtsein sowie deren Folgen beleuchtet. In *Abschnitt 3.3.3* wird die Rolle der Regierungsorgane als besonderer Faktor bei der Durchsetzung alternativer Wirtschaftsformen analysiert, wobei sie als Exekutivorgane der Umweltpolitik kritisch betrachtet werden. In *Abschnitt 3.3.4* werden der Nutzen und die Möglichkeiten der Einbindung der Nichtregierungsorganisationen in den Umsetzungsprozeß alternativer Konzepte diskutiert. Mit *Abschnitt 3.3.5* folgen schließlich die Ergebnisse aus den Expertengesprächen in bezug auf die behandelten Rahmenbedingungen und Faktoren. Durch diese praxisorientierten Ergänzungen soll der Entwurf von Durchsetzungsstrategien für die alternativen Konzepte erleichtert werden.

### 3.3.1 Auswirkungen der aktuellen Umweltgesetzgebung

Wie bereits in Kapitel 2.3 dargestellt, ist seit den 80er Jahren die Umweltschutzgesetzgebung in Brasilien schrittweise verschärft worden. Die wichtigsten nationalen Vorschriften, die gegenwärtig in bezug auf die Mata Atlântica beachtet werden müssen, sind:[439]

1. Die Erhaltung von gesetzlichen Forst- bzw. Naturschutzreserven ("APP") innerhalb der Grundbesitze. Sie müssen mindestens 20 % der Gesamtfläche einnehmen und gegebenenfalls regeneriert werden.[440] Zu diesen permanenten Naturschutzzonen gehören automatisch Quellgebiete, Flußufer (je nach Flußbreite in einer Mindestbreite von 30 m) sowie Hänge mit einer Steigung von über 45 °, unabhängig von deren Flächenanteil.[441]

2. Die Nutzungseinschränkungen in den verschiedenen gesetzlichen Schutzeinheiten, wie Nationalparks, "APA"s und Ökologische Reserven.[442]

---

[439] Vgl. ZULAUF (1994), S. 55 f.; MILARÉ/BENJAMIN (1993), S. 22; REDE DE ONGS DA MATA ATLÂNTICA (1993), S. 6 ff.
[440] Im Ribeira-Tal sind es 50 %. Bei landwirtschaftlichen Betrieben, die den jeweiligen Mindestanteil nicht erreichen, muß jährlich $1/30$ der fehlenden Fläche regeneriert werden.
[441] Vgl. v. a.: Gesetze Nr. 4.771 (Forstgesetz) von 1965, Nr. 8.171 (Agrargesetz) von 1991 und Nr. 7.754 von 1989, Resolution CONAMA Nr. 11 von 1988 sowie die Verfügung Nr. 218 von 1989.
[442] Vgl. v. a.: Gesetze Nr. 4.771/65, Nr. 6.902/81 und 6.938/81, Dekret Nr. 88.351/83 sowie Resolution CONAMA Nr. 4/85.

3. Die Erstellung von Umweltverträglichkeitsprüfungen ("EIA") und Umweltverträglichkeitsgutachten ("RIMA") bei bestimmten, i. d. R. größeren Projektvorhaben.[443]

4. Die Anordnungen über die Abholzung, Exploration und Unterdrückung der Primärvegetation der Mata Atlântica sowie der im mittleren und fortgeschrittenen Sukzessionsstadium befindlichen Sekundärvegetation, gemäß dem am 10.2.1993 in Kraft getretenen Dekret Nr. 750, das weiter unten genauer beschrieben wird.[444]

5. Sonstige auf die Nutzung der Mata Atlântica bezogene Reglementierungen und Genehmigungsverfahren im Rahmen der Umsetzung der Nationalen Umweltpolitik. Dazu gehören spezielle Beschlüsse vom gesetzgeberischen Bundesumweltrat "CONAMA" sowie Verfügungen vom ausführenden Bundesumweltorgan "IBAMA".[445]

Die Umweltschutzgesetze werden von den Regierungsorganen der betroffenen Länder und Munizipien entsprechend den Vorschriften des Dezentralisierungssystems "SISNAMA" umgesetzt.[446] Bei der Umsetzung bestehen durch die Einbeziehung regionaler und lokaler Sonderbedingungen geringe Interpretationsspielräume.[447] Insgesamt wird die aktuelle Umweltgesetzgebung nach internationalen Maßstäben als sehr strikt angesehen.[448]

Eine wichtige Phase zur Verschärfung der Gesetze über die Mata Atlântica wurde Ende der 80er Jahre eingeleitet. Durch den Artikel 225 der Bundesverfassung von 1988 wurde die Mata Atlântica zum nationalen Erbgut erklärt und ihre Nutzung an Schutzbedingungen geknüpft. 1990 wurde das Bundesdekret Nr. 99.542 erlassen, das jegliche Rodung oder Nutzung der Mata Atlântica untersagte. Dieses Gesetz wurde jedoch 1993 aufgrund seiner geringen Flexibilität und Genauigkeit durch das Bundesdekret Nr. *750* ersetzt. Es hält das grundsätzliche Rodungsverbot der Mata Atlântica aufrecht, enthält allerdings Veränderungen und Ergänzungen, die wie folgt zusammengefaßt werden können:[449]

1. Die Mata Atlântica wird in ihrer Zusammensetzung und räumlichen Abgrenzung genau definiert. Es werden die dazugehörigen einzelnen Waldformationen und angeschlossenen Ökosysteme aufgezählt sowie die kartographische Basis festgelegt.[450] Auch die Zugehörigkeit der Sekundärvegetation zur Mata Atlântica wird

---

[443] Vgl. v. a.: Gesetz Nr. 6.938/81, Resolution CONAMA Nr. 1/86 und Bundesverfassung von 1988.
[444] Die Bestimmung der verschiedenen Sukzessionsstadien der Sekundärvegetation der Mata Atlântica wird zusätzlich in der Resolution CONAMA Nr. 10 vom 10.10.93 reglementiert.
[445] Vgl. v. a.: Gesetze Nr. 6.938/81 und Nr. 7.735/89 sowie die Bundesverfassung von 1988.
[446] Vgl. ZULAUF (1994), S. 6.
[447] Vgl. ZULAUF (1994), S. 70; REDE DE ONGS DA MATA ATLÂNTICA (1993), S. 8.
[448] Vgl. SAA (1993), S. 36; SMA (1991b), S. 44; TACHINARDI (19.10.94), S. 13.
[449] Vgl. REDE DE ONGS DA MATA ATLÂNTICA (1993), S. 6.
[450] Demnach sind Bestandteile der Mata Atlântica gemäß der Eingrenzung in der IBGE-Vegetationskarte Brasiliens: immergrüner Feuchtwald, gemischter Feuchtwald, offener Feuchtwald, jahreszeitlich laubabwerfender Wald, Mangroven, "restingas", Höhenfelder, Inlandsheiden und die inländischen Waldformationen des Nordostens. Vgl. IBGE (1993b).

genau bestimmt. Die Vegetation im mittleren und fortgeschrittenen Stadium der Regeneration wird der Primärvegetation gleichgestellt und darf ebenfalls grundsätzlich nicht gerodet werden.

2. Es werden die Umstände und Voraussetzungen genannt, unter denen eine Rodung oder Exploration der Mata Atlântica erlaubt ist. Zum einen wird die Rodung der Mata Atlântica zur Durchführung von Projekten mit Gemeinschaftsnutzen nach den erforderlichen Prüfungs- und Genehmigungsverfahren gestattet. Zum anderen wird die selektive Exploration bestimmter Arten ermöglicht, falls sie der Subsistenz traditioneller Bevölkerungsgruppen dient oder falls der kommerziellen Nutzung ein nachhaltiger Nutzungsplan (auf wissenschaftlicher Basis) zugrunde liegt. Dafür müssen ebenfalls Genehmigungen von den zuständigen Umweltbehörden eingeholt werden.

Diese neuen Regelungen haben verschiedene Auswirkungen und werden dementsprechend von den Bewirtschaftern der Mata Atlântica, den Naturschützern und den Regierungsorganen unterschiedlich beurteilt.

Die in Punkt 1 beschriebene Definition der Mata Atlântica deckt sich weitgehend mit der in Kapitel 2 dargestellten, weiten Begriffsauffassung der Mata Atlântica. Dadurch wird das geographische Anwendungsgebiet des Gesetzes erheblich erweitert, was vor allem den Naturschützern entgegenkommen dürfte.

Für die konventionelle Land- und Forstwirtschaft bedeutet die weitere Begriffsauffassung der Mata Atlântica eine Ausdehnung des Rodungsverbots und folglich eine Einschränkung der potentiellen Bewirtschaftungsmöglichkeiten. Die Einbeziehung der Vegetation im mittleren und fortgeschrittenen Regenerationsstadium in das Konzept der Mata Atlântica kann sogar zu einem Rückgang der landwirtschaftlichen Nutzfläche führen, wenn temporäres Brachland vorhanden ist, das sich im entsprechenden Regenerationsstadium befindet. Die Wahrscheinlichkeit für einen deutlichen Rückgang der landwirtschaftlichen Nutzfläche aufgrund der neuen Bestimmungen ist jedoch gering. In Paraná, einem der wichtigsten Agrarstaaten Brasiliens, fällt beispielsweise der größte Flächenanteil in das Konzept der Sekundärvegetation im anfänglichen Regenerationsstadium, bei dem keine Nutzungseinschränkungen bestehen.[451]

Für stärker betroffene lokale Regierungen kann eine aus der weiten Begriffsauffassung resultierende geringere Wirtschaftsleistung allerdings zu kurzfristigen Steuerausfällen führen. In einer langfristigen Betrachtung könnten diese jedoch durch eine höhere Produktivität ausgeglichen werden, die sich aus verbessertem Boden- und Naturschutz sowie einer effizienteren Landnutzung ergibt. Außerdem werden diese kurzfristigen

---

[451] Allerdings üben die Bestimmungen des Forst- und des Agrargesetzes bereits Druck auf die landwirtschaftliche Nutzfläche aus, indem sie in jedem Grundbesitz eine gesetzliche Naturschutzzone von 20 % vorsehen. In Paraná sind ca. 70 % der Betriebe davon betroffen. Vgl. SPVS (1993b), S. 2.

"Kosten des Umweltschutzes" bereits durch steuerliche Umverteilungen, insbesondere der Umsatzsteuer "ICMS", ausgeglichen.[452]

Durch die in Punkt 2 beschriebene Erlaubnis der selektiven Exploration werden andererseits neue Möglichkeiten für die Bewirtschaftung der Mata Atlântica eröffnet. So können die Grundbesitzer ihre natürlichen Waldreserven für die nachhaltige Produktion von Nutz- und Brennholz sowie sekundären Waldprodukten nutzen und dadurch ein entsprechendes Einkommen erzielen.

In der Praxis kann diese Nutzungserlaubnis aufgrund der damit verbundenen Auflagen jedoch einschränkend wirken. Erstens dürfen die im Forstgesetz beschriebenen permanenten Schutzzonen (APP) weiterhin nicht bewirtschaftet werden. Zweitens wird die Nutzung für kommerzielle Zwecke durch ein umständliches Genehmigungsverfahren behindert. Insbesondere die kleinen Land- und Forstwirte werden durch die Genehmigungsbürokratie abgeschreckt. Sie haben kaum die Möglichkeit der Erstellung oder Beschaffung eines nachhaltigen Nutzungsplans, und ihnen fehlt oftmals die rechtliche Grundlage für die Beantragung einer Nutzungslizenz.[453] Außerdem sind die erforderlichen Behördengänge zeitlich und finanziell sehr aufwendig, so daß sie der sozio-ökonomisch schlechter situierten Bevölkerung nicht zugemutet werden können.

Insagesamt kann festgestellt werden: Obwohl das Dekret Nr. 750 klare gesetzliche Verhältnisse in bezug auf die Mata Atlântica schafft, die traditionelle Bevölkerung unterstützt und die nachhaltige Nutzung der Mata Atlântica erlaubt, wirkt es in vielen Fällen wirtschaftlich einschränkend. Es kann also nur teilweise mit der Unterstützung der Bevölkerung rechnen. Folglich besteht weiterhin die Gefahr von gesetzlichen Übergriffen, wie sie schon infolge des Dekrets Nr. 99.542 regelmäßig registriert worden sind.[454]

Die Durchsetzung des Dekrets Nr. 750 wird daher zunächst von einer konsequenten Überwachung der Mata Atlântica und der Vollstreckung der gesetzlichen Strafen abhängen. Es wurde jedoch bereits in Kapitel 2.3 festgestellt, daß in diesen Bereichen große Mängel bestehen, die aufgrund der finanziellen und verwaltungstechnischen Probleme der Regierungsorgane kurzfristig schwer zu beheben sind.[455] Ein besserer Naturschutz infolge der neuen Gesetzgebung ist nur in den Gebieten zu erwarten, die aus morphograpischen Gründen oder aufgrund einer guten Transport- und Informationsinfrastruktur leichter zu kontrollieren sind. In den anderen Gebieten müßte die freiwillige Mitarbeit der Bürger gefördert werden, etwa durch Umweltbildungsprogramme.

---

[452] Vgl. SERRA (3.3.94), S. 15.
[453] Meistens fehlt den Betroffenen der Nachweis des Grundbesitzes. Vgl. SMA (1990b), S. 61.
[454] Vgl. die Meldungen über illegale Rodungsaktionen innerhalb der Mata Atlântica in den 90er Jahren in Kapitel 2.3.
[455] Eine ausführliche kritische Betrachtung der Regierungsorgane erfolgt in Abschnitt 3.3.3.

Eine bedeutende Frage im Rahmen der vorliegenden Arbeit ist, welchen Einfluß das Dekret Nr. 750 auf die in Kapitel 3.2 aufgeführten alternativen Wirtschaftsformen ausübt, d. h. inwiefern es einen Anreiz für die Übernahme dieser Alternativen bildet.

Der *ökologische Landbau* und die *Agroforstwirtschaft* dürften als Substitutionsmöglichkeiten für die konventionelle Landwirtschaft vom Dekret Nr. 750 unberührt bleiben, weil dessen Bestimmungen sich nicht an bewirtschaftete Böden bzw. Flächen im Anfangsstadium der Regeneration richten. Eine Ausbreitung des ökologischen Landbaus und der Agroforstwirtschaft muß folglich über andere Methoden gefördert werden, wie z. B. den Einsatz marktwirtschaftlicher Instrumente.[456]

Die *Forstwirtschaft* wiederum wird durch das neue Gesetz im Bereich der nachhaltigen Nutzung einheimischer Arten unterstützt. Dies ist erstens unter dem Gesichtspunkt anzunehmen, daß die Ausdehnung der Plantagen mit schnell wachsenden ausländischen Arten im Einflußbereich der Mata Atlântica nach der weiten Begriffsauffassung erschwert wird. Um eine legale Produktionssteigerung zu erzielen, müssen die Forstgesellschaften entweder auf die nachhaltige Bewirtschaftung bestehender Naturwälder oder auf Plantagen mit einheimischen Arten (etwa *Araucaria angustifolia*) ausweichen.

Zweitens können große Abschnitte der Mata Atlântica wieder als Produktivwald angesehen werden, nachdem zwischen 1990 und 1993 jegliche Nutzung einheimischer Wälder aufgrund des Dekrets Nr. 99.542 verboten war. Für die Bevölkerung des Ribeira-Tals, wo sich ein großer Teil der im Privatbesitz stehenden Wälder der Mata Atlântica befindet, bedeutet das neue Gesetz eine große Verbesserung. So ist u. a. die wirtschaftliche Nutzung der Caixeta-Wälder wieder legal, wenn auch unter Auflagen, wie die Einhaltung eines genehmigten, ökologisch nachhaltigen Nutzungsplans. Die Erfüllung der bürokratischen Erfordernisse, die noch 1994 einem faktischen Verbot der Caixeta-Nutzung gleichkamen, kann jedoch anhand der Gründung von Nutzungsgemeinschaften erleichtert werden. In Iguape wurde schon eine derartige Vereinigung der Caixeta-Nutzer gebildet, die die Erteilung der Nutzungslizenzen an die Mitglieder beschleunigt.[457] Rein ökologische Hindernisse hinsichtlich der Nachhaltigkeit der Caixeta-Bewirtschaftung sind nicht zu erwarten, da die Caixeta-Wälder über eine außerordentliche Regenerationsfähigkeit verfügen.[458]

Der *nachhaltige Extraktivismus* sekundärer Waldprodukte erfährt durch das neue Dekret ebenfalls Unterstützung, analog zur nachhaltigen Forstwirtschaft. So kann z. B. die Palmenherzextraktion, die eine wichtige Einkommensbasis der Bevölkerung des Ribeira-Tals bildet, legal fortgeführt werden. Ebenso wie bei der Caixeta-Nutzung stellt die Beschaffung und Genehmigung eines nachhaltigen Nutzungsplans allerdings ein bürokrati-

---

[456] Vgl. Abschnitt 3.1.3.
[457] Vgl. REBRAF (1994b), S. 14.
[458] Vgl. die Expertenaussage von Carneiro in 3.2.8.

sches Hindernis für den kleinen Extrakteur dar. Bisher konnten die Palmenherzextrakteure sich auch noch nicht organisieren, um einen Produzentenverein zu gründen. Angesichts des hohen Nachfragedrucks, der auf dem qualitativ hochwertigen Produkt der Juçara-Palme lastet, bleibt die Frage offen, ob eine nur langsam angehende, legale und nachhaltige Palmenherzexploration die Nachfrage befriedigen kann und inwiefern Preiserhöhungen durchzusetzen sind. Beim Palmenherz besteht folglich noch die Gefahr der illegalen Extraktion. Daher wäre es sinnvoll, die Einkommensbasis der lokalen Bevölkerung zu erweitern. Hier würden beispielsweise Umweltbildungsprogramme helfen, die Kenntnisse über eine nachhaltige Extraktion anderer Waldprodukte (u. a. Honig oder Heilpflanzen) vermitteln könnten.

Der *nachhaltige Bergbau* wird durch das Dekret Nr. 750 nicht speziell gefördert, da es nicht direkt auf den Bergbau eingeht.

Der *Ökotourismus* wird als Alternative in der Mata Atlântica indirekt unterstützt, denn es handelt sich dabei um eine Nutzungsart, die nur relativ geringe Veränderungen (u. a. den Bau von Zufahrtsstraßen und Unterkünften) erfordert. Da diese Veränderungen im "sozialen Interesse" liegen dürften oder als "gemeinnützig" auslegbar sind, kann gemäß Artikel 1 des Dekrets Nr. 750 mit einer entsprechenden Genehmigung durch die zuständigen Umweltbehörden gerechnet werden.

Die Intensität der oben genannten gesetzlichen Anreizwirkungen ist allerdings Schwankungen ausgesetzt. So können sich die Bestimmungen des Dekrets Nr. 750 zeitlich und lokal unterschiedlich auswirken. Dabei spielen die jeweiligen sozio-ökonomischen Verhältnisse eine wichtige Rolle, wie im nächsten Abschnitt gezeigt wird.

### 3.3.2 Sozio-ökonomische Verhältnisse und Umweltbewußtsein

Es ist bisher mehrmals darauf hingewiesen worden, daß von den Umweltschutzinitiativen ein größerer Durchsetzungserfolg zu erwarten ist, die mit der freiwilligen Unterstützung der Bevölkerung rechnen können. In diesem Fall wird die Mitwirkung der Bevölkerung beim Umweltschutz von ihrem Umweltbewußtsein bestimmt.

In Brasilien ist das Umweltbewußtsein im Vergleich zu den Industrieländern noch gering, und eine Steigerung wird lediglich unter den "besser situierten" Bevölkerungsgruppen registriert.[459] Diese Feststellungen legen nahe, daß das Ausmaß des Umweltbewußtseins

---

[459] Vgl. BERNARDES (23.3.94), S. 14, CONSÓRCIO MATA ATLÂNTICA/UNICAMP (1992), S. 75.

von sozio-ökonomischen Aspekten wie z. B. Einkommens- und Bildungsverhältnissen abhängt.

Diese Beziehung läßt sich anhand folgender Argumentation nachvollziehen. Bei Armut hat die Befriedigung der kurzfristigen existentiellen Bedürfnisse Vorrang, und damit ist meistens der Raubbau an der Natur verbunden. Dieser Anschauung gemäß sehen diverse Autoren in der Armut das größte Hindernis für den Naturschutz.[460] Die Armut muß bei der Erstellung von Umweltschutzstrategien dementsprechend berücksichtigt werden. In armen Gebieten werden sich Umweltschutzinitiativen nur durchsetzen, wenn der Bevölkerung zugleich ausreichende Einkommensmöglichkeiten geboten werden.

Das dargestellte Beziehungsgefüge veranlaßt zu einer näheren Betrachtung der sozio-ökonomischen Problematik in Brasilien. Die inflationsbegleitete Rezession in den 80er Jahren brachte schlechte Voraussetzungen für die Bildung eines hohen allgemeinen Umweltbewußtseins und ging mit einer Periode intensiver Umweltzerstörung einher, u. a. in der Mata Atlântica.[461] An dieser Konstellation änderte sich auch in den 90er Jahren wenig. Ein großer Teil der brasilianischen Bevölkerung lebt noch immer in armen Verhältnissen. Schätzungsweise die Hälfte der 160 Mio. Einwohner verdient nicht mehr als 150 USD im Monat.[462]

Diese schlechte Einkommenssituation geht mit dürftigen Ausbildungsverhältnissen einher. Die Analphabetenrate unter den über 14jährigen beträgt in Brasilien insgesamt ca. 20 %.[463] Und nur 15 % der 15- bis 19jährigen genießen eine Schulausbildung in der Sekundärstufe (neuntes bis elftes Schuljahr).[464] Unter diesen Umständen kann ein ökologisches Verständnis nur mit erheblichen Schwierigkeiten vermittelt werden.

Diese für den Schutz der Mata Atlântica schwierige Ausgangslage wird weiterhin durch die steigende Arbeitslosigkeit in der Landwirtschaft belastet, die durch die zunehmende Mechanisierung entsteht. In Brasilien leben inzwischen ca. fünf Millionen Landlose ("sem-terra"), die sich legal - im Zuge der Agrarreform durch das Regierungsorgan "INCRA" - oder illegal u. a. in den letzten Waldrefugien der Mata Atlântica niederlassen und sie zur Landbewirtschaftung brandroden.[465]

Die Ursache für diese Situation muß in der ungleichen Landverteilung in Brasilien gesucht werden; 2 % der Gesamtzahl der Agrarbetriebe konzentrieren 58 % der landwirtschaftlich nutzbaren Fläche auf sich. Die oftmals aus spekulativen Gründen gehaltenen

---

[460] Vgl. u. a. HARTENSTEIN (1991), S. 186 f.; MÁRMORA (1992), S. 39; LAMPRECHT (1986), S. 104; AITKEN (1989), S. 17 f.; CHERU (1992), S. 506; YOUNG (1992), S. 84.
[461] Vgl. ZULAUF (1994), S. 120 in Verbindung mit den Statistiken der Umweltzerstörung in Kapitel 2.3.
[462] Vgl. MOTTA (1991), S. 206.
[463] Vgl. ALMANAQUE ABRIL 1994, S. 153.
[464] Vgl. MOTTA (1991), S. 206.
[465] Vgl. ALMANAQUE BRASIL 1993/1994, S. 190; TARDIVO (28.1.93), S. 2.

Latifundien weisen die geringste Produktivität und zugleich die geringste Aufnahmekapazität von Arbeitskräften auf. Außerdem ist deren Produktion oftmals exportorientiert, wodurch für die Einheimischen die Lebensmittelversorgung zusätzlich erschwert bzw. verteuert wird.[466]

Mit besonderem Interesse sollte die sozio-ökonomische Situation des Ribeira-Tals verfolgt werden, da es mit 984.000 ha die größten zusammenhängenden Restbestände der Mata Atlântica vereinigt. Dort sind überdurchschnittlich schlechte Einkommens- und Bildungsverhältnisse zu verzeichnen. Dort werden das geringste Pro-Kopf-Einkommen realisiert und mit 33 % die höchste Analphabetenrate innerhalb des Staats São Paulo registriert.[467]

Die Landverteilung sieht ebenfalls ungünstig aus und muß bei der Umsetzung von Alternativen mitberücksichtigt werden. In den Munizipien Iguape und Cananéia, die zusammen ca. 13,5 % der Bevölkerung des Ribeira-Tals auf sich vereinigen, werden 95 % der Landfläche von 28 % der Agrarbetriebe gehalten. Und ca. 40 % der Landwirte leben unter rechtlich irregulären Besitzverhältnissen.[468] Für sie entfällt damit die Berechtigung zu staatlich subventionierten Agrarkrediten bzw. zur technischen Unterstützung. Die Unsicherheit über die Besitzverhältnisse senkt zudem die Motivation zu einer sorgfältigen, ökologisch vertretbaren Landbewirtschaftung (z. B. beim Umgang mit chemischen Zusatzstoffen) und der sonstigen Waldnutzung.

Bisher konnte die Mata Atlântica im Ribeira-Tal in einem überdurchschnittlich guten Zustand erhalten werden, weil es mit 17 % fruchtbaren Böden nur eine begrenzte landwirtschaftliche Entwicklung ermöglichte. Die Bevölkerung ist dementsprechend gering geblieben und zählt heute ca. 300.000 Einwohner. Sie sind hauptsächlich in der Landwirtschaft, der Fischerei und der Tourismusbranche beschäftigt.[469]

Die Armut, die aus den insgesamt begrenzten Einkommensmöglichkeiten in den genannten Sektoren resultierte, führte allmählich zu einer Nutzung der umliegenden Waldbestände in einem Ausmaß, das ihre Regenertionsfähigkeit weit übersteigt. Alarmierend ist der Zuwachs des illegalen Extraktivismus von Palmenherz und Caixeta-Holz in den letzten Jahren.[470]

Um die sich auf den Waldbestand negativ auswirkende Entwicklung des Extraktivismus zu hemmen, reichen strenge gesetzliche Schutzbestimmungen nicht aus. Sie müssen mit Alternativen verbunden werden, die auf die gesonderten sozio-ökonomischen Verhältnisse der lokalen Bevölkerung eingehen. Neben der Armut und den Bildungslücken

---

466  Vgl. HARTENSTEIN (1991), S. 186 f.; KOHLHEPP (1983), S. 373; ALMANAQUE BRASIL 1993/1994, S. 190.
467  Vgl. SMA (1991b), S. 23; SMA (1990b), S. 56.
468  Vgl. SMA (1990b), S. 61.
469  Vgl. TARDIVO (28.1.93), S. 2.
470  S. o. Abschnitte 3.2.2 und 3.2.4.

müssen die Landkonzentration und die ungeregelten Besitzverhältnisse berücksichtigt werden.

Für das Ribeira-Tal ist vom Umweltministerium des Staats São Paulo (SMA) nur eine Flächennutzungsplanung in Auftrag gegeben worden, die die Besonderheiten dessen natürlichen Potentials berücksichtigt. Dieses Projekt ist jedoch 1994 aufgrund von Finanzierungslücken vorerst unterbrochen worden.[471] Es ist außerdem nicht sicher, ob dieses Projekt, das eigentlich nur Rahmenbedingungen für die wirtschaftliche Entwicklung des Ribeira-Tals vorgeben soll, bei eventueller Fertigstellung einen großen Einfluß auf die lokale Bevölkerung ausüben wird und ökologische Zielsetzungen zu unterstützen vermag. Grundsätzlich sind die Flächennutzungsplanungen in Brasilien sehr umstritten.[472]

Im Ribeira-Tal und im restlichen Einflußbereich der Mata Atlântica kann ein wirksamer Umweltschutz nur durch Lösungen erzielt werden, die die insgesamt prekären sozioökonomischen Verhältnisse direkt kompensieren. Es müssen z. B. Alternativprojekte eingeleitet werden, die der einheimischen Bevölkerung neben dem Umweltschutz bereits kurzfristige Einkommensperspektiven bieten. In dieser Hinsicht sollen nun die in 3.2 aufgeführten Alternativmodelle analysiert werden.

Der *ökologische Landbau* bietet dem Landwirt durch seine Produktdiversifizierung bereits in kurzer Sicht eine vollständigere Eigenversorgung und stellt damit wichtige Ersparnisse in Aussicht. Außerdem werden die Produktionskosten vor allem durch den Verzicht auf Agrarchemie sofort gesenkt. Nachteilig kann sich dagegen die kurzfristige Ertragsverringerung von Produkten auswirken, die eine feste, wenn auch oft unterbezahlte Absatzmöglichkeit hatten. Eine Vergrößerung der Produktvielfalt, bei gleichbleibendem Gesamtertrag, erschwert den Absatz, und der Verkauf organischer Produkte auf spezialisierten Absatzmärkten erfordert zusätzliche Anstrengungen. Diese Schwierigkeiten könnten u. U. mit Investitions- und Orientierungshilfen in der Phase der Umstellung auf den ökologischen Landbau überwunden werden.

Auch wenn sich der ökologische Landbau eher langfristig ökonomisch rentiert, können seine Betreiber durch die garantierte Subsistenz, die Bodenerhaltung und eine sich stets verbessernde Aussicht auf Gewinne auf deren Produktionsstandorte fixiert werden. Übergriffe auf benachbarte Waldfragmente würden seltener werden und die Überwachung erleichtern.

Die *nachhaltige forstwirtschaftliche Nutzung* von Naturwäldern stellt allgemein eine gute Möglichkeit für die langfristige Kombination ökonomischer und ökologischer Zielsetzungen in umfangreichen Waldgebieten dar. Das gilt umso mehr für Gebiete wie das Ribeira-Tal, das für die Landwirtschaft weniger geeignet ist. Allerdings wäre die

---

[471] Vgl. FUNDAÇÃO SOS MATA ATLÂNTICA (1994a), S. 4.
[472] Vgl. SMA (1989c), S. 6; NITSCH (1991), S. 6.

Verwirklichung einer nachhaltigen Forstwirtschaft unter der notleidenden Bevölkerung mit Schwierigkeiten verbunden, da sie mit einer langfristigen Ertragsplanung und unsicheren Preisen verbunden ist. Oftmals fehlen auch die wissenschaftlichen und materiellen Voraussetzungen für die Erstellung und die Ausführung des gesetzlich geforderten nachhaltigen Nutzungsplans.

Eine Ausnahme bildet die nachhaltige Exploration der Caixeta-Wälder. Diese homogenen, schnell wachsenden und ergiebigen Sekundärwälder sind relativ leicht zu bewirtschaften. Und das Caixeta-Holz genießt aufgrund seiner qualitativen Eigenschaften eine hohe Nachfrage in der Bleistift-, Spielwaren- und Kunstwarenindustrie. In diesen wenig spezialisierten Bereichen bieten sich neben der Extraktion gute Weiterverarbeitungsmöglichkeiten für die lokale Bevölkerung, die ihre Einkommensbasis damit weiter verbessern könnte.

Die anderen Naturwälder bleiben jedoch aufgrund wissenschaftlicher und bürokratischer Hindernisse durch eine illegale oder übermäßige Nutzung gefährdet. Um deren legale und nachhaltige forstwirtschaftliche Nutzung zu erreichen, wären u. a. vermittelbare wissenschaftliche Fortschritte, Investitionshilfen und die Durchsetzung besserer Preise für das nachhaltig produzierte Holz erforderlich, z. B. über die Zertifizierung durch sogenannte "grüne Siegel".[473]

Die *Agroforstwirtschaft* wird von vielen Autoren als eine ideale Lösung für den Konflikt zwischen Armut und Umweltschutz genannt.[474] Die Gründe dafür sind wie beim Ökoanbau vor allem in der subsistenzsichernden Vielseitigkeit der Produktion und in der Bodenerhaltung zu finden. Allerdings bleibt eine entsprechende Orientierung der lokalen Bevölkerung über die anzuwendenden und lokal angepaßten Techniken notwendig. Außerdem kommen die Vorzüge der Agroforstwirtschaft wegen der Wachstumszeit der Bäume eher langfristig zur Geltung.

Der *nachhaltige Extraktivismus* sekundärer Waldprodukte bietet auch gute und bereits sofort nutzbare Einkommenschancen, die durch neue und noch wenig ausgeschöpfte Bereiche wie das Sammeln von Heilpflanzen oder die Honigentnahme erweitert werden können. Die Entwicklung der Extraktion neuer Produkte und Ersatzstoffe auf nachhaltiger Basis ist allerdings mit entsprechender Aufklärungsarbeit verbunden.

Im Ribeira-Tal spielt die Extraktion des Palmenherzens von *Euterpe edulis* eine wichtige Rolle, da es qualitativ hochwertig ist und hohe Marktpreise erzielt. Diese Palme wird - wie unter Abschnitt 3.2.4 ausführlich dargestellt - durch überzogenen und illegalen Raubbau in ihrem Bestand gefährdet, ohne die Existenz der Palmenherzextrakteure langfristig

---

[473] S. o. Abschnitt 3.1.3.
[474] Vgl. LAMPRECHT (1986), S. 104, CHERU (1992), S. 506; REBRAF (1993a), S. 1; REBRAF (1994b), S. 6/14.

zu sichern. Dieser Mißstand kann nur durch eine Reintegration dieser Aktivität in die legale Beschäftigungsbasis und eine technische Orientierung korrigiert werden, wobei keine Einkommensverluste für die Palmenherzextrakteure entstehen dürfen. Nur unter dieser Voraussetzung ist eine Bereitschaft der Betroffenen zur Mitwirkung am Schutz der Palmenbestände zu erwarten. Mit der Bildung von legalen Interessengemeinschaften könnten die Anbieter dann höhere Preise für das Palmenherz durchsetzen.

Der *nachhaltige Bergbau* ist eine sinnvolle Alternative in rohstoffreichen Gebieten wie dem Ribeira-Tal, das an Kalkstein, Erzen und Schwermetallen reichhaltig ist. Die nachhaltigen Abbau- und Schürftätigkeiten erfordern allerdings eine kostspielige technische Ausrüstung und großes Know-how und stellen daher keine realistische kurzfristige Alternative dar.

Der *Ökotourismus* wiederum stellt eine einfache und mit geringen Investitionen verbundene Alternative für attraktive Landschaftsabschnitte dar. Die bewaldete Hügellandschaft des Ribeira-Tals und der Küstenbereich um Iguape und Cananéia weisen optimale natürliche Voraussetzungen auf. Dort können außerdem die wenig rentablen Agrarbetriebe im Rahmen des seit einigen Jahren beliebten "Bauernhof-Tourismus" leicht in Hotelbetriebe umfunktioniert werden.[475] Und es steht ein sofort ausschöpfbares Arbeitskräftepotential zur Verfügung. Die Einheimischen können aufgrund der Ortskenntnisse sofort als Reisebegleiter oder Wächter eingesetzt werden.

Wie bereits in Abschnitt 3.2.7 dargestellt, ist im Ribeira-Tal der brasilianische Tourismusboom jedoch weder in ökonomischer noch in ökologischer Hinsicht optimal genutzt worden. Hotellerie, Gastronomie und Strandhausbau konzentrieren sich in den Küstenmunizipien Iguape und Cananéia.[476] Um die Touristen aus den überlasteten Küstengebieten (inklusive der Nordküste des Staats São Paulo) zu locken und auf das Ribeira-Tal im Rahmen des sanften Tourismus zu verteilen, könnte ein einfaches Marketing genügen.

Die obige Analyse hat die Bedeutung der Einbeziehung sozio-ökonomischer Aspekte bei der Umsetzung von ökologisch angepaßten Wirtschaftsformen in der Mata Atlântica verdeutlicht. Das dargestellte Beziehungsgefüge kann zusätzlich durch die Ausführung der Umweltpolitik durch die Regierungsorgane beeinflußt werden, wie im folgenden Abschnitt gezeigt werden soll.

---

[475] Vgl. u. a. ZAMORA (1994), S. 27.
[476] Vgl. SMA (1990b), S. 62.

### 3.3.3 Umweltpolitische Befugnisse und Handlungsmöglichkeiten der Regierungsorgane

Die gemeinsame Berechtigung des Bundes, der Staaten und der Munizipien, sich an der Lösung von Umweltproblemen zu beteiligen, wird im Bundesgesetz Nr. 6.938 von 1981 festgeschrieben. Die Umweltschutzeinrichtungen aus diesen drei öffentlichen Verwaltungsebenen integrieren das Nationale Umweltsystem (SISNAMA). Diesem System stehen der Bundesumweltrat (CONAMA) als höchstes regulatives Umweltorgan[477] und zudem das Brasilianische Institut für Umwelt und Erneuerbare Natürliche Ressourcen (IBAMA) als Zentralorgan für die Umsetzung der Nationalen Umweltpolitik vor.

Die Nationale Umweltpolitik, die in demselben Gesetz spezifiziert wird, umfaßt in Kurzdarstellung folgende Aufgaben:

1. Aktion der Regierung zur Wahrung des ökologischen Gleichgewichts, unter Betrachtung der Umwelt als öffentliches Gut;

2. Rationalisierung der Umweltnutzung;

3. Planung und Überwachung der Umweltnutzung;

4. Schutz insbesondere repräsentativer Ökosysteme;

5. Kontrolle und Flächennutzungsplanung umweltgefährdender Aktivitäten;

6. Anregung der Forschung und Entwicklung von Umweltschutztechnologien;

7. Überprüfung der Umweltqualität;

8. Wiederherstellung degradierter Flächen;

9. Schutz bedrohter Ökosysteme;

10. Umweltbildung für eine aktive Mitarbeit der Bevölkerung beim Umweltschutz.

Die Nationale Umweltpolitik wird lokal mit Unterstützung der Regierungsorgane (RO) der Länder und Munizipien umgesetzt. Deren umweltpolitische Befugnisse sind in den Umweltgesetzen der Länder und Munizipien festgelegt, die sich mit regionalen und lokalen Anpassungen an die Bundesumweltgesetze anlehnen.

Den Umweltbehörden stehen nach dem Bundesgesetz Nr. 6938 grundsätzlich folgende Instrumente zur Durchsetzung der Nationalen Umweltpolitik zur Verfügung:

1. Umweltstandards;

---

[477] Obwohl aus politisch-administrativer Sicht das Bundesministerium für Umwelt und Amazonien die höchste Umweltautorität darstellt, übt der CONAMA aufgrund rechtlicher Bestimmungen die reale Macht in der Umweltpolitik aus. Vgl. ZULAUF (1994), S. 70.

2. Flächennutzungsplanung;

3. Umweltverträglichkeitsprüfung;

4. Lizenzerteilung und Revision umweltverschmutzender Aktivitäten;

5. Anreize für die Entwicklung und den Einsatz von Umweltschutztechnologien;

6. Bildung gesetzlicher Naturschutzeinheiten;

7. Nationales Umweltinformationssystem;

8. Technische Bundeskartei über Instrumente und Handlungen zum Schutz der Umwelt;

9. Strafen zur Disziplinierung und Kompensation von Umweltvergehen.

Mit der Einrichtung des Nationalen Umweltsystems, der Festlegung der Nationalen Umweltpolitik und der Bestimmung der Instrumente zu deren Umsetzung ist den Regierungsorganen eine umfangreiche Aktionsbasis für den Umweltschutz erteilt worden. Trotz der ihnen erteilten Befugnisse und der kontinuierlichen Verschärfung der Umweltgesetze gelang es ihnen jedoch nicht, den Zerstörungsprozeß der Mata Atlântica aufzuhalten.[478] Daher sollen in Ergänzung zur bereits in Abschnitt 3.3.1 erfolgten Analyse der aktuellen Umweltgesetze die grundsätzliche umweltpolitische Aktionsbasis und die Effizienz der Umweltbehörden hinsichtlich der Schwachpunkte untersucht werden. Daraus können auch Erkenntnisse über die Rolle der Regierungsorgane bei der Umsetzung von ökologisch angepaßten Wirtschaftsformen in der Mata Atlântica gewonnen werden.

Die oben aufgeführten Richtlinien und Instrumente sollen nicht im einzelnen kritisch beleuchtet, sondern insgesamt, unter Betrachtung sozio-ökonomischer Aspekte, hinsichtlich ihrer zu erwartenden Wirkung bei der Bevölkerung charakterisiert werden.

Als ein ernsthaftes Problem kann die unterdrückende Gestaltung der Umweltpolitik betrachtet werden, durch die die Regierungsorgane von der Bevölkerung als autoritäre und maßregelnde Behörden empfunden werden. Die partnerschaftliche Zusammenarbeit der wirtschaftlichen Akteure mit den Umweltbehörden wird behindert, indem wenig Raum für die Entwicklung, Vermittlung und Förderung von Nutzungsalternativen gelassen wird.

Die Umweltrichtlinien und Umweltinstrumente sind fast ausschließlich regulativer Natur und haben gemäß den Darstellungen des Abschnitts 3.1.3 viele Nachteile, vor allem die Abhängigkeit von einem kostspieligen Überwachungsapparat. Sie sehen kaum eine Förderung der Privatinitiative oder eine für die Bevölkerung auch wirtschaftlich fruchtbare Zusammenarbeit vor. Nur in Punkt 6 der umweltpolitischen Richtlinien bzw. in Punkt 5 der umweltpolitischen Instrumente wird im speziellen Bereich der Umweltschutztechnologien eine Förderung angeordnet, ohne diese allerdings hinsichtlich ihrer

---

[478] Vgl. Kapitel 2.3.

Ausprägung - ob verbal, technisch oder finanziell - näher zu definieren. In Punkt 10 der umweltpolitischen Richtlinien wird zudem die Umweltbildung ausschließlich im Hinblick auf ihre entlastende Wirkung auf den staatlichen Umweltschutz berücksichtigt.

Doch gerade in der Annäherung an die sozio-ökonomischen Bedürfnisse der Bevölkerung liegt der Schlüssel zu einem effizienten Umweltschutz, der dann von der Bevölkerung freiwillig mitgetragen wird. Dieses Ziel kann wesentlich besser durch den Einsatz marktorientierter Instrumente erreicht werden, wie etwa Steuererleichterungen oder Kreditbegünstigungen bei der Übernahme ökologisch angepaßter Wirtschaftsformen.[479] Um eine derartige Ergänzung bzw. Anpassung der Umweltpolitik zu erreichen, wären allerdings gemeinsame Anstrengungen der Umweltbehörden aller Regierungsebenen erforderlich.

Die Ausführung der regulativen Umweltpolitik stellt für die Regierungsorgane eine schwierige Aufgabe dar. Denn ihre Handlungsfähigkeit unterliegt *organisatorischen*, *politischen* sowie *finanziellen* Grenzen. Deren Ausmaß soll am Beispiel des Umweltministeriums des Staats São Paulo dargestellt werden, einer der fortschrittlichsten Umweltbehörden Brasiliens, vor allem seit der Inkorporation der umwelttechnischen Überwachungsgesellschaft "CETESB".[480]

Die "Secretaria do Meio Ambiente" (SMA) wurde 1986 per Landesdekret gegründet, und ihre Aufgaben lehnen sich gemäß des Nationalen Umweltsystems stark an die Richtlinien der Nationalen Umweltpolitik an.[481] Die Organisationsstruktur der SMA wird durch folgendes Organigramm wiedergegeben:

---

[479] Vgl. Abschnitt 3.1.3.
[480] Vgl. ZULAUF (1994), S. 37.
[481] Die SMA hat nach der Gesetzgebung des Staats São Paulo folgende Aufgaben: Schutz und qualitative Verbesserung der Umwelt; Koordination und Integration der Umweltschutzaktivitäten; Bildung und Verbesserung der Umweltschutznormen; Anreize für die Forschung und Entwicklung von Umweltschutztechnologien; Anregung der Umweltbildung und Mitarbeit der Bevölkerung beim Umweltschutz. Vgl. SMA (1992e), S. 71.

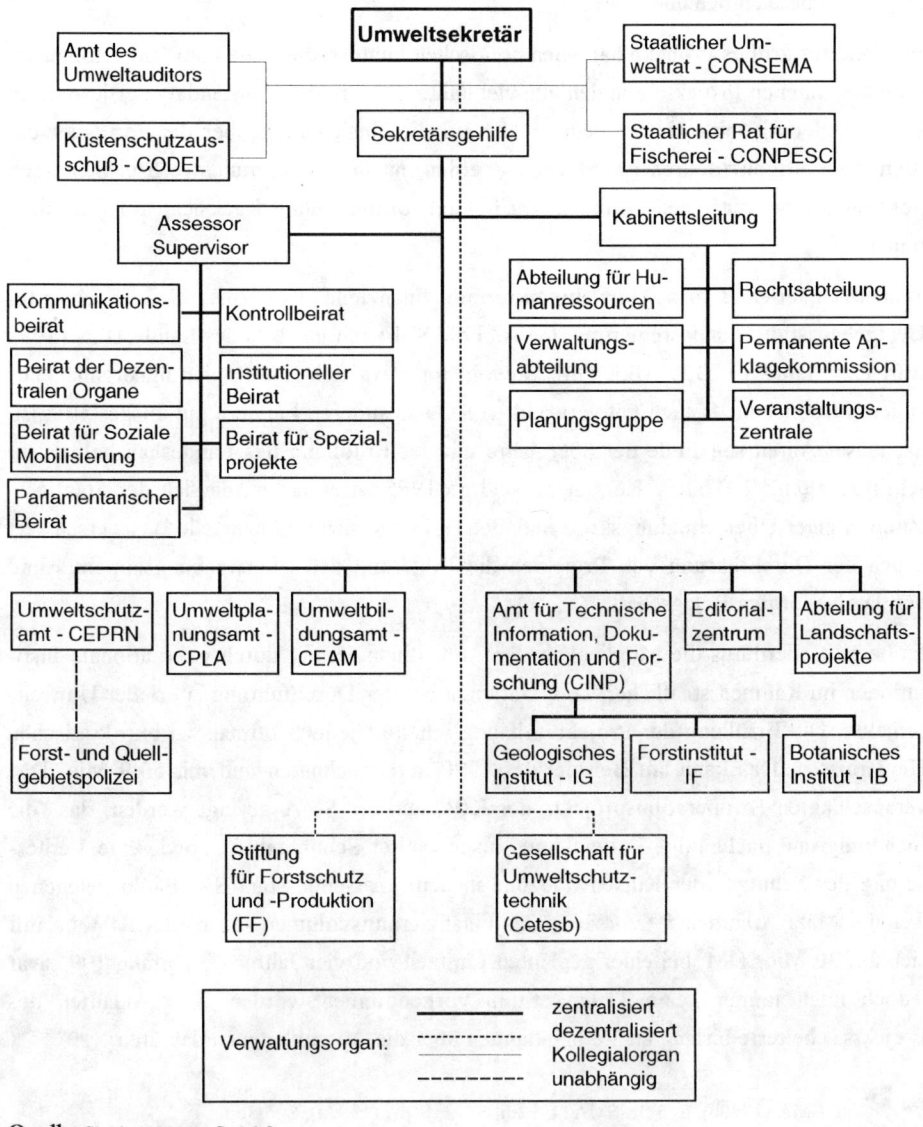

Abb. 13: Organigramm des Umweltministeriums des Staats São Paulo (SMA)

**Umweltsekretär**

- Amt des Umweltauditors
- Küstenschutzausschuß - CODEL
- Sekretärsgehilfe
- Staatlicher Umweltrat - CONSEMA
- Staatlicher Rat für Fischerei - CONPESC

Assessor Supervisor

- Kommunikationsbeirat
- Beirat der Dezentralen Organe
- Beirat für Soziale Mobilisierung
- Parlamentarischer Beirat
- Kontrollbeirat
- Institutioneller Beirat
- Beirat für Spezialprojekte

Kabinettsleitung

- Abteilung für Humanressourcen
- Verwaltungsabteilung
- Planungsgruppe
- Rechtsabteilung
- Permanente Anklagekommission
- Veranstaltungszentrale

- Umweltschutzamt - CEPRN
- Umweltplanungsamt - CPLA
- Umweltbildungsamt - CEAM
- Amt für Technische Information, Dokumentation und Forschung (CINP)
- Editorialzentrum
- Abteilung für Landschaftsprojekte

- Forst- und Quellgebietspolizei
- Geologisches Institut - IG
- Forstinstitut - IF
- Botanisches Institut - IB

- Stiftung für Forstschutz und -Produktion (FF)
- Gesellschaft für Umweltschutztechnik (Cetesb)

Verwaltungsorgan:
— zentralisiert
······ dezentralisiert
——— Kollegialorgan
- - - unabhängig

Quelle: SMA (1993a), S. 36 f.

Das Umweltministerium wurde zu einem großen Teil durch die Zusammenlegung von RO aus verschiedenen Bereichen errichtet, die unter anderen Organisationsformen bereits Umweltschutzaufgaben ausgeübt haben. Dadurch wuchs sie zum größten staatlichen Umweltorgan Brasiliens mit insgesamt über 5.000 Angestellten heran. Aufgrund der teilweisen Beibehaltung der ursprünglichen Organisations- und Machtstrukturen der übernommenen RO wurde die Arbeit der SMA jedoch gleichzeitig intern behindert. Sie durchlief daraufhin im Laufe der Jahre langwierige und kostspielige Umstrukturierungen, die noch nicht als abgeschlossen anzusehen sind und die Erfüllung von Routineaufgaben im Umweltbereich behindern.[482]

Ein weiteres großes Problem hat einen politischen Hintergrund. Die vom Umweltministerium begonnenen Projekte erleiden alle vier Jahre, zum Ende des Mandats der jeweiligen Landesregierung, eine Unterbrechung, die auf die Unsicherheit über die Fortdauer der Regierung zurückzuführen ist. Meistens werden mit dem Regierungswechsel Schlüsselpositionen aus politischen Gründen neu besetzt, oftmals ohne Rücksicht auf Qualifikationen.[483]

Schließlich erleidet das Umweltministerium finanzielle Probleme. Sein wichtigster Geldgeber ist die Landesregierung. Obwohl die SMA mit ca. 1 % des Landesetats (1992 waren es damit ca. 350 Mio. DM) sowohl im Vergleich mit Regierungsorganen aus anderen Bereichen als auch mit verwandten RO aus anderen Ländern gut ausgestattet ist, hat dieser Anteil seit Ende der 80er Jahre mit der Erhöhung des Landeshaushalts nicht schrittgehalten.[484] Weitere Kürzungen sind ab 1995 zu erwarten, da sich der Staat São Paulo in einer Überschuldungskrise befindet.[485] Die unsichere finanzielle Basis erschwert neben der Durchführung von Projekten die Erhaltung des Überwachungsapparats und der dazugehörigen Belegschaft.

Es besteht allerdings die Möglichkeit der Außenfinanzierung durch internationale Institutionen im Rahmen staatlicher Kooperationen bei der Durchführung spezieller Umweltprojekte. Die Erfüllung der Projektvorhaben scheitert jedoch oftmals an bürokratischen Hindernissen. Das kann am Beispiel des 1990 unterzeichneten und mit 53,9 Mio. DM veranschlagten Kooperationsprojekts der KfW mit der SMA gezeigt werden, das "die Sicherung und nachhaltige Entwicklung ausgewählter Schutzgebiete sowie eine Verbesserung des Schutzes der Küstenwaldzone in dem im Bundesstaat São Paulo gelegenen Teil der Mata Atlântica"[486] vorsieht. Das Finanzierungsvolumen seitens der KfW beläuft sich auf 30 Mio. DM, bei einer geplanten Laufzeit von vier Jahren.[487] Anfang 1995 war jedoch noch immer keine Teilinvestition vorgenommen worden. Das Anlaufen des Projekts scheiterte bislang an Verhandlungen über die Auszahlungsmodalitäten[488],[489]

---

[482] Vgl. SMA (1989b), S. 5 ff.; SMA (1992e), S. 72; SMA (1993a), S. 5/36 f.
[483] Vgl. SMA (1992e), S. 82.
[484] Vgl. SMA (1992e), S. 78 f.
[485] Das Ausmaß dieser Krise wurde am 3.1.95 deutlich, als der neue Gouverneur per Dekret alle Landesprojekte mit einem Realisationsgrad von weniger als 20 % stoppen ließ. Vgl. SERRA (11.1.95), S. 12.
[486] KFW (1990), S. 1; FAGÁ (4.3.94), S. 21.
[487] Der Beitrag der KfW setzt sich zu je 50 % aus einem Darlehn, das unter günstigen Bedingungen rückzahlbar ist, und einem nicht rückzahlbaren Finanzierungsbeitrag zusammen. Vgl. KFW (1993); KFW (1990), S. 1.
[488] Nach persönlicher Auskunft von J. Ulysses, Leiter des KfW-Projekts in der SMA, am 6.1.95.
[489] Ähnliche bürokratische Schwierigkeiten erleiden die von der Weltbank in Kooperation mit den brasilianischen RO eingeleiteten Umweltprojekte. Nur ein Teil des zwischen 1987 und 1994 vorgesehenen Investitionsvolumens von ca. 3,3 Mrd. USD konnte realisiert werden. Alle 25 lau-

Vor den am Beispiel der SMA dargestellten Schwierigkeiten politischer, organisatorischer und finanzieller Natur bleiben die Regierungsorgane anderer Verwaltungsebenen nicht verschont. Die politische Instabilität Ende der 80er Jahre und die Umstrukturierungen der leitenden Organe der Umweltpolitik machten sich gleichermaßen in den RO von Bund, Ländern und Munizipien in Form einer Ablenkung vom aktiven Umweltschutz bemerkbar.[490] Auf lokaler Ebene ist weiterhin mit Schwierigkeiten durch die langsame Einrichtung von munizipalen Umweltbehörden zu rechnen.[491] Die aus einer stärkeren lokalen Präsenz erhofften Vorteile können daher erst langfristig realisiert werden.

Neben der geringen Effizienz der einzelnen Umweltbehörden wird die Erfüllung der umweltpolitischen Aufgaben durch die mangelnde Koordination und die unübersichtliche Kompetenzverteilung unter den Regierungsorganen verschiedener Verwaltungsebenen erschwert. Das Ausmaß und die Auswirkungen dieser Verständigungsprobleme können anhand des Beispiels der Ilha do Cardoso im Süden des Staats São Paulo nachvollzogen werden. Obwohl die Landesregierung diese zum Einflußbereich der Mata Atlântica zählende Insel 1962 zu einem Naturschutzpark erklärt hatte, verblieb sie selbst nach jahrelangen Verhandlungen im Eigentum des Bundes. Dieser stellte allerdings keine Überwachungsstruktur auf, und die Ilha do Cardoso wurde infolgedessen zunehmend von illegaler Bebauung betroffen. Erst 1992, als der Bund die Rückgabe des Eigentums an die Landesregierung beschloß, durfte die Forstpolizei des Landes die Überwachung übernehmen.[492] Derartige interinstitutionelle Mißverständnisse, die in Brasilien häufig registriert werden, behindern aufgrund des damit verbundenen Verwaltungsaufwands den aktiven Umweltschutz.[493] Dadurch wird ebenso die Implementierung von Projekten erschwert.

Die kritische Darstellung der RO zeigte Schwierigkeiten in deren interner und interinstitutioneller Integration. Diese Mängel sind nur langfristig korrigierbar und wirken sich bei der deutlich regulativ ausgerichteten Umweltpolitik Brasiliens dementsprechend negativ auf den Umweltschutz aus. Die Ineffizienz des institutionellen Umweltschutzes kann in diesem Fall nur durch die Mitwirkung der Bevölkerung beim Umweltschutz ausgeglichen werden. Diese könnte bereits kurz- bis mittelfristig durch die Ausschöpfung und den Ausbau der wenigen marktorientierten umweltpolitischen Instrumente aktiviert werden. Dazu zählen die Förderung von Umweltschutztechnologien sowie die Umweltbildung.

---

fenden Projekte bleiben hinter den Implementierungserwartungen zurück. In einigen Fällen, wie beim Nationalen Umweltprogramm "PNMA", verwendeten die brasilianischen RO bis 1994 nur 30 % der verfügbaren finanziellen Ressourcen. Vgl. FAGÁ (1.11.94), S. 14.

[490] Vgl. ZULAUF (1994), S. 119.
[491] Erst 200 der 5.000 Munizipien Brasiliens verfügen bereits über eine Umweltbehörde. In der 12-Millionen-Stadt São Paulo wurde ein derartiges RO sogar erst 1993 gegründet. Vgl. ZULAUF (1994), S. 7.
[492] Vgl. SERRA (23.2.94), S. 13.
[493] Vgl. ZULAUF (1994), S. 72; SMA (1992e), S. 151; SPVS (1992), S. vi; LOCATELLI (28.1.93b), S. 2.

Letztere könnte u. a. durch ein lokales Beratungsprogramm sinnvoll ergänzt werden, das wirtschaftliche Tätigkeiten langsam an Nachhaltigkeitsgrundsätze heranführt. Im weiteren Zeitablauf könnte diese Lösung mit grundlegenden Anpassungen der Umweltpolitik sowie mit organisatorischen Umstrukturierungen der RO kombiniert werden.

Die Notwendigkeit der Einbeziehung der Bevölkerung in den Umweltschutz wurde durch die brasilianischen Umweltbehörden seit den Diskussionen über die nachhaltige Entwicklung in der UNCED-Konferenz in Rio 1992 verstärkt anerkannt. Die SMA paßte z. B. ihre umweltpolitischen Richtlinien sogar dementsprechend an.[494] Und das Ende der 80er Jahre in Kooperation mit der Weltbank gestartete Nationale Umweltprogramm "PNMA", das Investitionen von 166 Mio. USD in die Umweltschutzstruktur der Umweltbehörden und andere Umweltschutzprojekte vorsieht, wurde 1994 in Richtung einer dezentralen Mittelverwendung umstrukturiert.[495] Dadurch soll eine aktive Beteiligung der Gesellschaft an den Umweltschutzprojekten ermöglicht werden. Es fehlt jedoch eine Konkretisierung der vorgesehenen Maßnahmen, was neben bürokratischen Behinderungen[496] auf eine mangelnde Entwicklung von Umweltschutzprojekten mit wirtschaftlichen Perspektiven zurückgeführt werden kann. Die vielfältigen Möglichkeiten in diesem Bereich wurden bereits durch die in Kapitel 3.2 dargestellten alternativen Wirtschaftsformen gezeigt.

Wenn ökologisch angepaßte Wirtschaftsformen bereits kurzfristig von der Bevölkerung akzeptiert werden sollen, werden kurzfristige finanzielle Förderungen unumgänglich sein. Sie gehen allerdings mit einer Umlenkung von Haushaltsmitteln einher und werfen zusätzliche bürokratische Probleme auf. Unter betriebswirtschaftlichen Gesichtspunkten wird sich eine derartige Mittelumverteilung jedoch mittel- bis langfristig rentieren, wodurch ihre Abwicklung im Interesse der Regierungsorgane liegen müßte. Durch die Einkommenserzielung der zu speziellen alternativen Wirtschaftsformen motivierten Bevölkerung steigt deren Interesse am Schutz der Umwelt, während gleichzeitig der Überwachungsaufwand sinkt. Außerdem kann bei einer Aktivierung der legalen, nachhaltigen Umweltnutzung eine größere Steuerehrlichkeit erreicht werden. Das erhöhte Steueraufkommen verschafft den RO schließlich eine bessere finanzielle Basis.

Das kurzfristige finanzielle Problem kann zusätzlich durch die externe Mittelbeschaffung entschärft werden. Die Kooperations- und Finanzierungsbereitschaft vieler internationaler Institutionen wurde in den letzten Jahren mehrfach bewiesen.[497]

Außerdem können sowohl zur Mittelbeschaffung als auch zur Vermittlung der Projekte bzw. zur Kontaktherstellung zwischen den Regierungsorganen und der lokalen Bevöl-

---

[494] Vgl. SMA (1993a), S. 6 ff.
[495] Vgl. BERNARDES (9.2.93), S. 77; SERRA (13.5.94), S. 12.
[496] Vgl. Fußnote 489
[497] Vgl. SMA (1993a), S. 84 ff.; FAGÁ (1.11.94), S. 14.

kerung die Dienste der Nichtregierungsorganisationen beansprucht werden. Inwiefern sie bei der Umsetzung von Projekten mitwirken können, wird im folgenden Abschnitt analysiert.

### 3.3.4 Mitwirkung der Nichtregierungsorganisationen

Nichregierungsorganisationen (NRO) sind zivilrechtliche Körperschaften, die die Interessen bestimmter Bevölkerungsgruppen ohne Gewinnstreben vertreten und dabei nicht an Gewerkschaften, politische Parteien oder Regierungen gebunden sind. In der Regel verfolgen sie ökologische oder humanitäre Ziele.[498]

Die Gründung einer Nichtregierungsorganisation ist im allgemeinen sehr einfach. In Brasilien genügt dazu die Versammlung einer bestimmten Anzahl von Mitgliedern, die Protokollierung der ersten Sitzung sowie die Eintragung bei einem Notariat.[499]

Der Einfluß der Nichtregierungsorganisationen als inoffizielle Interessenvertreter des Volkes ist in den letzten Jahren weltweit gestiegen und kann anhand ihrer mittlerweile großen Anzahl nachvollzogen werden. In Europa bestehen um die 400.000 NRO, die jährlich insgesamt ca. 10 Mrd. USD verwalten. In den USA sind 785.000 NRO registriert, die einen Jahreshaushalt von 20 Mrd. USD aufweisen. In Brasilien verdoppelte sich deren Anzahl von 1992 bis 1994, als 5.000 NRO gezählt wurden. Sie verwalten jährlich 700 Mio. USD und beschäftigen 80.000 Menschen.[500]

40 % der Nichtregierungsorganisationen Brasiliens agieren im Umweltbereich. Darunter befinden sich über 100, die für den Schutz der Mata Atlântica aktiv eintreten. Zu den wichtigsten zählen:[501]

- "Fundação SOS Mata Atlântica" (FSOSMA). Sie wurde 1986 in São Paulo gegründet und ist mit über 5.000 Mitgliedern die größte private Umweltschutzorganisation Brasiliens. Ihr Jahreshaushalt beträgt ca. 1 Mio. USD.
- "Sociedade de Pesquisa em Vida Selvagem e Educação Ambiental" (SPVS). Sie wurde 1984 in Curitiba gegründet, hat etwa 1.000 Mitglieder, ca. 40 Mitarbeiter und einen Jahreshaushalt von ca. 350.000 USD.

---

[498] Vgl. ALMANAQUE ABRIL 1994, S. 137.
[499] Vgl. BERNARDES (9.2.93), S. 75.
[500] Vgl. MOTTA (1991), S. 383; BERNARDES (9.2.93), S. 70 ff.
[501] Vgl. REDE DE ONGS DA MATA ATLÂNTICA (1993), S. 6; BERNARDES (9.2.93), S. 70 ff.; SPVS (o. J.); FUNDAÇÃO SOS MATA ATLÂNTICA (1992d), S. 4.

Die Aufgabenfelder dieser Organisationen bewegen sich hauptsächlich in folgenden Bereichen:[502]

- Erarbeitung von Aktionsplänen und Projekten für den Schutz und die Wiederherstellung der Mata Atlântica;
- Erforschung der Fauna und Flora der Mata Atlântica;
- Umweltbildung und -bewußtseinsbildung;
- Kurse, Seminare und Diskussionsrunden über Probleme der Mata Atlântica;
- Verbreitung von Informationen über die Mata Atlântica über die Medien;
- Kontrolle und Beeinflussung von Regierungsorganen in bezug auf den Schutz der Mata Atlântica.

Durch die Beschreibung der Aufgabenfelder werden zwei grundsätzliche Charakteristika der im Bereich der Mata Atlântica aktiven NRO erkennbar:

1. Die strenge ökologische Orientierung;
2. Der Konfrontationskurs gegenüber den Regierungsorganen.

Dadurch nehmen die Naturschutzorganisationen eine mehr oder weniger einseitige Position ein. In der Öffentlichkeit präsentieren sie sich meistens als offensiver ökologischer Gegenpol zu einer wirtschaftlich orientierten Mehrheit. Der durch sie verkörperte Idealismus kann zwar über die lokale Ebene viele Sympathisanten finden, die jedoch zu einer Minderheit gehören. Die meisten dieser Gruppierungen verfügen dementsprechend über sehr geringe finanzielle Ressourcen und können damit in einer Konfrontation mit den personell und strukturell weitaus überlegenen Umweltbehörden nicht bestehen.[503] Um ihren Einfluß zu stärken schließen sich NRO deswegen oft zu Interessengemeinschaften zusammen wie z. B. die "Rede de ONGs da Mata Atlântica", und sie kooperieren auch mit internationalen NRO.[504]

Die Wirkung dieser Politik der Konfrontation, auf der Basis einer streng ökologischen Haltung, kann jedoch schnell an Grenzen stoßen, weil keine breite Akzeptanz der von der Wirtschaft abhängigen Bevölkerung und der Regierung erzielbar ist. Unter diesen Umständen bleibt die finanzielle Förderung von Nichtregierungsorganisationen begrenzt, ebenso wie deren Einbindung in öffentliche Programme. Letztendlich kann deren Ziel, der Schutz der Mata Atlântica, verfehlt werden.

---

[502] Vgl. SPVS (o. J.); FUNDAÇÃO SOS MATA ATLÂNTICA (1993/4), S. 1Aff.
[503] Das gilt auch für die größeren NRO, wenn sie mit den größeren RO verglichen werden. Vgl. beispielsweise die Statistiken über die FSOSMA Anfang dieses Abschnitts mit den Statistiken über die SMA in Abschnitt 3.3.3.
[504] Vgl. REDE DE ONGS DA MATA ATLÂNTICA (1993), S. 6; FUNDAÇÃO SOS MATA ATLÂNTICA (1993/4), S. 1Aff.; SPVS (o. J.); REBRAF (1993b), S. 8; O. V. (8.9.93), S. 68.

Diesem Problem könnten sie allerdings begegnen, wenn sie die Zusammenarbeit mit der Bevölkerung und der Regierung suchen und sozio-ökonomische Aspekte in die Gestaltung der eigenen Schutzprogramme einbinden würden. Möglichkeiten dazu werden durch die in 3.2 dargestellten, ökologisch angepaßten Wirtschaftsformen aufgezeigt.

Die Durchsetzung dieser Alternativen könnte durch die Mitwirkung der Nichtregierungsorganisationen zugleich deutlich erleichtert werden, denn sie bringen vielfältige Vorteile mit sich, die von der betroffenen Bevölkerung und den zuständigen Umweltbehörden genutzt werden können:[505]

- Über NRO können Zielvorgaben effizient erreicht werden, da sie über eine übersichtliche Organisationsstruktur und einen Entscheidungsmechanismus ohne starre Hierarchien verfügen. Deren Arbeit wird nicht durch Kontrollen gestört. Als nicht gewinnstrebende Körperschaften sind sie vom Fiskus befreit und unterliegen keiner staatlichen Überprüfung.

- Über NRO kann eine unbürokratische und unbegrenzte Mittelaufnahme erfolgen. Obwohl diese durch die stark lokale Anbindung der Organisationen und die Freiwilligkeit der Mitgliedschaft faktisch begrenzt wird, unterliegt sie keinen geographischen oder formellen Beschränkungen und wird vielmehr durch das Marketing bestimmt. Die Überweisung zugesagter Mittel erfolgt ohne die zeitlichen Verzögerungen, die bei internationalen Kooperationsprojekten zwischen Regierungen üblich sind.

- Die Arbeit der NRO wird durch politische und wirtschaftliche Instabilitäten kaum beeinträchtigt. Das wird durch deren Wachstum in Brasilien Anfang der 90er Jahre bestätigt, als politische (u. a. der Rücktritt des Präsidenten Collor de Melo) und wirtschaftliche Probleme (vor allem die hohe Inflation) den brasilianischen Alltag prägten. Über NRO kann eine im Interesse der beteiligten Bevölkerung liegende Kontinuität bei der Durchführung von Projekten gesichert werden.

- NRO verfügen durch die lokale Anbindung über spezielle Kenntnisse über das natürliche Potential sowie die Bedürfnisse der Bevölkerung bestimmter Wirtschaftsräume. Dadurch können sie auch die Beteiligung der Bevölkerung stimulieren.

Diesen Vorteilen stehen andererseits Nachteile gegenüber, die sich aus den geringen Kontrollmöglichkeiten der NRO ergeben. Nach außen können Mängel in der technischen Qualifikation und Kompetenz der Mitarbeiter verdeckt bleiben, und eine effiziente und zielgerechte Mittelverwendung kann nicht garantiert werden. In Brasilien und in anderen Ländern sind viele Fälle bekannt, in denen NRO die eingetriebenen finanziellen Ressourcen für lange Zeit außerhalb des festgelegten Arbeitsprogramms verwendeten.[506]

---

[505] Vgl. u. a.: BASIAGO (1994), S. 37; ALMANAQUE ABRIL 1994, S. 137; COLCHESTER/ LOHMANN, S. 7; UICN (1992), S. 91; MOTTA (1991), S. 38.
[506] Vgl. BERNARDES (9.2.93), S. 76 f.

Die Vorteile dürften insgesamt überwiegen, aber die Mitarbeit der Nichtregierungsorganisationen wird von der Bevölkerung und den Regierungen noch wenig genutzt. Das kann, wie oben bereits angedeutet, auf die radikal ökologische Haltung der NRO zurückgeführt werden, die auf eine geringe Akzeptanz stößt.

Das Verhältnis zwischen Nichtregierungsorganisationen und Regierungsorganen ist bereits im Grundsatz problematisch. Die letzteren betrachten die ersteren meistens als inoffizielle Kontrollorgane, die von der Regierung mehr Einsatz und Effizienz bei der Durchführung der Interessen bestimmter Bevölkerungsgruppen verlangen. Auch können NRO als Konkurrenten der RO bei der Durchführung kleiner Projekte auftreten und ihnen damit finanzielle Zuwendungen strittig machen.

Die Regierungsorgane wehrten sich anfangs gegen die inoffiziellen Gruppierungen, indem sie sie aufgrund der fehlenden politischen Legitimierung ignorierten und an Regierungsprojekten nicht teilhaben ließen. Durch den zunehmenden Einfluß der Nichtregierungsorganisationen in den letzten Jahren und die von der Öffentlichkeit und im Rahmen internationaler Kooperationsprojekte immer wieder geforderte Zusammenarbeit sahen sich die RO jedoch dazu gezwungen, NRO zunehmend partnerschaftlich zu behandeln.[507]

Seit einigen Jahren werden NRO am umweltpolitischen Entscheidungsprozeß der RO (z. B. an Genehmigungsbeschlüssen von öffentlichen und privaten Projekten mit Umwelteinwirkung) offiziell beteiligt, nachdem ihnen in den Umwelträten der drei politischen Verwaltungsebenen Sitze zugewiesen wurden. Somit sind die Nichtregierungsorganisationen im Bundesumweltrat (CONAMA), in den Landesumwelträten (CONSEMA) und in den Umwelträten der Munizipien (CODEMA) vertreten. Im Umweltrat des Staats São Paulo halten die NRO beispielsweise sechs von 36 Sitzen, die je zur Hälfte von Repräsentanten der Regierung und der Zivilbevölkerung besetzt sind.[508] Im Umweltrat des Munizips São Paulo haben die NRO drei von 30 Sitzen, wobei jedoch über die Hälfte der Sitze Regierungsrepräsentanten zustehen.[509]

Die Vertretung in den Umwelträten ist von Bedeutung, da sie über Beratungen und Kontrollen hinaus zur Reglementierung von Gesetzen ermächtigt sind. Trotz der ungünstigen Sitzverteilung können die inoffiziellen Gruppierungen die Umweltpolitik in der Mata Atlântica durchaus aktiv mitgestalten. Eine aus der Sicht der NRO erfolgreiche Mitbestimmung ergab sich beispielsweise bei der für die Mata Atlântica wichtigen Reglemen-

---

[507] Vgl. O. V. (22.2.94), S. 21; O. V. (11.5.94), S. 14; TOTTI (1.11.94), S. 14; FAGÁ (1.11.94), S. 14; PINHO (1993), S. 12 ff.; UICN (1992), S. 91. Entsprechend diesem Trend sieht das in Abschnitt 3.3.3 genannte Kooperationsprojekt zwischen der KfW und der SMA im Vertrag ebenso eine Beteiligung einer lokalen NRO vor (vgl. KFW (1990), S. 9).

[508] Vgl. SMA (1988), S. 3; FUNDAÇÃO SOS MATA ATLÂNTICA (1992d), S. 2.

[509] 15 der Sitze im "CADES" haben Repräsentanten aus verschiedenen Sektoren der Präfektur, und einige weitere besitzen Repräsentanten der Landesregierung und des Bundes. Vgl. ZULAUF (1994), S. 74.

tierung des Dekrets Nr. 750 durch die CONAMA-Resolution Nr. 10 von 1993[510], die in fast vollkommener Übereinstimmung mit deren Vorstellungen niedergeschrieben und erlassen wurde.[511]

Umgekehrt unterhalten viele Mitarbeiter von Regierungsorganen Mitgliedschaften in Nichtregierungsorganisationen und befinden sich auch in deren Entscheidungsgremien. In einigen Fällen leiten RO sogar die Gründung von NRO ein, um haushaltsbedingte oder bürokratisch verursachte Mittelbeschränkungen zu umgehen.[512]

In der Regel besteht jedoch keine natürliche Kooperationsbereitschaft zwischen Regierungsorganen und Nichtregierungsorganisationen, so daß sich deren Verknüpfung in Grenzen hält.[513] In der Praxis übernehmen NRO jedoch bereits Aufgaben, die von RO aus Gründen der Überforderung nicht vollständig verrichtet werden können. Sie ergänzen Umweltbehörden u. a. in der Überwachung und in der Umweltbildung und zeigen damit, daß der Ausbau der Partnerschaft zwischen offiziellen und inoffiziellen Organisationen von großem Nutzen sein kann.

Der Nutzen kann auch finanzieller Art sein. Beispielsweise konnte das oberste Exekutivorgan der Umweltpolitik (IBAMA) seinen Einflußbereich mit Hilfe der Stiftung "Fundação Biodiversitas" kostenlos erweitern. Diese überließ dem IBAMA die 5.585 ha große biologische Reserve "Una" in der Mata Atlântica Bahias, nachdem sie sie 1990 für 226.000 USD erworben hatte. Dadurch bekam die Bundesumweltbehörde ohne Arbeitsaufwand und ohne Budgetbelastung die letzte natürliche Herberge des "schwarzköpfigen Löwenäffchens".[514]

Ein weiteres Beispiel stellt die Kartierung der Bestände der Mata Atlântica 1990 in zehn Staaten Brasiliens im Maßstab 1:250.000 dar. Dieses 300.000 USD teure Projekt wurde von der "Fundação SOS Mata Atlântica" eingeleitet und mit der Unterstützung und Zusammenarbeit von Privatunternehmen und Regierungsorganen durchgeführt. Das Kartenmaterial bildet eine wichtige Informations- und Entscheidungsbasis für RO und kann im Bereich der allgemeinen Umweltbildung genutzt werden.[515]

Auch die Erstellung eines 1992 vollendeten Aktionsplans durch die SPVS für die Schutzeinheit (APA) Guaraqueçaba und die Beihilfe zu seiner Implementierung vor Ort kann als Erfolgsbeispiel genannt werden. Die Kooperation mit dieser Naturschutzorganisation

---

[510] Sie definiert die verschiedenen Sukzessionsstadien der Mata Atlântica. Vgl. Abschnitt 3.3.1.
[511] Vgl. REDE DE ONGS DA MATA ATLÂNTICA (1993), S. 6.
[512] Auf die Initiative des IBAMA ist z. B. die "Fundação Pró-Tamar" entstanden, die zur Rettung von Wasserschildkröten jährliche Spenden in Höhe von 400.000 USD bekommt. Ebenso nehmen die zwei wichtigsten offiziellen Forschungsorgane im Amazonas, das Goeldi-Museum und das "INPA", finanzielle Ressourcen aus dem Ausland über NRO auf. Vgl. BERNARDES (9.2.93), S. 75/77.
[513] Vgl. TARDIVO (6.5.94), S. 12; FEAM (1992), S. 1.
[514] Vgl. O. V. (8.9.93), S. 68.
[515] Vgl. FUNDAÇÃO SOS MATA ATLÂNTICA (1993/4), S. 3A; BERNARDES (9.2.93), S. 74.

erspart den Umweltbehörden Projekt- und Arbeitskosten, ohne deren Entscheidungsbefugnis zu beeinträchtigen. Dieser Plan sieht die Vermittlung der nachhaltigen Nutzung der vorhandenen Ressourcen an die lokale Bevölkerung vor, wobei deren wirtschaftliche Bedürfnisse berücksichtigt werden. Dadurch wird die Akzeptanz und Mitwirkung der Bevölkerung gesichert, was auch im Sinne der Regierungsorgane liegt.[516]

Derartig erfolgversprechende Projekte, die die Zusammenarbeit zwischen NRO, RO und Bevölkerung vorsehen, stellen jedoch Ausnahmen dar. Den meisten Naturschutzorganisationen fehlen dafür die Voraussetzungen. Abgesehen von finanziellen und strukturellen Problemen zeigt sich bei den meisten noch keine angemessene Berücksichtigung sozioökonomischer Notwendigkeiten, und sie beschäftigen auch selten Mitarbeiter mit wirtschaftswissenschaftlicher Ausbildung[517].[518]

Eine dementsprechende Umorientierung kann, wie bereits ausgeführt, über eine größere Akzeptanz schließlich die Effektivität der Naturschutzorganisationen erhöhen. Nur über die Zusammenarbeit mit der Regierung und der Bevölkerung können sie Projekte durchsetzen, die letztendlich dem Umweltschutz dienen.

Durch die Einbeziehung von NRO und die Nutzung ihrer Vorteile kann wiederum die Effizienz von Projekten zum Schutz der Mata Atlântica erhöht werden. Sie können damit auch die Durchsetzung der in Kapitel 3.2 dargestellten, ökologisch angepaßten Wirtschaftsformen erleichtern.

### 3.3.5 Ergebnisse aus den Expertengesprächen

Am Ende des Kapitels 3.3 folgen nun die Ergebnisse aus den Expertengesprächen in bezug auf die Rahmenbedingungen und Faktoren, die bei der Umsetzung alternativer Konzepte in der Mata Atlântica zu beachten sind.[519]

Die meisten Experten vertreten die in *Abschnitt 3.3.1* dargestellte Ansicht, daß die aktuelle Gesetzgebung streng und umfassend ist. Damit kann allerdings kein wirksamer Umweltschutz garantiert werden. In diesem Zusammenhang sagte beispielsweise Zulauf,

---

[516] Die APA Guaraqueçaba ist eine der größten Schutzeinheiten der Mata Atlântica und befindet sich an der Küste von Paraná. Als "APA" sind in ihr bestimmte wirtschaftliche Aktivitäten erlaubt. Vgl. SPVS (1992), S. viii/1.

[517] Vgl. MOTTA (1991), S. 213.

[518] Bei den großen, international angebundenen NRO wie die FSOSMA und die SPVS, die über eine diversifizierte, wenn auch kaum wirtschaftlich orientierte Personalstruktur verfügen, sind zumindest Anstöße in Richtung der Berücksichtigung sozio-ökonomischer Aspekte in deren Projekten erkennbar. Vgl. SPVS (o. J.); FUNDAÇÃO SOS MATA ATLÂNTICA (1993/4), S. 1Aff.

[519] Eine Auflistung der Interviewpartner, mit Daten über ihre Stellung, die vertretene Organisation und das Datum des Interviews, ist im Anhang ersichtlich.

Generalsekretär des Umweltamts der Stadt São Paulo (SVMA): "Die Umweltgesetze sind ausreichend, werden aber oft nicht eingehalten."

Die mangelnde Befolgung der Gesetze wird von fast allen Experten mit einer fehlenden Strafvollzugsgewißheit und vor allem einer ineffizienten Überwachung erklärt. Obwohl damit der Schwerpunkt der Kritik auf der schlechten Überwachung liegt, bleiben die zugrundeliegenden Gesetzesinhalte von kritischen Äußerungen nicht verschont.

Auf der einen Seite fordern einige Experten eine weitere Verschärfung bzw. Vervollständigung der Umweltgesetze als einzig mögliche Umweltschutzstrategie bei einer grundsätzlich wenig umweltbewußten Bevölkerung. Borges aus der Naturschutzorganisation SPVS sieht beispielsweise durch die Erlaubnis der nachhaltigen Nutzung die Gefahr eines legalisierten Nutzungsmißbrauchs, und Prof. Benjamin vermißt die kulturelle Basis, um auf eine streng regulative staatliche Lenkung beim Umweltschutz zu verzichten.

Auf der anderen Seite warnen mehrere Repräsentanten von Umweltbehörden vor den sozialen Konflikten, die durch eine zu scharfe Gesetzgebung hervorgerufen werden. Durch die potentielle Verhinderung von Einnahmemöglichkeiten oder die bloße Verunsicherung können sich die Gesetze letztendlich gegen den Umweltschutz auswirken.

Bestätigend wirkt die Feststellung vom munizipalen Volksvertreter Neves, daß die illegale Palmenherzgewinnung in Iguape seit 1990 zunimmt, nachdem sie zunächst durch das Dekret Nr. 99.542 verboten und später durch das Dekret Nr. 750 nur unter erschwerten Bedingungen erlaubt wurde. Auch in Paraná wird gemäß Prof. Dias, aus dem Landesumweltministerium IAP, seit dem Dekret Nr. 750 eine allgemeine Zunahme der Umweltvergehen registriert.[520]

Experten aus zwei Naturschutzorganisationen fordern Signale für die Übernahme legaler und ökologisch angepaßter Wirtschaftsformen und erwarten zusätzliche gesetzliche Anreize für einen aktiven Umweltschutz.

Es werden außerdem Ungenauigkeiten in der Gesetzgebung beklagt, die auf die Vernachlässigung technischer Gesichtspunkte bei der Ausgestaltung der Naturschutzzonen zurückzuführen sind. Besondere Flußeigenschaften, wie z. B. die Form des Flußbetts, werden bei der Bemessung der Uferschutzzonen mißachtet und bringen Nachteile in wirtschaftlicher sowie ökologischer Hinsicht.

Außerdem werden bestimmte Gesetzesinhalte hinsichtlich ihrer Nützlichkeit für die Mata Atlântica in Frage gestellt. Zwei Experten sehen beispielsweise keinerlei Nutzen in der Forderung des Forstgesetzes, 20 % der Landfläche eines jeden Agrarbetriebs als Naturschutzzone zu erhalten. Durch eine solche Pauschalisierung muß in einigen Gebieten fruchtbares Land brachliegen, während in anderen unfruchtbares, aber ökologisch wert-

---

[520] Der Inhalt des Dekrets Nr. 750 ist in Abschnitt 3.3.1 einsehbar.

volles Land bis hin zum Flächenanteil von 80 % bebaut wird. Die Lösung liegt in der Schaffung von Schutzeinheiten in Flächen, die ökologisch wertvoll und zugleich ökonomisch wertlos sind. Sie würden die intensive Nutzung landwirtschaftlich wertvoller Böden optimal ausgleichen.

Eine in ähnlicher Weise fragwürdige Pauschalisierung wird dem relativ neuen Dekret Nr. 750 durch mehrere Experten unterstellt. Durch die Gleichbehandlung aller Ökosysteme, die zur Mata Atlântica gehören, wird ihre Nutzung nicht im Sinne ihrer besonderen Eigenschaften geregelt, mit potentiellen Nachteilen für Naturschutz und -bewirtschaftung.

Trotz der genannten Kritiken wird das Dekret Nr. 750 insbesondere von den Repräsentanten der Naturschutz-NRO als ein umweltpolitischer Fortschritt auf dem Weg zum Schutz der Mata Atlântica angesehen. Es schafft mehr Klarheit über den Umfang der Bewirtschaftung der Mata Atlântica, wobei darin ein ökologischer Vorteil enthalten ist. Die Einbeziehung der mittleren und fortgeschrittenen Sukzessionsstadien der Mata Atlântica in den gesetzlichen Schutz erleichtert ihre natürliche Regeneration.

Der in *Abschnitt 3.3.2* dargestellte negative Einfluß prekärer sozio-ökonomischer Verhältnisse auf den Umweltschutz in Brasilien wird von seiten vieler Experten bestätigt. "Die Armut agiert gegen Umweltschutzinteressen", sagte beispielsweise Lopes (Klabin). Dabei wird die Armut mit schlechten Bildungsverhältnissen in Verbidung gesetzt.

Schwenck, aus dem Landwirtschaftsministerium von São Paulo (SAA), führt die Behinderung des Umweltschutzes auf starre soziale Abhängigkeitsverhältnisse zurück. Als Beispiel nennt er die direkte Abhängigkeit einer Million Menschen (und indirekt sechs Millionen) vom umweltschädigenden Zuckerrohranbau im Staat São Paulo.

Der Staatsanwalt Prof. Benjamin und Prof. Targa, Repräsentant des Landesumweltministeriums SMA, bezeichnen außerdem die fehlende kulturelle Basis der Brasilianer als ein großes Hindernis für die Lösung des Umweltproblems. Denn die historische Entwicklung Brasiliens ist traditionell mit einer unbekümmerten Umweltnutzung verbunden.

Im Ribeira-Tal bestehen nach einer Erklärung von Ribeiro, aus der staatlichen Forststiftung FF, weitere Hindernisse für den aktiven Umweltschutz durch die schlechte sozio-ökonomische Situation der lokalen Bevölkerung. Der demographische Druck ist nicht groß, aber es werden hohe Analphabetenquoten, hohe Sterberaten, ein sehr niedriges Einkommen und eine sehr geringe Lebensqualität registriert. Viele Landwirte sind in Landkonflikte verwickelt, die sich aus einer unklaren Eigentumsbasis ergeben. Über 50 % der Bevölkerung verdienen weniger als einen Mindestlohn (ca. 70 USD pro Monat). Diese regionale soziale Krise muß parallel zur Umweltproblematik gelöst werden. Unter diesen Umständen ist die Durchsetzung nachhaltiger Nutzungsprojekte wie z. B. im Bereich des Palmenherzextraktivismus schwierig. Außerdem muß sich unter der traditionellen Bevölkerung eine Veränderung der Mentalität in bezug auf die Umweltnutzung vollziehen, was durch langfristige Bildungsprogramme zu erreichen ist.

Die optimale Entwicklungsstrategie für das Ribeira-Tal, die den Umweltschutz mit den sozio-ökonomischen Bedürfnissen der Bevölkerung verbindet, muß nach Ribeiros Meinung ferner auf den aktuellen Forschungsergebnissen über das natürliche Potential der Region basieren. Danach haben 75 % des Ribeira-Tals eine forstwirtschaftliche Bestimmung. Zusätzlich sollten der Ökotourismus und die damit verbundenen Dienstleistungen ausgebaut werden.

Die Berücksichtigung sozio-ökonomischer Aspekte bei der Erstellung nachhaltiger Nutzungsprojekte in der Mata Atlântica wird von weiteren Experten aus anderen Bereichen unterstützt. Nach der Aussage des Umweltschützers Borges geht die Durchsetzung einer nachhaltigen Entwicklung in Guaraqueçaba nur über die Verbesserung der Lebensqualität der Bevölkerung. Der NRO-Repräsentant Mantovani fordert die Kombination sozialer, ökonomischer und ökologischer Elemente in der Formulierung von Entwicklungsstrategien. Prof. Benjamin sieht die Lösung für den Erhalt der Mata Atlântica in der Verbindung juristischer, ökonomischer und kultureller Instrumente.

Die sozio-ökonomische Krise der 80er Jahre erschwerte in Brasilien die Bildung eines Umweltbewußtseins in der Bevölkerung. Nach Ansicht mehrerer Experten aus unterschiedlichen Bereichen entwickelt es sich erst seit einigen Jahren mit einer deutlichen Aufwärtstendenz, wobei sich das Umweltbewußtsein noch auf relativ geringem Niveau bewegt.

Um das Umweltbewußtsein weiter zu verstärken, werden Anstöße von der Regierung gebraucht, z. B. in Form von Umweltbildungsprogrammen, auch wenn sie eher langfristig wirken. Fünf Experten beklagen in dieser Hinsicht ein unzureichendes Umweltbewußtsein der Regierungsorgane und ein dürftiges Engagement in der Umweltbildung. Der Umweltsekretär Zulauf erklärt das geringe Umweltbewußtsein des Staates damit, daß die jetzt regierende politische Klasse noch vor der Entwicklung der Umweltschutzbewegung entstanden ist.

Unabhängig von der Position des Staates sind nach der Meinung von acht Experten Anzeichen für ein steigendes Umweltbewußtsein im unternehmerischen Bereich erkennbar, vor allem im chemischen und im forstwirtschaftlichen Sektor. Dort sind zunehmend umweltfreundliche Produktionsabläufe und umweltschutzorientierte Arbeitnehmerschulungen zu verzeichnen.

Demgegenüber sieht Prof. Benjamin die stärkste Bedrohung der Mata Atlântica durch die Holzwirtschaft, den Bergbau und die Immobilienspekulation, die zusammen die Durchsetzung einer nachhaltigen Entwicklung in der Mata Atlântica stark behindern.

Der Sinn einer regulativen Umweltpolitik seitens der Regierungsorgane in der Mata Atlântica war in *Abschnitt 3.3.3* in Frage gestellt worden, weil sie die Zusammenarbeit mit der Bevölkerung hemmt und den Aufbau einer kostspieligen Überwachungsstruktur erfordert. Mit der Überwachung ist der Staat bereits überfordert. Die Überwachungsleistungen der Umweltbehörden werden von den meisten Experten als mangelhaft bezeichnet.

Die Ausführung einer regulativen Umweltpolitik erfordert kapitalstarke und effizient arbeitende Regierungsorgane. Viele ihrer Repräsentanten beklagen jedoch vor allem eine knappe Mittelzufuhr. Änderungen dieser Situation sind in naher Zukunft nicht zu erwarten, da umfangreiche Ausgaben allein für die Implementierung der seit den 80er Jahren eingerichteten Schutzeinheiten anstehen. Teure Landenteignungen sind noch nicht vollzogen, und die Überwachungsstruktur muß in vielen Fällen noch aufgebaut werden.

Diese angespannte finanzielle Situation betrifft insbesondere diejenigen Umweltbehörden, die im Rahmen der regulativen Umweltpolitik als kurzfristig verzichtbar angesehen werden. Das Umweltbildungsamt von São Paulo muß beispielsweise mit einem Budget von 100.000 USD auskommen, obwohl viele Experten aus Umweltbehörden von der Bedeutung der Umweltbildung für eine bessere Akzeptanz von Umweltschutzmaßnahmen überzeugt sind.

Neben der Mittelknappheit beklagen Experten aus allen Bereichen weitere organisatorische und politische Probleme, die die Handlungsmöglichkeiten der Regierungsorgane begrenzen. Darunter befinden sich die übermäßige Bürokratie, der Mangel an politischer Kontinuität, Koordinationsschwächen zwischen den Regierungsorganen, interne Interessenkonflikte und sogar die Korruption.

Um die genannten Probleme zu beseitigen und die Effizienz zu steigern, können sich Regierungsorgane an eigenen erfolgreichen Programmen orientieren, wie z. B. das von Schwenck beschriebene "MIP" des Landwirtschaftsministeriums von São Paulo. Durch diese frei angebotene technische Beratung konnte eine deutliche Reduzierung des Pestizideinsatzes ohne Beeinträchtigung der Agrarproduktion erzielt werden. Es kann auch eine von Ogawa beschriebene Umweltbildungsinitiative des Forstinstituts IF nahe der von ständigen Übertretungen bedrohten Schutzeinheit "Morro do Diabo" genannt werden. Dadurch wurde in kurzer Zeit ein vorsichtiger Umgang der Landwirte mit der Mata Atlântica erreicht. Als vorbildlich kann gemäß Hrdlicka ebenfalls eine Initiative des Umweltschutzorgans DEPRN im Ribeira-Tal hervorgehoben werden, bei der kleinen Landwirten Hilfe bei der Verwirklichung einer nachhaltigen Palmenherznutzung angeboten wird.

Diese Erfolgsbeispiele haben gemeinsam, daß sie die wirtschaftliche Basis der Bevölkerung nicht bedrohen und dadurch ihre freiwillige Mitwirkung beim Umweltschutz aktivieren. Eine ideale Möglichkeit der Fortführung einer derartigen Umweltpolitik bietet sich durch die Unterstützung der in Kapitel 3.2 dargestellten, ökologisch angepaßten Wirtschaftsformen an. Zu den möglichen Unterstützungsmaßnahmen im Rahmen der Umweltpolitik zählen - gemäß Expertenaussagen - vereinfachte Genehmigungsverfahren, Beratungsleistungen und auch eine finanzielle Förderung.

In bezug auf *Abschnitt 3.3.4* bestätigen Experten aus verschiedenen Bereichen die genannten Vorteile der Naturschutzorganisationen in der Mobilisierung des Umweltbewußtseins, in der Verbindung zur lokalen Bevölkerung, in der Agilität und in der Mittelaufnahme. Gemäß den Expertenaussagen werden diese Vorteile bereits von Umweltbehörden und Privatunternehmen genutzt, indem sie mit ihnen kooperieren. Ein Beispiel dafür ist der Aufbau der Nichtregierungsorganisation ACDA durch die Firmen Henkel do Brasil und Siemens do Brasil. Diese können ein umweltfreundliches Image pflegen, indem sich die von ihnen finanzierte NRO für ein Umweltbildungsprojekt an der Serra do Guararu nahe Guarujá (SP) engagiert. Die staatliche Energiegesellschaft CESP beschäftigt Nichtregierungsorganisationen insbesondere aufgrund ihrer Agilität in Umweltforschungsprojekten. Umweltbehörden wiederum kooperieren mit den inoffiziellen Naturschutzorganisationen eher im informellen Bereich. Letzere integrieren Umwelträte und helfen bei der Anzeige von Umweltvergehen.

Trotz der vereinfachten Voraussetzungen beklagen fast alle Repräsentanten der Nichtregierungsorganisationen die Mittelaufnahme als deren größtes Problem. Die aufgenommenen finanziellen Ressourcen reichen meistens nicht aus, um eine starke Organisation aufzubauen und einen großen umweltpolitischen Einfluß auszuüben.

Capobianco und Mantovani aus der FSOSMA bemängeln, daß mit geringen finanziellen Mitteln weder eine hochqualifizierte Mannschaft vereinigt noch die erforderliche Organisationsstruktur aufgebaut werden kann. Die Mitarbeiter der meisten Nichtregierungsorganisationen haben keine ökonomische Vorbildung und sind aus idealistischen und anderen persönlichen Gründen dabei. Nach Mantovani behindert dieser Umstand die Unterstützung von nachhaltigen Entwicklungsprojekten. Die FSOSMA stellt mit weiteren fünf Naturschutzorganisationen im Bereich der Mata Atlântica als einzige die nötigen strukturellen und finanziellen Voraussetzungen für ökologisch-ökonomische Projekte. Capobianco ist davon überzeugt, daß die FSOSMA eine der wenigen ist, die tatsächlich sozio-ökonomische Aspekte bei der Arbeit berücksichtigt. Sie engagiert sich für Projekte wie beispielsweise die Austernzüchtung oder die Caixeta-Nutzung in Iguape. Ferner stellt die Umweltbildung neben der umweltpolitischen Mobilisierung der Bevölkerung ein wichtiges Programmziel dar.

Das politische Engagement der inoffiziellen Naturschutzorganisationen wird von vielen Seiten kritisiert, insbesondere von den Experten aus den Umweltbehörden. Sie empfinden deren Einsatz als radikal und unsachlich, was die Kooperation zwischen ihnen verhindert. Engelberg und Bordignon (SMA) bezeichnen lediglich 10 % der Nichtregierungsorganisationen als seriös. Prof. Dias (IAP) wirft den Naturschutzorganisationen eine mangelnde Handlungsbereitschaft vor. Barbosa (CEAM) sieht von seiten der Nichtregierungsorganisationen ein mangelndes Interesse an einer Zusammenarbeit mit der Regierung.

Der Staatsanwalt Prof. Benjamin schließt sich der Kritik am politischen Konfrontationskurs der Nichtregierungsorganisationen an. Diese werden oft für politische Zwecke mißbraucht. Den meisten von ihnen bescheinigt Prof. Benjamin ein zu geringes Interesse an der Ausführung einer nachhaltigen Entwicklung und eine mangelnde Effizienz.

Aus den Reihen der Nichtregierungsorganisationen wird die schlechte Zusammenarbeit mit der Regierung nicht geleugnet, wobei die Schuld den Regierungsrepräsentanten gegeben wird. Viele Repräsentanten von Naturschutzorganisationen sind allerdings an einer besseren Kooperation mit den Umweltbehörden interessiert, um einen effizienteren Umweltschutz zu erreichen.

Die Kooperation mit internationalen Nichtregierungsorganisationen wird wiederum von den Experten aus der FSOSMA als problematisch beschrieben, weil sie von einem unangebrachten "Kolonialismus" geprägt ist. Die FSOSMA konnte durch Kontakte zu internationalen Nichtregierungsorganisationen ihre Mittelaufnahme bisher nicht verbessern. Kooperationsinitiativen führten eher zu einer unerwünschten Konkurrenz um finanzielle Ressourcen. Die FSOSMA beschränkt ihre internationalen Verbindungen deswegen auf den Informationsaustausch. Borges aus der SPVS zeigt sich dagegen mit der internationalen Kooperation mit TNC, WWF und Conservation International sehr zufrieden. Die finanzielle und technische Basis seiner Organisation wird dadurch stark erweitert, und es können nachhaltige Entwicklungsprojekte durchgeführt werden.

Die von den Experten verdeutlichten internen Probleme der Nichtregierungsorganisationen sowie die Schwierigkeiten in der Kooperation mit Umweltbehörden und internationalen Partnern führen zum Schluß, daß die Vorteile der Nichtregierungsorganisationen noch nicht optimal im Sinne der Durchsetzung ökologisch angepaßter Wirtschaftsformen genutzt werden. Eine Verringerung des politischen Engagements sowie eine Intensivierung der technischen Orientierung seitens der Naturschutzorganisationen sind notwendige Schritte, um ihnen bessere Chancen des Dialogs und der Zusammenarbeit mit der Regierung zu bieten. Daraus ergeben sich letztendlich bessere Bedingungen für die Verwirklichung einer nachhaltigen Entwicklung bzw. die Durchsetzung ökologisch angepaßter Wirtschaftsformen in der Mata Atlântica.

## 4. Primärerhebung in Form einer Befragung in der Mata Atlântica

In der vorliegenden Arbeit wird ein großer Wert auf das Instrument der Primärerhebung gelegt, um den Praxisbezug der Lösungsansätze zu erhöhen. Anders als bei den Expertengesprächen werden im nun auszuführenden zweiten Teil der Primärerhebung Informationen und Meinungen ausschließlich von Repräsentanten von Betrieben präsentiert, die durch ihre Landbewirtschaftung von der Problematik in der Mata Atlântica direkt betroffen sind und daher bei der Umsetzung von Lösungen eine hohe Verantwortung übernehmen. Dadurch können die Ausführungen des dritten Kapitels der vorliegenden Arbeit sinnvoll ergänzt werden.

Die später noch näher zu charakterisierende Zielgruppe wurde einer standardisierten schriftlichen Befragung unterzogen. Diese fand während des Aufenthaltes des Verfassers im Untersuchungsgebiet im März und April 1994 statt. Es wurden 180 Fragebögen mit Begleitbriefen des Wirtschafts- und Sozialgeographischen Instituts der Universität zu Köln sowie der Deutsch-Brasilianischen Industrie- und Handelskammer São Paulo an die Erhebungseinheiten im Untersuchungsgebiet ausgeteilt oder versandt.[521]

Es sind 37 beantwortete Fragebögen zurückgelaufen, womit eine Rückgabequote von 25 % erreicht wurde. Dieser Wert erscheint akzeptabel, wenn die insgesamt schwierigen sozio-ökonomischen Verhältnisse im Erhebungsraum berücksichtigt werden. Von einem ausgeprägten allgemeinen Interesse für Umweltfragen konnte nicht ausgegangen werden, und viele der Befragten dürften sich mit dem verhältnismäßig anspruchsvollen und mit 42 Fragen relativ umfangreichen Fragebogen überfordert gefühlt haben.

Außerdem könnte die Primärerhebung durch ihre Bezugnahme auf ein geschütztes Ökosystem von den Befragten als Kontrollaktion mißverstanden werden, so daß sie der Befragung möglicherweise skeptisch gegenüberstanden. Zur Senkung dieser Skepsis wurde in 62 Fällen der Fragebogen persönlich ausgehändigt. In diesen Fällen wurde mit 28 Antworten bereits eine Rückgabequote von 45 % erreicht. Ein darüber hinausgehendes Engagement bei der Primärerhebung war angesichts des eingeschränkten finanziellen und personellen Rahmens der Untersuchung nicht möglich.

Aufgrund der Anzahl beantworteter Fragebögen kann von einer Repräsentativität der Stichprobe nicht sicher ausgegangen werden. Im Umkehrschluß kann jedoch ebenfalls nicht ausgeschlossen werden, daß die 37 Befragten die herrschende Meinung im Erhebungsraum vertreten. Weitere Betrachtungen zur Frage der Repräsentativität werden in den nächsten Abschnitten folgen.

---

[521] Eine Kopie des Fragebogens und seine Übersetzung auf Deutsch sind im Anhang einsehbar.

In *Abschnitt 4.1* folgen Präzisierungen über das Erhebungsziel, den Erhebungsraum und die Erhebungseinheiten. In *Abschnitt 4.2* wird ein Überblick über den Aufbau des Fragebogens gegeben. In *Abschnitt 4.3* erfolgt die statistische und qualitative Darstellung der Befragungsergebnisse. Deren zusammenfassende Interpretation, die für die Lösungsfindung genutzt werden kann, erfolgt schließlich in *Abschnitt 4.4*.

## 4.1 Erhebungsziel, Erhebungsraum und Erhebungseinheiten

Das *Erhebungsziel* der Befragung besteht in der Erforschung umweltrelevanter Charakteristika und Meinungen der lokalen wirtschaftenden Bevölkerung mit betrieblich genutztem Grundbesitz in der Mata Atlântica.

Die Perspektive dieser Bevölkerungsgruppe muß besonders berücksichtigt werden, weil sie die Möglichkeit der direkten Einflußnahme auf den Bestand der Mata Atlântica hat. Mit der Befragung können insofern die theoretische Analyse und die Expertengespräche auf der Suche nach durchsetzbaren und wirksamen Lösungsansätzen für den Konflikt zwischen Ökonomie und Ökologie sinnvoll ergänzt werden.

Die äußerste geographische Grenze des *Erhebungsraums* wird durch den regionalen Bezug der vorliegenden Arbeit vorgegeben und entspricht dem Einzugsgebiet der Mata Atlântica.[522]

Aufgrund der umfangreichen geographischen Ausdehnung der Mata Atlântica wurde bei der Befragung allerdings ein geographischer Schwerpunkt gesetzt. Er folgt der Gebietsausrichtung des theoretischen Teils der vorliegenden Arbeit und liegt in den Staaten Paraná und São Paulo. Weitere spezielle geographische Einschränkungen (etwa die Art der Vegetationsbedeckung, die Bodenbeschaffenheit oder spezielle sozio-ökonomische Merkmale) wurden nicht gemacht.

Die Anforderungen an mögliche *Erhebungseinheiten* beschränkten sich darauf, daß es sich jeweils um einen Betrieb mit einem wirtschaftlich genutzen Landbesitz im Einzugsbereich der Mata Atlântica handelte. Die Größe oder das Ausmaß der Bewaldung des Grundbesitzes, die persönliche Naturverbundenheit der Entscheidungsträger sowie die finanzielle Situation des Betriebs waren kein Auswahlkriterium. Die Branchenzugehörigkeit des Betriebs war ebenfalls nicht ausschlaggebend, wobei aufgrund der Anforderung eines wirtschaftlich genutzten Landbesitzes eine häufige Zugehörigkeit der Kandidaten zur Landwirtschaft zu erwarten war.

---

[522] Vgl. Kapitel 2.

Die Adressen wurden im Rahmen der Expertengespräche ermittelt. Insofern muß die Zusammenstellung der Menge der angesprochenen oder angeschriebenen Erhebungseinheiten als willkürlich bezeichnet werden. Die Experten gehören allerdings verschiedenen Bevölkerungsgruppen an[523] und wurden auf die Notwendigkeit einer möglichst repräsentativen Auswahl hingewiesen. Deswegen kann davon ausgegangen werden, daß die Stichprobe nicht grundsätzlich einseitige und von der Grundmenge abweichende Ansichten vertritt.

## 4.2 Aufbau des Fragebogens

Der Fragebogen setzt sich aus drei Teilen zusammen, die sich bestimmten Themenbereichen zuordnen lassen. Diese Bereiche werden nun zusammenfassend charakterisiert, um einen Überblick über deren Absichten und Nutzen im Rahmen der bearbeiteten Thematik zu geben. Der Fragebogen ist im Anhang wiedergegeben.

Im *ersten Teil* (Fragen 1 bis 10) werden Informationen über die strukturellen Eigenschaften der untersuchten Betriebe eingeholt. Diese Daten werden für eine sinnvolle Auswertung und Interpretation der Fragen des zweiten und dritten Teils benötigt. Dazu zählen Gründungsdaten (Frage 1), Branchen- und Produktionsmerkmale (Fragen 2 bis 4), Daten über die Betriebsgröße und Intensität der wirtschaftlichen Aktivität (Fragen 5 bis 9) sowie Angaben über die rechtliche Basis der Landnutzung (Frage 10).

Im *zweiten Teil* des Fragebogens (Fragen 11 bis 16) wird der subjektive Einfluß der Umwelt auf die untersuchten Betriebe überprüft. Dafür werden hauptsächlich ökologisch orientierte Fragen gestellt, die eine Einschätzung des Umweltbewußtseins der Befragten erlauben und die Ermittlung der Auslöser für die Umweltbewußtseinsbildung ermöglichen. Die Fragen ergänzen somit die theoretischen Ausführungen zum Umweltbewußtsein (insbesondere in Abschnitt 3.3.2) und führen andererseits zu einer besseren Einschätzung der Antworten des dritten Teils des Fragebogens.

Die Beurteilung des Umweltbewußtseins wird durch Frage 11 eingeleitet, die persönliche Einschätzungen bestimmter Behauptungen über den Zustand und die Aussichten auf die Erhaltung der Mata Atlântica einholt. Der wahrgenommene öffentliche Druck zur Umweltbewußtseinsbildung durch Umweltkontrollen und -schutzforderungen wird in den Fragen 12 und 13 erkundet. Die Fragen 14 bis 16 zeigen, inwiefern die Betriebe von unmittelbaren Umweltschäden betroffen sind.

---

[523] Vgl. das Verzeichnis der Expertengespräche im Anhang.

Im *dritten Teil* des Fragebogens (Fragen 17 bis 42) wird der Zusammenhang zwischen dem Umweltschutz und der Betriebsstrategie und -entwicklung erforscht. Dieser Teil ist am wichtigsten, da er die Gewinnung von Erkenntnissen über die aktuelle und potentielle Vereinbarkeit von Ökonomie und Ökologie ermöglicht und somit zur Lösungsfindung der Problematik der vorliegenden Arbeit entscheidend beitragen kann.

Die Auswahl der Fragen berücksichtigt die theoretischen Ausführungen im dritten Kapitel und erlaubt eine Ergänzung und Überprüfung der bisherigen Überlegungen. Es werden u. a. Daten über die Bedeutung betriebswirtschaftlicher Argumente für die Übernahme von Umweltschutzmaßnahmen, über die Akzeptanz empfohlener umweltpolitischer Alternativen sowie über das Interesse für bestimmte alternative Wirtschaftsformen eingeholt.

Die Antworten können Aufschlüsse über die realen Möglichkeiten der Integration des Umweltschutzes in die Betriebsstrategie geben und damit eine wichtige Orientierungshilfe bei der Formulierung von Lösungsansätzen leisten.

Die Fragen können zusammenfassend in folgende thematische Blöcke eingeteilt werden:

- Stellung des Umweltschutzes im Betrieb und seine Interdependenzen mit anderen betriebswirtschaftlichen Zielsetzungen (Fragen 17 bis 22);
- Beschreibung praktizierter Umweltschutzmaßnahmen und -strategien (Fragen 23 bis 25);
- Beweggründe für die Durchführung von Umweltschutzmaßnahmen und -strategien (Fragen 26 bis 31);
- Reaktion auf umweltpolitische Instrumente und andere äußere Anreize (Fragen 32 bis 37);
- Sozio-ökonomische und politische Probleme bei der Durchsetzung von Umweltschutzmaßnahmen (Fragen 38 und 39);
- Abhängigkeit von agrarchemischen Mitteln (Fragen 40 und 41);
- Beurteilung ökologisch angepaßter Wirtschaftsformen (Frage 42).

Die einzelnen Fragen erfahren nun in Abschnitt 4.3 eine statistische Auswertung, auf deren Basis in Abschnitt 4.4 eine Interpretation der Ergebnisse erfolgt.

## 4.3 Darstellung der Ergebnisse

Der Fragebogen ist mit 42 Fragen relativ umfangreich und erfordert eine übersichtliche Darstellung der Ergebnisse. Die qualitative Wiedergabe der Anworten und die statistischen Berechnungen werden daher in einer Weise erfolgen, die die Bildung sinnvoller Erkenntnisse im Sinne des Erhebungsziels unterstützt. In den meisten Fragen genügen für die Analyse der Ergebnisse die Zuweisung von Häufigkeiten (absolute oder relative)[524] zu vorgegebenen oder nachträglich gebildeten Klassen und entsprechende Darstellungen in Tabellen oder Diagrammen. Die Berechnung statistischer Lage- und Streuungsmaße erfolgt, soweit diese für die Erkenntnisbildung entscheidend sind. Wichtige Zusammenhänge zwischen den Fragen werden ebenfalls berücksichtigt. Aufgrund der Ergebnisse nachträglich als irrelevant einzustufende Fragen werden dagegen aus der Datenauswertung herausgenommen.

Die Auswertung der Fragen erfolgt chronologisch und in drei Abschnitten gemäß der in Kapitel 4.2 dargestellten Gliederung des Fragebogens.

### 4.3.1 Die strukturellen Eigenschaften der untersuchten Betriebe

Im einleitenden ersten Teil des Fragebogens (Fragen 1 bis 10) werden grundsätzliche Daten über die Gründung und Struktur der Betriebe eingeholt. Die Charakterisierung der Stichprobe wird für eine sinnvolle Gesamtauswertung und Interpretation des Fragebogens benötigt.

Bei der ersten Frage geht es um die wesentlichen Gründungsdaten:

*Frage 1:* a) *Gründungsjahr und* b) *Standort.*

Die angegebenen Gründungsjahrgänge werden der Übersicht halber in Gründungszeiträumen zusammengefaßt, wobei sich folgende Verteilung ergibt:

---

[524] Bei der Ermittlung der relativen Häufigkeiten (Prozentwerte) wird als Mengenbasis die Anzahl der abgegebenen Antworten genommen. Sie entspricht nicht immer der Größe der Stichprobe, da erstens einige Fragen von den Befragten ausgelassen wurden und zweitens manche Fragen mehrere Antworten zuließen. Bei einer sehr geringen Mengenbasis oder Mehrfachantworten wird allerdings auf die Berechnung relativer Häufigkeiten verzichtet, um keine unrealistische Repräsentativität zu suggerieren.

Abb. 14: Gründungsjahrgänge in der Stichprobe

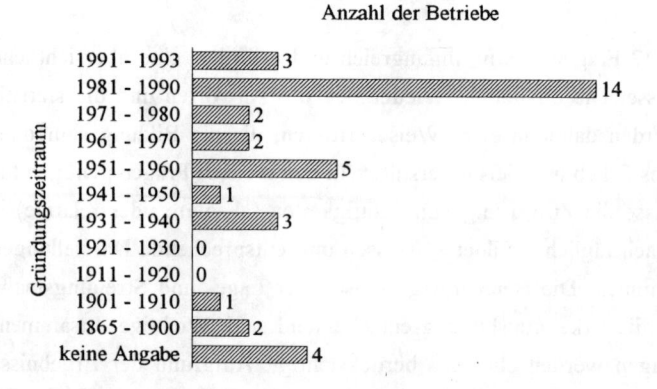

Anzahl der Betriebe

| Gründungszeitraum | Anzahl |
|---|---|
| 1991 - 1993 | 3 |
| 1981 - 1990 | 14 |
| 1971 - 1980 | 2 |
| 1961 - 1970 | 2 |
| 1951 - 1960 | 5 |
| 1941 - 1950 | 1 |
| 1931 - 1940 | 3 |
| 1921 - 1930 | 0 |
| 1911 - 1920 | 0 |
| 1901 - 1910 | 1 |
| 1865 - 1900 | 2 |
| keine Angabe | 4 |

Quelle: eigene Erhebung

Dieses Diagramm zeigt, daß sich die Stichprobe hauptsächlich aus jungen Betrieben zusammensetzt, wobei der häufigste Wert (Modus) in der Klasse "1981 - 1990" liegt. Die jungen Betriebe reagieren i. d. R. empfindlich auf finanzwirtschaftliche Entwicklungen und verfügen seltener über eine ausgereifte Betriebsstrategie. Ihre Gründung fällt in eine Phase der Rezession und der starken Rodung der Mata Atlântica, aber auch in eine Phase des steigenden Umweltbewußtseins und der Verschärfung der Umweltgesetze.

Die Standorte der befragten Betriebe wurden im zweiten Teil von Frage 1 genannt. Die Prämisse, daß die Standorte der Betriebe sich im Einflußbereich der Mata Atlântica befinden sollten, wird erfüllt. Bei einer Zuordnung der Standorte der 37 befragten Betriebe zu Staaten zeigt sich der Schwerpunkt gemäß folgendem Diagramm in Paraná und São Paulo:

Abb. 15: Standortverteilung in der Stichprobe nach Staaten

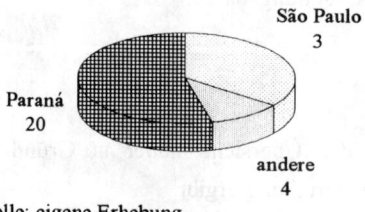

- São Paulo: 3
- Paraná: 20
- andere: 4

Quelle: eigene Erhebung

Der Rubrik "andere" wurden ein Betrieb in Rio de Janeiro, einer in Mato Grosso do Sul, einer an der Grenze zwischen Paraná und São Paulo sowie ein Betrieb ohne genaue Standortangabe innerhalb der Mata Atlântica zugeordnet. Die genauen Standorte der Betriebe sind in Abbildung 16 einsehbar. Aus dieser Karte läßt sich ablesen, daß die Betriebe sich sowohl in dicht als auch weniger dicht bewaldeten Gebieten befinden, bei leichtem Übergewicht in letzteren:

Abb. 16: Standorte der befragten Betriebe in den Staaten Paraná (PR), São Paulo (SP), Rio de Janeiro (RJ) und Mato Grosso do Sul (MS)

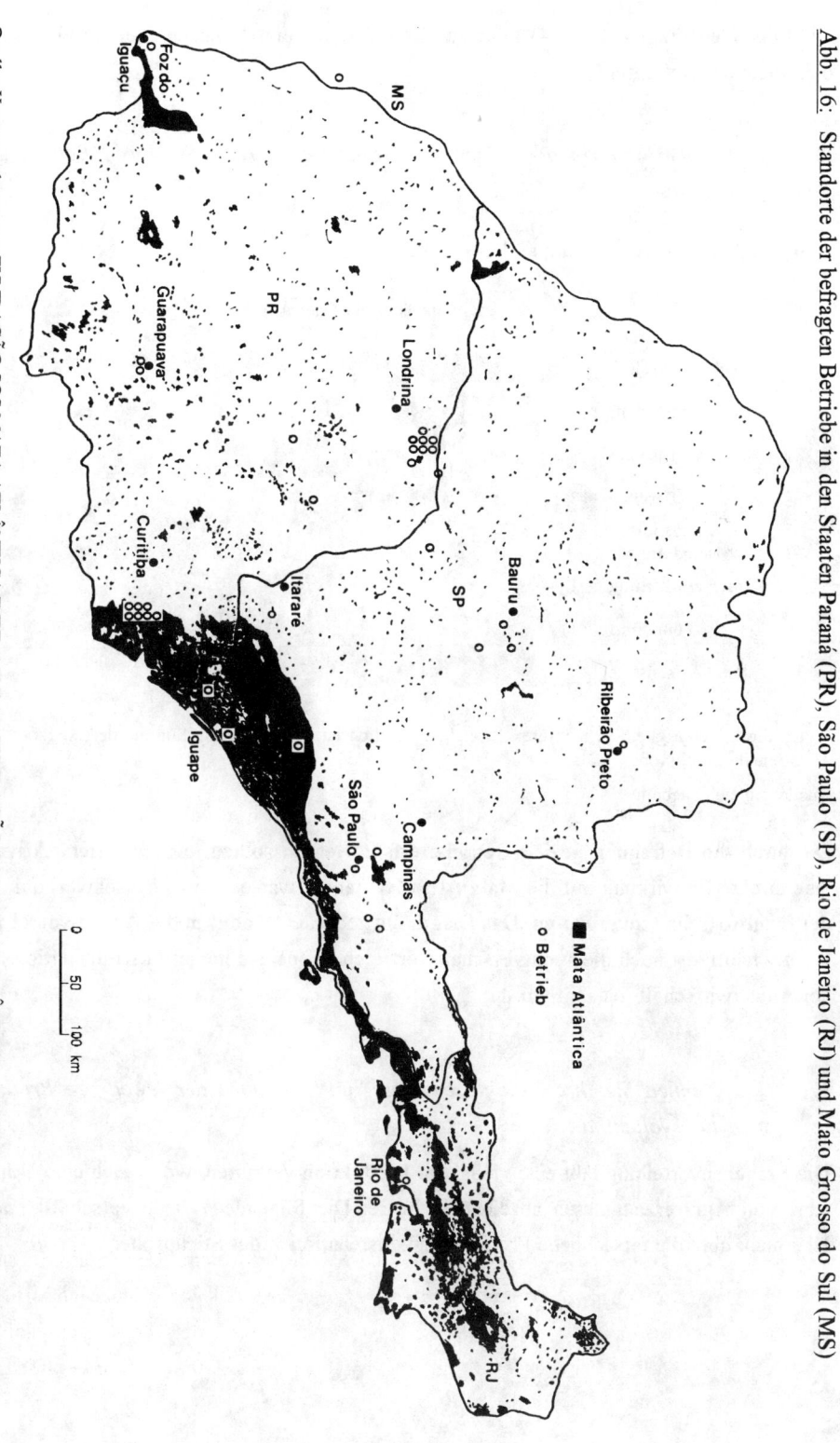

Quelle: Kartenvorlagen aus FUNDAÇÃO SOS MATA ATLÂNTICA/INPE (1992b/c); FUNDAÇÃO SOS MATA ATLÂNTICA (1992a), S. 116 f.) und eigene Erhebung

Die folgenden Fragen (2 bis 4) konzentrieren sich auf die Branchen- und Produktionsmerkmale der Befragten.

*Frage 2:* Welcher/welchen der folgenden Branche(n) würden Sie Ihren Betrieb zuordnen?

Abb. 17: Branchenvertretung in der Stichprobe

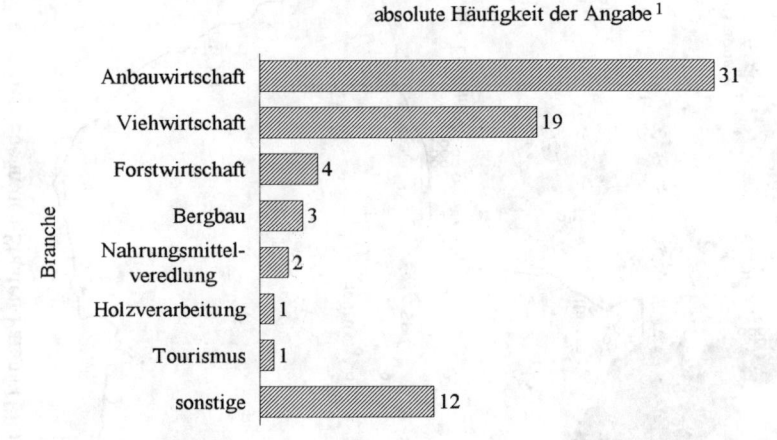

absolute Häufigkeit der Angabe [1]

| Branche | Anzahl |
|---|---|
| Anbauwirtschaft | 31 |
| Viehwirtschaft | 19 |
| Forstwirtschaft | 4 |
| Bergbau | 3 |
| Nahrungsmittelveredlung | 2 |
| Holzverarbeitung | 1 |
| Tourismus | 1 |
| sonstige | 12 |

[1] Da die Zugehörigkeit zu mehreren Branchen möglich ist, übersteigt die Summe der Angaben die Größe der Stichprobe.

Quelle: eigene Erhebung

Da durch die Befragung gezielt Betriebe erfaßt werden sollten, die mit ihrer Aktivität eine direkte Einwirkung auf die Mata Atlântica haben, war ein Branchenschwerpunkt in der Landwirtschaft zu erwarten. Das Diagramm zeigt den Modus in der Anbauwirtschaft. Relativ häufig ist auch die Viehwirtschaft vertreten, wobei sie immer in Kombination mit der Anbauwirtschaft genannt wurde.

*Frage 3:* Nennen Sie Ihre Haupterzeugnisse, unter Angabe der jeweiligen Produktionsvolumina.

Die Branchenverteilung läßt eine vielfältige Produktion vermuten, wobei sich eine Dominanz von Agrarerzeugnissen abzeichnen dürfte. Die folgende Tabelle verschafft einen Überblick über die tatsächliche Produktionskonstellation in der Stichprobe:

Tab. 4: Erzeugnisse und Produktionsmengen in der Stichprobe

| Erzeugnis | Häufigkeit der Angaben (Mehrfachangabe möglich) A | Durchschnittliche Produktionsmenge pro Betrieb B | Gesamte Produktionsmenge in der Stichprobe C = A x B |
|---|---|---|---|
| Mais | 14 | 18.474 t/a | 258.636 t/a |
| Sojabohnen | 10 | 17.050 t/a | 170.500 t/a |
| Gemüse | 4 | 2.000 t/a | 8.000 t/a |
| Zuckerrohr | 3 | 17.800 t/a | 53.400 t/a |
| Weizen | 3 | 480 t/a | 1.440 t/a |
| Reis | 3 | 96 t/a | 288 t/a |
| Bananen | 2 | 9 t/a | 18 t/a |
| Maniok | 2 | 0,4 t/a | 0,8 t/a |
| Holz und Zellstoff | 4 | 92.095 t/a | 368.380 t/a |
| Fleisch (aus: Rind, Kalb u. Schwein) | 6 | 373 kp | 2.238 kp |
| Milch | 2 | 12 l/a | 24 l/a |
| Eier | 2 | 7.000 d/a | 14.000 d/a |
| andere | 16 | - | - |

Quelle: eigene Erhebung

Erwartungsgemäß zeigt sich eine große Vertretung von Anbau- und Fleischprodukten, wobei die Mais-, Sojabohnen- und Zuckerrohrproduktion hervorgehoben werden können. Außerdem nimmt die Zellstoff- und Papierproduktion einen wichtigen Platz ein. Die Verteilung der Produktion in der Stichprobe spiegelt die Realität in den Staaten Paraná und São Paulo in etwa wider (nur die Baumwollproduktion in Paraná und die Orangenproduktion in São Paulo werden durch die Stichprobe nicht erfaßt).

*Frage 4: Geben Sie die Produktionsausrichtung(en) Ihres Betriebs unter Angabe jeweiliger Prozentsätze an.*

Tab. 5: Produktionsausrichtung in der Stichprobe

| | Subsistenz | Inlandsversorgung | Export |
|---|---|---|---|
| Durchschnittlicher Anteil an der Produktion | 20 % | 70 % | 10 % |

Quelle: eigene Erhebung

Der Schwerpunkt der Produktionsausrichtung der Befragten liegt deutlich in der Belieferung der Inlandsmärkte. Unter Konkurrenzverhältnissen suggeriert dies eine große Abhängigkeit der Betriebe von der binnenwirtschaftlichen Entwicklung im Absatzbereich (u. a. in bezug auf die Infrastruktur, die Kaufkraft und das Umweltbewußtsein der Abnehmer), die von einzelnen Anbietern kaum beeinflußt werden kann. Umweltpolitische Ziele werden sie an Marktgegebenheiten ausrichten müssen, womit sie dem Konflikt zwischen Ökonomie und Ökologie ausgesetzt sind.

Mit der angegebenen Produktionsausrichtung sind außerdem die Voraussetzungen für eine Anwendbarkeit von marktorientierten umweltpolitischen Instrumenten vorhanden.

Die Fragen 5 bis 9 geben einen Überblick über die Größenstruktur in der Stichprobe.

*Frage 5:* Welche Gesamtfläche beansprucht Ihr Betrieb?

Tab. 6: Flächengröße in der Stichprobe

|  | Mittelwert | Spannweite | Standardabweichung |
|---|---|---|---|
| Fläche (ha) | 10.472 | 147.994 | 29.378 |

Quelle: eigene Erhebung

Der hohe Flächenmittelwert deutet auf eine breite Vertretung großer Betriebe in der Stichprobe hin. Die Spannweite und die Standardabweichung sind sehr hoch und weisen auf eine inhomogene Betriebsgrößenstruktur hin.

Eine Einteilung der befragten Betriebe in Größenklassen (ha) ergibt folgende Übersicht:

Abb. 18: Größenverteilung in der Stichprobe nach Flächengrößenklassen

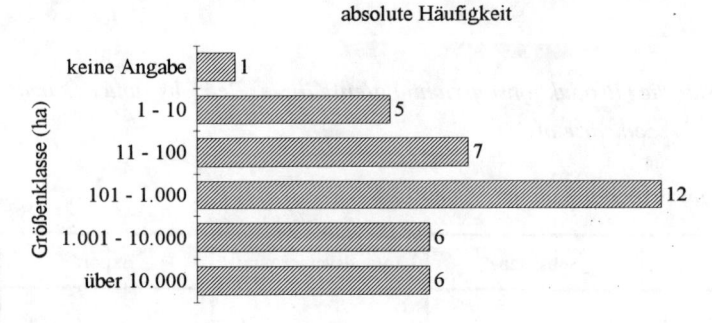

absolute Häufigkeit

Größenklasse (ha):
- keine Angabe: 1
- 1 - 10: 5
- 11 - 100: 7
- 101 - 1.000: 12
- 1.001 - 10.000: 6
- über 10.000: 6

Quelle: eigene Erhebung

Das Diagramm zeigt zunächst, daß in der Stichprobe Betriebe aus allen Größenkategorien gut vertreten sind. Der Modus liegt allerdings deutlich in der mittleren Klasse von

101 bis 1.000 ha. Es zeigt sich insgesamt eine breitere Vertretung großer Betriebe als in der Realität Brasiliens, wo über 80 % der Betriebe nur bis 100 ha groß sind.[525] Andererseits wird durch die Größenauswahl in der Stichprobe eine höhere Gesamtflächenvertretung erreicht.

Im Zusammenhang mit der Fläche interessiert vor allem ihre Verwendung. Sie gibt Aufschluß über die Bedeutung der wirtschaftlichen Aktivitäten und die Rolle der Mata Atlântica in der Stichprobe:

*Frage 6:* Bitte geben Sie die jeweilige Flächenverwendung in ihrem Betrieb an (in Prozent der Gesamtfläche).

Tab. 7: Flächenverwendung in der Sichprobe

|  | Nutzfläche | Primärwald bzw. Naturschutzgebiet | Baufläche (Werks-, Lagerhallen und Wohnfläche) | andere (unbekannt)[1] |
|---|---|---|---|---|
| durchschnittlicher Anteil an der Gesamtfläche | 64 % | 30 % | 4 % | 2 % |

[1] Diese Rubrik wurde aufgrund restlicher, nicht zugordneter Anteile gebildet.
Quelle: eigene Erhebung

Der größte Teil der Betriebsfläche (im Durchschnitt ca. 2/3) wird erwartungsgemäß für die Produktion verwendet. Allerdings liegt der Anteil der natürlichen Schutzzone (Mata Atlântica) mit 30 % im Vergleich zur offiziellen Waldbedeckung im gesamten Einflußbereich der Mata Atlântica sehr hoch, die bei nur 8,8 % liegt. Im Staat Paraná liegt sie sogar bei 7,6 % und im Staat São Paulo bei 7,2 %.[526] Diese Statistik schließt jedoch die Waldflächen geringer Baumdichte aus, die nach der obigen Fragestellung als Naturschutzgebiet einbezogen werden können. Außerdem stellt sich heraus, daß wenn die Antworten nach dem Kriterium der Erfüllung des gesetzlich verlangten Schutzzonenanteils (allgemein 20 % bzw. 50 % im Ribeira-Tal) ausgewertet werden, über die Hälfte der bewerteten Betriebe diese Regel nicht erfüllen.

Weitere Daten über die Betriebsgröße und die Intensität der Bewirtschaftung werden durch die Fragen 7 bis 9 wiedergegeben.

---

[525] Vgl. ALMANAQUE BRASIL 1993/1994, S. 191.
[526] Vgl. Kapitel 2.1.

*Frage 7:* Wieviele Mitarbeiter sind in Ihrem Betrieb beschäftigt?

Tab. 8: Beschäftigungsdichte in der Stichprobe

|  | Mittelwert | Spannweite | Standardabweichung |
|---|---|---|---|
| Mitarbeiter / Betrieb | 327 | 6.800 | 1.190 |
| Mitarbeiter / 100 ha[1] | 11 | 100 | 18 |

[1] Die Flächenwerte wurden aus den Antworten zu Frage 5 entnommen.
Quelle: eigene Erhebung

Wird die Beschäftigung pro Betrieb betrachtet, erscheint der Mittelwert im Vergleich zum brasilianischen Durchschnitt (ca. 4) sehr hoch.[527] Die hohen Streuungswerte in der Stichprobe überraschen nicht, wenn die inhomogene Flächengrößenstruktur, die in Frage 5 festgestellt wurde, bedacht wird.

Beim Bezug "Mitarbeiter pro Fläche" reduzieren sich die Werte beträchtlich. Der Mittelwert liegt jedoch noch deutlich über dem gesamtbrasilianischen Durchschnitt (ca. 6).[528]

*Frage 8:* Über wieviele Traktoren verfügt Ihr Betrieb?

Die Auswertung dieser Frage kann weitere Hinweise auf die Bewirtschaftungsintensität geben. Aufgrund der sehr unterschiedlichen Mechanisierung, die mit der inhomogenen Größenstruktur in der Stichprobe zusammenhängt, ergeben sich hier ebenfalls verzerrt hohe Werte mit reduzierter Repräsentativität. Die Mittelwerte betragen 43 Traktoren pro Betrieb bzw. drei Traktoren pro 100 ha.

Aufgrund der für das Erhebungsziel nur peripheren Relevanz soll diese Frage nicht weiter ausgewertet und beurteilt werden. Dasselbe gilt für die nachfolgende Frage.

*Frage 9:* Welchen Umsatz hatten Sie 1993?

Der mittlere Umsatz liegt in der Stichprobe bei 10.561.349 USD. Wie in den vorigen Fragen zeigt sich hier der Einfluß der größeren Betriebe.

Bei der nächsten Frage geht es um die Ermittlung der rechtlichen Beziehung zwischen dem Betriebsgelände und seinem Bewirtschafter. Bei der Eigentümernutzung kann grundsätzlich von einer größeren Sorgfalt bei der Bewirtschaftung oder insgesamt von

---

[527] Vgl. ALMANAQUE BRASIL 1993/1994/S. 191.
[528] Vgl. ALMANAQUE BRASIL 1993/1994/S. 191.

einem größeren Umweltbewußtsein als etwa bei der Nutzung auf der Basis eines befristeten Konzessionsvertrags ausgegangen werden.

*Frage 10:* Welche Rechts- und Vertragsbasis liegt der Landnutzung durch Ihren Betrieb zugrunde?

Abb. 19: Rechtliche Basis für die Landnutzung in der Stichprobe

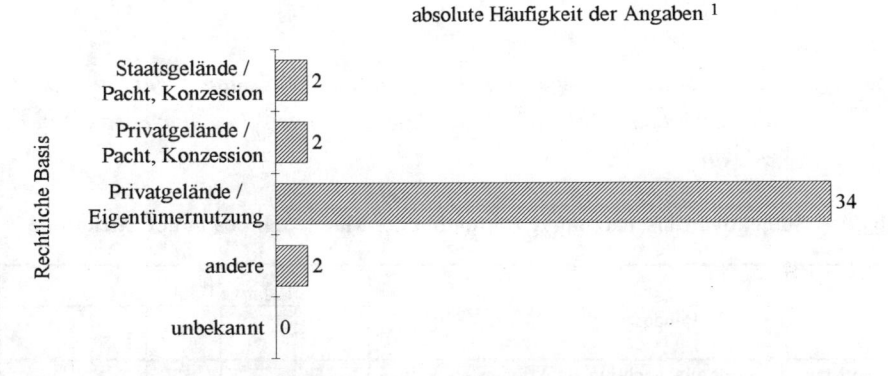

absolute Häufigkeit der Angaben [1]

| Rechtliche Basis | Anzahl |
|---|---|
| Staatsgelände / Pacht, Konzession | 2 |
| Privatgelände / Pacht, Konzession | 2 |
| Privatgelände / Eigentümernutzung | 34 |
| andere | 2 |
| unbekannt | 0 |

[1] Aufgrund von Mehrfachnennungen wurde die Gesamtzahl der befragten Betriebe (37) überschritten.
Quelle: eigene Erhebung

Der Modus liegt deutlich in der Nutzung von Privatgelände durch den Eigentümer. Werden die Betriebe in solche mit eindeutiger Eigentümernutzung und solche mit gemischter oder anderer Nutzungsart eingeteilt, ergibt sich für die Eigentümernutzung ein Anteil von 84 % in der Stichprobe. Dieser Wert entspricht in etwa dem gesamtbrasilianischen Wert für die Landwirtschaft (ca. 90 %).[529]

Die oben veranschaulichte rechtliche Konstellation läßt in der Stichprobe eine hohe Besorgnis um die unmittelbare Umwelt erwarten. Allerdings kann nicht sicher davon ausgegangen werden, daß sich diese Besorgnis über die Nutzfläche hinaus auf die Erhaltung der Mata Atlântica bezieht, vor allem weil die Landwirtschaft zu den Hauptverursachern des Waldrückgangs gehört.[530] Es ist vielmehr zu erwarten, daß der Schutz der Mata Atlântica von den Befragten in seiner Bedeutung für das ökologische Gleichgewicht in der Nutzfläche verstanden wird.

---

[529] Vgl. ALMANAQUE BRASIL 1993/1994/S. 271.
[530] Vgl. Kapitel 2.3.

## 4.3.2 Der subjektive Einfluß der Umwelt auf die untersuchten Betriebe

Der nachfolgend auszuwertende zweite Teil des Fragebogens (Fragen 11 bis 16) enthält rein ökologische Fragen, die die Erforschung der subjektiven Beziehung der Befragten zur Umwelt zum Ziel haben.

Die folgende Frage konzentriert sich speziell auf die Einschätzung der Mata Atlântica durch die wirtschaftlich aktive Bevölkerung.

*Frage 11:* Wie beurteilen Sie folgende Behauptungen zur Bedeutung und Situation der Mata Atlântica? Bitte geben Sie Ihren jeweiligen Zustimmungsgrad in der Skala an.

Tab. 9: Subjektive Einschätzung der Situation der Mata Atlântica in der Stichprobe

| Behauptung | Relative Häufigkeit (%)[1] | | | | |
|---|---|---|---|---|---|
| | 1 | 2 | 3 | 4 | 5[2] |
| (a) Die Mata Atlântica übt wichtige Funktionen als Klimaregler, Wasser- und Sauerstoffspender und Genpool aus. | 0 | 3 | 5 | 8 | 84 |
| (b) Die Umwelt hat sich durch die Rodung der Mata Atlântica sichtlich verschlechtert. | 5 | 3 | 27 | 11 | 54 |
| (c) Die Mata Atlântica wird durch den anhaltenden Rodungsprozeß in 10 Jahren fast vollkommen verschwunden sein. | 8 | 14 | 22 | 8 | 47 |
| (d) Die Erhaltung und Regeneration der Mata Atlântica ist dringend notwendig, sonst droht eine Umweltkatastrophe. | 3 | 3 | 22 | 19 | 54 |
| (e) Die Medien und Naturschutzorganisationen stellen die Situation der Mata Atlântica schlimmer dar als sie wirklich ist. | 44 | 17 | 8 | 17 | 14 |
| (f) Land- und forstwirtschaftliche Aktivitäten sind die Hauptursache für die Zerstörung der Mata Atlântica. | 19 | 14 | 22 | 11 | 33 |
| (g) Die Mata Atlântica kann sich ohne aktives Engagement innerhalb der Land- und Forstwirtschaft nicht regenerieren. | 14 | 3 | 22 | 19 | 43 |
| (h) Land- und Forstwirtschaft verfügen über kein Umweltschutzkonzept für die Mata Atlântica, da es auf ökonomischen Widerstand stößt. | 8 | 8 | 28 | 17 | 39 |
| (i) Die Regierung ist für die Umweltsituation im Einzugsgebiet der Mata Atlântica verantwortlich. | 14 | 3 | 16 | 24 | 43 |
| (j) Die Verbraucher sind dazu bereit, mehr Geld für Produkte zu bezahlen, die das ökologische Gleichgewicht der Mata Atlântica nicht stören. | 19 | 14 | 24 | 14 | 30 |

[1] Die Prozentsätze in den einzelnen Reihen summieren sich aufgrund von Rundungsfehlern nicht immer zu 100.
[2] 1 = gar nicht einverstanden; 5 = vollkommen einverstanden

Quelle: eigene Erhebung

Die hohe Zustimmung zur Behauptung (a) zeigt, daß sich die Befragten der ökologischen Bedeutung der Mata Atlântica deutlich bewußt sind. Wie die zum Einverständnis mit den Behauptungen (b), (c) und (d) sowie zur Verneinung der Behauptung (e) tendierenden Beurteilungen zeigen, ist in der Stichprobe auch die Besorgnis um den Zustand der Mata Atlântica präsent. Die Befragten, die nach dem Branchenüberblick aus Frage 2 vor allem Land- und auch Forstwirtschaft betreiben, zeigen sich jedoch mit der Zuweisung der Hauptverantwortung für die prekäre Situation der Mata Atlântica nach Behauptung (f) weniger einverstanden. Die Verantwortung für die Lösung des Umweltproblems in der Mata Atlântica möchten sie aufgrund der Bewertungen der Behauptungen (g) und (h) auch nicht allein übernehmen und übertragen sie mit der Beurteilung von Behauptung (i) indirekt auf die Regierungsorgane. Die Meinung zu Behauptung (h) erhärtet außerdem die Annahme, daß die ökonomischen Interessen zu einem wichtigen Hindernis für den Schutz der Mata Atlântica werden können. Über die Bereitschaft des Verbrauchers, beim Umweltschutz finanziell mitzuwirken (j) und somit die ökonomischen Hindernisse für eine ökologische Produktion zu entschärfen, herrscht keine Gewißheit.

Insgesamt legen die Ergebnisse aus Frage 11 nahe, daß unter den Befragten zwar Umweltbewußtsein besteht, dieses jedoch nicht für einen konsequenten Einsatz im Umweltschutzbereich ausreicht.

Zu einem stärker handlungsorientierten Umweltbewußtsein können Betriebe von äußeren Kräften gedrängt werden. Ein Bild über den Einfluß und das Ausmaß der existierenden Forderungen an die Betriebe soll durch die nächsten zwei Fragen vermittelt werden.

*Frage 12:* Zeigen Sie den Grad der Betroffenheit Ihres Unternehmens von Forderungen nach Umweltschutzmaßnahmen durch folgende Institutionen, Gruppen und Verfahren:

Tab. 10: Betroffenheit durch Umweltschutzforderungen in der Stichprobe

| Forderung durch: | Relative Häufigkeit (%)[1] | | | | |
|---|---|---|---|---|---|
| | 1 | 2 | 3 | 4 | 5[2] |
| Umweltbehörden (mit Gesetzen, Steuern usw.) | 30 | 5 | 30 | 14 | 22 |
| Naturschutz-NRO | 46 | 14 | 29 | 0 | 11 |
| Medien | 49 | 11 | 26 | 3 | 11 |
| Kunden | 63 | 6 | 23 | 3 | 6 |
| Zivilklagen | 66 | 9 | 20 | 3 | 3 |

[1] Die Prozentsätze in den einzelnen Reihen summieren sich aufgrund von Rundungsfehlern nicht immer zu 100.
[2] 1 = gar nicht betroffen; 5 = sehr stark betroffen
Quelle: eigene Erhebung

Im Gesamtbild zeigt sich, daß die Betriebe nur einem geringen äußeren Druck hinsichtlich der Übernahme von Umweltschutzmaßnahmen ausgesetzt sind. Die Beeinflussung durch Naturschutz-NRO und die Medien halten sich in ähnlicher Weise gering, und auch die Kunden erwarten nach dieser Darstellung kaum eine ökologische Orientierung von den Betrieben. Der vergleichsweise größte Druck geht von Umweltbehörden aus durch Forderungen, die auf der Umweltgesetzgebung und Umweltpolitik basieren. Der Druck dieser Forderungen wird jedoch gleichzeitig durch die geringe Relevanz der Zivilklagen relativiert.

*Frage 13:* Wie oft ist Ihr Betrieb bisher durch Umweltbehörden kontrolliert worden?

Abb. 20: Häufigkeit der Kontrollen durch Umweltbehörden in der Stichprobe

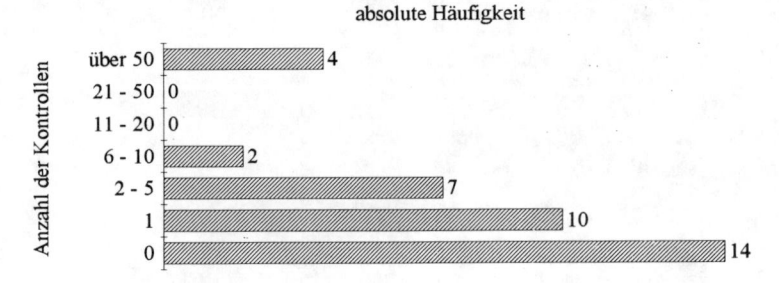

absolute Häufigkeit

Anzahl der Kontrollen:
- über 50: 4
- 21 - 50: 0
- 11 - 20: 0
- 6 - 10: 2
- 2 - 5: 7
- 1: 10
- 0: 14

Quelle: eigene Erhebung

Diese Graphik zeigt eine insgesamt geringe Überwachung durch die Umweltbehörden an. Etwa zwei Drittel der Betriebe wurden bislang nie oder nur einmal kontrolliert. Die Tragweite dieser Aussage kann zwar dadurch relativiert werden, daß gemäß Frage 1 fast die Hälfte der Betriebe der Stichprobe erst nach 1980 gegründet worden ist. Andererseits ist gerade seit den 80er Jahren eine Verschärfung der Umweltpolitik vollzogen worden, die sich jedoch in dieser Auswertung nicht widerspiegelt. Bei genauer Überprüfung ist außerdem feststellbar, daß fast sämtliche der mehr als sechsmal kontrollierten Betriebe entweder relativ früh gegründet worden sind oder zu den größeren und damit auffälligeren Betrieben gehören.

Die folgenden drei Fragen zielen auf eine Einschätzung der Qualität der Umwelt in der unmittelbaren Umgebung der Befragten ab. Daraus können Schlüsse über die Notwendigkeit von Umweltschutzmaßnahmen aus der Sicht der Befragten gezogen werden.

*Frage 14:* *Inwiefern ist Ihr Betrieb von den folgenden Umweltproblemen betroffen?*

Tab. 11:   Betroffenheit durch einzelne Umweltprobleme in der Stichprobe

| Umweltproblem[1,2] | Relative Häufigkeit (%)[3] | | | | |
|---|---|---|---|---|---|
| | 1 | 2 | 3 | 4 | 5[4] |
| Schädlinge | 28 | 14 | 31 | 17 | 11 |
| Sturmschäden | 17 | 23 | 43 | 14 | 3 |
| Bodenerosion | 33 | 28 | 22 | 11 | 6 |
| Wassermangel | 54 | 20 | 14 | 3 | 9 |
| Boden-, Gewässer- und Luftverschmutzung | 66 | 14 | 9 | 9 | 3 |

[1]   Die einzelnen Rubriken sind nach absteigendem Betroffenheitsgrad geordnet, gemessen am verborgenen Skalenmittelwert.
[2]   Die im Fragebogen auftauchende Rubrik "sonstige" wurde ausgelassen, da ihre geringe Berücksichtigung bei den Antworten keine aussagekräftige Auswertung ermöglicht.
[3]   Die Prozentsätze in den einzelnen Reihen summieren sich aufgrund von Rundungsfehlern nicht immer zu 100.
[4]   1 = gar nicht betroffen; 5 = sehr stark betroffen

Quelle: eigene Erhebung

Die Befragten zeigen sich von den obigen Umweltproblemen insgesamt wenig betroffen, trotz der gemäß Frage 6 meistens unter dem gesetzlichen Minimum liegenden Wald- und Naturschutzflächen. Die Prüfung der Einzelangaben der Fragen 6 und 14 läßt auch keinen Zusammenhang zwischen dem Betroffenheitsgrad von Umweltproblemen und dem Ausmaß des Schutzflächenanteils der Betriebe erkennen.

Das vergleichsweise größte Problem stellt der Schädlingsbefall dar, dicht gefolgt von den Sturmschäden und der Bodenerosion. Der Wassermangel sowie die Boden-, Gewässer- und Luftverschmutzung treten am geringsten in Erscheinung. Die bewerteten Umweltprobleme stellen Anzeichen für ein ökologisches Ungleichgewicht dar. Sie werden jedoch als deutlich weniger bedrohlich empfunden, als es aufgrund der Schilderungen im theoretischen Teil der vorliegenden Arbeit zu erwarten gewesen wäre.[531] Aus der Sicht der Betriebe läßt sich die konventionelle Landbewirtschaftung folglich nicht unbedingt in Verbindung mit Umweltschäden bringen.

*Frage 15:* Wie hat sich die Qualität Ihrer unmittelbaren Umwelt in den letzten Jahren verändert?

Tab. 12: Entwicklung der Umweltqualität in der Stichprobe

|  | Relative Häufigkeit (%) | | | | |
|---|---|---|---|---|---|
|  | 1 | 2 | 3 | 4 | 5[1] |
| Umweltqualität | 19 | 17 | 42 | 8 | 14 |

[1] 1 = starke Verschlechterung; 5 = starke Verbesserung
Quelle: eigene Erhebung

Nach der meistverbreiteten Meinung ist die Umweltqualität gleich geblieben. Die Verschlechterungen überwiegen leicht gegenüber den Verbesserungen. Dieses Ergebnisbild weicht insofern geringfügig von dem der vorigen Frage ab. Es zeigt ebenfalls schlechte Voraussetzungen für eine stärkere Unterstützung von Umweltschutzmaßnahmen.

*Frage 16:* Wie ist die Bodenqualität (Fruchtbarkeit) innerhalb der Landgrenzen Ihres Betriebs?

Tab. 13: Bodenqualität in der Stichprobe

|  | Relative Häufigkeit (%) | | | | |
|---|---|---|---|---|---|
|  | 1 | 2 | 3 | 4 | 5[1] |
| Bodenqualität | 11 | 11 | 22 | 28 | 28 |

[1] 1 = sehr schlecht; 5 = sehr gut
Quelle: eigene Erhebung

---

[531] Vgl. z. B. die Statistik der Bodenerosion in Abschnitt 3.2.1.

Die Beurteilungen der Bodenfruchtbarkeit als speziellem Umweltfaktor fallen insgesamt eher positiv aus und deuten damit auf eine Zufriedenheit mit dem Zustand der Umwelt und ein Einverständnis mit der praktizierten Landbewirtschaftung hin.

Aus den vorherigen Fragen 14 bis 16 ergibt sich, daß die Befragten keine Umweltprobleme in einem bedrohlichen Ausmaß erkennen, das konventionelle Wirtschaftsformen in Frage stellen könnte. Die nach Frage 11 große Besorgnis um den Waldbestand der Mata Atlântica entspricht in ihrem Ausmaß nicht der Besorgnis um die allgemeine Umwelt, zu der die Produktivflächen gerechnet werden. Insofern sehen die Befragten keinen unmittelbaren ökologischen Zusammenhang zwischen dem Bestand der Mata Atlântica und der Qualität der Gesamtumwelt.

### 4.3.3 Der Zusammenhang zwischen dem Umweltschutz und der Betriebsstrategie und -entwicklung

Der zweite Teil des Fragebogens ließ die Frage offen, wie sich das Umweltbewußtsein in der Betriebsstrategie niederschlägt. Dieser und weiteren Fragen, die über die Beziehung zwischen Ökologie und Ökonomie und die Durchsetzung des Umweltschutzes in der Mata Atlântica aus betrieblicher Sicht Aufschluß geben können, wird in der nachfolgenden Auswertung des dritten Teils des Fragebogens (Fragen 17 bis 42) nachgegangen.

Die thematisch zusammenhängenden Fragen 17 bis 22 konzentrieren sich auf die Bestimmung des Stellenwerts des Umweltschutzes innerhalb der Betriebsstrategie, die i. d. R. von der Verfolgung ökonomischer Ziele dominiert wird. Zuerst soll durch Frage 17 die Einordnung des Umweltschutzes in die Zielhierarchie der Betriebe versucht werden:

*Frage 17:* Welchen Wert legt Ihr Betrieb auf folgende Zielsetzungen:

Tab. 14: Zielhierarchie in der Stichprobe

| Zielsetzung[1,2] | Relative Häufigkeit (%)[3] | | | | |
|---|---|---|---|---|---|
| | 1 | 2 | 3 | 4 | 5[4] |
| Umweltschutz | 0 | 3 | 0 | 14 | 83 |
| Produktivitätssteigerung | 0 | 3 | 5 | 22 | 70 |
| Arbeitsplatzerhaltung | 3 | 3 | 8 | 14 | 72 |
| Kostensenkung | 0 | 9 | 9 | 11 | 71 |
| langfristige Gewinnerzielung | 0 | 0 | 14 | 26 | 60 |
| Kundenzufriedenheit | 6 | 0 | 11 | 11 | 72 |
| Image | 6 | 0 | 17 | 3 | 75 |
| Umsatzsteigerung | 0 | 3 | 17 | 25 | 56 |
| Wettbewerbsfähigkeit | 6 | 0 | 17 | 14 | 64 |
| kurzfristige Gewinnerzielung | 8 | 11 | 31 | 25 | 25 |

[1] Die einzelnen Rubriken sind nach absteigendem Bedeutungsgrad geordnet, gemessen am verborgenen Skalenmittelwert.
[2] Die im Fragebogen auftauchende Rubrik "sonstige" wurde ausgelassen, da ihre geringe Berücksichtigung bei den Antworten keine aussagekräftige Auswertung ermöglicht.
[3] Die Prozentsätze in den einzelnen Reihen summieren sich aufgrund von Rundungsfehlern nicht immer zu 100.
[4] 1 = unwichtig; 5 = sehr wichtig

Quelle: eigene Erhebung

Nach den Ergebnissen dieser Frage werden alle aufgezählten Zielsetzungen von den Betrieben als wichtig bis sehr wichtig eingeschätzt. Dies bedeutet einerseits, daß die Betriebe eine starke ökonomische Orientierung beibehalten, denn die meisten Ziele sind vorwiegend gewinn- und ertragsorientiert. Andererseits erschwert diese Ergebniskonstellation die Bildung einer klaren Zielhierarchie.

Angesichts der Verschlechterung der Umweltsituation in Brasilien und der geringen Erfüllung gesetzlicher Bestimmungen überrascht es, daß der Umweltschutz nicht nur als vollwertiges Ziel anerkannt wird, sondern in der Zielhierarchie sogar den höchsten Platz einnimmt. Dieses Ergebnis kann damit zusammenhängen, daß sich in der Stichprobe relativ große Betriebe befinden, die eher mit Umweltkontrollen rechnen müssen (auch wenn sie nach Frage 13 in der Praxis selten sind). Außerdem können Imagegründe die Befragten zu einer Überbewertung des Umweltschutzes veranlaßt haben.

Die vergleichsweise geringste Bedeutung nimmt die kurzfristige Gewinnerzielung ein. Dies mutet überraschend an vor dem Hintergrund der schwierigen sozio-ökonomischen Verhältnisse in Brasilien, die zu kurzfristigen Erfolgen drängen.[532] Es muß jedoch bedacht werden, daß relativ große Betriebe grundsätzlich auf eine eher langfristige Planung angewiesen sind.

Zu klären bleibt die Zielkomplementarität, die im Mittelpunkt der nächsten Frage steht.

*Frage 18:* *Wie beeinflußt Ihrer Meinung nach die Einbeziehung von Umweltschutzzielen (z. B. Schutz von Flora und Fauna, Verringerung des Einsatzes chemischer Zusatzstoffe, Abfallverringerung etc.) in die Betriebsstrategie die Verfolgung der oben genannten ökonomischen Ziele?*

Tab. 15: Komplementarität zwischen Umweltschutz und anderen Zielen in der Stichprobe

| Zielsetzung[1,2] | Relative Häufigkeit (%)[3] | | | | |
|---|---|---|---|---|---|
| | 1 | 2 | 3 | 4 | 5[4] |
| Image | 0 | 0 | 15 | 21 | 65 |
| langfristige Gewinnerzielung | 0 | 0 | 24 | 21 | 56 |
| Produktivitätssteigerung | 3 | 3 | 18 | 32 | 44 |
| Kundenzufriedenheit | 6 | 6 | 15 | 18 | 55 |
| Wettbewerbsfähigkeit | 9 | 0 | 21 | 24 | 45 |
| Umsatzsteigerung | 3 | 9 | 26 | 18 | 44 |
| Kostensenkung | 9 | 3 | 17 | 31 | 40 |
| Arbeitsplatzerhaltung | 6 | 3 | 26 | 26 | 38 |
| kurzfristige Gewinnerzielung | 9 | 12 | 33 | 21 | 24 |

[1] Die einzelnen Rubriken sind nach absteigendem Komplementaritätsgrad geordnet, gemessen am verborgenen Skalenmittelwert.
[2] Die im Fragebogen auftauchende Rubrik "sonstige" wurde ausgelassen, da ihre geringe Berücksichtigung bei den Antworten keine aussagekräftige Auswertung ermöglicht.
[3] Die Prozentsätze in den einzelnen Reihen summieren sich aufgrund von Rundungsfehlern nicht immer zu 100.
[4] 1 = sehr negativer Einfluß; 5 = sehr positiver Einfluß

Quelle: eigene Erhebung

---

[532] Vgl. Abschnitt 3.3.2.

Der Einfluß des Umweltschutzes auf die aufgezählten und mehrheitlich ökonomischen Zielsetzungen wird ausnahmslos als eher positiv eingeschätzt. Durch dieses Ergebnis wird von den Befragten insgesamt angedeutet, daß Ökonomie und Ökologie vereinbar sind.

Am positivsten wird der Einfluß des Umweltschutzes auf das Image des Betriebs eingeschätzt. Dieses führt zwar nur indirekt und langfristig zu ökonomischen Vorteilen, spielt jedoch bei großen Betrieben grundsätzlich eine wichtige Rolle. Als am wenigsten vom positiven Einfluß betroffen wird die kurzfristige Gewinnerzielung angegeben. Dieses Teilergebnis bestätigt die Erkenntnis im theoretischen Teil der vorliegenden Arbeit, daß der Konflikt zwischen Ökonomie und Ökologie eher in kurzer Sicht zur Geltung kommt.

Die nächste Frage soll über die Bedeutung des Umweltschutzes für die Betriebe weiter aufklären, indem die Perspektive des Begriffes der nachhaltigen Entwicklung genutzt wird.

*Frage 19:* In welchem Maße erfüllt Ihrer Meinung nach Ihr Betrieb das Prinzip der "nachhaltigen Entwicklung" ("sustainable development"), d. h. einer Wirtschaftsweise, die die Bedürfnisse der Gegenwart ohne Nachteile für nachfolgende Generationen befriedigt?

Tab. 16: Subjektive Befolgung der nachhaltigen Entwicklung in der Stichprobe

|  | Relative Häufigkeit (%) | | | | |
| --- | --- | --- | --- | --- | --- |
|  | 1 | 2 | 3 | 4 | 5[1] |
| Befolgung der nachhaltigen Entwicklung | 3 | 3 | 19 | 11 | 64 |

[1] 1 = gar nicht; 5 = sehr intensiv

Quelle: eigene Erhebung

Angesichts der angespannten Umweltsituation im Untersuchungsgebiet fällt dieses Ergebnis relativ hoch aus. Es kann jedoch gemäß Fragen 14 bis 16 damit erklärt werden, daß die Befragten in ihrer unmittelbaren Umwelt eher geringe Schäden wahrnehmen. Außerdem ist der Begriff der nachhaltigen Entwicklung hinsichtlich der Intensität des Umweltschutzes dehnbar.

Die Auswertungen der Fragen 17 bis 19 weisen auf einen hohen Stellenwert und eine gute Integration des Umweltschutzes in den Betrieben hin. Es stellt sich die Frage, ob die Betriebe der Stichprobe eine meßbar außergewöhnliche Entwicklung aufweisen, die die Praxisrelevanz dieses Zwischenergebnisses relativieren könnte. Diese Frage kann über die Analyse von dynamischen betrieblichen Kenndaten wie z. B. Umsatz, Gewinn,

Investitionen, Arbeitnehmer, Mechanisierung und Nutzfläche beantwortet werden. Die auf die Entwicklung dieser Kenndaten in der nahen Vergangenheit und in der Zukunft (als Prognose) abzielenden Fragen 20 und 21 ergaben jedoch im Rahmen der konjunkturellen Entwicklung Brasiliens kein außerordentliches Entwicklungsmuster, das das obige Zwischenergebnis sinnvoll ergänzen könnte, und sollen daher an dieser Stelle nicht weiter ausgeführt werden.

Auch Frage 22 kann ausgeklammert werden, da das Ergebnis ihres ersten Teils sich mit der bisherigen Bewertung des Umweltschutzes durch die Befragten deckt und die Begründungen in ihrem zweiten Teil für eine Relativierung dieser Bewertung nicht verwendbar sind.

In den bisherigen Fragen gaben die Befragten eine hohe Befolgung von Umweltschutzmaßnahmen an. Die Fragestellungen erlaubten jedoch einen hohen Subjektivitätsgrad. Eine objektivere Beurteilung der Einbeziehung des Umweltschutzes in die Betriebsstrategie kann durch den nächsten Fragenblock erreicht werden, denn die Fragen 23 bis 25 fordern zur Angabe von weiteren Details auf, die zu einer besseren Beurteilung des aktuellen Umweltengagements führen können.

*Frage 23:* *Wie hoch sind Ihre betrieblichen Umweltschutzausgaben (in Prozent vom Umsatz)?*

Tab. 17: Anteil der Umweltschutzausgaben am Umsatz in der Stichprobe

|  | Mittelwert | Spannweite | Standardabweichung |
|---|---|---|---|
| durchschnittlicher Anteil der Umweltschutzausgaben am Umsatz | 6,3 % | 30 % | 7,5 % |

Quelle: eigene Erhebung

Mit durchschnittlich 6,3 % wird ein relativ hoher Wert erreicht. Zum Vergleich liegt der Anteil der Umweltschutzausgaben am Bruttosozialprodukt in der Bundesrepublik Deutschland bei etwas unter 2 %.[533] Die Repräsentativität des Ergebnisses muß jedoch mit Vorsicht betrachtet werden, da mit 21 Antworten ausnahmsweise nur etwas mehr als die Hälfte der Befragten sich zu dieser Frage äußerte. Es ist auch anzunehmen, daß diese Frage eher von Betrieben ausgelassen wurde, die keine auffälligen Umweltschutzausgaben vorzuweisen haben. Außerdem sind hohe Streuungswerte zu verzeichnen, was auf deutliche Unterschiede in der Höhe der Umsätze und Umweltschutzausgaben hinweist. Immerhin gaben neun Betriebe (ca. 1/4 der Stichprobe) an, keine Umweltschutzausgaben zu haben. Das muß allerdings nicht bedeuten, daß keinerlei Umwelt-

---

[533] Vgl. BUND, S. 12.

schutz betrieben wird, da viele Umweltschutzaktivitäten keinen spezifischen Aufwand erfordern. Man denke hier z. B. an die Verringerung von Abfällen und agrarchemischen Mitteln. Auch deswegen ist die Aussagekraft dieses Ergebnisses in bezug auf das Umweltengagement als gering einzustufen.

Ein hohes Umweltengagement könnte durch die Nutzung von modernen Praktiken im Rahmen des freiwilligen Umweltmanagements angezeigt werden, das u. a. der Aufklärung über das Kosten-Nutzen-Verhältnis von Umweltschutzmaßnahmen dient:

*Frage 24:* Gibt es in Ihrem Betrieb ein spezielles Umweltmanagement (z. B. Umweltcontrolling, Ökobilanzierung, Einrichtung einer Umweltabteilung, Beschäftigung eines Umweltexperten, Inanspruchnahme von externen Umweltprüfungs- und beratungsleistungen usw.)?

Tab. 18: Anwendung von Umweltmanagement-Systemen in der Stichprobe

| Anwendung von Umweltmanagement-Systemen | Absolute Häufigkeit |
|---|---|
| Nein[1] | 26 |
| Ja, und zwar: | |
| - Beschäftigung von Umweltexperten | 4 |
| - Einrichtung einer Umweltabteilung | 4 |
| - Ökobilanzierung | 1 |

[1] Drei "Ja"-Antworten wurden aufgrund von Spezifizierungen der Befragten, die gegen die Nutzung des Umweltmanagements sprachen, als "Nein" gewertet.

Quelle: eigene Erhebung

Es zeigt sich eine geringe Verbreitung von freiwilligen Praktiken im Rahmen des Umweltmanagements. Dieses Bild wertet die in den vorigen Fragen angegebene Umweltaktivität ab, ohne sie jedoch in Frage zu stellen. Denn der aktive Umweltschutz kann z. B. schon durch die Befolgung der Umweltgesetze legitimiert werden. Nur werden moderne Möglichkeiten der Integration des Umweltschutzes in den Betrieben kaum zusätzlich genutzt.

Zu prüfen ist, weshalb die meisten Betriebe von einem speziellen Umweltmanagement absehen. Eine Überprüfung der Antworten auf Frage 5 zeigt, daß fast alle Betriebe, die über ein Umweltmanagement verfügen, zu den relativ großen gehören. Dies legt die Vermutung nahe, daß die Kosten der Einrichtung eines Umweltmanagements von kleinen

Betrieben als Hürde empfunden werden, obwohl derartige Investitionen sich aufgrund der langfristig erzielbaren Kostenersparnisse meistens auszahlen.[534]

Die nächste Frage erlaubt eine nähere Spezifizierung von denjenigen Umweltschutzpraktiken, die am häufigsten betrieben werden. Durch ihre Differenzierung in freiwillige und gesetzliche werden auch Schlüsse über den Zusammenhang zwischen privater und öffentlicher Umweltpolitk ermöglicht.

*Frage 25:* *Welche einzelnen Umweltschutzmaßnahmen (z. B. Naturschutz, Sicherung der Artenvielfalt, Wiederaufforstung, Investitionen in umweltfreundliche Anlagen und Produktionstechniken, Rohstoffschonung, Recycling, Verringerung des Einsatzes chemischer Zusatzstoffe, Abfallvermeidung und -entsorgung, Reduzierung der Luftverschmutzung, Einhaltung der Umweltgesetze etc.) werden in Ihrem Betrieb praktiziert?*

Zunächst folgt eine Übersicht über die Häufigkeit der Durchführung von Umweltschutzmaßnahmen, wobei diese in freiwillige und gesetzliche eingeteilt werden:

Tab. 19: Durchführung gesetzlicher und freiwilliger Umweltschutzmaßnahmen in der Stichprobe

|  | Relative Häufigkeit (%)[1] |
|---|---|
| *keine* Umweltschutzmaßnahmen | 8 |
| *nur freiwillige* Umweltschutzmaßnahmen | 44 |
| *nur gesetzliche* Umweltschutzmaßnahmen | 3 |
| *freiwillige und gesetzliche* Umweltschutzmaßnahmen | 44 |

[1] Die Prozentsätze summieren sich aufgrund von Rundungsfehlern nicht zu 100.
Quelle: eigene Erhebung

Die geringe Häufigkeit der Betriebe, die keine Umweltschutzmaßnahmen praktizieren, bestätigt die hoch eingestufte Bedeutung des Umweltschutzes in Frage 19. Mit 44 % gab jedoch nahezu die Hälfte der Betriebe an, daß sie nur freiwillige Umweltschutzmaßnahmen praktiziert. Dieses Ergebnis weist auf eine geringe Befolgung der Umweltgesetze hin, die für alle Betriebe in der Stichprobe gelten. Die geringe Relevanz der Umweltgesetze spiegelt sich ebenso in der geringen Häufigkeit der Betriebe wider, die nur gesetzliche Umweltschutzmaßnahmen praktizieren.

---

[534] Vgl. Abschnitt 3.1.3.

Den Angaben zufolge betreffen die am häufigsten befolgten Gesetze den Wald- und Gewässerschutz sowie die Wiederaufforstung. Von einer näheren Spezifizierung wird abgesehen, da sie über die Gesetzesbefolgung hinaus keine brauchbaren Erkenntnisse ermöglicht.

Dagegen erlaubt die Analyse der freiwilligen Umweltschutzmaßnahmen neue Erkenntnisse u. a. über die Intensität und die Bedeutung des Umweltschutzes für die Befragten:

Abb. 21: In der Stichprobe durchgeführte freiwillige Umweltschutzmaßnahmen

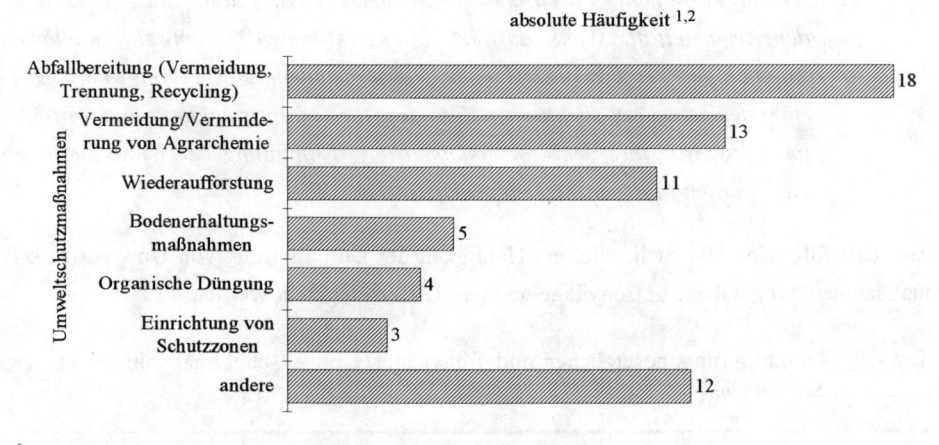

absolute Häufigkeit [1,2]

| Umweltschutzmaßnahmen | Häufigkeit |
|---|---|
| Abfallbereitung (Vermeidung, Trennung, Recycling) | 18 |
| Vermeidung/Verminderung von Agrarchemie | 13 |
| Wiederaufforstung | 11 |
| Bodenerhaltungsmaßnahmen | 5 |
| Organische Düngung | 4 |
| Einrichtung von Schutzzonen | 3 |
| andere | 12 |

[1] Die Befragten nannten meistens mehr als eine einzelne Maßnahme.
[2] Der Rubrik "andere" wurden alle Maßnahmen zugeordnet, die nur ein- oder zweimal genannt wurden oder allgemein blieben.

Quelle: eigene Erhebung

Dieses Diagramm zeigt eine Vielzahl praktizierter Umweltschutzmaßnahmen und bestätigt dadurch zunächst den hohen Stellenwert des Umweltschutzes in den Betrieben. Es kann jedoch bemängelt werden, daß die Mata Atlântica von der häufigsten Maßnahme, der Abfallbereitung, nur indirekt profitiert. Die Wiederaufforstung, die für die Regeneration der Mata Atlântica von qualitativ größerer Bedeutung ist, wird weniger häufig genannt. Außerdem schließt sie die Anpflanzung exotischer Bäume mit ein, wiederum mit umstrittenen Vorteilen für die Mata Atlântica.

Bei den nächsten Fragen (26 bis 31) geht es darum, die Beweggründe für das zuvor spezifizierte Umweltengagement zu finden. Die Ergebnisse sollen aufklären, inwiefern Umweltschutzmaßnahmen an persönliche Motive der Betriebsleiter gebunden und betriebswirtschaftlichen Kriterien unterworfen sind. Hieraus können möglicherweise Erkenntnisse über die Verbreitungsmöglichkeiten von Umweltschutzmaßnahmen gewonnen werden.

*Frage 26:* Aus welchen Gründen betreiben Sie/betreiben Sie nicht freiwilligen Umweltschutz (Stichworte: Kosten, Wettbewerb, Know-how, Liebe zur Natur, Ertragsaussichten, Image, Kundenwünsche usw.)?

Da nur wenige Befragten keine Umweltschutzmaßnahmen praktizieren (siehe Frage 25), wurde die Nichtübernahme freiwilligen Umweltschutzes selten begründet. Dabei wurden sowohl einmal hohe Kosten als auch einmal eine geringe Nutzfläche genannt. Bei den anderen Antworten handelte es sich um Begründungen *für* den freiwilligen Umweltschutz, wobei sie folgendermaßen verteilt waren:

Abb. 22: Begründungen für den freiwilligen Umweltschutz in der Stichprobe

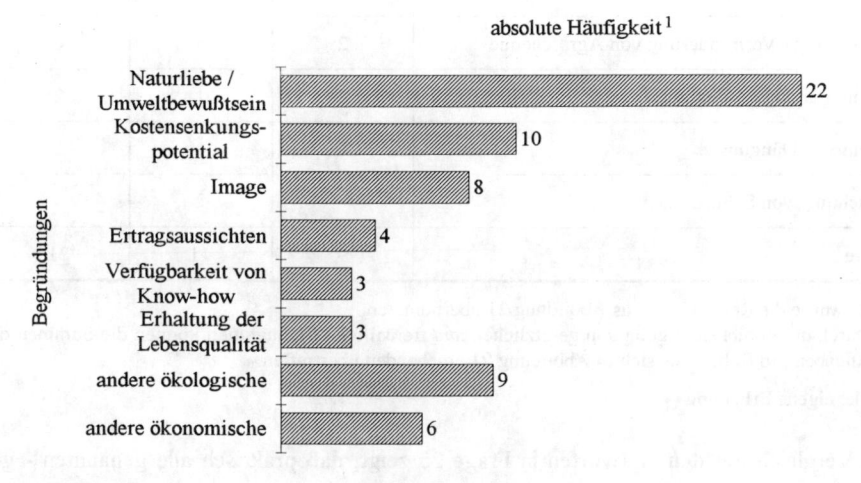

absolute Häufigkeit [1]

| Begründungen | Häufigkeit |
|---|---|
| Naturliebe / Umweltbewußtsein | 22 |
| Kostensenkungspotential | 10 |
| Image | 8 |
| Ertragsaussichten | 4 |
| Verfügbarkeit von Know-how | 3 |
| Erhaltung der Lebensqualität | 3 |
| andere ökologische | 9 |
| andere ökonomische | 6 |

[1] Die Befragten nannten meistens mehr als eine einzelne Maßnahme.
Quelle: eigene Erhebung

Das Diagramm zeigt mit der Naturliebe eine deutliche Dominanz einer persönlichen und ökologisch orientierten Begründung. Insgesamt halten sich die Häufigkeiten der ökologischen (34) und ökonomischen (31) Begründungen in etwa die Waage. Dabei nannten elf Betriebe (ca. 30 % der Stichprobe) sowohl ökologische als auch ökonomische Begründungen. Dieses Ergebnis zeigt, daß Ökonomie und Ökologie bei der Übernahme von Umweltschutzmaßnahmen gleichsam berücksichtigt werden.

Wirtschaftende, die über ein geringes Umweltbewußtsein verfügen oder sich in einer sozio-ökonomisch schwierigen Lage befinden, können kurzfristig nur zu Umwelthandlungen bewogen werden, die auch ökonomisch rentabel sind. Über die nächste Frage sollen diejenigen Umweltschutzmaßnahmen identifiziert werden, die für die Betriebe als lukrativ gelten und bei einem kurzen Zeithorizont gute Verbreitungschancen vor allem unter sozio-ökonomisch schlecht gestellten Zielgruppen haben.

*Frage 27:* Welche der oben genannten Umweltschutzmaßnahmen *(freiwillige und gesetzliche)* sind für Ihren Betrieb direkt oder indirekt lukrativ, und in welcher Frist?

Tab. 20: Rentabilitätsfristen von Umweltschutzmaßnahmen in der Stichprobe

| Maßnahme[1] | absolute Häufigkeit[2] | | |
|---|---|---|---|
| | kurzfristig (bis 1 Jahr) | mittelfristig (1 - 3 Jahre) | langfristig (über 3 Jahre) |
| Abfallbereitung (Vermeidung, Trennung, Recycling) | 4 | - | 5 |
| Wiederaufforstung | 1 | 4 | 11 |
| Vermeidung / Verminderung von Agrarchemie | 2 | 3 | 6 |
| Bodenerhaltungsmaßnahmen | 3 | 1 | 2 |
| Organische Düngung | 2 | - | 2 |
| Einrichtung von Schutzzonen | - | 2 | 4 |
| andere | 9 | 11 | 21 |

[1] Es wurde die Reihenfolge aus Abbildung 21 übernommen.
[2] Durch die Berücksichtigung von gesetzlichen *und* freiwilligen Maßnahmen können die Summen der Angaben pro Rubrik die sich in Abbildung 21 ergebenden übertreffen.

Quelle: eigene Erhebung

Der Vergleich mit den Antworten in Frage 25 zeigt, daß praktisch alle genannten - gesetzlichen und freiwilligen - Umweltschutzmaßnahmen als lukrativ eingestuft werden. Das obige Diagramm zeigt allerdings, daß die Umweltschutzmaßnahmen eher eine *langfristige* Rentabilität aufweisen. Deren Vermittlung wird unter Bevölkerungsgruppen, die u. a. aufgrund sozio-ökonomischer Bedürftigkeit eher kurzfristig planen, erschwert. Bis auf die Wiederaufforstung, die aufgrund langer Wachstumszeiten der Bäume ganz deutlich langfristig zum Tragen kommt, schließen die Befragten bei den anderen Maßnahmen Aussichten auf kurzfristigen Erfolg jedoch nicht aus. Insbesondere die Abfallbereitung scheint sich schon kurzfristig zu rentieren. Allerdings hat diese Maßnahme für die Regeneration der Mata Atlântica keine so große Bedeutung wie die Wiederaufforstung.

Es stellt sich die Frage, ob die Frist bis zum Erfolg für die Befragten tatsächlich eine bedeutsame Rolle spielt und somit die Übernahme von Umweltschutzmaßnahmen beeinflußt. Das kann durch die folgende Frage überprüft werden.

*Frage 28:* Falls Sie Zugang zu Know-how bekämen, wie Ihr Betriebsgewinn durch weitere Umweltschutzinvestitionen gesteigert werden könnte: Würden Sie die erforderlichen Maßnahmen übernehmen, wenn jeweils folgende Zeithorizonte für die Gewinnerhöhung gelten würden?

Tab. 21: Durchführung von Umweltschutzmaßnahmen in der Stichprobe nach Zeithorizont der Gewinnaussichten

| Durchführung von Maßnahmen mit Gewinnaussichten | Relative Häufigkeit (%)[1] | | | | |
|---|---|---|---|---|---|
| | 1 | 2 | 3 | 4 | 5[2] |
| in einem Jahr | 3 | 0 | 3 | 13 | 81 |
| in über einem bis drei Jahren | 0 | 0 | 4 | 24 | 72 |
| in über drei bis acht Jahren | 4 | 4 | 27 | 12 | 54 |
| in über acht Jahren | 13 | 17 | 13 | 4 | 54 |

[1] Die Prozentsätze in den einzelnen Reihen summieren sich aufgrund von Rundungsfehlern nicht immer zu 100.
[2] 1 = auf keinen Fall; 5 = auf jeden Fall

Quelle: eigene Erhebung

Obwohl diese Tabelle auch eine hohe Berücksichtigung der späten Erfolgswirksamkeit zeigt, bestätigt sie die Annahmen über den tendenziell kurzen Planungshorizont der Betriebe: Sie werden sich eher zu Umweltinvestitionsentscheidungen bewegen lassen, die sich bereits in kurzer Sicht gewinnerhöhend auswirken.

Das Ergebnis bestätigt, daß ökonomische Argumente die Umweltinvestitionsentscheidungen beeinflussen. Inwiefern sie beschränkend wirken, kann durch die nächste Frage weiter aufgeklärt werden.

*Frage 29:* Wie abhängig machen Sie die Einführung von Umweltschutzmaßnahmen in Ihrem Betrieb von rein finanziellen Kriterien?

Tab. 22: Finanzielle Abhängigkeit des Umweltschutzes in der Stichprobe

| | Relative Häufigkeit (%)[1,2] | | | | |
|---|---|---|---|---|---|
| | 1 | 2 | 3 | 4 | 5 |
| Verhältnis von Umweltschutzmaßnahmen zu finanziellen Kriterien | 36 | 3 | 28 | 8 | 25 |

[1] 1 = unabhängig; 5 = sehr abhängig

Quelle: eigene Erhebung

Die Abhängigkeit der Einführung von Umweltschutzmaßnahmen von finanziellen Kriterien ist aufgrund der hohen Ergebnisstreuung nicht eindeutig definierbar. Etwa ein Drittel der Befragten bekundet, daß ihr Umweltbewußtsein entscheidend ist, während bei einem Viertel die finanzielle Lage den Engpaß bildet. Für ein weiteres Drittel scheinen ökologische und ökonomische Kriterien zu gleichen Teilen eine Rolle zu spielen. Aufgrund dieses Ergebnisses kann lediglich gesagt werden, daß bei den Entscheidungen über Umweltschutzmaßnahmen sowohl ökologische als auch ökonomische Kriterien beachtet werden. Es muß dahingestellt bleiben, ob die Befragten sich bei der Beantwortung dieser Frage nicht von Äußerlichkeiten beeinflussen ließen. Denn eine Ablehnung von Umweltschutzmaßnahmen aus finanziellen Gründen wird ungern offen eingestanden.

Über Frage 30 sollte die Nutzung des Umweltengagements für die Produktwerbung erforscht werden. Deren Auswertung wird jedoch ausgeklammert, da sich eine Koppelung des Umweltschutzes an Werbemotive durch die Antworten nicht nachweisen läßt.

Nachdem die bisherigen Fragen die Motivation für den Umweltschutz unter besonderen Bedingungen und Gesichtspunkten erforscht haben, soll dieser Fragenblock mit einer allgemeineren Frage abgeschlossen werden, die einen Überblick über die wichtigsten Beweggründe für den Umweltschutz aus der Sicht der Betriebe gibt:

*Frage 31:* *Welches wäre das wichtigste Argument für die Einführung von Umweltschutzmaßnahmen in Ihrem Betrieb?*

<u>Abb. 23:</u>  Argumente für den Umweltschutz in der Stichprobe

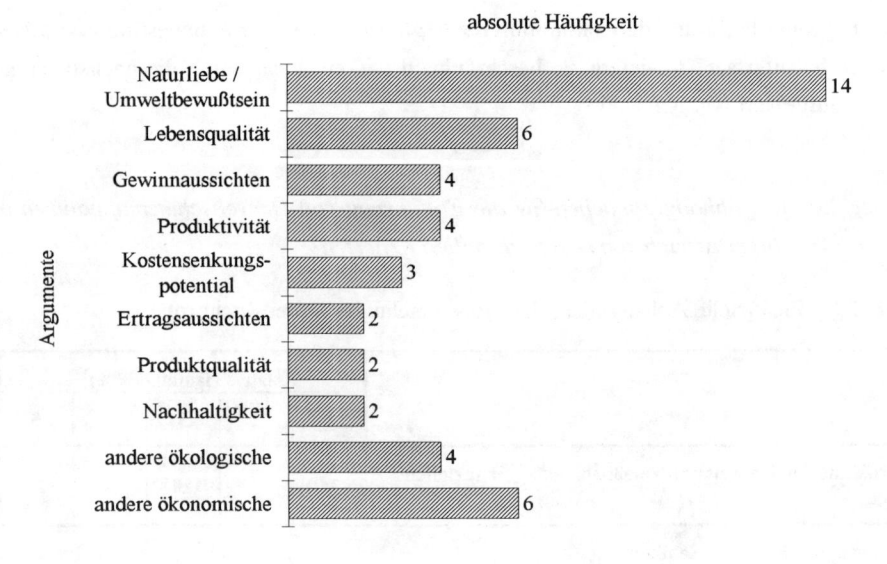

absolute Häufigkeit

| Argumente | absolute Häufigkeit |
|---|---|
| Naturliebe / Umweltbewußtsein | 14 |
| Lebensqualität | 6 |
| Gewinnaussichten | 4 |
| Produktivität | 4 |
| Kostensenkungspotential | 3 |
| Ertragsaussichten | 2 |
| Produktqualität | 2 |
| Nachhaltigkeit | 2 |
| andere ökologische | 4 |
| andere ökonomische | 6 |

Quelle: eigene Erhebung

Im Gesamtbild zeigen sich nur geringe Unterschiede zum Ergebnisbild von Frage 26, die die Freiwilligkeit des Umweltschutzes als Bedingung enthielt. Die Imageverbesserungen und die Verfügbarkeit von Know-how scheiden als wichtige Argumente aus. Hingegen rücken Gewinn- und Produktivitätserhöhungen in den Vordergrund. Insgesamt hat die ökologische Motivation gegenüber der ökonomischen nur ein leichtes Übergewicht. Die Aufzählung vielfältiger ökonomischer Argumente zeigt wieder die Bedeutung ihrer Integration in eine Lösung des Umweltproblems auf.

Im nächsten Fragenblock (32 bis 37) soll die Reaktion der Befragten auf umweltpolitische Instrumente erkundet werden. Die daraus zu gewinnenden Erkenntnisse können Anhaltspunkte über die Effizienz der bestehenden Umweltpolitik geben und Verbesserungsvorschläge ermöglichen.

Zuerst sollen in Frage 32 die aktuellen Umweltgesetze, die das Dekret Nr. 750 einschließen,[535] auf deren Akzeptanz hin überprüft werden. Diese Frage provoziert auch kritische Stellungnahmen, die für Verbesserungsvorschläge benutzt werden können.

*Frage 32:* Sind Sie mit den aktuellen Umweltgesetzen, die ihren Betrieb betreffen, einverstanden, und warum?

Tab. 23: Beurteilung der Umweltgesetzgebung in der Stichprobe

|  | Relative Häufigkeit (%)[1] | | | | |
|---|---|---|---|---|---|
|  | 1 | 2 | 3 | 4 | 5[2] |
| Einverständnis mit der Umweltgesetzgebung | 11 | 6 | 29 | 6 | 49 |

[1] Die Prozentsätze summieren sich aufgrund von Rundungsfehlern nicht zu 100.
[2] 1 = überhaupt nicht; 5 = vollkommen einverstanden

Quelle: eigene Erhebung

Obwohl eine hohe Ergebnisstreuung vorliegt, kann gesagt werden, daß die Befragten sich mit der aktuellen Umweltgesetzgebung tendenziell einverstanden erklären. Das sagt jedoch nichts über die tatsächliche Befolgung der Gesetze aus. Nach der Auswertung von Frage 25 liegt sie relativ niedrig. Aufklärung über mögliche Ursachen dafür kann die Auswertung der Kritiken an der Umweltgesetzgebung liefern:

---

[535] Vgl. Abschnitt 3.3.1.

Abb. 24:   Kritiken an der Umweltgesetzgebung in der Stichprobe

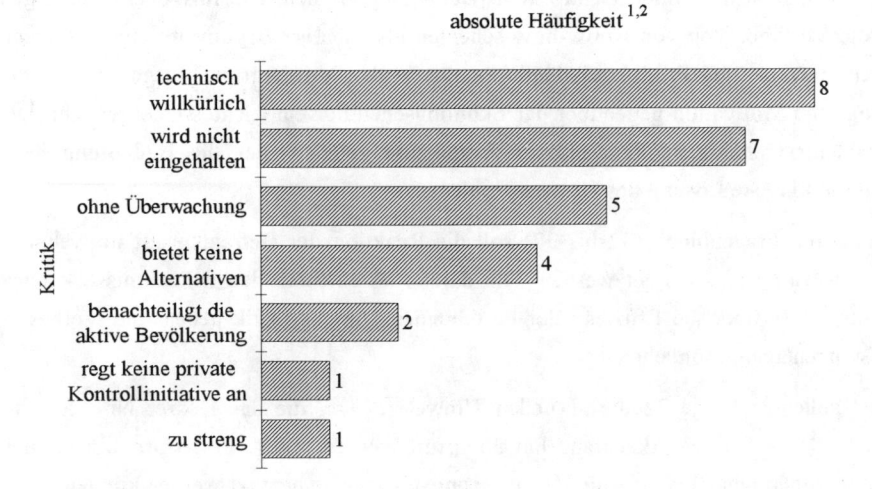

absolute Häufigkeit [1,2]

Kritik:
- technisch willkürlich: 8
- wird nicht eingehalten: 7
- ohne Überwachung: 5
- bietet keine Alternativen: 4
- benachteiligt die aktive Bevölkerung: 2
- regt keine private Kontrollinitiative an: 1
- zu streng: 1

[1] Diese Wertung ist unabhängig von den in Tabelle 23 angegebenen Zustimmungsgraden.
[2] Einige Befragte äußerten mehr als eine Kritik.

Quelle: eigene Erhebung

Der häufigste Vorwurf entfällt auf eine technische Willkür bei der Gesetzgebung. Dieser gewinnt zusätzlich an Bedeutung, wenn er in Verbindung mit den Kritikpunkten "bietet keine Alternativen", "benachteiligt die aktive Bevölkerung" und "zu streng" gesehen wird. Sie decken eine Einseitigkeit bei der Gesetzgebung auf, die die Motivation für ihre Einhaltung reduziert. Unter diesem Gesichtspunkt ist nachvollziehbar, daß viele Umweltgesetze nicht eingehalten werden, was durch die geringe Überwachung begünstigt wird. Letztendlich wird diese Feststellung selbst als Argument für die Nichtbefolgung der Umweltgesetze benutzt (siehe die Kritiken "wird nicht eingehalten" und "ohne Überwachung").

Mit dieser Verteilung der Kritiken bestätigen die Befragten das in Abschnitt 3.3.1 genannte Problem, daß einseitige und strenge Gesetze, die in der Praxis kaum Alternativen belassen, auf eine effiziente Überwachung angewiesen sind. Diese ist jedoch, wie schon in den Abschnitten 3.3.3 und 3.3.5 festgestellt, vor allem aufgrund finanzieller und verwaltungstechnischer Probleme in den Regierungsorganen nur schwer zu realisieren.

Finanzielle Probleme bei Wirtschaftenden können auch zu einer mangelnden Bereitschaft führen, Umweltschutz zu betreiben, vor allem wenn er mit hohen Kosten verbunden ist. In diesem Fall können finanzielle Zuschüsse helfen. Die aktuelle Situation der Förderung im öffentlichen und privaten Bereich kann durch die nächste Frage aufgezeigt werden:

*Frage 33:* Wird Ihr Betrieb zur Durchführung von Umweltschutzmaßnahmen mit finanziellen Mitteln aus öffentlichen oder privaten Umweltprogrammen gefördert?

Tab. 24: Finanzielle Förderung des Umweltschutzes in der Stichprobe

| finanzielle Unterstützung | Relative Häufigkeit (%) |
|---|---|
| Keine | 77 |
| Öffentliche | 11 |
| Private | 9 |
| Öffentliche und private | 3 |

Quelle: eigene Erhebung

Obwohl keine Details über die Förderung (u. a. Art und Umfang) bekannt sind, läßt das deutliche Ergebnis der Tabelle die Erkenntnis zu, daß die finanzielle Förderung des Umweltschutzes als marktorientiertes umweltpolitisches Instrument derzeit eine minderwertige Rolle spielt. Das Interesse der Regierungen an einer entsprechenden Förderung der Betriebe bewegt sich auf dem niedrigen Niveau der privaten Förderung.

Die schwierige finanzielle Situation des brasilianischen Staates kann als Begründung für die Vernachlässigung der öffentlichen Förderung des Umweltschutzes nicht akzeptiert werden, da diese Maßnahmen sich langfristig rentieren; erstens weil durch den Umweltschutz geringere Kosten für die Reparatur von Umweltschäden (u. a. Luft-, Boden- und Gewässerverschmutzung) anfallen; und zweitens weil die Rentabilität der Betriebe (u. a. durch die Aufrechterhaltung des Ertragsniveaus infolge von Bodenerhaltungsmaßnahmen) beibehalten oder sogar verbessert werden kann, wodurch schließlich höhere Steuereinnahmen erwartet werden können.

Die langen Fristen bis zur Wahrnehmung der genannten Vorteile stellen trotzdem ein bedeutendes Hindernis für die öffentliche Förderung von Umweltschutzmaßnahmen dar. Denn wie in Abschnitt 3.3.3 dargestellt, ist die Bereitschaft zur langfristigen Planung in den Regierungsorganen aus politischen Gründen gering.

Im folgenden soll der Frage nachgegangen werden, ob der Grund für den geringen Umfang der Förderung im mangelnden Interesse der Betriebe liegt.

*Frage 34:* Welcher ist der Zufriedenheitsgrad Ihres Betriebs mit den vorhandenen umweltpolitischen Finanzierungshilfen?

Tab. 25: Zufriedenheitsgrad mit Finanzierungshilfen in der Stichprobe

| Finanzierungshilfe | Relative Häufigkeit (%) | | | | |
|---|---|---|---|---|---|
| | 1 | 2 | 3 | 4 | 5[1] |
| Öffentlich | 52 | 13 | 19 | 10 | 6 |
| Privat | 55 | 7 | 17 | 3 | 17 |

[1] 1 = sehr unzufrieden; 5 = sehr zufrieden
Quelle: eigene Erhebung

Obwohl die Ergebnisstreuung relativ hoch erscheint, ist die Unzufriedenheit mit den öffentlichen und privaten Förderungsprogrammen unverkennbar.

Die Auswirkung von Investitionshilfen im Rahmen von Förderungsprogrammen kann durch folgende Frage - der Grundrichtung nach - vorhergesagt werden:

*Frage 35:* Inwiefern würde eine bessere Versorgung Ihres Betriebs mit fremden Mitteln für Umweltschutzinvestitionen Ihr Umweltschutzengagement verstärken?

Tab. 26: Potentieller Einfluß von Investitionshilfen auf das Umweltschutzengagement in der Stichprobe

| | Relative Häufigkeit (%) | | | | |
|---|---|---|---|---|---|
| | 1 | 2 | 3 | 4 | 5[1] |
| Umweltschutzengagement durch Investitionshilfen | 16 | 3 | 5 | 22 | 54 |

[1] 1 = keine Verstärkung; 5 = sehr große Verstärkung
Quelle: eigene Erhebung

Das Umweltschutzengagement könnte demnach durch Investitionshilfen, die zu den marktorientierten Instrumenten gehören, insgesamt verstärkt werden.

Die Reaktion auf weitere marktorientierte Instrumente im Vergleich zueinander sowie zu regulativen Instrumenten und anderen Bedingungen mit potentiellem Einfluß auf das Umweltengagement kann durch die nächste Frage überprüft werden.

*Frage 36:* Wie würde Ihr Betrieb auf folgende Anreize bzw. Instrumente zur Durchführung von Umweltschutzmaßnahmen reagieren?

Tab. 27: Potentielle Anreizwirkung bestimmter umweltpolitischer Instrumente in der Stichprobe

| Anreiz[1,2] | | Relative Häufigkeit (%)[3] | | | | |
|---|---|---|---|---|---|---|
| | | 1 | 2 | 3 | 4 | 5[4] |
| (a) Ideologische Überzeugung / Naturliebe | Ökl | 3 | 3 | 17 | 11 | 66 |
| (b) Betriebskostenersparnisse | Ökn | 9 | 0 | 9 | 15 | 68 |
| (c) Investitionshilfen | MI | 9 | 0 | 12 | 15 | 65 |
| (d) Kostenlose Schulung in betrieblichem Umweltschutz | MI | 9 | 3 | 12 | 21 | 55 |
| (e) Druck der Abnehmer und Konsumenten | Ökn | 12 | 3 | 15 | 24 | 47 |
| (f) Aussichten auf kurzfristige Ertragsverbesserungen | Ökn | 9 | 9 | 16 | 22 | 44 |
| (g) Aussichten auf langfristige Ertragsverbesserungen | Ökn | 12 | 6 | 12 | 30 | 39 |
| (h) Vergünstigte Agrarkredite | MI | 14 | 3 | 23 | 14 | 46 |
| (i) Zusammenarbeit mit Naturschutz-NRO | Ökl | 9 | 6 | 29 | 17 | 40 |
| (j) Ökosteuern | MI | 15 | 3 | 29 | 24 | 29 |
| (k) Subventionen | MI | 20 | 6 | 20 | 17 | 37 |
| (l) Staatliche Ge- und Verbote | RI | 24 | 9 | 35 | 18 | 15 |
| (m) Öffentlicher Druck der lokalen Bevölkerung | Ökl | 34 | 6 | 25 | 16 | 19 |

[1] Die einzelnen Rubriken sind nach absteigendem Reaktionsgrad geordnet, gemessen am verborgenen Skalenmittelwert.
[2] Die im Fragebogen auftauchende Rubrik "Sonstige" wurde ausgelassen, da ihre geringe Berücksichtigung bei den Antworten keine aussagekräftige Auswertung ermöglicht.
[3] Die Prozentsätze in den einzelnen Reihen summieren sich aufgrund von Rundungsfehlern nicht immer zu 100.
[4] 1 = keine Reaktion; 5 = sehr starke Reaktion

Quelle: eigene Erhebung

Die Auswahl der zu vergleichenden Anreize bzw. Instrumente erfolgte entsprechend der Relevanz im Rahmen der vorliegenden Arbeit. Sie können folgenden Gruppen zugewiesen werden:

*MI:* marktorientierte umweltpolitische Instrumente (c, d, h, j, k);
*RI:* regulative umweltpolitische Instrumente (l);
*Ökl:* ökologische Anreize (a, i, m) und
*Ökn:* ökonomische Anreize (b, e, f, g).

In der Ergebnistabelle sind die Anreize bzw. Instrumente bereits nach der Intensität der Reaktion geordnet. Demnach reagieren die Befragten am deutlichsten auf ideologische Überzeugung bzw. Naturliebe, Betriebskostenersparnisse sowie Investitionshilfen. Damit sind die Gruppen *Okl*, *Ökn* und *MI* vertreten. Zu den Anreizen bzw. Instrumenten, die eine eher geringe Wirkung erzielen würden, zählen die staatlichen Ge- und Verbote (*RI*) und der öffentliche Druck der lokalen Bevölkerung (*Ökl*). Bei den anderen ist eine insgesamt verhaltene Reaktion zu erwarten.

Diese Tabelle zeigt im Gesamtbild, daß die staatlichen Ge- und Verbote als regulative Instrumente auf eine geringe Akzeptanz stoßen und hinsichtlich ihrer Wirksamkeit schlechter abschneiden als marktorientierte Instrumente. Das bedeutet, daß eine Fortsetzung der regulativen Umweltpolitik an eine höhere Überwachungseffizienz gekoppelt werden müßte, um erfolgversprechend zu sein. Da diese Bedingung nach den Ausführungen der Abschnitte 3.1.3 und 3.3.3 der vorliegenden Arbeit kurzfristig schwer zu erfüllen ist, erscheint die Übernahme von marktorientierten Instrumenten aufgrund der höheren Akzeptanz als sinnvoller. Dabei liegt die Akzeptanz der Instrumente (c) und (d) deutlich höher als die der Instrumente (j) und (k).

Ferner wird gezeigt, daß für die Durchführung von Umweltschutzmaßnahmen ökonomisch orientierte Anreize in ihrer Gesamtheit deutlicher in Erscheinung treten als rein ökologisch orientierte. Das heißt, daß auf der Suche nach Lösungen für die Umweltproblematik der ökonomische Aspekt nicht außer Acht gelassen werden kann und somit der Entschärfung des Konfliktes zwischen Ökonomie und Ökologie eine große Bedeutung zukommt.

Aufgrund der in der Tabelle hoch angesiedelten Position des Anreizes "ideologische Überzeugung / Naturliebe" (*Ökl*) muß hinzugefügt werden, daß die Entscheidungsträger im Grundsatz ökologische Gesichtspunkte akzeptieren. Die niedrige Stellung der Anreize bzw. Instrumente (l) und (m), in Verbindung mit der vergleichsweise hohen Akzeptanz der Rubriken (d) und (i), zeigt jedoch, daß der Weg zur persönlichen Überzeugung der Entscheidungsträger für den Umweltschutz weniger über erzwungene Maßnahmen als über die Zusammenarbeit und Verständigung geht.

Um Anreize zu entwickeln, kommt der Vermittlung von Kenntnissen im Rahmen der klassischen Umweltbildung eine besondere Bedeutung zu. Da sie oft sehr theoretisch ist und nur langfristig wirksam wird, soll in der nächsten Frage die Akzeptanz der Demonstrationsfarm als modernes, alternatives Vermittlungsinstrument überprüft werden.

*Frage 37:* Inwiefern könnte eine Demonstrationsfarm für alternative Landnutzung Ihr Interesse für eine Neuformulierung Ihrer Betriebsstrategie erwecken?

Tab. 28: Interesse an einer umweltschutzorientierten Demonstrationsfarm in der Stichprobe

|  | Relative Häufigkeit (%)[1] | | | | |
|---|---|---|---|---|---|
|  | 1 | 2 | 3 | 4 | 5[2] |
| Demonstrationsfarm | 3 | 0 | 14 | 6 | 78 |

[1] Die Prozentsätze summieren sich aufgrund von Rundungsfehlern nicht zu 100.
[2] 1 = kein Interesse; 5 = starkes Interesse
Quelle: eigene Erhebung

Es zeigt sich ein großes Interesse an einer Demonstrationsfarm, was die Bedeutung der praktischen Umweltbildung unterstreicht. Die Idee der Demonstrationsfarm könnte sich zu einem wichtigen Vermittlungsinstrument von alternativen Wirtschaftsformen entwickeln, vor allem wenn deren ökonomischer Erfolg sichtbar und nachvollziehbar gemacht werden könnte, gemäß den im Kapitel 3.2 in Aussicht gestellten Möglichkeiten.

Im nächsten Fragenblock (38 und 39) wird gezielt nach den wichtigsten Schwierigkeiten gesucht, die ein stärkeres Umweltengagement behindern. Damit können Probleme erfaßt werden, die parallel zur Entwicklung einer umweltorientierten Betriebsstrategie und der öffentlichen Umweltpolitik berücksichtigt bzw. gelöst werden müssen.

*Frage 38:* Welche Schwierigkeiten stehen der betrieblichen Einführung von Umweltschutzmaßnahmen hauptsächlich im Weg (Stichworte: Finanzierung, Infrastruktur, Know-how, Arbeitskraft, Bildung, Verbraucherdesinteresse, Armut usw.)?

Abb. 25: Hindernisse für Umweltschutzmaßnahmen in der Stichprobe

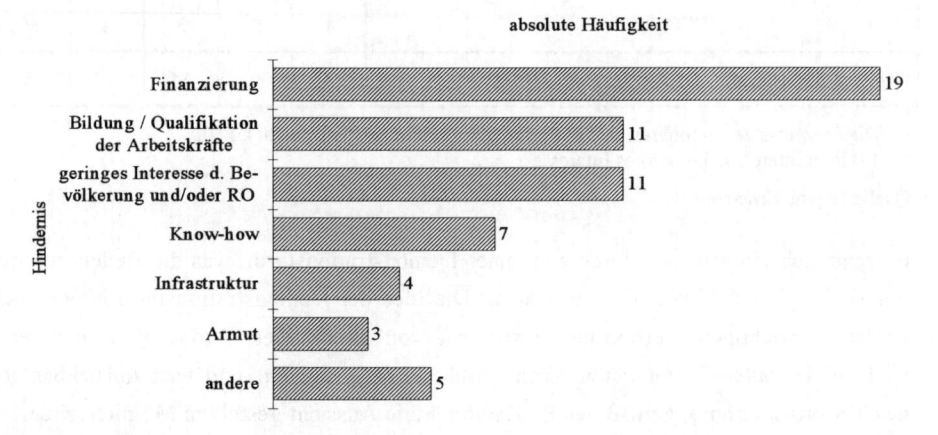

| Hindernis | absolute Häufigkeit |
|---|---|
| Finanzierung | 19 |
| Bildung / Qualifikation der Arbeitskräfte | 11 |
| geringes Interesse d. Bevölkerung und/oder RO | 11 |
| Know-how | 7 |
| Infrastruktur | 4 |
| Armut | 3 |
| andere | 5 |

Quelle: eigene Erhebung

Mit der Finanzierung wurde am häufigsten ein betriebsinternes Problem genannt, das auf die kurzfristige Planung der Betriebe zurückgeführt werden kann. In diesem Fall wird eine kurzfristige Lösung des bestehenden Konfliktes zwischen Ökonomie und Ökologie ohne äußere Hilfen (z. B. öffentliche Fördermaßnahmen) schwer zu realisieren sein. Langfristig können Lösungen über betriebsintere Effizienzverbesserungen sowie über Investitions- und Finanzierungsplanungen herbeigeführt werden. Für letztere spricht, daß die Erfolgswirksamkeit der Umweltschutzmaßnahmen sich meistens nach langer Frist ergibt.

Mit der "Bildung und Qualifikation der Arbeitskräfte" sowie dem "geringen Interesse der Bevölkerung und/oder Regierungsorgane" wurden auch häufig Schwierigkeiten genannt, die in die allgemeine sozio-ökonomische Problematik des Landes fallen. Deren Lösung obliegt in erster Linie den Regierungen, die die Verantwortung für die regionalen Bildungsmöglichkeiten übernehmen. In einzelnen Betrieben, die über langfristige Planung verfügen, können den Mitarbeitern die erforderlichen Qualifikationen und das Umweltbewußtsein auch im Rahmen interner Programme vermittelt werden.

Das Fehlen von Know-how zeigt Mängel in der staatlichen Förderung und Vermittlung der Ergebnisse wissenschaftlicher Forschung.

Die Infrastrukturprobleme und die Armut stellen ebenfalls Hindernisse dar, die primär in den Verantwortungsbereich der Regierung fallen.

Durch die nächste Frage soll der Stellenwert von bestimmten politischen und sozioökonomischen Hindernissen gegen das Umweltengagement ermittelt werden, die aufgrund der Expertengespräche im brasilianischen Alltag zu vermuten sind.

_Frage 39:_ _Inwiefern behindern folgende Probleme im brasilianischen Alltag ihre Umweltschutzaktivitäten?_

Tab. 29: Alltägliche Probleme als Hindernisse für Umweltschutzaktivitäten in der Stichprobe

| Problem[1,2] | Relative Häufigkeit (%)[3] | | | | |
|---|---|---|---|---|---|
| | 1 | 2 | 3 | 4 | 5[4] |
| Wirtschaftskrise | 0 | 0 | 8 | 25 | 67 |
| Fehlende politische Kontinuität | 0 | 3 | 8 | 24 | 65 |
| Ineffizienz und übermäßige Bürokratie | 0 | 6 | 8 | 19 | 67 |
| Mangelnder Austausch im Forschungsbereich | 0 | 6 | 8 | 19 | 67 |
| Allgemeine Korruption | 0 | 9 | 3 | 23 | 66 |
| Bildungsmangel der Bevölkerung | 0 | 8 | 8 | 14 | 69 |

[1] Die einzelnen Rubriken sind nach absteigendem Behinderungsgrad geordnet, gemessen am verborgenen Skalenmittelwert.
[2] Die im Fragebogen auftauchende Rubrik "Sonstige" wurde ausgelassen, da ihre geringe Berücksichtigung bei den Antworten keine aussagekräftige Auswertung ermöglicht.
[3] Die Prozentsätze in den einzelnen Reihen summieren sich aufgrund von Rundungsfehlern nicht immer zu 100.
[4] 1 = das genannte Problem existiert nicht; 2 = es behindert nicht; 3 = es behindert minimal; 4 = es behindert einiges; 5 = es behindert sehr

Quelle: eigene Erhebung

Alle aufgestellten betriebsexternen Hindernisse werden in ähnlicher Weise als tendenziell stark behindernd empfunden, so daß sie parallel zur Umweltproblematik bekämpft werden müßten. Der Katalog der nationalen Probleme, der auf der Basis der Literatur- und Quellenanalyse sowie der Expertengespräche in der Frage zusammengestellt wurde, scheint relativ vollständig zu sein; die in der Fragestellung ursprünglich vorkommende Rubrik "Sonstige" wurde selten ausgefüllt und wurde daher aus der obigen Ergebnisdarstellung ausgeklammert. Am häufigsten wurden eine schlechte Informationspolitik (viermal) und eine mangelnde Förderungspolitik (dreimal) genannt.

Da die in dieser Frage genannten Probleme eine nationale Ausbreitung haben, erfordert ihre Beseitigung gemeinsame Anstrengungen im privaten und öffentlichen Sektor. Um diesen eher langfristigen Prozeß zu beschleunigen, müssen Initiativen unterstützt werden, die zu einer Zusammenarbeit zwischen den Regierungsorganen, den Nichtregierungsorganisationen, der Privatwirtschaft und der lokalen Bevölkerung führen.

Bei der abschließenden Frage 42 (Fragen 40 und 41 werden aufgrund der nachträglich geringen Relevanz ausgelassen) geht es um die Einschätzung der Vorteile und Implementierungschancen von einigen in Kapitel 3.2 genannten alternativen Wirtschaftsformen aus der Sicht der Befragten.

*Frage 42:* *Wie schätzen Sie die Überlebenschancen folgender Landnutzungsalternativen in der Mata Atlântica ein und warum (Stichworte: Ertrag, Bodeneigenschaften, Infrastruktur, Markt, Kosten, Know-how, Verwaltung, Unsicherheit, Machtstrukturen, Lobby, persönliche Zufriedenheit usw.)?*

Die folgende Übersicht vermittelt zunächst ein grobes Bild über die Durchsetzungschancen dieser Alternativen aus der Sicht der befragten Betriebe:

Tab. 30: Beurteilung alternativer Nutzungsformen in der Stichprobe

| Alternative | Relative Häufigkeit (%)[1] | | | | |
|---|---|---|---|---|---|
| | 1 | 2 | 3 | 4 | 5[2] |
| (a) ökologischer Landbau (organisch / ohne Chemie) | 17 | 22 | 17 | 14 | 31 |
| (b) nachhaltige Forstwirtschaft | 16 | 13 | 19 | 22 | 31 |
| (c) Agroforstwirtschaft (kombinierte Land- und Forstwirtschaft) | 16 | 9 | 16 | 25 | 34 |
| (d) langfristige, durch Kapitalmarkttitel finanzierte forstwirtschaftliche Nutzung auf der Basis eines Flächennutzungsplans | 33 | 10 | 13 | 17 | 27 |

[1] Die Prozentsätze in den einzelnen Reihen summieren sich aufgrund von Rundungsfehlern nicht immer zu 100.
[2] 1 = sehr geringe Chancen; 5 = sehr große Chancen

Quelle: eigene Erhebung

Die Einschätzungen der Alternativen weisen insgesamt eine hohe Streuung auf, wobei jeweils keine deutliche Tendenz zu den Extremen erkennbar ist. Alternative (d) wird im Vergleich zu den anderen jedoch mit geringerer Zuversicht bewertet.

Eine vollständigere Bewertung der Sichtweise der Befragten wird durch die Analyse der Argumente ermöglicht, die zu den Einschätzungen der jeweiligen Alternativen eingefordert wurden. Dabei interessieren vor allem die kritischen Äußerungen, die zur Identifizierung von relevanten Implementierungsproblemen führen können:

Tab. 31: Implementierungsprobleme alternativer Nutzungsformen in der Stichprobe

| Implementierungsproblem[1,2] | absolute Häufigkeit bei Alternative[3] | | | | Summe |
|---|---|---|---|---|---|
| | (a) | (b) | (c) | (d)[4] | |
| geringe Rentabilität | 5 | 5 | 3 | 2 | 15 |
| geringes Know-how | 4 | 5 | 4 | 1 | 14 |
| begrenzte Absatzmöglichkeiten | 5 | 3 | 3 | - | 11 |
| Unsicherheit | 2 | 3 | 1 | 3 | 9 |
| allgemeines Desinteresse | 1 | 2 | 3 | 3 | 9 |
| politischer Druck | 2 | 1 | 1 | 1 | 5 |
| geringe Produktivität | 2 | 1 | 1 | - | 4 |
| schlechte Infrastruktur | 1 | 1 | 1 | 1 | 4 |
| unbekannte Alternative | - | 1 | - | 2 | 3 |
| auf großen Flächen nicht durchführbar | 2 | - | - | - | 2 |
| andere | - | - | 1 | 2 | 3 |

[1] Die Kritiken sind in den einzelnen Kategorien sinngemäß zusammengefaßt.
[2] Die nicht eindeutig zuzuordnenden Kritiken wurden unter "anderen" zusammengefaßt.
[3] Die Befragten konnten zu jeder Alternative mehr als eine Kritik äußern.
[4] Die Alternativen (a) bis (d) sind in Tabelle 30 ausgeschrieben.

Quelle: eigene Erhebung

Die aus der Sicht der Befragten zu erwartenden Implementierungsprobleme wurden nach abnehmender absoluter Häufigkeit geordnet. Im Gesamtbild fallen die ersten fünf Kritiken am meisten auf. Mit der "geringen Rentabilität" und den "begrenzten Absatzmöglichkeiten" wurden an erster bzw. dritter Stelle in bezug auf die Häufigkeit ökonomische Hindernisse genannt. Dies zeigt wieder die Existenz und Relevanz des Konfliktes zwischen Ökonomie und Ökologie auf Betriebsebene aus der Sicht der Entscheidungsträger. Das zweithäufigste Argument, das geringe Know-how, deutet auf Mängel in der wissenschaftlichen Forschung und deren Vermittlung hin. Mit der an vierter Stelle genannten "Unsicherheit" bestätigen die Befragten nicht nur die genannten Wissenslücken, sondern zeigen abermals einen Mangel an langfristiger Planungsbereitschaft. Mit dem "allgemeinen Desinteresse" unterstellen die Befragten der Bevölkerung ein geringes Umweltbewußtsein. Diese Skepsis setzt sich auf politischer Ebene fort ("politischer Druck" an sechster Stelle).

Die Einzelbetrachtung der Alternativen läßt folgende Kommentare zu: Beim *Ökoanbau* besteht aufgrund der jeweils großen Häufigkeit der Argumente "geringe Rentabilität" und "begrenzte Absatzmöglichkeiten" eine hohe Skepsis in bezug auf dessen ökonomische Vorteile. Bei der *nachhaltigen Forstwirtschaft* (einheimischer Arten) werden nicht nur die ökonomischen Vorteile angezweifelt, sondern auch der Stand bzw. die Vermittlung der wissenschaftlichen Forschung. Die häufige Nennung von "Unsicherheit" ist mit den langen Wachstumsphasen zu erklären, die eine entsprechende Planung erforderlich machen. Bei der *Agroforstwirtschaft* fällt der Wissensrückstand stärker ins Gewicht als in den anderen Alternativen ("Know-how" wird hier am häufigsten genannt). Bei der *langfristigen, durch Kapitalmarkttitel finanzierten forstwirtschaftlichen Nutzung auf der Basis der Flächennutzungsplanung* (in Anlehnung an das in Abschnitt 3.2.7 diskutierte Verfahren von Precious-Woods) fällt neben der "Unsicherheit" und dem "Desinteresse" im Vergleich zu den anderen Alternativen auch der geringe Bekanntheitsgrad stärker ins Gewicht.

Zum Abschluß ergänzten die Befragten den Fragebogen oft mit Kommentaren und Vorschlägen, von denen die relevantesten und repräsentativsten nachfolgend aufgeführt werden sollen:

1. "Die Umweltgesetzgebung sollte jeden landwirtschaftlichen Betrieb in der Mata Atlântica zu einer speziellen Flächennutzungsplanung verpflichten, die sich nach den jeweiligen Geländeeigenschaften richtet."

2. "Die Bedeutung der Umwelt und des Umweltschutzes sollte der Bevölkerung besser vermittelt werden."

3. "Es mangelt an der Förderung praktischer Forschung über die nachhaltige Nutzung der Mata Atlântica."

4. "Das Umweltproblem kann in Brasilien nicht ohne die Entschärfung der sozialen Not gelöst werden."

5. "Vor allem die Industrieländer fördern eine Verbrauchergesellschaft, die die Umwelt gefährdet."

Diese Vorschläge und Kommentare zeigen den hohen Komplexitätsgrad der Lösung der Umweltproblematik in der Mata Atlântica. In Satz 1 werden gesetzliche Verbesserungen gefordert. Die Sätze 2 und 3 weisen auf Probleme bei der Umweltbildung und -forschung hin, womit vor allem das Umweltengagement der Regierungsorgane bemängelt wird. Satz 4 zeigt, daß das Umweltproblem in der Mata Atlântica nicht selbständig gelöst werden kann, sondern nur parallel zu anderen wichtigen Problemen des Landes. In Satz 5 wird schließlich an die globale Verantwortung für die Umwelt appelliert.

## 4.4 Interpretation der Ergebnisse

Die wichtigsten Ergebnisse aus der Auswertung des Fragebogens sollen im folgenden zusammengefaßt und hinsichtlich ihrer Aussagekraft und Bedeutung für die Lösungsfindung beurteilt werden.

Die Auswertung des **ersten** Teils des Fragebogens führt zu folgender grober Charakterisierung der Stichprobe:

1. Es handelt sich mehrheitlich um junge Betriebe mit Standorten innerhalb der politischen Grenzen der Staaten Paraná und São Paulo (siehe Frage 1).

2. Die meisten Betriebe produzieren landwirtschaftliche Güter für den inländischen Markt, wobei neben Anbau- und Fleischprodukten auch Holz und Zellstoff hervorgehoben werden können (siehe Fragen 2 bis 4).

3. Der Wald- und Naturschutzanteil liegt mit 30 % über dem Durchschnitt des gesamten Einflußbereichs der Mata Atlântica. Der gesetzlich vorgesehene Wald- und Naturschutzanteil wird jedoch von weniger als der Hälfte der Betriebe erreicht (siehe Fragen 5 und 6).

4. Die Betriebe weisen eine unterschiedliche Größenstruktur in bezug auf Fläche, Umsatz, Arbeitskräfte und Mechanisierung auf. Die errechneten Durchschnittswerte liegen etwas über den gesamtbrasiliansichen Durchschnittswerten und lassen eine Tendenz zur intensiven Landbewirtschaftung erkennen (siehe Fragen 5 und 7 bis 9).

5. Die rechtliche Basis für die Bewirtschaftung des Betriebsgeländes besteht in den meisten Fällen in der Eigentümernutzung von Privatgelände, was auch der Gesamtsituation Brasiliens entspricht (siehe Frage 10).

Die sich daraus ergebende Betriebsstruktur steht im groben Einklang mit der gesamtbrasilianischen Situation. Allenfalls der Naturschutzflächenanteil kann als überdurchschnittlich bezeichnet und als Indiz für ein höheres Umweltbewußtsein unter den Geschäftsführern in der Stichprobe gedeutet werden. Dieser Umstand sollte bei der Interpretation des zweiten und des dritten Teils der Befragung berücksichtigt werden.

Insgesamt wird die Repräsentativität der Stichprobe, von der schon aufgrund der geringen Anzahl der beantworteten Fragebögen nicht sicher ausgegangen werden kann, durch die Ergebnisse des ersten Teils des Fragebogens nicht weiter beeinträchtigt.

Die Ergebnisse des **zweiten** Teils des Fragebogens bilden eine Grundlage für die Bestimmung des Umweltbewußtseins und der Umweltbetroffenheit. Sie lassen sich in folgender Übersicht zusammenfassen:

1. Die Befragten sind sich der Bedeutung der Mata Atlântica bewußt und um deren Bestand besorgt. Sie zeigen jedoch eine eher geringe Bereitschaft zur Übernahme von Verantwortung für die Mata Atlântica (siehe Frage 11).

2. Der äußere Druck zur Übernahme von Verantwortung ist gering, gemessen an der Aktivität der Medien, der Bevölkerung, der Nichtregierungsorganisationen und der Regierungsorgane. Bei letzteren ist insbesondere eine geringe Überwachungsintensität feststellbar (siehe Fragen 12 und 13).

3. Die Befragten zeigen sich von Umweltschäden, die aufgrund der ökologisch nachweislich schädlichen Zurückdrängung der Mata Atlântica zu erwarten sind, kaum betroffen (siehe Fragen 14 bis 16).

Diese Ergebnisse zeigen insgesamt, daß die Bemühungen um den Umweltschutz derzeit stark von der persönlichen Bereitschaft und dem ökologischen Verständnis der Entscheidungsträger in den Betrieben abhängen. Nach Punkt 1 ist nur ein passives Umweltbewußtsein vorhanden. Der Druck zum aktiven Umweltschutz, der von Außenstehenden ausgeht, wird gemäß Punkt 2 kaum wahrgenommen. Ebenso wird nach Punkt 3 der Rückgang der Mata Atlântica noch nicht unmittelbar als Bedrohung für die Landwirtschaft empfunden. Das deutet auf eine positive Bewertung der eigenen praktizierten und eher konventionellen Landbewirtschaftung hin.

Es ist nicht ersichtlich, ob bei diesem Umweltverständnis Maßnahmen zur Erhaltung und Regeneration der Mata Atlântica ohne weitere ökonomische Anreize durchgesetzt werden können. Nach den Ausführungen des Abschnitts 3.3.2 nimmt jedenfalls das Interesse für den Naturschutz mit sich verschlechternden sozio-ökonomischen Verhältnissen ab. Und letztere können im Einflußbereich der Mata Atlântica sicherlich als schwierig bezeichnet werden.

Die Auswertung des **dritten** und umfangreichsten Teils des Fragebogens bietet Informationen über den Schritt vom Umweltbewußtsein zur Umwelthandlung sowie über die Verbreitung des betrieblichen Umweltschutzes in der Mata Atlântica. Sie werden nun innerhalb der *thematischen Fragenblöcke* zusammengefaßt und unter Beachtung relevanter Zusammenhänge interpretiert.

Durch die Ergebnisse der *Fragen 17 bis 22* können der Stellenwert des Umweltschutzes in den Betrieben und seine Interdependenzen mit den konventionellen betriebswirtschaftlichen Zielsetzungen bestimmt werden.

Die Befragten geben dem Umweltschutzziel zwar die höchste Priorität innerhalb des betrieblichen Zielsystems. Diese Bewertung wird jedoch dadurch abgeschwächt, daß die restlichen und vorwiegend ökonomisch orientierten Zielsetzungen ebenfalls sehr hoch bewertet werden und in der Merzahl sind. Deswegen kann erst mit der Analyse der Zielkomplementarität ein deutlicheres Bild der Bedeutung des Umweltschutzes für die Betriebe gezeichnet werden.

Es wird durch die Befragten eine insgesamt hohe Vereinbarkeit des Umweltschutzes mit fast allen ökonomisch orientierten Zielsetzungen signalisiert, wodurch der hohe Stellenwert des Umweltschutzes zunächst bekräftigt wird. Die Differenzierung der Ziele nach der Fristigkeit zeigt jedoch, daß eine hohe Zielkomplementarität eher bei den langfristigen Zielsetzungen und deutlich weniger bei den kurzfristigen besteht. Dadurch wird die Integration des Umweltschutzes in die Betriebsstrategie von einem Zeitfaktor abhängig gemacht, über den nicht jeder Betrieb frei verfügen kann, vor allem nicht beim Bestehen existenzieller Not.

Die hohe Einstufung und die als gut bewerteten Integrationsmöglichkeiten des Umweltschutzes in die Betriebsstrategie überraschen angesichts der schlechten ökologischen Entwicklung der Mata Atlântica in den letzten Jahren. Dieses unerwartete Ergebnis kann zwar auf der Basis der bereits beschriebenen Betriebsmerkmale mit einer überdurchschnittlich umweltbewußten Stichprobe erklärt werden. Die hohe Einstufung sowie die gute Integration des Umweltschutzes in den Betrieben werden jedoch dadurch relativiert, daß sie auf subjektiven Einschätzungen basieren, die noch wenig über die Qualität und das Ausmaß der Umwelthandlungen aussagen. Durch diesen "Filter" müssen auch die Angaben einer intensiven Befolgung der "nachhaltigen Entwicklung" gesehen werden.

Ein objektiveres Bild über das Umweltengagement kann durch die Antworten der _Fragen 23 bis 25_ gebildet werden, die genaue quantitative und qualitative Daten über den praktizierten Umweltschutz enthalten.

Der berechnete durchschnittliche Anteil der Umweltschutzausgaben am Umsatz liegt in der Stichprobe relativ hoch, was zunächst auf ein großes Umweltengagement hindeutet. Die Repräsentativität dieses Ergebnisses kann jedoch aufgrund der besonders geringen Beteiligung an der zugrundeliegenden Frage stark angezweifelt werden. Außerdem stellen die Umweltschutzausgaben lediglich ein quantitatives Kriterium dar, das noch keine endgültige Einschätzung des Umweltengagements erlaubt.

Zu einer objektiven qualitativen Bewertung des Umweltengagements können die Ergebnisse der Fragen über die praktizierten Umweltschutzmaßnahmen verhelfen. Es zeigt sich eine seltene Anwendung moderner Umweltmanagementpraktiken. Letztere sind jedoch empfehlenswert, da sie über die Kosten-Nutzen-Verhältnisse langfristiger Umweltschutzmaßnahmen aufklären. Dadurch bieten sie zusätzliche Argumente für die Durchführung von langfristigen Maßnahmen für den Schutz der Mata Atlântica.

Die am meisten verbreiteten und konventionellen Umweltschutzpraktiken, die Abfallbereitung und die Verringerung des Einsatzes agrarchemischer Mittel, nutzen der Mata Atlântica nur indirekt. Die Wiederaufforstung, die für die Regeneration der Mata Atlântica unentbehrlich erscheint, wird weniger häufig praktiziert. Insofern wird das von den Befragten angezeigte Umweltengagement aufgrund qualitativer Eigenschaften in seiner Bedeutung für die Mata Atlântica gemindert. Die Umsetzung des bislang als hoch eingestuften Umweltbewußtseins in Form von Umwelthandlungen, die für die Mata Atlântica nützlich sind, kann also als ungenügend bezeichnet werden.

Außerdem zeigt sich in der Stichprobe eine schwache Durchsetzung der Umweltgesetze, die den langfristigen Schutz der Mata Atlântica zum Ziel haben. Langfristig ausgelegte Schutzmaßnahmen sind aufgrund vorhandener Überwachungsmängel offenbar in großem Umfang auf eine freiwillige Befolgung angewiesen, die durch ökonomische Argumente allerdings schwer zu motivieren ist. Kurzfristig ausgelegte Umweltschutzmaßnahmen lassen sich demgegenüber leichter durchsetzen, da sie hinsichtlich ihrer Vorteilhaftigkeit überschaubarer sind. Durch kurzfristige Schutzmaßnahmen läßt sich jedoch kein langfristiger Schutz der Mata Atlântica erreichen.

Die Ergebnisse der *Fragen 26 bis 31* klären über die Beweggründe für den Umweltschutz auf und bilden deswegen eine wichtige Datengrundlage für die Durchsetzung des Umweltschutzes unter schlechten Überwachungsbedingungen.

Aufgrund der Auswertung dieses thematischen Fragenblocks kann gesagt werden, daß die Übernahme von Umweltschutzmaßnahmen in etwa gleichermaßen durch ökologische und ökonomische Argumente bestimmt wird. Am wichtigsten scheint die ökologische Motivation zu sein (Naturliebe und Umweltbewußtsein). Dies ist auf der einen Seite positiv zu bewerten, weil es zeigt, daß Umwelthandlungen durch Überlegungen motiviert werden können, die nicht vorwiegend ertrags- und erfolgsorientiert sind. Auf der anderen Seite ist daran negativ anzumerken, daß eine erfolgreiche Verbreitung des Umweltschutzes offenbar sehr von der persönlichen Einstellung der Entscheidungsträger in einem Betrieb abhängt. Wenn deren Umweltbewußtsein grundsätzlich gering ist, könnten Umweltschutzausgaben und -investitionen möglicherweise nicht realisiert werden, insbesondere wenn der Betrieb sich in einer wirtschaftlich schwierigen Lage befindet.

Diese Befürchtung ist weniger begründet, wenn sich Umweltschutzziele und erfolgsorientierte Ziele komplementär zueinander verhalten. Eine Zielkomplementarität wird von den Befragten in vielen Fällen bestätigt, indem sie die praktizierten Umweltschutzmaßnahmen als lukrativ bezeichnen. Die Rentabilität dieser Maßnahmen wird den Befragten zufolge allerdings eher langfristig erreicht. Das erscheint wiederum problematisch, denn die Befragten bekunden ein sinkendes Interesse für den Umweltschutz bei längeren Rentabilitätsfristen. Eine Gewinnerwartung, die erst langfristig zu realisieren ist, kann insbesondere sozio-ökonomisch schlechter gestellte Entscheidungsträger letztendlich von Umweltschutzmaßnahmen abhalten.

Die Ergebnisse dieses thematischen Fragenblocks erlauben die Folgerung, daß das Umweltbewußtsein in Gemeinsamkeit mit einer möglichst kurzfristig einsetzenden Erfolgswirksamkeit die besten Verbreitungschancen von Umweltschutzmaßnahmen sicherstellt.

Wenn diese Voraussetzungen nicht bestehen, sollten gezielt umweltpolitische Instrumente eingesetzt oder die Wirkung bestimmter Anreize genutzt werden. Sinnvolle Vorgehensweisen werden durch die Auswertungen der *Fragen 32 bis 37* angezeigt.

Eine Anwendung regulativer Instrumente ist aufgrund der Kritiken an der Umweltgesetzgebung nicht zu empfehlen. Die aktuellen Umweltgesetze, darunter auch das Dekret Nr. 750,[536] werden von den Befragten vor allem als einseitig bezeichnet. Dadurch verleiten sie unter schlechten Überwachungsbedingungen zur Mißachtung, die wiederum als Argument für die Nichtbefolgung der Gesetze verwendet wird. Das bedeutet, daß die Durchsetzung einer regulativen Politik eine verbesserte Überwachung voraussetzt. Letztere ist jedoch nicht zu erwarten, da sie einen sehr hohen staatlichen Aufwand erfordert.

Der Vergleich zwischen der Bewertung einzelner Anreize und umweltpolitischer Instrumente zeigt eine Bevorzugung des Einsatzes marktorientierter Instrumente, wobei insbesondere von Investitionshilfen eine sehr positive Wirkung zu erwarten wäre. Die Betriebe könnten bei einer derartigen Förderung von der strengen Ausrichtung nach kurzfristigen Erfolgen abrücken und auch langfristig rentable Umweltschutzinvestitionen vornehmen. Diese Möglichkeit setzt allerdings einen langfristig planenden Staat voraus, der mögliche Vorteile der Umweltschutzförderung durch sinkende Umweltreparaturkosten und höhere Steuereinnahmen erkennt.

Den Auswertungen zufolge würden ökonomische Anreize in ihrer Gesamtheit ebenfalls eine hohe Wirkung erzielen (auch bei den vermeintlich umweltbewußten Betrieben in der Stichprobe). Das signalisiert größere Durchsetzungschancen für Umweltschutzmaßnahmen und umweltschonende Bewirtschaftungsalternativen, die gewinnbringend sind. Die Vermittlung vorhandener Kenntnisse in diesem Bereich könnte insofern zu einem aktiveren Umweltschutz führen.

Andererseits können von der ökologischen Überzeugung und Naturliebe wichtige Anreize ausgehen, wie die Auswertungsergebnisse zeigen. Die Förderung des Umweltbewußtseins kann durchaus zur Durchsetzung von Umweltschutzmaßnahmen beitragen, auch wenn direkte und sofort realisierbare ökonomische Vorteile nicht ersichtlich sind.

Die Auswertungsergebnisse erlauben weitere Erkenntnisse darüber, wie die Betriebe effizient zur Durchführung von Umweltschutzmaßnahmen bewogen werden können. Die Betriebe zeigen sich mit Umweltschutzorganen und -institutionen insbesondere dann kooperativ, wenn diese eine Zusammenarbeit auf der Suche nach alternativen Wirt-

---

[536] Vgl. Abschnitt 3.3.1.

schaftsformen anbieten. In diesem Zusammenhang wurde die Idee einer Demonstrationsfarm, in der mögliche Alternativen der Vereinbarkeit von Ökonomie und Ökologie visualisiert würden, von den Befragten sehr gut aufgenommen.

Zur Entwicklung einer optimalen Strategie für die Durchsetzung von Umweltschutzmaßnahmen können auch die Auswertungen der *Fragen 38 und 39* verhelfen. Sie enthalten Hinweise auf inner- und außerbetriebliche Schwierigkeiten bei der Einführung von Umweltschutzmaßnahmen bzw. ökologisch angepaßten Wirtschaftsformen.

Nach den Auswertungsergebnissen treten Finanzierungsprobleme am häufigsten auf. Diese können nicht nur der Firmengröße, sondern auch betriebsinternen Effizienz- und Planungsmängeln zugeschrieben werden, die i. d. R. nur durch langwierige Umstellungen zu beheben sind. Unter diesen Umständen kann das Interesse für Umweltschutzmaßnahmen kurzfristig am besten durch Fördermaßnahmen, insbesondere Investitionshilfen, geweckt werden. Damit können umweltbewußte Regierungen z. T. auch die anderen häufigen Schwierigkeiten im sozio-ökonomischen Bereich zunächst umgehen, wie die Bildungsmängel der Bevölkerung und das allgemeine Desinteresse für Umweltfragen.

Weitere Behinderungen des Umweltschutzes ergeben sich durch betriebsexterne Probleme. Die schon in der Literatur- und Quellenanalyse sowie in den Expertengesprächen identifizierten Probleme (Wirtschaftskrise, politische Inkontinuität, Ineffizienz und Bürokratie, mangelnder Forschungsaustausch, Korruption sowie Bildungsmängel) wurden ausnahmslos von den Befragten als stark hinderlich eingestuft. Insofern kann eine effiziente Lösung des Umweltproblems nur über die parallele Lösung dieser nationalen Probleme erreicht werden. Sonstige externe Probleme scheinen von geringer Bedeutung zu sein, da die Befragten von der Möglichkeit einer ergänzenden Stellungnahme kaum Gebrauch machten.

In Kapitel 3.2 wurden Alternativen dargestellt, die zur Lösung der Umweltproblematik in der Mata Atlântica in Erwägung gezogen werden sollten, weil sie für unterschiedliche Parteien nützlich sein können. Die Auswertung von *Frage 42* zeigt die Beurteilung der wichtigsten Alternativen (ökologischer Anbau, nachhaltige Forstwirtschaft, Agroforstwirtschaft und am Kapitalmarkt finanzierte Forstwirtschaft) aus der Sicht der Betriebe und ermöglicht damit eine Einschätzung der Einsatznotwendigkeit von Anreizen und Instrumenten für eine breite Alternativenübernahme.

Die Durchsetzungschancen dieser Alternativen werden durch die Befragten sehr unterschiedlich bewertet. Das ist insbesondere auf die Skepsis über den betriebswirtschaftlichen Nutzen alternativer Wirtschaftsformen zurückzuführen. Die oft geäußerten Zweifel an der Rentabilität dieser Wirtschaftsformen und den Absatzmöglichkeiten der Produkte zeigen abermals, daß das Umweltbewußtsein allein - ohne ökonomische

Anreize - nicht sicher zu Umwelthandlungen bewegt. Das breite Anwendungsfeld der alternativen Wirtschaftsformen und ihre guten ökonomischen Aussichten wurden allerdings im theoretischen Teil bereits erörtert. Die Skepsis der Befragten erklärt sich deshalb eher mit geringen Ausgangsinformationen über die möglichen Alternativen bzw. mit einem schwierigen Zugang zu entsprechendem Know-how.

Die Informationspolitik der Umweltorgane wurde von den Befragten durch entsprechende Kommentare am Ende des Fragebogens kritisiert. Ursachen dafür können in der geringen Forschungsarbeit und in einem ineffizienten Informationsaustausch im Bereich der Umweltbildung gesehen werden. Dadurch wird die Vermittlung alternativer Wirtschaftsformen an Betriebe durch Regierungsorgane und Nichtregierungsorganisationen erschwert.

## 5. Erstellung von Lösungsansätzen für die Konfliktsituation in der Mata Atlântica

Die Literatur- und Quellenanalyse sowie die Primäruntersuchungen in den vorangegangenen Kapiteln stellen die Basis für die Erstellung realistischer Lösungsansätze für den Konflikt zwischen Ökonomie und Ökologie in der Mata Atlântica dar. Diese Lösungsansätze sollen - dem Rahmen der vorliegenden Arbeit entsprechend - wichtige Anregungen für die Gestaltung von Aktionsplänen sowie öffentlichen und privatwirtschaftlichen Entwicklungsstrategien zur gemeinsamen Verfolgung ökologischer und ökonomischer Ziele bieten.

Die wichtigsten Erkenntnisse aus der Literatur- und Quellenanalyse, den Expertengesprächen sowie der Befragung werden zunächst in dieser dreifachen Einteilung unter *Abschnitt 5.1* zusammengefaßt. Anschließend werden diese Erkenntnisse für die Formulierung allgemeiner und spezieller Lösungsansätze in *Abschnitt 5.2* verwendet. In *Abschnitt 5.3* werden schließlich die Verwendungsmöglichkeiten der präsentierten Lösungsansätze im Rahmen von Aktionsplänen und sonstigen Entwicklungsstrategien für die Mata Atlântica aufgezeigt.

### 5.1 Zusammenfassung der bisherigen Erkenntnisse
### 5.1.1 Erkenntnisse aus der Literatur- und Quellenanalyse

Die nachfolgenden Erkenntnisse über die Umsetzung ökologisch angepaßter Wirtschaftsformen in der Mata Atlântica werden auf der Basis der theoretischen Ausführungen des dritten Kapitels (ohne Expertenmeinungen) gebildet.

*Erkenntnisse über die Gültigkeit theoretischer Grundlagen im Untersuchungsgebiet:*
- Es bestehen grundsätzlich viele Möglichkeiten für die *Vereinbarkeit von Ökologie und Ökonomie*, insbesondere bei langfristiger Planung. Die Möglichkeiten sind oft standortunabhängig und lassen sich auch auf die Mata Atlântica übertragen.

- Die *nachhaltige Entwicklung* stellt ein sinnvolles theoretisches Konzept dar, das den Erwartungen ökologisch und ökonomisch orientierter Gruppierungen im In- und Ausland gerecht wird. Es ist jedoch relativ abstrakt und in der Praxis schwer umzusetzen.

- Eine Koppelung des Umweltschutzes an wirtschaftliche Aktivitäten kann über *marktorientierte umweltpolitische Instrumente* insgesamt effizienter und effektiver als über *regulative* erreicht werden. Speziell in der Mata Atlântica ist die regulative Umweltpolitik schwer durchzusetzen, da sie der betroffenen Bevölkerung keine Alternativen bietet und einen großen Überwachungsaufwand erfordert. Eine marktorientierte Umweltpolitik erscheint sinnvoller, da sie die Bevölkerung schnell erreicht und zu aktivem Umweltschutz besser motiviert.

*Erkenntnisse über die Anwendung alternativer Nutzungsformen und -systeme im Untersuchungsgebiet:*

- Der *ökologische Landbau* stellt eine ökonomisch-ökologische Alternative dar, die in technischer Hinsicht in der Mata Atlântica leicht umsetzbar ist. Aufgrund eingeschränkter Absatzmöglichkeiten ist eine vollständige Umstellung des konventionellen auf den ökologischen Landbau jedoch nur für eine begrenzte Anzahl von Betrieben sinnvoll, nämlich diejenigen, die eine gute Anbindung an die Absatzmärkte haben. Für die meisten Betriebe besteht die Möglichkeit der Übernahme einzelner ökologischer Bodenverbesserungsmaßnahmen. Die teilweise oder vollständige Umstellung auf den ökologischen Anbau erfordert Investitionen, die jedoch mittel- bis langfristig zu einer verbesserten Ertrags- und Gewinnsituation führen.

- Es bestehen vielfältige und in technischer Hinsicht noch nicht ausgeschöpfte Möglichkeiten für eine *nachhaltige Forstwirtschaft* mit einheimischen Arten in der Mata Atlântica, die langfristig rentabel sind. Die nachhaltige Nutzung von Primärwäldern ist allerdings aufgrund der reduzierten Restbestände und der mit ca. 25 Jahren relativ langen Umlaufzeiten schwerer durchzusetzen als die von Sekundärwäldern. Ein gutes Beispiel für die nachhaltige Forstwirtschaft in Sekundärwäldern stellt die Caixeta-Nutzung im Ribeira-Tal dar. Es bestehen außerdem viele Möglichkeiten der Aufforstung mit schnell wachsenden einheimischen Bäumen, die Wachstumszeiten von weniger als zehn Jahren aufweisen, ähnlich den exotischen Pinus- und Eucalyptusarten. Eine parallele Expansion der ökologisch weniger wertvollen, aber technisch ausgereiften und auch auf degradierten Böden erfolgreichen Forstwirtschaft mit exotischen Arten kann durch die steigende und die einheimischen Wälder belastende Holznachfrage gerechtfertigt werden.

- In der *Agroforstwirtschaft* werden die ökologischen und ökonomischen Vorteile des ökologischen Landbaus und der nachhaltigen Forstwirtschaft vereinigt. Aufgrund der Produktionsvielfalt eignet sich diese Alternative insbesondere für Subsistenzbetriebe. Die langfristige Rentabilität von Agroforstsystemen ist in Modellfarmen nachvollziehbar. Es bestehen viele, bislang kaum genutzte Möglichkeiten der Übertragung von Techniken aus dem In- und Ausland auf das Einzugsgebiet der Mata Atlântica.

- Das Potential des *nachhaltigen Extraktivismus* sekundärer Waldprodukte ist noch wenig ausgeschöpft. Es bieten sich vielfältige Möglichkeiten der nachhaltigen Gewinnung von Heilkräutern, Zierpflanzen, Kompostmaterial, Nähr- und Rohstoffen an. Der Extraktivismus konzentriert sich in der Mata Atlântica jedoch auf die ökologisch bedenkliche und hauptsächlich illegale Palmenherzgewinnung, die eine wichtige Einkommensbasis im Ribeira-Tal bildet. Die Bedeutung dieses Wirtschaftsfaktors kann durch bereits verfügbare nachhaltige Nutzungsmodelle aufrechterhalten werden. Diese sind jedoch schwer durchzusetzen, da der einheimischen Bevölkerung eine langfristige Orientiertung fehlt, bürokratische Hindernisse bestehen und die Überwachung der Palmenherzbestände unzureichend ist.

- Der *nachhaltige Bergbau* kann zu einer ökologisch und ökonomisch sinnvollen Alternative in der Mata Atlântica werden. Dafür müssen verhältnismäßig einfache technische Maßnahmen zur Wiederherstellung der Vegetationsdecke und Vermeidung der Luft- und Gewässerverschmutzung vollzogen werden. Entsprechende Vorschriften sieht das gültige Bergbaugesetz, das im Konflikt zu den Umweltschutzgesetzen steht, jedoch nicht vor. In der Kategorie des großen Tagebaus könnte ein nachhaltiger Steinkohlebergbau im Süden Brasiliens zur Erhaltung der Mata Atlântica beitragen, da die für die Eisenverhüttung im Südosten Brasiliens verwandte und aus einheimischen Wäldern produzierte Holzkohle durch Steinkohle ersetzt würde. In der Kategorie des kleinen Bergbaus könnten die Baustoffgruben und die Schwermetallschürfaktivitäten in nachhaltige und legale Aktivitäten verwandelt werden, wenn die Regierungsorgane eine technische Beratung anbieten und die Anmeldungsbürokratie verringern würden.

- Die steigende Nachfrage nach naturverbundenen Freizeit- und Erholungsmöglichkeiten kommt einer Entwicklung des *Ökotourismus* in der Mata Atlântica entgegen. Dadurch könnte zugleich der ökologisch bedenkliche Massentourismus in der Küstenzone der Mata Atlântica abgefangen werden. Im Ribeira-Tal bestehen gute natürliche und standörtliche Voraussetzungen für den Ökotourismus. Dieser ist insbesondere für die weniger rentablen Agrarbetriebe als sinnvolle Alternative zu sehen. Eine Umstrukturierung erfordert lediglich geringe Investitionen. In vielen defizitären und zugleich in der Nähe zu Agglomerationszentren liegenden Naturschutzeinheiten erscheinen die Übertragung der Ökotourismus-Verwaltung an Privatfirmen oder eine Unterstützung durch privatwirtschaftliche Sponsoren angebracht.

- Der Kapitalmarkt kann für die Mittelaufnahme bei langfristigen, nachhaltigen forstwirtschaftlichen Projekten nach dem Muster von *Precious Woods* erfolgreich genutzt werden. Weitere Anregungen für die Durchsetzung langfristiger ökologisch-ökonomischer Projekte stellen die Entwicklung einer *Umweltdienstleistungsbranche*, die Einrichtung von *Naturschutzfonds* aus Bußgeldern und "Royalties" sowie das *Sponsoring von Revegetationsprogrammen* dar.

*Erkenntnisse über spezielle Rahmenbedingungen und Faktoren, die bei der Übertragung alternativer Konzepte auf das Untersuchungsgebiet zu beachten sind:*

- Die *aktuellen Umweltgesetze* (insbesondere das Dekret Nr. 750/93)[537] sind relativ streng hinsichtlich des Schutzes der Mata Atlântica. Ihre nachhaltige Nutzung wird zwar erlaubt, womit die in Kapitel 3.2 genannten alternativen Wirtschaftsformen theoretisch unterstützt werden. In der Praxis behindert die aktuelle Gesetzgebung jedoch die Übernahme nachhaltiger Nutzungsformen durch umfangreiche und anspruchsvolle Anforderungen im wissenschaftlichen und bürokratischen Bereich. Unter diesen Bedingungen und der schlechten Überwachungssituation in der Mata Atlântica erscheint für die Bevölkerung die Fortführung konventioneller und illegaler Nutzungsformen als der leichtere Weg. Insofern sind nachhaltige Nutzungsformen und der Schutz der Mata Atlântica unter der aktuellen Gesetzgebung schwer durchsetzbar.

- Obwohl in Brasilien eine Steigerung des *Umweltbewußtseins* zu verzeichnen ist, befindet es sich noch auf relativ niedrigem Niveau. Das niedrige Umweltbewußtsein läßt sich mit den schwierigen *sozio-ökonomischen Verhältnissen* in Brasilien erklären, die u. a. auf die Wirtschaftskrise der 80er Jahre sowie auf die ungleiche und ungeregelte Landverteilung zurückzuführen sind. Die in Kapitel 3.2 geschilderten alternativen Nutzungsformen passen sich an diese sozio-ökonomische Situation insgesamt gut an. Sie erfordern in den meisten Fällen nur geringe Investitionen und bieten gute kurz- bis langfristige Einkommensperspektiven.

- Die von den *Regierungsorganen* verfolgte und streng regulative Umweltpolitik erschwert die Durchsetzung von nachhaltigen Nutzungsformen. Die unter 3.2 behandelten Alternativen werden kaum gefördert, und die Zusammenarbeit mit der Bevölkerung wird verhindert. Die Regierungsorgane stehen unter organisatorischen, politischen und finanziellen Restriktionen, die die Erfüllung ihrer Aufgaben hinsichtlich der Erhaltung der Mata Atlântica behindern. Dies könnte durch eine Intensivierung der Kooperation mit nationalen und internationalen Institutionen kompensiert werden.

---

[537] S. o. Abschnitt 3.3.1.

- Aufgrund ihrer einfachen Organisationsstruktur und starken Bevölkerungsnähe kann die Einbeziehung von *Nichtregierungsorganisationen* in die Umweltpolitik zu einer effizienteren und effektiveren Durchführung von Umweltprojekten und alternativen Nutzungsformen in der Mata Atlântica führen. Die Akzeptanz einseitig ökologisch ausgerichteter Naturschutzorganisationen durch die Regierungsorgane und die wirtschaftlich aktive Bevölkerung ist jedoch begrenzt.

### 5.1.2 Erkenntnisse aus den Expertengesprächen

Die nachfolgenden Erkenntnisse werden ausschließlich auf der Basis der Ergebnisse aus den Expertengesprächen des dritten Kapitels gebildet.[538]

*Erkenntnisse über die Gültigkeit umweltökonomischer Ansätze im Untersuchungsgebiet:*
- *Ökonomie und Ökologie* sind grundsätzlich vereinbar. Praktische Beispiele zeigen, daß durch ökologische Maßnahmen Kostensenkungen und Ertragszuwächse erreichbar sind. Eine schrittweise Ergänzung der konventionellen wirtschaftlichen Betätigung mit ökologischen Maßnahmen ist radikalen Umstrukturierungen vorzuziehen.
- Das Konzept der *nachhaltigen Entwicklung* verbreitet Skepsis, da es auf vieldeutigen und unpräzisen Begriffen basiert. Die Bedeutung der Einbeziehung ökologischer, sozialer und kultureller Aspekte in die zukünftige wirtschaftliche Entwicklung ist jedoch unumstritten. Die Verwirklichung dieser Ziele ist nur über die Annäherung und Kooperation verschiedener Institutionen und Bevölkerungsgruppen möglich und erfordert daher noch langwierige Dialoge auf nationaler und internationaler Ebene.
- Die *regulative Umweltpolitik* ist vertretbar, aber hinsichtlich Form und Inhalt mancher Umweltgesetze verbesserungswürdig. Eine allzu strenge und bürokratische Umweltpolitik kann in bezug auf den Umweltschutz kontraproduktiv wirken. Daher erscheint die Ergänzung der aktuellen Umweltpolitik mit Anreizen auf der Basis *marktorientierter Instrumente* als sinnvoll. Außerdem bestehen große Defizite in der Überwachungsleistung der Regierungsorgane. Verbesserungen in diesem Bereich sind für den Erfolg der regulativen Umweltpolitik unabdingbar.

---

[538] Vgl. Abschnitte 3.1.4, 3.2.8 und 3.3.5.

*Erkenntnisse in bezug auf alternative Nutzungsformen in der Mata Atlântica:*

- Auf dem Weg zum Schutz der Mata Atlântica sind schrittweise Effizienzverbesserungen und Erhaltungsmaßnahmen sinnvoller als eine vollständige Umstellung der konventionellen Landwirtschaft auf den *ökologischen Landbau*. Nach den Erfahrungen ökologischer Landwirte sind die ökologischen Landbautechniken leicht übertragbar. Es bestehen gute Absatzmöglichkeiten für Bioprodukte, und lediglich die mittelfristige Investitionsphase sowie die Marktanbindung sind problematisch und können die Rentabilität beeinträchtigen.

- Im Bereich der *nachhaltigen Forstwirtschaft* sind die Monokulturen mit exotischen Arten zu befürworten, da sie durch die fortgeschrittenen Techniken und die schnelle Biomasseproduktion den Abholzungsdruck von den einheimischen Wäldern nehmen. Spezielle Eucalyptusarten können in ökologischer und ökonomischer Hinsicht sinnvoll auf schlechten Böden und am Rande der Naturschutzzonen (APP) gepflanzt werden. Die nachhaltige Nutzung von Primärwäldern ist aufgrund der geringen Restbestände nicht empfehlenswert. Bei Sekundärwäldern kann die nachhaltige Forstwirtschaft in den Caixeta-Wäldern des Ribeira-Tals als Musterbeispiel betrachtet werden. Die ökologische Verträglichkeit und der ökonomische Nutzen dieser Holzexploration sind gewährleistet. Der Ausbreitung dieser Alternative steht jedoch die Genehmigungsbürokratie im Weg. Außerdem erscheint eine Wiederaufforstung mit bestimmten einheimischen Arten ökologisch sinnvoll und ökonomisch vielversprechend. Bei vielen einheimischen Baumarten sind ähnlich geringe Umlaufzeiten wie bei den schnell wachsenden exotischen Arten erreichbar.

- Die *Agroforstwirtschaft* ist in Brasilien wenig erforscht und ausgebreitet. Trotzdem kann von einer guten Übertragbarkeit ausländischer Techniken auf die Mata Atlântica ausgegangen werden. Beispiele dafür finden sich im Staat Espírito Santo. Die Durchsetzung der Agroforstwirtschaft hängt auch von einer kulturellen und sozioökonomischen Anpassung ab. Im Staat Paraná stellen die traditionellen "faxinais" eine in ökologischer und sozio-kultureller Hinsicht sinnvolle Agroforstalternative dar. Diese kann sich jedoch ohne Fördermaßnahmen gegen die ökonomisch stärkere, moderne Landwirtschaft nicht behaupten.

- In bezug auf den *nachhaltigen Extraktivismus* ist eine Intensivierung der Forschung und nachhaltigen Nutzung von Heilkräutern, Zierpflanzen, Nutzpflanzen, Früchten, Ölen, Harzen und der Apikultur aus ökologischer und ökonomischer Sicht zu befürworten. Erfolgversprechende Beispiele sind vorhanden. Das Palmenherz betreffend ist eine nachhaltige Extraktion im Ribeira-Tal unter einer einfachen Genehmigungsbürokratie und bei kulturellen Anpassungen erreichbar. Eine vorherige Verstärkung der Überwachung erscheint jedoch unverzichtbar. Außerdem kann aufgrund positiver

Versuchsergebnisse die Palmenherzproduktion in Plantagen als zukunftsreiche Alternative angesehen werden.

- Ein *nachhaltiger Bergbau* ist mit einfachen technischen Mitteln erreichbar, wofür es im Inland Musterbeispiele gibt. Er wird jedoch durch gesetzliche Konflikte zwischen dem Bergbaugesetz und den Umweltgesetzen behindert. Die komplizierte Genehmigungsbürokratie drängt außerdem zum illegalen und ökologisch bedenklichen Bergbau. Der Weg zum nachhaltigen Bergbau führt über eine verbesserte und vereinfachte Gesetzgebung, Umweltberatung und -erziehung sowie eine effizientere Überwachung.

- Der *Ökotourismus* stellt eine realistische Alternative zum Massentourismus in der Mata Atlântica dar. Dabei können die vielen Naturschutzeinheiten zum ökonomischen Vorteil der Munizipien genutzt werden. Sie werden allerdings von den Regierungsorganen schlecht verwaltet und sind derzeit unrentabel. Eine ökonomisch begründete Übertragung der Ökotourismus-Verwaltungen an Privatfirmen ist bei Staats- und Nationalparks grundsätzlich möglich. Die vorhandenen vertraglichen Voraussetzungen sind derzeit jedoch unzulänglich, ungeachtet des großen Interesses seitens der Privatwirtschaft. Viele Privatfirmen sind bereits aus Imagegründen und unabhängig von Gewinnaussichten an der Übernahme von Parkverwaltungen interessiert, wenn dafür keine bürokratischen Restriktionen bestehen.

- Eine nachhaltige Forstwirtschaft mit einer langfristigen Refinanzierung über internationale Kapitalmärkte nach dem Modell von *Precious Woods* erzeugt Skepsis bei der brasilianischen Bevölkerung. Die *Revegetation* der Flußufer ist technisch unproblematisch und aufgrund der Bildung genetischer Korridore auch ökologisch sinnvoll. In ökonomischer Hinsicht bringt die Revegation durch die hohen Kosten allerdings nur schwer erkennbare, langfristige Vorteile, so daß sie ohne Fördermaßnahmen schwer durchsetzbar bleibt. Die *Solarenergie* stellt eine fortschrittliche ökonomisch-ökologische Alternative dar, die jedoch in Anbetracht infrastruktureller Mängel in grundlegenden Bereichen politisch schwer zu rechtfertigen ist.

*Erkenntnisse bezüglich relevanter Rahmenbedingungen und Faktoren bei der Übertragung alternativer Nutzungsformen auf das Untersuchungsgebiet:*

- Die *aktuelle Umweltgesetzgebung* ist zwar umfassend, in einigen Bereichen jedoch technisch willkürlich und daher verbesserungsbedürftig. Sie sollte außerdem durch gesetzliche Anreize für Umweltschutzmaßnahmen ergänzt werden. Aus der Sicht der Privatfirmen und Regierungsorgane ist das Dekret Nr. 750/93[539] zu streng hin-

---

[539] S. o. Abschnitt 3.3.1.

sichtlich der Begriffsauffassung der Mata Atlântica und ihrer Nutzung. Es erzeugt soziale Konflikte und führt zu einer Verschlechterung der ohnehin geringen Gesetzesbefolgung. Die für die Einhaltung der Gesetze erforderliche Überwachung ist unzureichend.

- Aufgrund schwieriger *sozio-ökonomischer Verhältnisse* kann die Bevölkerung ihr *Umweltbewußtsein* nur langsam entwickeln. Obwohl es kontinuierlich ansteigt, befindet es sich noch auf niedrigem Niveau. Deswegen muß die Umweltbildung von den Regierungsorganen bevorzugt behandelt werden. Eine Erhöhung des Umweltbewußtseins und ein aktiver Schutz der Mata Atlântica müssen auch mit dem Abbau der sozialen Abhängigkeit und einer wirtschaftlichen Stabilisierung einhergehen. Nachhaltige Nutzungsprojekte haben dementsprechend nur eine Durchsetzungschance, wenn sie sozio-ökonomische Perspektiven bieten.

- Die *Regierungsorgane* sind hinsichtlich ihrer Überwachungsaufgabe aufgrund organisatorischer, politischer und finanzieller Probleme überfordert. Außerdem nehmen sie die Umweltbildungsaufgabe nicht ausreichend wahr. Diese muß trotz der schlechten Haushaltslage erweitert werden, da die Umweltbildung zur Lösung des Umweltproblems entscheidend beiträgt. Die regulative Umweltpolitik ist vertretbar, muß jedoch weiter verbessert und ergänzt werden. Zu den notwendigen Maßnahmen zählen eine Vereinfachung der Bürokratie, eine Intensivierung der Beratungsleistungen und die finanzielle Förderung von Umweltschutzmaßnahmen.

- Eine Einbeziehung von *Nichtregierungsorganisationen* in private und öffentliche Umweltschutzprogramme erscheint vorteilhaft. Die einfache Organisationsstruktur der NRO und ihr enger Kontakt zur Bevölkerung können für eine effizientere Durchsetzung von Umweltschutzmaßnahmen und die Entwicklung des Umweltbewußtseins genutzt werden. Die einseitig ökologische Haltung der NRO führt zu einer unproduktiven politischen Konfrontation mit den Regierungsorganen. Diese Situation kann erst mit der Einbeziehung qualifizierten und auch in den Wirtschaftswissenschaften ausgebildeten Personals behoben werden. Allerdings wird diese Möglichkeit durch die allgemeine Mittelknappheit erschwert. Die Kooperation mit internationalen Institutionen zur Lösung finanzieller und informationeller Probleme ist nicht immer fruchtbar.

## 5.1.3 Erkenntnisse aus der Befragung

Die nachfolgenden zusammenfassenden Erkenntnisse werden aus der in Kapitel 4.4 erfolgten Interpretation der Fragebogenergebnisse entnommen.[540]

*Erkenntnisse über den subjektiven Einfluß der Umwelt auf die untersuchten Betriebe:*
- Das Umweltbewußtsein der Betriebe in der Mata Atlântica kann als relativ hoch, aber eher passiv bezeichnet werden.
- Zu einer aktiven Verantwortungsübernahme für den Schutz der Mata Atlântica werden die Betriebe von Regierungsorganen, Nichtregierungsorganisationen, Medien und der Bevölkerung kaum gedrängt. Dafür ist das persönliche Umweltverständnis der Entscheidungsträger letztendlich entscheidend.
- Die Betriebe zeigen sich von allgemeinen Umweltschäden infolge der Zurückdrängung der Mata Atlântica wenig betroffen. Natürliche Anlässe zur Änderung der praktizierten und hauptsächlich konventionellen Wirtschaftsformen bestehen kaum.

*Erkenntnisse über den Zusammenhang zwischen dem Umweltschutz und der Betriebsstrategie und -entwicklung:*
- Der Umweltschutz hat sich als wichtige betriebliche Zielsetzung etabliert und läßt sich mit den ökonomisch orientierten Zielen insgesamt gut vereinbaren. Dabei ist die Komplementarität zwischen Umweltschutzzielen und ertragsorientierten Zielen in der langfristigen Perspektive größer.
- Die Qualität der derzeit praktizierten Umweltschutzmaßnahmen und ihre Bedeutung für die Mata Atlântica sind eher gering. Diesbezüglich hochwertige, langfristig orientierte und zugleich rentable Umweltschutzmaßnahmen kommen selten vor. Ein kurzfristiger Umweltschutz läßt sich aufgrund seiner absehbaren Vorteilhaftigkeit leichter realisieren. Gesetzlich vorgesehene und langfristig ausgelegte Umweltschutzmaßnahmen haben unter schlechten Überwachungsbedingungen einen dementsprechend geringen Durchsetzungsgrad.
- Das Umweltbewußtsein und ökonomische Vorteile bilden zusammen wichtige Beweggründe für die Übernahme von Umweltschutzmaßnahmen. Diese sind eher langfristig lukrativ, so daß ihre Durchsetzung bei geringem Umweltbewußtsein bzw.

---

[540] Dabei wird der erste Teil des Fragebogens aufgrund seiner Vorbereitungsfunktion und für die Lösungsfindung nicht unmittelbaren Relevanz ausgeklammert.

kurzfristiger Erfolgsorientierung schwieriger ist. Die Motivation zu Umweltschutzmaßnahmen ist umso größer, je schneller die positive Erfolgswirksamkeit einsetzt.

- Die regulative Umweltpolitik wird von den Befragten wenig unterstützt. Unter schlechten Überwachungsbedingungen hat sie geringe Erfolgschancen. Marktorientierte Instrumente werden für die Durchsetzung von Umweltschutzmaßnahmen deutlich besser akzeptiert als regulative Instrumente. Insbesondere Investitionshilfen hätten einen positiven Einfluß auf das Umweltengagement der Betriebe. Ökonomische Anreize, etwa in Form verbesserter Ertragsaussichten, würden ebenfalls eine große Wirkung erzielen. Ökologische Anreize spielen auch eine wichtige Rolle beim Umweltschutz. Sie ließen sich über eine Zusammenarbeit zwischen Betrieben, Regierungsorganen und Naturschutzorganisationen verstärken und sinnvoll über eine Demonstrationsfarm vermitteln.

- Finanzierungsprobleme stellen für Betriebe einen wichtigen Hinderungsgrund für die Übernahme von Umweltschutzmaßnahmen dar. Langfristig lassen sie sich durch betriebsinterne Effizienz- und Planungsverbesserungen lösen, während sie kurzfristig durch Fördermaßnahmen behoben werden können. Weitere Behinderungen erfährt der Umweltschutz durch die für Brasilien charakteristischen sozio-ökonomischen und politischen Probleme. Diese müssen insofern parallel zum Umweltproblem gelöst werden.

- Der ökologische Landbau, die nachhaltige Forstwirtschaft, die Agroforstwirtschaft sowie die am internationalen Kapitalmarkt finanzierte Forstwirtschaft sind insgesamt wenig bekannt und werden mit Skepsis betrachtet. Die Vermittlung der in Kapitel 3.2 dargestellten, positiven ökologischen und ökonomischen Auswirkungen dieser alternativen Wirtschaftsformen wird in der aktuellen Informationspolitik der Regierungsorgane und Nichtregierungsorganisationen kaum berücksichtigt.

## 5.2 Lösungsansätze auf der Basis der bisherigen Erkenntnisse

Die nun zu erstellenden Lösungsansätze für den Konflikt zwischen Ökonomie und Ökologie in der Mata Atlântica basieren auf den Erkenntnissen aus der Literatur- und Quellenanalyse, den Expertengesprächen sowie der Befragung. Die gemeinsame Verwendung dieser Erkenntnisse soll zu möglichst realistischen Lösungen führen. Denn es kann davon ausgegangen werden, daß die Durchsetzungschancen der Lösungsansätze steigen, wenn das Umweltproblem nicht nur von theoretischer, sondern auch von möglichst praxisnaher Seite betrachtet wird. Durch die Berücksichtigung der Ansichten der Experten sowie der direkt betroffenen Bevölkerung können Kompromißlösungen mit einer breiten Zustimmungsgrundlage gefunden werden.

Die nachfolgenden Lösungsansätze werden in generelle und spezielle unterteilt. Erstere beinhalten allgemeine Empfehlungen für die Gestaltung der Umweltpolitik in bezug auf die Mata Atlântica, um die Durchsetzung ökologisch angepaßter Wirtschaftsformen zu erwirken. Die zweitgenannten Lösungsansätze enthalten erfolgversprechende Anwendungsstrategien für die in der vorliegenden Arbeit diskutierten alternativen Nutzungsformen und -systeme.

### 5.2.1 Generelle umweltpolitische Lösungsansätze

- *Spezifizierung der in Umweltprogrammen anzuwendenden Maßnahmen:*

Der Weg zur Lösung des Konflikts zwischen Ökonomie und Ökologie in der Mata Atlântica kann verkürzt werden, wenn die in der Umweltpolitik und der Privatwirtschaft vorgesehenen Umweltprogramme genau definierte und gemäß praxisorientierter Untersuchungen realisierbare Maßnahmen enthalten. Zu diesen Maßnahmen können die in der vorliegenden Arbeit dargestellten alternativen Nutzungsformen und -systeme gezählt werden. Diese oder ähnlich vorzubereitende Maßnahmen sollten die in den Umweltprogrammen oft enthaltenen theoretischen Konzepte wie die "nachhaltige Entwicklung" ersetzen oder ergänzen. Denn obwohl sich letztere in der internationalen Umweltpolitik etabliert haben, bieten sie nach den Erkenntnissen der vorliegenden Untersuchung keine objektiven Maßstäbe für die Durchsetzung von Lösungen für den Konflikt zwischen Ökonomie und Ökologie.

- *Verwendung marktorientierter umweltpolitischer Instrumente:*

Die Literatur- und Quellenanalyse sowie die Befragungsergebnisse weisen auf klare Vorteile durch den Einsatz marktorientierter Instrumente in der Umweltpolitik hin, die im geringen Aufwand auf staatlicher Seite sowie in der hohen Anreizwirkung bei der wirtschaftlich aktiven Bevölkerung zu sehen sind. Besonders gute Ergebnisse sind von Investitionshilfen für Umweltschutzmaßnahmen zu erwarten. Die Experten plädieren andererseits für eine regulative Umweltpolitik, die durch Effizienz- und Überwachungsverbesserungen durchzusetzen ist. Da sie trotzdem marktwirtschaftliche Instrumente grundsätzlich befürworten, erscheint die Ergänzung der derzeit regulativen Umweltpolitk mit einfachen marktwirtschaftlichen Instrumenten zunächst als ein sinnvoller, kompromißreicher Lösungsansatz.

- *Finanzielle Förderung von Umweltinvestitionen:*

Nach den bisherigen Erkenntnissen führen nachhaltige Nutzungsformen und Umweltschutzmaßnahmen eher auf lange Sicht zu ökonomischem Erfolg. Diese sind daher unter der sozial schwächeren, kurzfristig orientierten und weniger umweltbewußten Bevölkerung schwer durchzusetzen. Eine Entschärfung der gegenwärtig bedrohlichen Situation der Mata Atlântica erfordert jedoch schnell wirksame Lösungen. Die bestehenden betrieblichen Finanzierungsengpässe lassen sich am schnellsten mit Fördermaßnahmen wie Investitionshilfen beheben, an denen sich Regierungsorgane, aber auch private Institutionen beteiligen können. Investitionen in nachhaltige Nutzungsformen sind für die langfristig planenden Regierungsorgane angesichts sinkender Umweltreparaturkosten und höherer Steuereinnahmen durchaus ökonomisch vertretbar. Die Durchsetzung öffentlicher Fördermaßnahmen kann auf politischer Ebene allenfalls scheitern, wenn die Entscheidungsträger in den Regierungsorganen eine langfristig orientierte Umweltpolitik ablehnen.

- *Umweltbildung:*

Nach den bisherigen Erkenntnissen bildet das Umweltbewußtsein eine wichtige Grundlage für Umweltinvestitionsentscheidungen und sollte daher im Rahmen von Umweltbildungsprogrammen erhöht werden. Obwohl im Untersuchungsgebiet eine steigende Tendenz im Umweltbewußtsein zu verzeichnen ist, bleibt es nach den bisherigen Erkenntnissen gering und passiv. Es dürfte nicht für eine breite Durchsetzung von Umweltschutzmaßnahmen ausreichen, die nicht gleichzeitig ökonomisch attraktiv sind. Es bestehen jedoch vielfältige Möglichkeiten für die Vereinbarkeit ökologischer und ökonomischer Ziele in der Mata Atlântica. Konkrete und breit anwendbare Alternativen werden insbesondere durch die in der vorliegenden Arbeit ausführlich dargestellten, ökologisch angepaßten Wirtschaftsformen aufgezeigt. Sie sind allerdings wenig bekannt und können durch die oft erforderliche langfristige Planung abschrecken. Deswegen sollte die Bevölkerung über diese Alternativen besser informiert werden. Durch die Veranschaulichung ihres ökonomischen Nutzens, der nach den Befragungsergebnissen neben der persönlichen Naturverbundenheit eine wichtige Entscheidungsgrundlage bildet, kann die Wahrscheinlichkeit ihrer Durchsetzung erhöht werden.

Eine allgemeine Informationsversorgung über die Vorteile ökologisch angepaßter Wirtschaftsformen und einer langfristigen Orientierung kann zunächst im Rahmen der öffentlichen Umweltbildung erfolgen. In diesem Fall muß die Umweltbildung von den Regierungsorganen - anders als bisher - als vorrangige Aufgabe behandelt und bei der Verteilung der Haushaltsmittel stärker berücksichtigt werden. Da die Umweltbildung eher langfristig wirksam wird, erfordert diese Vorgehensweise eine entsprechende staatliche Planung und Organisation mit einer langfristigen Finanzierungsbasis. Letztere kann durch eine Intensivierung oder Neugestaltung der Kooperationen mit internationalen Regierungsorganen verbessert werden, die bereits in vielfältigen Entwicklungshilfe- oder Umweltschutzprogrammen engagiert sind. Ferner bestehen Entlastungsmöglichkeiten durch eine Zusammenarbeit der Regierungsorgane mit nationalen und internationalen Nichtregierungsorganisationen. Das setzt allerdings einen entsprechenden Annäherungsprozeß zwischen diesen Institutionen auf sachlicher Basis voraus.

- *Umweltberatung:*

Den bisherigen Erkenntnissen zufolge wird das vorhandene Umweltbewußtsein nicht ausreichend ausgeschöpft, um ein für die Mata Atlântica nützliches Umweltengagement zu erzeugen. Es bestehen Informationsprobleme durch einen mangelnden Zugang der Betriebe zu umwelttechnischem Know-how sowie schwer überschaubare Genehmigungsformalitäten. Um die dadurch erzeugte Abschreckung bei der Konkretisierung komplizierter alternativer Wirtschaftsformen oder ökonomisch sinnvoller Umweltschutzmaßnahmen zu vermeiden, sollte die Umweltbildung durch eine spezielle Umweltberatung erweitert werden. In der Nähe besonderer Problemgebiete sollten lokale Beratungszentralen eingerichtet und eventuell auch Demonstrationsfarmen betrieben werden. Diese würden einerseits über die bürokratischen Formalitäten für die Genehmigung bestimmter Nutzungsformen aufklären und andererseits technische Vorgehensweisen auf der Basis des aktuellen Forschungsstands vermitteln. Der durch die Umweltberatung zusätzlich erzeugte Aufwand kann politisch gerechtfertigt werden, da nach den Erkenntnissen der vorliegenden Arbeit eine von den Regierungsorganen lokal angebotene Zusammenarbeit mit der Bevölkerung diese zur Übernahme nachhaltiger Nutzungsformen anspornt.

- *Umweltforschung:*

Eine Verbesserung der Umweltbildung setzt eine stärkere Annäherung der umweltbildenden Institutionen an entsprechende Forschungsinstitute und eventuell eine stärkere Beteiligung an Forschungsprogrammen voraus. Die bisherigen Erkenntnisse decken die Existenz von Forschungsdefiziten im Bereich nachhaltiger Nutzungsformen in der Mata Atlântica auf. Bei der Betrachtung der in der vorliegenden Arbeit dargestellten Alternativen zeigen sich technische Forschungsmängel vor allem bei der nachhaltigen Forstwirtschaft mit einheimischen Arten und in der inländischen Agroforstwirtschaft. Im ökonomischen Bereich besteht Nachholbedarf in der Erforschung der Erfolgswirksamkeit von Umweltschutzmaßnahmen und nachhaltigen Nutzungsformen.

Wenn eine wertvolle Grundlage für die allgemeine Umweltbildung und die Durchsetzung nachhaltiger Nutzungsformen in der Mata Atlântica geschaffen werden soll, muß ein stärkeres öffentliches und privates Engagement in entsprechenden Forschungsprogrammen erwirkt werden. Da in diesem Fall erst auf lange Sicht wirklich nutzbare Ergebnisse zu erwarten sind, setzt die Intensivierung der Umweltforschung eine langfristige Planung mit einer entsprechenden Finanzierungsbasis voraus. Diese erfordert allerdings langwierige politische, sozio-ökonomische und auch kulturelle Anpassungsprozesse. Kurzfristige Auswege für das Finanzierungsproblem der Umweltforschung können nationale und internationale Kooperationen im institutionellen Bereich bieten.

- *Umweltgesetzgebung:*

Die aktuellen Umweltgesetze sollten aufgrund der Erkenntnisse aus der Literatur- und Quellenanalyse, den Expertengesprächen wie auch der Befragung inhaltlich überarbeitet werden. Einerseits sollten die im Forstgesetz von 1965[541] vorgegebenen Richtwerte über die Größe der Naturschutzzonen an den aktuellen Wissenschaftsstand angepaßt werden. Andererseits sollte eine nachhaltige Nutzung der Mata Atlântica durch eine Ergänzung des Dekrets Nr. 750/93[542] mit umweltpolitischen Anreizen sowie durch eine Entschärfung der strengen bürokratischen Richtlinien gefördert werden. Das hätte einen positiven Effekt auf die Akzeptanz der Umweltgesetze und würde den Überwachungsaufwand in der Mata Atlântica reduzieren, ohne den Bestand der Mata Atlântica zu gefährden.

- *Überwachung:*

Die Mata Atlântica befindet sich derzeit in einer angespannten Konfliktsituation, bei der der Naturschutz zu einem beträchtlichen Teil durch illegale wirtschaftliche Aktivitäten verhindert wird. Nach den Experten und Befragten bestehen offensichtliche Mängel in der Überwachung der Schutzzonen, wodurch ein zusätzlicher Ansporn für Gesetzesüberschreitungen entsteht. Die Überwachung der wirtschaftlichen Aktivitäten in der Mata Atlântica muß insofern in jedem Fall verbessert werden, sowohl bei einer marktorientierten als auch einer regulativen Umweltpolitik. Bei der ersteren ist durch das Angebot an alternativen Wirtschaftsformen auf lange Sicht ein geringerer Überwachungsaufwand als bei der regulativen Umweltpolitik zu erwarten.

---

[541] S. o. Abschnitt 3.3.1.
[542] S. o. Abschnitt 3.3.1.

Um eine effizientere Überwachung zu erreichen, werden organisatorische Veränderungen und eine bessere Ausstattung der Umweltbehörden mit Überwachungsmaterialien benötigt. Dies erzeugt zusätzliche Kosten für die Regierungsorgane. Entlastungsmöglichkeiten bestehen hier durch eine Intensivierung der Kooperationen mit nationalen und internationalen sowie öffentlichen und privaten Institutionen (inklusive Naturschutzorganisationen).

- *Koordination zwischen Umweltpolitik und Wirtschaftspolitik:*

Nach den bisherigen Erkenntnissen wird die Entwicklung vom Umweltbewußtsein und Umweltengagement durch schlechte sozio-ökonomische Verhältnisse (vor allem infolge der Wirtschaftskrise und der ungleichen Landverteilung) stark behindert. Insofern würde eine ausschließlich regulative und strenge Umweltpolitik, die die wirtschaftliche Entwicklung beeinträchtigt, Übertretungen der Umweltgesetze provozieren und sich auf die Mata Atlântica schließlich negativ auswirken. Auf der anderen Seite würde eine einseitig auf Wachstum ausgelegte Wirtschaftspolitik zu einer weiteren Beeinträchtigung des Bestandes der Mata Atlântica führen. Daher wird eine gute Koordination zwischen der Umweltpolitik und der Wirtschaftspolitik gebraucht, die Kompromißbereitschaft auf beiden politischen Ebenen erfordert. Dabei sollten die in der vorliegenden Arbeit ausgeführten alternativen Nutzungsformen unterstützt werden, da sie konkrete Lösungen für diese Konfliktsituation bieten.

### 5.2.2 Anwendung nachhaltiger Nutzungsformen und -systeme

Durch die im vorigen Abschnitt aufgestellten Lösungsansätze kann der Durchsetzung ökologisch angepaßter Wirtschaftsformen in der Mata Atlântica in einer allgemeinen Weise gedient werden. Spezielle Lösungsalternativen werden durch die in Abschnitt 3.2 dargestellten nachhaltigen Nutzungsformen und -systeme geboten. Sie betreffen unterschiedliche Sachverhalte und weisen verschiedene Anwendungsvoraussetzungen auf, so daß sie von den bisher ausgeführten Lösungsansätzen unterschiedlich berührt werden. Außerdem wird die Durchsetzung dieser speziellen Alternativen von weiteren relevanten Gesichtspunkten bestimmt, die von den allgemeinen Lösungsalternativen nicht erfaßt werden. Daraus ergeben sich die folgenden einzelnen Anwendungsstrategien:

- *Ökologischer Landbau:*

Angesichts der Erkenntnisse aus den Expertengesprächen ist eine schrittweise Übernahme von Ökoanbaumethoden der vollständigen Umstellung der Agrarbetriebe auf den ökologischen Landbau vorzuziehen. Durch diese Vorgehensweise können das Investitionsrisiko vermindert und die finanzielle Belastung der Betriebe überschaubar gehalten werden, was den generell schwierigen sozio-ökonomischen Verhältnissen in der Mata Atlântica entgegenkommt. Nur bei guten Absatzerwartungen und einer guten Verkaufsinfrastruktur kommt eine vollkommene Umstellung in Betracht.

- *Nachhaltige Forstwirtschaft:*

Die nachhaltige Forstwirtschaft stellt in folgenden Fällen eine ökologisch wertvolle und zugleich ökonomisch erfolgversprechende Alternative für die Mata Atlântica dar: Erstens bei Sekundärwäldern mit einfach handzuhabenden, schnell wachsenden und am Absatzmarkt leicht zu etablierenden Holzarten, wie der im Ribeira-Tal weitverbreiteten und für die Bleistiftproduktion besonders geeigneten "caixeta" (*Tabebuia cassinoides*). Zweitens bei Plantagen mit schnell wachsenden einheimischen Baumarten, für die je nach Holzeigenschaften gute Absatzmöglichkeiten erwartet werden können (nach Abschnitt 3.2.2 u. a. die relativ schnell wachsende "bracatinga" (*Mimosa scabrella*) für die Brennholzproduktion sowie die "Brasil-Kiefer" (*Araucaria angustifolia*) für die Bau- und Möbelholzproduktion). Drittens bei Plantagen mit den exotischen Eucalyptus- und Pinusarten, die am Absatzmarkt fest etabliert und deren Produktion und Verarbeitung technisch ausgereift sind. Die in diesem Bereich von den Holzproduzenten bereits verfolgte Expansionsstrategie ist gutzuheißen, weil durch die erweiterte Holzproduktion die Mata Atlântica als Holzlieferant entlastet wird. Dabei sollte diese Expansion allerdings auf degradierte und für eine Regeneration der Mata Atlântica uninteressante Flächen beschränkt werden. Auf diesen sind bereits gute Wachstumsergebnisse und eine hohe Rentabilität erzielbar.

Die größeren ökologischen Vorteile einer nachhaltigen Holzproduktion mit einheimischen Arten können erst auf lange Sicht ausgeschöpft werden, wenn die entsprechende Forsttechnik weiter verbessert und die Absatzmärkte für einheimisches Holz entwickelt werden. Das ist zunächst über die oben bereits geforderte Intensivierung der Umweltforschung und Umweltbildung zu erreichen. Weitere Ansätze für eine bessere Erschließung der Absatzmärkte durch Nachhaltigkeitssiegel und Interessenvereinigungen ökologisch wirtschaftender Anbieter sind in Abschnitt 3.2.2 beschrieben. Außerdem können Förderprogramme für eine Etablierung der nachhaltigen Forstwirtschaft mit einheimischen Arten dazu verhelfen, die noch bestehenden Nachteile gegenüber den Plantagen mit exotischen Arten auszugleichen.

- *Agroforstwirtschaft:*

Folgt man den Erkenntnissen aus der Literatur- und Quellenanalyse sowie aus den Expertengesprächen, stellt die Agroforstwirtschaft eine unkomplizierte und insbesondere für kleine Subsistenzbetriebe gute ökologisch-ökonomische Alternative dar. Agroforstpraktiken sind trotz ausreichender wissenschaftlicher Basis in der Mata Atlântica jedoch wenig verbreitet und unzureichend bekannt. Das wird durch die Primärerhebung bestätigt. Die Agroforstwirtschaft sollte deshalb in der Umweltbildung und -beratung besonders berücksichtigt werden. Damit sich inmitten der kapitalintensiven konventionellen Landwirtschaft die Agroforstwirtschaft etablieren kann, sollten auch finanzielle Anreize in Betracht gezogen werden. Diese würden aufgrund der langfristig guten ökonomischen Perspektiven auf lange Sicht überflüssig werden. Starre traditionelle Agroforstsysteme wie die "faxinais" in Paraná würden andererseits gegen die konventionelle Landwirtschaft vermutlich nur bei längerer Förderung bestehen. Sie sind insofern nur aus ökologischer und sozio-kultureller Perspektive zu befürworten.

- *Nachhaltiger Extraktivismus sekundärer Waldprodukte:*

Die Literatur- und Quellenanalyse und die Expertengespräche lassen auf weitere gute Lösungsmöglichkeiten für den Konflikt zwischen Ökonomie und Ökologie in der Mata Atlântica durch die Erweiterung des bislang auf das Palmenherz konzentrierten Extraktivismus schließen. Entsprechende nachhaltige Nutzungsmöglichkeiten von Heilkräutern, Zierpflanzen, Nutzpflanzen, Früchten, Ölen, Harzen und Waldhonig sind wissenschaftlich bekannt und in Abschnitt 3.2.4 der vorliegenden Arbeit geschildert. Es fehlen lediglich eine Verbreitung dieser Praktiken und eine Absatzmarktentwicklung im Rahmen der Umweltbildung und -beratung.

Die Palmenherzextraktion wird durch eine ausgeprägte Nachfrage motiviert und bildet seit geraumer Zeit eine wichtige lokale Einkommensgrundlage. Daher bietet weniger ein Verbot, sondern deren Umwandlung in eine nachhaltige Tätigkeit im Sinne der aktuellen Gesetzgebung eine sinnvolle Lösung. Die erforderlichen und auf wissenschaftlicher Basis erstellten Nutzungspläne sind bereits verfügbar und bieten gute Einkommensmöglichkeiten. Trotzdem kann die nachhaltige Palmenherzextraktion nach den bisherigen Erkenntnisssen zunächst nur über eine verstärkte Überwachung in den Problemgebieten im Ribeira-Tal durchgesetzt werden. Langfristig ist sie durch eine unbürokratische Vermittlung nachhaltiger Nutzungspläne, eine Stärkung der Anbieterposition durch Interessengemeinschaften, eine Klärung der Grundbesitzverhältnisse sowie durch eine parallele Verbesserung der lokalen Bildungsmöglichkeiten zu erreichen.

- *Nachhaltiger Bergbau:*

Aufgrund reichhaltiger Rohstoffe bleibt der Bergbau in der Mata Atlântica wirtschaftlich attraktiv. Der Weg zum ökologisch nachhaltigen Bergbau geht nach der Literatur- und Quellenanalyse und den Expertengesprächen über eine Anpassung des Bergbaugesetzes an die Gesetze zum Schutz der Mata Atlântica, eine vereinfachte Genehmigungsbürokratie sowie eine effiziente Überwachung. Die technische Basis für die Schonung der Umwelt beim "kleinen" und "großen" Bergbau ist vorhanden und muß lediglich vermittelt werden, was im Rahmen der oben dargestellten Umweltbildung und -beratung erreicht werden kann.

- *Ökotourismus:*

Der Ökotourismus stellt gemäß den bisherigen Erkenntnissen eine besonders erfolgversprechende Wirtschaftsform zur Lösung der Konfliktsituation in der Mata Atlântica dar, weil dafür ein großes Nachfragepotential besteht und relativ geringe Investitionsmittel gebraucht werden. Diese Alternative eignet sich einerseits für kleine Betriebe, die wie im Ribeira-Tal in natürlich attraktiven Landschaften in der Nähe von Agglomerationsgebieten liegen. Andererseits kann der Ökotourismus zu einer für die Bevölkerung und die Regierungsorgane sinnvollen und lukrativen Wirtschaftsform in zahlreichen Naturschutzeinheiten werden. Dafür müssen die Ökotourismus-Verwaltungen der defizitären Parks auf noch zu verbessernder vertraglicher Basis an Privatfirmen übertragen werden.

- *Sonstige Alternativen und Anregungen:*

Die nachhaltige Forstwirtschaft mit einer langfristigen Refinanzierung über internationale Kapitalmärkte nach dem Modell von *Precious Woods* stellt theoretisch eine gute Alternative dar. In der Praxis wird sie jedoch von den Experten und der betroffenen Bevölkerung mit Skepsis gesehen. Eine günstige Basis für ihre Einführung in der Mata Atlântica kann insofern erst auf lange Sicht durch eine offene Informationsübermittlung geschaffen werden.

Eine *Revegetation* ist ökologisch sinnvoll, führt allerdings erst langfristig zu erkennbaren ökonomischen Vorteilen. Sie läßt sich daher ohne Fördermaßnahmen nur durchsetzen, wenn ein entsprechendes Umweltbewußtsein vorliegt. Um die Durchsetzungschancen der Revegation zu steigern, können jedoch einige der in Abschnitt 3.2.7 der vorliegenden Arbeit geschilderten Anregungen genutzt werden. Dazu zählt die Finanzierung von Revegetationsprogrammen durch Sponsoring von Privatunternehmen oder durch Geldbußen und "Royalties" aus einem einzurichtenden Naturschutzfonds. Außerdem kann dabei die Entwicklung einer Umweltdienstleistungsbranche zu einer weiteren Effizienzverbesserung und Kostenreduzierung bei der Revegetation führen.

## 5.3 Verwendung der Lösungsansätze im Rahmen von Aktionsplänen und Entwicklungsstrategien

Die genannten Lösungsansätze wurden mit dem Ziel erstellt, einen effektiveren und zugleich wirtschaftlich verträglicheren Umweltschutz in der Mata Atlântica zu erreichen. Dabei stellen sie zunächst einzelne Anregungen innerhalb eines komplexen Entwicklungsprozesses im Bereich der Mata Atlântica dar. Nun wird der Frage nachgegangen, im Rahmen welcher Planungsformen diese Lösungsansätze an die zuständigen Regierungsorgane einerseits und die wirtschaftlich aktive Bevölkerung andererseits zur Umsetzung übermittelt werden können.

Die durch die Lösungsansätze vorgeschlagenen Neuorientierungen der Umweltpolitik und der wirtschaftlichen Aktivitäten in der Mata Atlântica können beispielsweise in bereits existierende Aktionspläne für den Schutz der Mata Atlântica eingefügt werden, wie etwa den von Regierungsorganen 1992 eingeleiteten "Aktionsplan für die Implementierung der Biosphärenreserve der Mata Atlântica" oder den 1991 von der Naturschutzorganisation FSOSMA erstellten und für den gesamten Einzugsbereich der Mata Atlântica konzipierten "Aktionsplan für die Mata Atlântica".[543] Der Notwendigkeit der Umformulierung und Ergänzung dieser Pläne, die sich aufgrund veränderlicher Rahmenbedingungen und neuer Erkenntnisse ergibt, kann durch die in der vorliegenden Arbeit erstellten Lösungsansätze nachgekommen werden. Durch regelmäßige Verbesserungen können die entsprechenden Aktionspläne realitätsnäher gestaltet und letztlich effektiver gemacht werden.

Weitere Möglichkeiten der Anpassung der Umweltpolitik an die neuen Erkenntnisse und Lösungsansätze ergeben sich im Rahmen der Implementierung der Nationalen Umweltpolitik (PNMA) auf Länderebene über das in Abschnitt 3.3.3 dargestellte Nationale Umweltsystem (SISNAMA). Die zuständigen Landesumweltministerien erlassen i. d. R. zu jeder neuen Amtsperiode Richtlinien und strategische Pläne für die Gestaltung der jeweiligen Landesumweltpolitik und deren Beziehung zu anderen politischen Bereichen wie der Wirtschaftspolitik.[544] Die sich daraus ergebende umweltpolitische Aktionsbasis kann zunächst in ihrer groben Ausrichtung durch die generellen Lösungsansätze der

---

[543] Vgl. CONSÓRCIO MATA ATLÂNTICA/UNICAMP (1992), S. 43/53 ff.; CÂMARA (1991), S. 3 f./112 ff.
[544] Vgl. SMA (1993a), S. 6 f.; SMA (1992e), S. 7; SMA (1992b), S. 7.

vorliegenden Arbeit verbessert werden. Konkrete Umsetzungsmöglichkeiten dieser somit effektiver zu gestaltenden Umweltpolitk werden wiederum durch die speziellen Lösungsansätze vorgegeben. Diese können direkt in Flächennutzungsplanungen berücksichtigt werden.

Die vorliegenden Lösungsansätze können außerdem durch Nichtregierungsorganisationen im Rahmen von Entwicklungs- oder Naturschutzprogrammen genutzt werden. Die in den Lösungsansätzen vorgesehene Integrationsmöglichkeit zwischen Umweltschutz und wirtschaftlicher Entwicklung eröffnet diesen Programmen bessere Durchsetzungschancen und bietet letztendlich günstigere Perspektiven für die von den Naturschutzorganisationen angestrebte Erhaltung der Mata Atlântica.

Außerdem können die speziellen Lösungsansätze direkt von der wirtschaftlich aktiven Bevölkerung als Anregung für die Übernahme alternativer Wirtschaftsformen verstanden werden, die sowohl im Einklang mit den öffentlichen umweltpolitischen Richtlinien als auch mit ihren eigenen wirtschaftlichen Bedürfnissen liegen.

## 6. Kritische Würdigung und Ausblick

Die vorliegende Untersuchung hat gezeigt, daß vielfältige realistische Möglichkeiten zur Lösung des Konfliktes zwischen Ökonomie und Ökologie in der Mata Atlântica existieren. Die dargestellten Lösungsmöglichkeiten lassen gute Durchsetzungschancen dadurch erwarten, daß sie aufgrund von Erkenntnissen nicht nur aus einer Literatur- und Quellenanalyse, sondern auch aus Expertengesprächen und einer schriftlichen Befragung generiert wurden. Über die Primärerhebungen wurden Meinungen und Bedürfnisse von Repräsentanten umweltorientierter privater und öffentlicher Institutionen sowie der wirtschaftlich aktiven Bevölkerung im Untersuchungsgebiet eingeholt. Dadurch konnten Lösungsansätze erarbeitet werden, die für alle Beteiligten akzeptabel erscheinen.

Mit den diskutierten nachhaltigen Nutzungsformen werden spezielle Lösungen präsentiert, für deren Durchführung eine ausreichende technologische Basis besteht. Durch sie wird das wissenschaftliche Potential im Bereich ökologisch angepaßter Wirtschaftsformen jedoch nicht ausgeschöpft, so daß in dieser Hinsicht weitere Forschungsarbeiten benötigt werden. Unter Berücksichtigung der weiterhin schnell schrumpfenden Bestände der Mata Atlântica ist allerdings die Entwicklung von Durchsetzungsstrategien für die technisch realisierbaren Alternativen als vorrangige Aufgabe zu betrachten. Dem hiermit angesprochenen hohen Zeitdruck kann - gemäß den generellen Lösungsansätzen - durch die Vermittlung von technischen und bürokratischen Vorgehensweisen an die wirtschaftlich aktive Bevölkerung sowie durch ökonomisch vertretbare Fördermaßnahmen Rechnung getragen werden.

Fördermaßnahmen erzeugen wichtige kurzfristige Anreize für die Übernahme nachhaltiger Nutzungsformen, die ihre ökonomische Vorteilhaftigkeit eher auf lange Sicht entfalten und eine langfristig ausgelegte Betriebsstrategie erfordern. Eine langfristige Orientierung kann trotz Steigerung des Umweltbewußtseins unter den derzeit schwierigen sozio-ökonomischen Verhältnissen in der Mata Atlântica von den Betrieben nicht erwartet werden. Letztere würden durch Umweltinvestitionshilfen die oft mit Investitionen verbundene Umstellung von konventionellen auf alternative Wirtschaftsformen besser bewältigen. Dies würde schließlich die Durchsetzung von nachhaltigen Nutzungsformen in der Mata Atlântica beschleunigen.

Nach den Erkenntnissen der vorliegenden Untersuchung ist die Einführung von Fördermaßnahmen innerhalb der öffentlichen Umweltpolitik für den Staat auf lange Sicht ökonomisch vorteilhaft. Von der dazu erforderlichen, langfristigen staatlichen Planung kann, ebenso wie von einer entsprechenden Finanzierungsbasis, jedoch nicht ausgegangen werden. Einerseits verhindert die allgemeine politische Instabilität eine über eine politische Amtsperiode hinausgehende Planung. Andererseits stehen aufgrund der weiterhin schwierigen Finanzlage der Länder Brasiliens für die Umweltpolitik nur begrenzte Haushaltsmittel zur Verfügung. Dadurch wird die Durchsetzung langfristig ausgerichteter Lösungsansätze insgesamt erschwert. Die für die Umweltpolitik bereitgestellten Haushaltsmittel reichen derzeit kaum für die Beseitigung akuter Umweltschäden und die Überwachung von Naturschutzzonen aus. Eine zukunfts- und förderungsorientierte Umweltpolitik kann insofern kurz- bis mittelfristig nur über eine verbesserte Zusammenarbeit mit nationalen und internationalen Regierungs- und Nichtregierungsorganisationen erreicht werden.

Der wirtschaftlich aktiven Bevölkerung können ohne Belastung der öffentlichen Haushalte wirksame Anreize für ein stärkeres Umweltengagement theoretisch durch Ökosteuern, Umweltprüfungen und Umweltinformationssysteme gegeben werden. Der Einsatz dieser selbst in den Industrieländern umstrittenen und relativ wenig verbreiteten Instrumente ist jedoch aufgrund der Erkenntnisse aus den Primäruntersuchungen im Untersuchungsgebiet derzeit nicht denkbar. Obwohl diese Alternativen deswegen zunächst von den generellen Lösungsansätzen ausgeschlossen wurden, können sie sich in Zukunft zu aussichtsreichen umweltpolitischen Handlungsmöglichkeiten im Untersuchungsgebiet entwickeln.

Die vorgeschlagenen Lösungsansätze erheben daher weniger den Anspruch vollständig, als vielmehr - angesichts der gegenwärtigen Bedingungen im Untersuchungsgebiet - realistisch zu sein. Sie sind allerdings regelmäßig zu ergänzen und zu verbessern, da sie durch viele veränderliche Faktoren wie sozio-ökonomische, politische und kulturelle Verhältnisse, die das Umweltengagement im Untersuchungsgebiet mitbestimmen, beeinflußt werden. Außerdem müssen die regionalen und lokalen Unterschiede in diesen Bereichen bei der Auswahl und dem Einsatz der Lösungsansätze berücksichtigt werden.

Es ist ferner zu beachten, daß die generellen und speziellen Lösungsansätze eine wechselseitige Abhängigkeit voneinander aufweisen. So ist die Durchsetzung spezieller Lösungsansätze in Form nachhaltiger Nutzungsformen letztendlich auf bestimmte Veränderungen in der Umweltpolitik (vor allem bei der Gesetzgebung) und der Wirtschaftspolitik gemäß den generellen Lösungsansätzen angewiesen. Beispielsweise lassen sich bestimmte und erst langfristig rentable nachhaltige Nutzungsformen erst durch kurzfristige Fördermaßnahmen verbreiten.

Die Gesamtheit der Bedingungen und Abhängigkeitsverhältnisse unter den Lösungsansätzen erhöht den Komplexitätsgrad der daraufhin zu erstellenden Aktionspläne und Entwicklungsstrategien. Diese letztendlich wegweisenden Umsetzungsprogramme der durch die Lösungsansätze vorgegebenen Ideen müssen sich dabei innerhalb der Möglichkeiten der Koordination von Handlungen in verschiedenen politischen Bereichen bewegen, vornehmlich in der Umwelt- und Wirtschaftspolitik.

Aufgrund der bestehenden Defizite in den Handlungsmöglichkeiten der Regierungsorgane ist mit einer schnellen Implementierung der Lösungsansätze nicht zu rechnen, so daß die Mata Atlântica auf jeden Fall gefährdet bleibt. Insbesondere die nächsten Jahre können nur mit einer verbesserten Überwachungseffizienz ohne wesentliche Waldflächenverluste überwunden werden. Um eine entsprechende Überwachung zu gewährleisten, besteht die Möglichkeit der kurzfristigen Intensivierung der finanziellen und technischen Kooperation zwischen nationalen und internationalen Institutionen im Umweltbereich. Das kann gemäß den vorliegenden Erkenntnissen erreicht werden, wenn ein weiterer Annäherungsprozeß zwischen Regierungsorganen und Nichtregierungsorganisationen stattfindet, der auf dem gemeinsamen Sachziel des Umweltschutzes basiert.

Verbesserungen im Überwachungsbereich werden allein allerdings nicht ausreichen, um den Schutz und die Regeneration der Mata Atlântica für die künftigen Generationen zu gewährleisten. Dafür sind das zu überwachende Gebiet und der sozio-ökonomische Druck zu groß. Die Erhaltung der Mata Atlântica geht nur über eine möglichst schnelle Vereinbarkeit ökologischer und ökonomischer Ziele gemäß den Ergebnissen der vorliegenden Untersuchung. Durch die präsentierten Lösungsansätze kann eine freiwillige und flächendeckende Überwachung der Mata Atlântica rechtzeitig und bei kalkulierbarem Aufwand erreicht werden. Sie sind insofern als Schritte auf dem letzten begehbaren Weg zur Erhaltung der Mata Atlântica zu sehen.

Obwohl die in der vorliegenden Untersuchung ausgearbeiteten Lösungsansätze sich auf die Mata Atlântica beziehen, enthalten sie viele allgemeine Ideen über eine ökologisch angepaßte Nutzung von Regenwäldern und dazugehörige umweltpolitische Strategien. Die dargestellten Vorgehensweisen können durchaus auf andere Regenwaldgebiete übertragen werden, die derzeit unter ähnlichen Umständen durch konventionelle Bewirtschaftungsformen gefährdet sind.

## LITERATUR- UND QUELLENVERZEICHNIS

ABPM - Associação Brasileira de Produtores de Madeiras (Hrsg.): Revista da Madeira, Nr. 7, Vol. 2, 1993.

ADEODATO, S.: Reserva da Vale fatura US$ 3 milhões. In: Gazeta Mercantil, 28.1.93a, Relatório da Gazeta Mercantil, S. 1 - 3.

ADEODATO; S.: Desmatamento reduz cobertura vegetal a apenas 20 % no Rio. In: Gazeta Mercantil, 28.1.93b, S. 3.

ADEODATO, S.: Dematamento: Projeto da Embrapa poderá recuperar solo da Amazônia. In: Gazeta Mercantil, 25.2.94, S. 21.

ADEODATO, S.: Rio debate fórmula de repasse do ICMS. In: Gazeta Mercantil, 3.3.94, S. 15.

AHK SÃO PAULO - Deutsch-Brasilianische Industrie- und Handelskammer (Hrsg.): Brasil-Alemanha em Revista, Julho 1993, S. 10.

AITKEN, W. R. O.: Conserving the Environment; Sustaining Economic Growth. In: Canadian Business Review, Nr. 2, Vol. 16, Summer 1989, S. 17 - 21.

ALMANAQUE BRASIL 1993/1994, hrsg. v. Editora Terceiro Mundo Ltda. Rio de Janeiro 1993.

ALMANAQUE ABRIL 1994, hrsg. v. Editora Abril. São Paulo 1993.

ALZER, L. A.: As empresas e o verde. In: Ecologia e Desenvolvimento, Nr. 36, Vol. 2, 1993, S. 28.

AMELUNG, T. u. M. DIEHL: Deforestation of Tropical Rain Forests: Economic Causes and Impact on Development. Kieler Studien, Bd. 241. Tübingen 1992.

ANDERSON, D.: Economic Aspects of Afforestation and Soil Conservation Projects. In: Environmental Management and Economic Development, hrsg. v. G. Schramm u. J. J. Warford. 3. Ed. Baltimore 1991, S. 172 - 184.

ANTONIAK, J.: Green Giant. In: CA Magazine, March 1991, S. 28 - 32.

AYLÊ-SALASSIÊ: Turismo ecológico na Amazônia. In: Ecologia e Desenvolvimento, Nr. 37, Vol. 3, 1994, Suplemento S. 19.

BALARIN, R.: Madeira serrada: Cikel embarca 10 mil metros cúbicos de espécies alternativas s Filipinas. In: Gazeta Mercantil, 28.1.94, S. 14.

BARBIER, H. D.: Die grüne Mehrzweckwaffe: Fünf Thesen zur Ökosteuer. In: Frankfurter Allgemeine Zeitung, Nr. 196, 24.8.94, S. 11.

BARROS II, S. M.: Ecoturismo: Alternativas de Desenvolvimento e Conservação. In: Revista Eco-Rio, Nr. 4, Vol. 1, 1991.

BASIAGO, A. D.: Sustainable development in tropical forest ecosystems. In: The International Journal of Sustainable Development and World Ecology, Nr. 1, Vol. 1, March 1994, S. 34 - 40.

BERGAMASCO, C.: "Olho Verde" vai aguçar fiscalização. In: Gazeta Mercantil, 28.1.93, S. 4.

BERNARDES, E. u. K. NANNE: O Brasil organizado funciona. In: Veja, Nr. 6, Vol. 27, 9.2.94, S. 70 - 77.

BERNARDES, R.: Pensando verde. In: Caminhos da Terra, 23.3.94, S. 14 - 15.

BEUERMANN, G. u. C. CICHA-BEUERMANN: Gewinnerzielung und Umweltschutz - betriebliche Zielantinomien?. In: Gegenwartskunde, Heft 3, 41. Jg., 1992, S. 371 - 381.

BIOSFERA (Hrsg.): Segundo Seminário Internacional sobre Problemas Ambientais dos Centros Urbanos - ECO URBS '93 - 12 a 17 de Dezembro de 1993 - São Paulo: Volume de Resumos. São Paulo 1993.

BRÄUER, K.: Konzepte der ökologisch orientierten Betriebswirtschaftslehre. In: WiSt - Wirtschaftswissenschaftliches Studium, H. 1, 21. Jg., Januar 1992, S. 39 - 42.

BROCKMANN, C.: Die Europäer werden grün. In: Frankfurter Allgemeine Zeitung, Nr. 107, 9.5.95, S. B 5.

BROSE, M.: Grundlagen des Landbaus bei den "Völkern des Waldes". In: Das Regenwaldbuch, hrsg. v. C. Niemitz, Berlin u. Hamburg 1991, S. 97 - 106.

BRUENIG, E. F.: Mögliche Wege zur Rettung der Ökosysteme der Tropischen Regenwälder. In: Das Regenwaldbuch, hrsg. v. C. Niemitz, Berlin u. Hamburg 1991, S. 79 - 86.

BUCHHOLZ, R. A.: Corporate Responsibility and The Good Society: From Economics to Ecology. In: Business Horizons, Nr. 4, Vol. 34, July-August 1991, S. 19 - 31.

BUND - Bund für Umwelt und Naturschutz Deutschland e. V. (Hrsg.): Umwelt contra Wirtschaft? Bonn 1994.

CAESAR, R.: Umweltsonderabgaben oder Umweltsteuern?. In: Umweltpolitik mit hoheitlichen Zwangsabgaben?: Karl-Heinrich Hansmeyer zur Vollendung seines 65. Lebensjahres, hrsg. v. K. Mackscheidt, D. Ewringmann u. E. Gawel. Berlin 1994, S. 91 - 106.

CÂMARA, I. G.: Plano de Ação para a Mata Atlântica, São Paulo 1991.

CAPOBIANCO, A. M.: Não faltam leis, mas ações. In: Saneamento Ambiental, Nr. 23, 1993, S. 27.

CASTOR, A. S.: O sabor e o valor do palmito. In: Ecologia e Desenvolvimento, Nr. 37, Vol. 3, 1994, Suplemento S. 20 - 23.

CAUBET, C. G. u. B. FRANK: Manejo Ambiental em Bacia Hidrográfica: O Caso do Rio Benedito (Projeto Rio Itajaí I): Das Reflexões Teóricas s Necessidades Concretas. Florianópolis 1993.

CESP - Companhia Energética de São Paulo (Hrsg.): Turismo ambiental no reservatório de Paraibuna. Série Pesquisa e Desenvolvimento, Nr. 65. São Paulo 1992a.

CESP - Companhia Energética de São Paulo (Hrsg.): Recuperação de Áreas Degradadas. Série Pesquisa e Desenvolvimento, Nr. 59. São Paulo 1992b.

CHERU, F.: Structural Adjustment, Primary Resource Trade and Sustainable Development in Sub-Saharan Africa. In: World Development, Nr. 4, Vol. 20, 1992, S. 497 - 512.

CLARK, W. C.: Global Climate Change and Agricultural Production. In: Sustainable Agriculture and the Environment: Perspectives on Growth and Constraints, hrsg. v. V. W. Ruttan. Boulder 1992, S. 27 - 46.

COAMO - Cooperativa Agropecuária Mourãoense (Hrsg.): Jornal COAMO, Dezember 1988.

CODASP - Companhia de Desenvolvimento Agrícola de São Paulo (Hrsg.): Informativo CODASP, Nr. 43, Ano V, Março - Abril 1994.

COELHO, J. A.; PARLATO, L. C. V. u. GUIMARÃES, G. G.: SOS Mananciais - "Sistema de Fiscalização Integrada". São Paulo 1993.

COLCHESTER, M. u. L. LOHMANN: The Tropical Forestry Action Plan: What Progress? Penang 1990.

CONSÓRCIO MATA ATLÂNTICA u. UNICAMP - Universidade Estadual de Campinas (Hrsg.): Reserva da Biosfera da Mata Atlântica: Plano de Ação, Vol. I: Referências Básicas. São Paulo u. Campinas 1992.

CNRBMA - Conselho Nacional da Reserva da Biosfera da Mata Atlântica (Hrsg.): Boletim da Reserva da Biosfera da Mata Atlântica, Nr. 2, Maio 1993.

CRAMER, J. u. W. C. L. ZEGFELD: The future role of technology in environmental management. In: Futures, Nr. 5, Vol. 23, June 1991, S. 451 - 468.

CRH - Conselho Estadual de Recursos Hídricos (Hrsg.): Plano Estadual de Recursos Hídricos: primeiro plano do Estado de São Paulo - Síntese. São Paulo 1990.

CUNHA, L. H. O. u. M. D. ROUGEULLE: Comunidades Litorâneas e Unidades de Proteção Ambiental: Convivência e Conflitos; o caso de Guaraqueçaba (Paraná). São Paulo 1989.

DANZER, K.: Tropenholznutzung aus der Sicht eines international tätigen Unternehmens der Holzwirtschaft. In: Das Regenwaldbuch, hrsg. v. C. Niemitz. Berlin u. Hamburg 1991, S. 153 - 162.

DAVID, L. B.: Operação gaúcha para pôr fim destruição. In: Relatório da Gazeta Mercantil, 28.1.93, S. 2.

DIERCKE WELTATLAS, hrsg. v. Westermann Verlag. 2. Aufl. Braunschweig 1991.

DILGER, R.; JUCHEM, P. A.; LOUREIRO, W. u. S. M. P. QUEIROZ: A questão ambiental e as várzeas incorporadas produção agrícola no Estado do Paraná. Curitiba 1992.

EDWARDS, C. A.: The Importance of Integration in Sustainable Agricultural Systems. In: Agriculture, Ecosystems and Environment, Nr. 27, 1989, S. 25 - 35.

EGGER, K. u. J. KOTSCHI: Möglichkeiten für eine ökologische Agrarproduktion in der Dritten Welt. In: Ökologische Landwirtschaft: Landbau mit Zukunft. Schriftenreihe der Stiftung Ökologie und Landbau, hrsg. v. H. Vogtmann, Bd. 70: Alternative Konzepte. Karlsruhe 1991, S. 251 - 276.

EHRENSTEIN, C.: Hilfsaktion für die Wälder. In: Die Welt, 4.3.94, S. 9.

EWRINGMANN, D.: Umweltsteuern - Konzeptioneller Wandel des Abgabensystems und instrumentelle Folgen. In: Umweltpolitik mit hoheitlichen Zwangsabgaben?: Karl-Heinrich Hansmeyer zur Vollendung seines 65. Lebensjahres, hrsg. v. K. Mackscheidt, D. Ewringmann u. E. Gawel. Berlin 1994, S. 273 - 286.

FAGÁ, F. S.: Negócios em harmonia com a natureza. In: Relatório da Gazeta Mercantil, 28.1.93, S. 1.

FAGÁ, F. S.: Destruição no Espírito Santo. In: Gazeta Mercantil, 17.2.93, S. 14.

FAGÁ, F. S.: Criação do selo verde para matérias-primas florestais depende de teste. In: Gazeta Mercantil, 9.2.94, S. 12.

FAGÁ, F. S.: Restinga e mangues da Ilha do Cardoso sofrem ameaça de novas construções. In: Gazeta Mercantil, 1.3.94, S. 24.

FAGÁ, F. S.: São Paulo: Parques estaduais sob ameaça de destruição. In: Gazeta Mercantil, 4.3.94, S. 21.

FAGÁ, F. S.: Fiscalização: Poluidores do Estado de São Paulo beneficiam-se do valor irrisório das multas. In: Gazeta Mercantil, 7. - 9.5.94, S. 13.

FAGÁ, F. S.: Vale do Ribeira: Consema decide hoje se vai conceder licença para construção de Tijuco Alto. In: Gazeta Mercantil, 26.5.94, S. 13.

FAGÁ, F. S.: Desvio do São Francisco não será submetido apreciação do Ibama. In: Gazeta Mercantil, 3.8.94, S. 12.

FAGÁ, F. S.: Critério de cobrança pelo uso da água começa a ser definido em São Paulo. In: Gazeta Mercantil, 31.8.94, S. 17.

FAGÁ, F. S.: Liminar suspende licença ambiental para a construção da Usina de Tijuco Alto. In: Gazeta Mercantil, 16. - 18.9.94, S. 15.

FAGÁ, F. S.: BIRD dá prioridade a projetos já aprovados. In: Gazeta Mercantil, 1.11.94, S. 14.

FAGÁ, F. S.: Sabesp vai mudar, mas tarifa será mantida. In: Gazeta Mercantil, 21.2.95, S. 15.

FAGÁ, F. S.: Mata Atlântica: Ritmo acelerado de destruição. In: Gazeta Mercantil, 9.3.95, S. 15.

FEAM - Fundação Nacional do Meio Ambiente (Hrsg.): II Seminário Nacional da Reserva da Biosfera da Mata Atlântica. Belo Horizonte 1992.

FF - Fundação para a Conservação e a Produção Florestal do Estado de São Paulo (Hrsg.): Relatório Gerencial - Fazenda Intervales - Dezembro/92. São Paulo 1993.

FF - Fundação para a Conservação e a Produção Florestal do Estado de São Paulo (Hrsg.): Fazenda Intervales: Relatórios gerenciais, Janeiro - Março 1994.

FF- Fundação para a Conservação e a Produção Florestal do Estado de São Paulo (Hrsg.): Fazenda Intervales. Série Ecoturismo, Broschüre, o. J.

FISCHER WELTALMANACH 1995, hrsg. v. Dr. M. v. Baratta, Frankfurt a. M. 1994.

FÖRSTER, H.: Ökosteuern als Instrument der Umweltpolitik? Darstellung und Kritik einiger Vorschläge. Beiträge zur Wirtschafts- und Sozialpolitik 178/2/1990, hrsg. v. Institut der Deutschen Wirtschaft Köln. Köln 1990.

FRANK, J.: Kollektive oder individuelle Steuerung der Umwelt?. In: Kritische Justiz, H.1, 22. Jg., 1989, S. 36 - 55.

FUNDAÇÃO SOS MATA ATLÂNTICA (Hrsg.): Atlas do Seminário Internacional "Manejo Racional de Florestas Tropicais" Realizado no Rio de Janeiro, 20/21 Junho 1988. São Paulo 1988.

FUNDAÇÃO SOS MATA ATLÂNTICA (Hrsg.): Dossiê Mata Atlântica 1992. São Paulo 1992a.

FUNDAÇÃO SOS MATA ATLÂNTICA (Hrsg.): Planejamento para o Triênio 1993 - 1995. São Paulo 1992b.

FUNDAÇÃO SOS MATA ATLÂNTICA (Hrsg.): Boletim Informativo, Nr. 2, Ano IV, Maio 1992c.

FUNDAÇÃO SOS MATA ATLÂNTICA (Hrsg.): Boletim Informativo, Nr. 4, Ano IV, Setembro/Outubro 1992d.

FUNDAÇÃO SOS MATA ATLÂNTICA (Hrsg.): Jornal SOS Mata Atlântica, Nr. 4, Ano V, Outubro/Novembro 1993.

FUNDAÇÃO SOS MATA ATLÂNTICA (Hrsg.): Jornal SOS Mata Atlântica, Nr. 5, Ano V, Dezembro 1993/Janeiro 1994.

FUNDAÇÃO SOS MATA ATLÂNTICA (Hrsg.): Jornal SOS Mata Atlântica, Nr. 3, Ano VI, Junho/Julho/Agosto 1994a.

FUNDAÇÃO SOS MATA ATLÂNTICA (Hrsg.): Jornal SOS Mata Atlântica, Nr. 4, Ano VI, Setembro/Outubro 1994b.

FUNDAÇÃO SOS MATA ATLÂNTICA (Hrsg.): Jornal SOS Mata Atlântica, Nr. 1, Ano VII, Janeiro/Fevereiro 1995.

FUNDAÇÃO SOS MATA ATLÂNTICA u. INPE - Instituto Nacional de Pesquisas Espaciais (Hrsg.): Atlas da Evolução dos Remanescentes Florestais e Ecossistemas Associados no Domínio da Mata Atlântica no Estado de São Paulo no Período 1985 - 1990. São Paulo 1992a.

FUNDAÇÃO SOS MATA ATLÂNTICA u. INPE - Instituto Nacional de Pesquisas Espaciais (Hrsg.): Estado de São Paulo: Remanescentes de Mata Atlântica e Ecossistemas Associados. Karte, Maßstab 1 : 1.500.000. São Paulo 1992b.

FUNDAÇÃO SOS MATA ATLÂNTICA u. INPE - Instituto Nacional de Pesquisas Espaciais (Hrsg.): Estado do Paraná: Evolução dos Remanescentes Florestais e Ecossistemas Associados do Domínio da Mata Atlântica, Período 1985 - 1990. Karte, Maßstab 1 : 1.700.000. São Paulo 1992c.

FUNDAÇÃO SOS MATA ATLÂNTICA u. INPE - Instituto Nacional de Pesquisas Espaciais (Hrsg.): Atlas da Evolução dos Remanescentes Florestais e Ecossistemas Associados no Domínio da Mata Atlântica no Estado do Paraná no Período 1985 - 1990. São Paulo 1992/3.

FUNDAÇÃO SOS MATA ATLÂNTICA u. INPE - Instituto Nacional de Pesquisas Espaciais (Hrsg.): Mata Atlântica: Evolução dos Remanescentes Florestais e Ecossistemas associados do Domínio da Mata Atlântica no Período 1985 - 1990 - Relatório. São Paulo 1993.

GAWEL, E.: Vollzug von Umweltabgaben in Theorie und Praxis. In: Umweltpolitik mit hoheitlichen Zwangsabgaben?: Karl-Heinrich Hansmeyer zur Vollendung seines 65. Lebensjahres, hrsg. v. K. Mackscheidt, D. Ewringmann u. E. Gawel. Berlin 1994, S. 191 - 210.

GLAESER, B.: Ökonomische Konsequenzen ökologisch orientierter Landwirtschaft in Ostafrika. Reihe IIUG-preprints, hrsg. v. Wissenschaftszentrum Berlin, Internationales Institut für Umwelt und Gesellschaft, Nr. III/78-11. Frankfurt/New York 1978.

GLÄSSER, E. u. K. VOSSEN: Aktuelle landschaftsökologische Probleme im Rheinischen Braunkohlerevier: Ein Beitrag zu den Arealkonflikten zwischen Bergbau, Landwirtschaft und Wasserhaushalt. In: Geographische Rundschau, Heft 5, 37. Jg., Mai 1985, S. 258 - 266.

GLÄSSER, E; SCHMIED, M. W.; SCHWACKENBERG, J.; SEIDEL, A. u. M. WEPS: Die Fischwirtschaft in Deutschland: Eine wirtschaftsgeographische Analyse. Saarbrücken: Dadder, 1994.

HANSMEYER, K.-H.: Umweltpolitische Ziele im Steuer- und Abgabensystem aus finanzwissenschaftlicher Sicht. In: Umweltschutz durch Abgaben und Steuern: 7. Trierer Kolloquium zum Umwelt- und Technikrecht vom 22. bis 24. September 1991. Umwelt- und Technikrecht, Bd. 16. Heidelberg 1992, S. 1 - 14.

HANSMEYER, K.-H. u. H. K. SCHNEIDER: Umweltpolitik: Ihre Fortentwicklung unter marktsteuernden Aspekten. 2. Aufl. Göttingen 1992.

HARMS, G.: Einkaufsbummel im Holzparadies? - Verzicht auf Hölzer aus Primärwäldern und sinnvolle Alternativen. In: Das Regenwaldbuch, hrsg. v. C. Niemitz. Berlin u. Hamburg 1991, S. 163 - 170.

HARTENSTEIN, L.: Internationale Partnerschaft zur Erhaltung der Tropischen Regenwälder. In: Das Regenwaldbuch, hrsg. v. C. Niemitz. Berlin u. Hamburg 1991. S. 185 - 196.

HAUFF, V. (Hrsg.): Unsere gemeinsame Zukunft: Der Brundtland-Bericht der Weltkommission für Umwelt und Entwicklung. Greven 1987.

HETTLER, J.: Bodenschätze in den Gebieten der Tropischen Regenwälder. In: Das Regenwaldbuch, hrsg. v. C. Niemitz. Berlin u. Hamburg 1991, S. 29 - 50.

HIRSZMAN, M.: Áreas do cerrado e da Mata Atlântica são reconhecidas como reservas da biosfera. In: Gazeta Mercantil, 11.10.93, S. 12.

HOLCOMB, J. M.: How greens have grown. In: Business and Society Review, Vol. 75, Fall 1990, S. 20 - 25.

HUISINGH, D.: Good Environmental Practices, Good Business Practices. FS II 88-409, hrsg. v. Wissenschaftszentrum Berlin für Sozialforschung GmbH. Berlin 1988.

IBAMA - Instituto Brasileiro de Meio Ambiente e dos Recursos Naturais Renováveis et al. (Hrsg.): O Manejo de Rendimento Sustentado do Palmiteiro Juçara. São Paulo 1993.

IBGE - Fundação Instituto Brasileiro de Geografia e Estatística (Hrsg.): Brasil - uma Visão Geográfica dos Anos 80. Rio de Janeiro 1988.

IBGE - Fundação Instituto Brasileiro de Geografia e Estatística (Hrsg.): Anuário Estatístico do Brasil 1990. Rio de Janeiro 1990a.

IBGE - Fundação Instituto Brasileiro de Geografia e Estatística (Hrsg.): Diagnóstico Brasil - A Ocupação do Território e o Meio Ambiente. Rio de Janeiro, 1990b.

IBGE - Fundação Instituto Brasileiro de Geografia e Estatística (Hrsg.): Anuário Estatístico do Brasil 1993. Rio de Janeiro 1993a.

IBGE - Fundação Instituto Brasileiro de Geografia e Estatística (Hrsg.): Mapa de Vegetação do Brasil. Karte, Maßstab 1 : 5.000.000. 2. Ed. Rio de Janeiro 1993b.

INSTITUTO BIODINÂMICO (Hrsg.): Boletim do Instituto Biodinâmico de Desenvolvimento Rural, Nr. 71, Vol. 11, Outono 1994.

KENNEWEG, H.: Regenwaldnutzung zwischen Restriktion und Raubbau - Zweifelhafte Musterlösungen in Indonesien. In: Das Regenwaldbuch, hrsg. v. C. Niemitz. Berlin u. Hamburg 1991, S. 21 - 28.

KFPC - Indústrias Klabin de Papel e Celulose S. A. (Hrsg.): Broschüre, o. J.

KFW - Kreditanstalt für Wiederaufbau ( Hrsg.): Projektprüfungsbericht Brasilien: Schutz des tropischen Küstenwaldes (Mata Atlântica) im Staat São Paulo. Frankfurt a. M. 1990.

KFW - Kreditanstalt für Wiederaufbau: Garantievertrag vom 17.12.93 zwischen der Kreditanstalt für Wiederaufbau, Frankfurt a. M. u. der Föderativen Republik Brasilien zum Darlehns- und Finanzierungsvertrag zwischen der KfW u. dem Bundesstaat São Paulo über das Darlehen in Höhe von DM 15 Millionen zum Schutz des Tropenwaldes "Mata Atlântica" im Staat São Paulo. Frankfurt 1993.

KIRIZAWA, M.; CHU, E. P. u. M. I. M. S. LOPES: Relatório do Programa Mata Atlântica, hrsg. v. Instituto de Botânica - Secretaria do Meio Ambiente/SP. São Paulo 1993.

KLAFFKE, O.: Naturschutz zahlt sich aus. In: Die Welt, 8.10.93, S. 9.

KLEMMER, P.: $CO_2$-Abgaben - eine kritische Bestandsaufnahme aus empirischer Sicht. In: Umweltpolitik mit hoheitlichen Zwangsabgaben?: Karl-Heinrich Hansmeyer zur Vollendung seines 65. Lebensjahres, hrsg. v. K. Mackscheidt, D. Ewringmann u. E. Gawel. Berlin 1994, S. 321 - 330.

KOHLHEPP, G.: Probleme der Landwirtschaft: Grundnahrungsmittelerzeugung versus Energiepflanzen- und Exportproduktion. In: Zeitschrift für Kulturaustausch, Nr. 3, 33. Jg., 1983, S. 352 - 376.

LAMPRECHT, H.: Waldbau in den Tropen: Die tropischen Waldökosysteme und ihre Baumarten - Möglichkeiten und Methoden zu ihrer nachhaltigen Nutzung. Hamburg u. Berlin 1986.

LEITE, M.: O paraíso ainda está verde. In: Folha de São Paulo, 29.5.94, S. 6-17.

LÉLÉ, S. M.: Sustainable Development: A Critical Review. In: World Development, Nr. 6, Vol. 19, 1991, S. 607 - 621.

LEONORA, A.: Política Ambiental: Problemas críticos de Santa Catarina são debatidos. In: Gazeta Mercantil, 1.2.94, S. 16.

LOCATELLI, C.: Palmito dá mais lucro sem destruir. In: Relatório da Gazeta Mercantil, 28.1.93a, S. 1.

LOCATELLI, C.: A pressão dos madeireiros. In: Relatório da Gazeta Mercantil, 28.1.93b, S. 2.

LOCKERETZ, W.: Problems in Evaluating the Economics of Ecological Agriculture. In: Agriculture, Ecosystems and Environment, Nr. 27, 1989, S. 67 - 75.

LÖRCHER, M.: Programmierter Umweltschutz: Betriebliche Informationssysteme. In: Frankfurter Allgemeine Zeitung, Nr. 107, 9.5.95, S. B 6.

LORENZI, H.: Árvores Brasileiras: Manual de identificação e cultivo de plantas arbóreas nativas do Brasil. Nova Odessa 1992.

MAIER-RIGAUD, G.: Anreize zur Erreichung umweltpolitischer Ziele. In: Ökologische Marktwirtschaft in Europa, hrsg. v. M. Vohrer. 1. Aufl. Baden-Baden 1992, S. 50 - 79.

MÁRMORA, L.: "Sustainable Development" im Nord-Süd-Konflikt: Vom Konzept der Umverteilung des Reichtums zu den Erfordernissen einer globalen Gerechtigkeit. In: Prokla, H. 86, Nr. 1, 22. Jg., 1992, S. 34 - 46.

MEADOWS, D. H. et al.: The Limits to Growth: A Report for the Club of Rome's Project on the Predicament of Mankind. 2. Ed. New York 1974.

MELO, A. R.: Centro ambiental busca recursos para preservação. In: Relatório da Gazeta Mercantil, 28.1.93, S. 2.

MILARÉ, E. u. A. H. V. BENJAMIN: Estudo Prévio de Impacto Ambiental: Teoria, Prática e Legislação. São Paulo 1993.

MÖNNINGER, M.: Das Überlebensspiel: Deutsche Vorbereitungen zum UN-Umweltgipfel 1992 in Rio. In: Die F.A.Z. und die Umwelt - viele Themen - Eine Auswahl von Beiträgen und Themen aus den Jahren 1991 und 1992 in der Frankfurter Allgemeinen Zeitung. 2. Aufl. Aschaffenburg 1993, S. 26 - 29.

MONTEIRO, M.: Mineração com novas regras. In: Ecologia e Desenvolvimento, Nr. 32, Vol. 2, 1993, S. 12.

MOTTA, R. S.: Recent Evolution of Environmental Management in the Brazilian Public Sector: Issues and Recommendations. In: Environmental Management in Developing Countries. Schriftenreihe Development Centre Seminars of the OECD, hrsg. v. D. Eröcal. Paris 1991.

NIEMITZ, C.: Die Tropischen Regenwälder und die Entwicklungsproblematik in der Dritten Welt. In: Das Regenwaldbuch, hrsg. v. C. Niemitz. Berlin u. Hamburg 1991, S. 67 - 78.

NITSCH, M.: Die Rolle der internen politisch-administrativen Strukturen und der externen Geldgeber bei der Zerstörung tropischer Wälder - der Fall des brasilianischen Amazoniens. In: Kieler Geographische Schriften, hrsg. v. J. Bähr, C. Corves u. W. Noodt, Bd. 73. Kiel 1989, S. 63 - 85.

NITSCH, M.: Ökosystem vs. soziales System: Schnittstellenanalyse am Beispiel der Flächennutzungsplanung ("Zoneamento") im brasilianischen Amazonien. Diskussionspapiere des Lateinamerika-Instituts der Freien Universität Berlin. Berlin 1991.

NUTZINGER; H. G.: Zur Anwendbarkeit ökonomischer Instrumente in der Umweltpolitik. In: Präventive Umweltpolitik: Beiträge zum 1. Mainzer Umweltsymposium, hrsg. v. H. Bartmann u. K. D. John. Wiesbaden 1992, S. 27 - 48.

O. V.: Medicamentos base de plantas na Klabin. In: Revista Celulose e Papel, Nr. 34, Vol. 7, Julho/Agosto 1991, S. 18 - 21.

O. V.: Werbung Banco do Brasil. In: The Economist, 7.12.1991, Survey S. 14.

O. V.: Quadro de Avaliação da Reserva da Biosfera da Mata Atlântica. In: Boletim da Reserva da Biosfera da Mata Atlântica, Nr.2, Maio 1993, S. 3.

O. V.: Betrieblicher Umweltschutz gerade in der Rezession wichtig. In: Frankfurter Allgemeine Zeitung, Nr. 136, 16.6.93, S. 21.

O. V.: Der schnelle Tod des Tropenwaldes. In: Die Welt, 11.8.93, S. 3.

O. V.: Unternehmer fordern ökologisches Wirtschaften. In: Frankfurter Allgemeine Zeitung, Nr. 197, 26.8.93, S. 16.

O. V.: Wo es in Europa noch Wälder gibt. In: Frankfurter Allgemeine Zeitung, Nr. 202, 1.9.93, S. N 1.

O. V.: A invasão ecológica. In: VEJA, 8.9.93, S. 68.

O. V.: Umweltschutz bietet Chancen. In: Frankfurter Allgemeine Zeitung, Nr. 240, 15.10.93, S. 17.

O. V.: Töpfer wirbt für Umwelt-Management. In: Frankfurter Allgemeine Zeitung, Nr. 243, 19.10.93, S. 15.

O. V.: Florestas: Reunião discute projetos do Programa Piloto. In: Gazeta Mercantil, 22.2.94, S. 21.

O. V.: Preservação: Autorizada ação emergencial para o Parque Jacupiranga. In: Gazeta Mercantil, 25.2.94, S. 21.

O. V.: Europäische Umweltpreise für deutsche Betriebe. In: Frankfurter Allgemeine Zeitung, Nr. 104, 5.5.94, S. 16.

O. V.: Conservação: Ministério anunciará liberação de recursos. In: Gazeta Mercantil, 11.5.94, S. 14.

O. V.: A força do imposto verde. In: Veja, Nr. 20, 27. Jg., 18.5.94, S. 54.

O. V.: Künftige EU-Mitglieder mit Umwelt-Steuern. In: Frankfurter Allgemeine Zeitung, Nr. 188, 15.8.94, S. 11.

O. V.: SPD für bessere Nutzung der Ressourcen. In: Frankfurter Allgemeine Zeitung, Nr. 195, 23.8.94, S. 2.

O. V.: Unternehmen und Umweltschützer fordern ökologische Steuerreform. In: Frankfurter Allgemeine Zeitung, Nr. 215, 15.9.94, S. 15.

O. V.: Umwelt-Prüfungen privat organisieren. In: Frankfurter Allgemeine Zeitung, Nr. 251, 28.10.94, S. 17.

O. V.: Sie planen das betriebliche Öko-Gutachten. In: Frankfurter Allgemeine Zeitung, Nr. 258, 5.11.94, S. 43.

O. V.: Kohleimport gestiegen. In: Frankfurter Allgemeine Zeitung, Nr. 265, 14.11.94, S. 15.

O. V.: TÜV: Öko-Audit bringt Wettbewerbsvorteile. In: Frankfurter Allgemeine Zeitung, Nr. 103, 4.5.95, S. 17.

PADEL, S.: Die Ökonomie des ökologischen Landbaus. In: Ökologische Landwirtschaft: Landbau mit Zukunft. Schriftenreihe der Stiftung Ökologie und Landbau, hrsg. v. H. Vogtmann, Bd. 70: Alternative Konzepte. Karlsruhe 1991, S. 211 - 226.

PIMENTEL, D.; CULLINEY, T. W.; BUTTLER, I. W.; REINEMANN, D. J. u. K. B. BECKMANN: Low-Input Sustainable Agriculture Using Ecological Management Practices. In: Agriculture, Ecosystems and Environment, Nr. 27, 1989, S. 3 - 24.

PINHO, I. M. V.: A educação ambiental e o gerenciamento ambiental integrado. In: Saneamento Ambiental, Nr. 23, 1993, S. 12 - 15.

POR, F. D.: Sooretama, the Atlantic Rain Forest of Brazil. Den Haag 1992.

PRECIOUS WOODS (Hrsg.): Broschüre. Zürich 1993.

PRECIOUS WOODS (Hrsg.): Precious Woods News, Herbst/Winter 1994a. Zürich.

PRECIOUS WOODS: Broschüre. Zürich 1994b.

PRIMAVESI, A.: Manejo Ecológico de Pragas e Doenças: Técnicas Alternativas para a Produção Agropecuária e defesa do Meio Ambiente. São Paulo 1990.

PRIMAVESI, A.: Agricultura Sustentável: Manual do Produtor Rural. São Paulo 1992.

REBRAF - Rede Brasileira Agroflorestal (Hrsg.): Agroforstliche Informationen, Nr. 1, 1. Jg., Mai 1993a.

REBRAF - Rede Brasileira Agroflorestal (Hrsg.): Informativo Agroflorestal, Nr. 3, Vol. 5, Setembro 1993b, Rio de Janeiro.

REBRAF - Rede Brasileira Agroflorestal (Hrsg.): Informativo Agroflorestal, Nr. 4, Vol. 5, Dezembro 1993c.

REBRAF - Rede Brasileira Agroflorestal (Hrsg.): Agroforstliche Informationen, Nr. 1, 2. Jg., Januar 1994a.

REBRAF - Rede Brasileira Agroflorestal (Hrsg.): Informativo Agroflorestal, Nr. 2, Vol. 6, Junho 1994b.

REDE DE ONGS DA MATA ATLÂNTICA (Hrsg.): Jornal da Mata Atlântica, Nr. 4, Ano I, Outubro/Novembro 1993.

REIS, A.; REIS, M. S. u. A. C. FANTINI: Manejo sustentado de *Euterpe edulis*, Registro 1993.

RIBEIRO, R. J.; PORTILHO, W. G.; REIS, A.; FANTINI, A. C. u. M. S. dos REIS: O manejo sustentado do palmiteiro no Vale do Ribeira. In: Florestar Estatístico, hrsg. v. Fundação para a Conservação e a Produção Florestal do Estado de São Paulo, Nr. 2, Vol. 1, Julho/Outubro 1993. São Paulo.

RICCIARDI, C. T. R.: Compromissos Legais: Legislação Mineral, Ambiental e Fiscal. In: Seminário de Matérias-Primas e Mineração, 8. - 9.12.93. São Paulo.

RICH, B.: Do World Bank Loans Yield Deforested Zones?. In: Business and Society Review, Vol. 75, Fall 1990, S. 10 - 14.

ROSA, E.: Desmatamento clandestino ameaça área mineira. In: Gazeta Mercantil, 28.1.93a, Relatório da Gazeta Mercantil, S. 1.

ROSA, M. A.: Fundação conclui mapa da região. In: Relatório da Gazeta Mercantil, 28.1.93b, S. 3.

RYAN, J. C.: Produkte aus dem Regenwald. In: World Watch, July/August 1991, S. 22 - 30.

RUTTAN, V. W.: Concerns about Resources and the Environment. In: Sustainable Agriculture and the Environment: Perspectives on Growth and Constraints, hrsg. v. V. W. Ruttan. Boulder 1992, S. 3 - 10.

SAA - Secretaria de Agricultura e Abastecimento de São Paulo et al. (Hrsg.): Aproveitamento Racional de Florestas Nativas. São Paulo 1986.

SAA - Secretaria de Agricultura e Abastecimento de São Paulo / Coordenadoria de Assistência Técnica Integral (Hrsg.): Florestas: Sistemas de Recuperação com Essências Nativas. Campinas 1993.

SANCHEZ, P.: Tropical Regions Soils Management. In: Sustainable Agriculture and the Environment: Perspectives on Growth and Constraints, hrsg. v. V. W. Ruttan. Boulder 1992, S. 113 - 124.

SANTOS, R.: A natureza sobre trilhos. In: Ecologia e Desenvolvimento, Nr. 42, Vol. 3, 1994, Suplemento S. 20.

SBS - Sociedade Brasileira de Silvicultura (Hrsg.): A Conservação da Natureza e o Patrimônio Florestal Brasileiro. São Paulo 1987.

SBS - Sociedade Brasileira de Silvicultura (Hrsg.): A Sociedade Brasileira e seu Patrimônio Florestal. São Paulo 1990.

SBS - Sociedade Brasileira de Silvicultura (Hrsg.): Atividade Florestal no Brasil: Ações Necessárias sua Implementação. São Paulo 1991a.

SBS - Sociedade Brasileira de Silvicultura (Hrsg.): Forest Activity in Brazil: Necessary Actions for its Implementation. São Paulo, September 1991b.

SBS - Sociedade Brasileira de Silvicultura (Hrsg.): Revista Silvicultura, Nr. 51, Vol. 13, Setembro/Outubro 1993a.

SBS - Sociedade Brasileira de Silvicultura (Hrsg.): Revista Silvicultura, Nr. 52, Vol. 14, Novembro/Dezembro 1993b.

SCHALTEGGER, S. u. A. STURM: Erfolgskriterien ökologieorientierten Managements - Interdependenzen zur staatlichen Umweltpolitik. In: Ökonomie und Ökologie: Ansätze zu einer ökologisch verpflichteten Marktwirtschaft, hrsg. v. M. Hauff u. U. Schmid. Stuttgart 1992, S. 195 - 218.

SCHÄFER, H.; KRIEGER, H. u. H. BOSSEL: Process-Oriented Models for Simulation of Growth Dynamics of Tropical Natural and Plantation Forests. In: Tropical Forests in Transition: Ecology of Natural and Anthropogenic Disturbance Processes, hrsg. v. J. G. Goldammer. Basel - Boston - Berlin 1992, S. 191 - 224.

SCHÄFFER, W. B.: Quanto vale uma semente de árvore nativa? Blumenau 1989.

SCHETTINO, A. L.: Parque do Rio Doce reabre ao público. In: Gazeta Mercantil, 28.1.93, Relatório da Gazeta Mercantil, S. 3.

SCHMID, U.: Unternehmerische Rationalität im Lichte der ökologischen Frage. In: Ökonomie und Ökologie: Ansätze zu einer ökologisch verpflichteten Marktwirtschaft, hrsg. v. M. Hauff u. U. Schmid. Stuttgart 1992, S. 163 - 194.

SCHMIDT-WULFEN, W.: Ökonomie und Ökologie im Konflikt. In: Praxis Geographie, H. 9, 22. Jg., September 1992a, S. 6 - 10.

SCHMIDT-WULFEN, W.: Ökologisches "Fehlverhalten" - Ökologische "Verantwortungslosigkeit"? In: Praxis Geographie, H. 9, 22. Jg., September 1992b, S. 11 - 14.

SCHMITZ-SANDER, U.: Eine Marke braucht Umweltkompetenz. In: Frankfurter Allgemeine Zeitung, Nr. 225, 27.9.94, S. B 3.

SCHORSCH, J.: Are Corporations Playing Clean With Green?. In: Business and Society Review, Vol. 75, Fall 1990, S. 6 - 9.

SEMA - Secretaria de Estado do Meio Ambiente / IAP - Instituto Ambiental do Paraná (Hrsg.): Proteção da Floresta Atlântica no Estado do Paraná. Curitiba, 1991.

SEMA - Secretaria de Estado do Meio Ambiente / IAP - Instituto Ambiental do Paraná (Hrsg.): Projeto Floresta Atlântica. Curitiba 1993a.

SEMA - Secretaria de Estado do Meio Ambiente / IAP - Instituto Ambiental do Paraná (Hrsg.): IAP - Perfil Institucional. Curitiba 1993b.

SERRA, N.: São Paulo lidera devastação. In: Relatório da Gazeta Mercantil, 28.1.93a, S. 4.

SERRA; N.: Mosaico de ecossistemas. In: Gazeta Mercantil, 28.1.93b, S. 4.

SERRA, N.: Carga poluidora lançada diariamente nas águas do Tietê é reduzida em 40 %. In: Gazeta Mercantil, 19. - 21.2.94.

SERRA, N.: Governo Federal decide ceder a Ilha do Cardoso ao Estado de São Paulo. In: Gazeta Mercantil, 23.2.94, S. 13.

SERRA, N.: Compensação financeira: Barra do Turvo e Iporanga, no Vale do Ribeira, são os maiores beneficiados. In: Gazeta Mercantil, 3.3.94, S. 15.

SERRA, N.: Macrozoneamento: Governo irá acelerar programa do Vale do Ribeira. In: Gazeta Mercantil, 18.3.94, S. 14.

SERRA, N.: Vale do Ribeira: Fazenda Intervales demonstra que manejo de palmito é viável economicamente. In: Gazeta Mercantil, 25.3.94, S. 17.

SERRA, N.: Liberados US$ 60 milhões para projetos estaduais de conservação e recuperação. In: Gazeta Mercantil, 13.5.94, S. 12.

SERRA, N.: Projeto Tietê: Contratos em licitação serão reexaminados. In: Gazeta Mercantil, 11.1.95, S. 13.

SHIVA, V. u. J. BANDYOPADHYAY: Inventário Ecológico sobre o Cultivo do Eucalipto. Belo Horizonte 1991.

SMA - Secretaria de Meio Ambiente do Estado de São Paulo (Hrsg.): Jornaleco, Nr. 1, Ano 1, Novembro 1988.

SMA - Secretaria de Meio Ambiente do Estado de São Paulo (Hrsg.): Jornaleco, Nr. 2, Ano 1, Janeiro-Fevereiro 1989a.

SMA - Secretaria de Meio Ambiente do Estado de São Paulo (Hrsg.): Jornaleco, Nr. 3, Ano 1, Agosto 1989b.

SMA - Secretaria de Meio Ambiente do Estado de São Paulo (Hrsg.): Jornaleco, Nr. 5, Ano 1, Outubro 1989c.

SMA - Secretaria de Meio Ambiente do Estado de São Paulo (Hrsg.): Jornaleco, Nr. 6, Ano 1, Novembro 1989d.

SMA - Secretaria do Meio Ambiente do Estado de São Paulo (Hrsg.): A Serra do Mar: Degradação e Recuperação. Série Documentos. São Paulo 1990a.

SMA - Secretaria de Meio Ambiente do Estado de São Paulo / Coordenadoria de Planejamento Ambiental (Hrsg.): Macrozoneamento do Complexo Estuarino-Lagunar de Iguape e Cananéia: Plano de Gerenciamento Costeiro. Série Documentos. São Paulo 1990b.

SMA - Secretaria de Meio Ambiente do Estado de São Paulo (Hrsg.): Jornaleco, Nr. 8, Ano 2, Outubro 1990c.

SMA - Secretaria de Meio Ambiente do Estado de São Paulo / Coordenadoria de Educação Ambiental (Hrsg.): Educação Ambiental em Unidades de Conservação e de Produção. Série Guias. São Paulo 1991a.

SMA - Secretaria de Estado de Meio Ambiente et al. (Hrsg.): Relatório Final da Comissão de Estudos para o Tombamento do Sistema Serra do Mar/Mata Atlântica no Estado do Rio de Janeiro. Rio de Janeiro 1991b.

SMA - Secretaria de Meio Ambiente do Estado de São Paulo / Coordenadoria de Proteção de Recursos Naturais (Hrsg.): Desenvolvimento Sustentado: Síntese de Conferências e Painéis do I Seminário de Desenvolvimento Sustentado realizado em Outubro de 1989. São Paulo 1991c.

SMA - Secretaria de Meio Ambiente do Estado de São Paulo et al. (Hrsg.): Programa de Educação Ambiental do Vale do Ribeira. Série Educação Ambiental. São Paulo 1992a.

SMA - Secretaria de Meio Ambiente do Estado de São Paulo et al. (Hrsg.): Região Sudeste 92: Perfil Ambiental e Estratégias. São Paulo 1992b.

SMA - Secretaria de Meio Ambiente do Estado de São Paulo et al. (Hrsg.): Política Municipal de Meio Ambiente: Orientação para os Municípios. Série Seminários e Debates. 2. Ed. São Paulo 1992c.

SMA - Secretaria de Meio Ambiente do Estado de São Paulo et al. (Hrsg.): Serra do Mar: Uma Viagem Mata Atlântica. Série Educação Ambiental. São Paulo 1992d.

SMA - Secretaria de Meio Ambiente do Estado de São Paulo et al. (Hrsg.): São Paulo 92: perfil ambiental e estratégias. São Paulo 1992e.

SMA - Secretaria de Meio Ambiente do Estado de São Paulo (Hrsg.): Diretrizes para a Política Ambiental do Estado de São Paulo. Série Documentos. São Paulo 1993a.

SMA - Secretaria de Meio Ambiente do Estado de São Paulo / Coordenadoria de Educação Ambiental (Hrsg.): Política e Gestão de Recursos Hídricos no Estado de São Paulo. Série Seminários e Debates. São Paulo 1993b.

SMA - Secretaria de Meio Ambiente do Estado de São Paulo / Fundação Florestal (Hrsg.): Revegetação: Matas Ciliares e de Proteção Ambiental. São Paulo 1993c.

SMA - Secretaria do Meio Ambiente do Estado de São Paulo / Fundação Florestal (Hrsg.): Plano de Desenvolvimento Florestal Sustentável. São Paulo 1993d.

SMA - Secretaria do Meio Ambiente do Estado de São Paulo / Departamento de Proteção de Recursos Naturais / Coordenadoria de Proteção de Recursos Naturais (Hrsg.): Projeto de Cooperação Técnica entre a Secretaria de Meio Ambiente (SMA) e o Governo da República Federal da Alemanha através da Kreditanstalt für Wiederaufbau (KfW): Projeto de Fiscalização das Florestas Tropicais - Mata Atlântica. São Paulo 1993e.

SMA - Secretaria de Meio Ambiente do Estado de São Paulo / CETESB - Companhia de Tecnologia de Saneamento Ambiental (Hrsg.): CETESB - Perfil. São Paulo o. J.a.

SMA - Secretaria do Meio Ambiente do Estado de São Paulo (Hrsg.): Mata Atlântica / Serra do Mar. Broschüre, o. J.b.

SOUTER, G.: Consumers force environmental awareness. In: Business Insurance, Vol. 25, May 6th 1991, S. 67.

SOYEZ, D.: Scandinavian Silviculture in Canada: Entry and Performance Barriers. In: The Canadian Geographer, Nr. 2, Vol. 32, April 1988, S. 133 - 140.

SPVS - Sociedade de Pesquisa em Vida Selvagem e Educação Ambiental (Hrsg.): Plano Integrado de Conservação para a região de Guaraqueçaba, Paraná, Brasil, Vol. 1. Curitiba 1992.

SPVS - Sociedade de Pesquisa em Vida Selvagem e Educação Ambiental et al. ( Hrsg.): Workshop: Estratégias e Alternativas para Conservação das Florestas com Araucárias em Curitiba, 29.4. - 1.5.93. Curitiba 1993a.

SPVS - Sociedade de Pesquisa em Vida Selvagem e Educação Ambiental (Hrsg.): Informativo SPVS, Nr. 4, Ano 2, Julho/Agosto 1993b. Curitiba.

SPVS - Sociedade de Pesquisa em Vida Selvagem e Educação Ambiental (Hrsg.): SPVS. Broschüre, o. J.

STAHL, K.: "Sustainable Development" als öko-soziale Alternative? Anmerkungen zur Diskussion südlicher Nichtregierungsorganisationen im Vorfeld der UN-Konferenz "Umwelt und Entwicklung". In: Nord-Süd-Aktuell, Nr.1, 6/1992, S. 44 - 57.

STEGER, U.; HULITZ, E. u. P. WEIHRAUCH: Perspektiven einer ökologisch orientierten Betriebswirtschaftslehre. In: Ökonomie und Ökologie: Ansätze zu einer ökologisch verpflichteten Marktwirtschaft, hrsg. v. M. Hauff u. U. Schmid. Stuttgart 1992, S. 133 - 146.

SUDELPA - Superintendência do Desenvolvimento do Litoral Paulista (Hrsg.): ABC da Mineração: Aspectos Legais e Tributários. São Paulo 1986.

SUREHMA - Superintendência dos Recursos Hídricos e Meio Ambiente do Paraná (Hrsg.): Programa de Impactos Ambientais de Barragens. Broschüre. Curitiba o. J.

SVMA - Secretaria do Verde e do Meio Ambiente do Município de São Paulo: A Questão Ambiental Urbana: Cidade de São Paulo. São Paulo 1993.

TACHINARDI, M. H.: Brasil propõe adoção de padrões ambientais. In: Gazeta Mercantil, 19.10.94, S. 13.

TARDIVO, R.: Devastação no Paraná surpreende ambientalistas. In: Relatório da Gazeta Mercantil, 28.1.93, S. 2.

TARDIVO, R.: Fundação o Boticário inicia levantamento da reserva particular de Guaraqueçaba. In: Gazeta Mercantil, 6.5.94, S. 12.

TÖPFER, K.: Vorteil durch Umweltschutz. In: Frankfurter Allgemeine Zeitung, Nr. 107, 10.5.93, S. B 3.

TOTTI, P.: Florestas tropicais: Assinado contrato de doação de US$ 7,5 milhões para programa-piloto. In: Gazeta Mercantil, 1.11.94, S. 14.

UICN - União Internacional para a Conservação da Natureza et al. (Hrsg.): Cuidando do Planeta Terra: Uma Estratégia para o Futuro da Vida. 2. Ed. São Paulo 1992.

USP - Universidade de São Paulo et al. (Hrsg.): Inventário de Áreas Úmidas do Brasil. São Paulo 1990.

VALVERDE, O.: Babaçu, uma alternativa para a Amazônia Oriental. In: Ecologia e Desenvolvimento, Nr. 32, Vol. 2, 1993, S. 39 - 43.

VICTOR, M. A. M.: A Devastação Florestal, hrsg. v. Sociedade Brasileira de Silvicultura. São Paulo 1978.

VOGTMANN, H.: Landbau mit Zukunft: Ökologische Landwirtschaft für das postindustrielle Zeitalter. In: Ökologische Landwirtschaft: Landbau mit Zukunft. Schriftenreihe der Stiftung Ökologie und Landbau, hrsg. v. H. Vogtmann, Bd. 70: Alternative Konzepte. Karlsruhe 1991, S. 9 - 24.

VOHRER, M.: Ökonomische und fiskalische Instrumente der Umweltpolitik: Motor der ökologischen Marktwirtschaft. In: Ökologische Marktwirtschaft in Europa, hrsg. v. M. Vohrer. 1. Aufl. Baden-Baden 1992, S. 13 - 27.

VOPPEL, G.: Die Industrialisierug der Erde. Stuttgart 1990.

WHITMORE, T. C.: Tropische Regenwälder: Eine Einführung. Heidelberg, Berlin u. New York 1993.

WCED - World Commission on Environment and Development: Our Common Future. Oxford 1987.

YOUNG, M. D.: Sustainable Investment and Resource Use: Equity, Environmental Integrity and Economic Efficiency. Man and the Biosphere Series, Vol. 9. Paris 1992.

ZAMORA, C.: Turismo e preservação. In: Ecologia e Desenvolvimento, Nr. 38, Vol. 3, 1994, S. 24 - 27.

ZÜRCHER KANTONALBANK (Hrsg.): Precious Woods Ltd. In: KWST, 11.4.1994, o. S.

ZULAUF, W. E.: Brasil Ambiental: Síndromes e Potencialidades. São Paulo 1994.

## VERZEICHNIS DER IN BRASILIEN GEFÜHRTEN EXPERTENGESPRÄCHE

| Nr. | Name | Organisation | Sitz | Stellung | Datum | Gruppe |
|---|---|---|---|---|---|---|
| 01 | Nani **Amil** (Zoologin) | FF (Forststiftung) / Fazenda Intervales | SP | Koordinatorin für Ökotourismus | 26.3.94 | RO |
| 02 | José A. **Andreguetto**; Paulo R. **Castella** (Agronom); Jefferson L.G. **Wendling** (Forstwirt) | IAP (Umweltministerium) | PR | J. A. A.: Leiter des Planungsbeirats; P. R. C.: Leiter der Spezialprojekte für den Atlantischen Wald; J. L. G. W.: DIFAM-Techniker | 15.3.94 | RO |
| 03 | Júlio C. **Barbosa** | CEAM (Umweltbildungsorgan) | SP | Technischer Direktor der Gruppe für Spezialprogramme | 2.2.94 | RO |
| 04 | Klaus **Behrens** | Henkel do Brasil u. ACDA (Naturschutz) | SP | Vorstandsvorsitzender bzw. Direktor | 27.1.94 | Unternehmen (Ind.) / NRO |
| 05 | Prof. Herman **Benjamin** (Jurist) | Fórum Cível (Zivilrechtliches Forum) | SP | Staatsanwalt | 2.3.94 | Wissenschaftler |
| 06 | Clóvis S. **Borges** (Zoologe) | SPVS (Naturschutz) | SP | Exekutiv-Direktor | 13.4.94 | NRO |
| 07 | Margit **Boye** | Vida Verde (Naturschutz) | PR | Vorsitzende | 23.3.94 | NRO |
| 08 | Maria C. W. **Britto** (Forstwirtin) | FNAE (Umweltpolitik) | SP | Assessor | 15.4.94 | NRO |
| 09 | João P. **Capobianco** (Biologe) | FSOSMA (Naturschutz) | SP | Superintendent | 2.3.94 | NRO |
| 10 | Donivaldo P. do **Carmo** | IAP (Umweltministerium) | PR | Koordinator des Projekts Água Limpa | 16.3.94 | RO |
| 11 | Nilton **Carneiro** | Privates Sägewerk | SP | Geschäftsführer | 19.4.94 | Unternehmen (Forstwirtschaft) |
| 12 | Luiz A. **Cezar** | SABESP (Wasserversorgungsgesellschaft) | SP | Technischer Assessor des Umweltdirektoriums | 3.2.94 | Unternehmen (Dienstl.) |
| 13 | Armin **Deitenbach** (Forstwirt) | REBRAF (Agroforstwirtschaft) | RJ | Assessor für die Mata Atlântica | 28.3. u. 23.4.94 | NRO |
| 14 | Prof. Pedro L. F. **Dias** (Forstwirt) | IAP (Umweltministerium) | PR | Technischer Assessor | 26.1. u. 16.3.94 | RO / Wissenschaftler |
| 15 | Robert **Dilger** (Biologe u. Regionalplaner) | GTZ / IAP (Umweltministerium) | D / PR | Koordinator des Programms Impactos Ambien. de Barragens | 16.3.94 | RO / Wissenschaftler |
| 16 | Daisy **Engelberg** (Juristin); Wilson **Bordignon** | SMA (Umweltministerium) | SP | D. E.: Direktorin der Veranstaltungszentrale W. B.: PR-Beauftragter | 31.1.94 | RO |
| 17 | Reginaldo **Forti** | CEAM (Umweltbildungsbehörde) | SP | Generaldirektor | 2.2.94 | RO |

| | | | | | | |
|---|---|---|---|---|---|---|
| 18 | Guilherme M. Furgler (Biologe) | CESP (Stromversorgungsgesellschaft) | SP | Leiter der Abteilung für Forschung u. Projekte im Biosystem | 14.4.94 | Unternehmen (Energie) |
| 19 | Rubens C. Garlipp (Forstwirt); Roberto M. Alvarenga | SBS (Forstwirtschaftlicher Verein) | SP | R. C. G.: Superintendent; R.M.A.: Generalsekretär | 15.4.94 | NRO |
| 20 | Germano | Chácara Verde Vida (Biofarm) | PR | Geschäftspartner | 16.394 | Unternehmen (Landwirtschaft) |
| 21 | Iêda C. Gomes | Comgás (Gasversorgungsgesellschaft) | SP | Leiterin des Beirats für Geschäftsbeziehungen | 8.2.94 | Unternehmen (Energie) |
| 22 | Anton Gora (Agronom) | Cooperativa Agrária Mista E. R. Ltda. (Landwirtschaftliche Genossenschaft) | SP | Technischer Superintendent | 17.3.94 | Unternehmen (Landwirtschaft) |
| 23 | Gilson G. Guimarães | SABESP (Wasserversorgungsgesellschaft) | SP | Koordinator des Programms SOS Mananciais | 3.2.94 | RO |
| 24 | Isabel V. Hrdlicka (Agronom) | DEPRN (Umweltschutzbehörde) | SP | Generaldirektorin | 26.4.94 | RO |
| 25 | Prof. Paulo Kageyama (Bio-Genetiker) | ESALQ (Agrarhochschule in Piracicaba) | SP | Professor | 3.3.94 | Wissenschaflter |
| 26 | Mizué Kirizawa | IB (Botanisches Institut) | SP | Koordinatorin des Programms Mata Atlântica | 9.2.94 | RO |
| 27 | Ulla Kolpatzik | Privater Agrarbetrieb | SP | Hobby-Landwirtin; | 6.2.94 | Unternehmen (Landwirtschaft) |
| 28 | Rogério V. Konzen | Chácara Verde Vida (Biofarm) / Green Life (Restaurant) / Instituto Verde Vida (Bioanbau) | PR | Geschäftspartner / Restaurantbesitzer / Vorsitzender | 16.3.94 | Unternehmen (Landw. / Dienstl.) / NRO |
| 29 | Miryan Kravchychyn | IAP (Umweltministerium) | PR | Finanz- und Verwaltungsdirektorin | 16.3.94 | RO |
| 30 | Mathias Leh | Cooperativa Agrária Mista E.R. Ltda. (Landw. Genossensch.) | PR | Geschäftsführer | 18.3.94 | Unternehmen (Landwirtschaft) |
| 31 | Evaristo M. Lopes (Volkswirt) | Klabin Fabr. Pap. e Cel. S.A. (Papier- und Zellstoffabrik) | SP | Koordinator der Forstprojekte | 31.1.94 | Unternehmen (Ind.) |
| 32 | Mário C. Mantovani (Geograph) | FSOSMA (Naturschutz) | SP | Koordinator des Projekts Núcleo União Pró-Tietê | 27.1. u. 10.2.94 | NRO |
| 33 | Arnaldo das Neves Jr. | Präfektur von Iguape | SP | Volksvertreter | 20.4.94 | RO |
| 34 | Hélio Ogawa | IF (Forstinstitut) | SP | Technischer Assessor für Programme | 21.1. u. 2.3.94 | RO |
| 35 | Max Pfeffer | Suzano Ind. Pap. Cel. (Papier- und Zellstoffabrik) | SP | Vorstandsvorsitzender | 23.2.94 | Unternehmen (Forstwirtschaft) |
| 36 | Umiramar A. Pinho; Istvan Konecsni | Cia. Melhoramentos de Pap. e Cel. (Papier- und Zellstoffabrik) | SP | U. A. P.: Verwaltungsleiter; I. K.: Fortassessor | 18.4.94 | Privatfirma (Ind.) |

| 37 | Walkyria S. **Pinto** | Salve Floresta (Naturschutz) | SP | Direktorin | 2.3.94 | NRO |
|---|---|---|---|---|---|---|
| 38 | Kátia Regina **Pisciotta** | FF (Forststiftung) | SP | Analystin für Umwelteinkünfte der Umweltentwicklungsabteilung | 9.2.94 | RO |
| 39 | Dr. Márcia **Priscinotti** (Geologin) | IG (Geologisches Institut) | SP | Leiterin | 4.2.94 | RO |
| 40 | Ronaldo J. **Ribeiro** (Agronom) | FF (Forststiftung) | SP | Technischer Assessor | 4.2.94 | RO |
| 41 | Maria R. L. **Rocha** (Forstwirtin) | IAP (Umweltministerium) | PR | Technikerin | 16.3.94 | RO |
| 42 | Débora **Rodrigues** (Kauffrau) | Projeto Cideral (Umweltbildung) | SP | Koordinatorin | 2.2.94 | NRO |
| 43 | Irene R. **Sabiá** (Pädagogin) | CEAM (Umweltbildungsorgan) | SP | Direktorin für Technische Ausbildung | 2.2.94 | RO |
| 44 | Roberto **Sattler** (Agronom) | Cooperativa Agrária Mista E. R. Ltda. (landw. Genossensch.) | SP | Direktor der Versuchsstation | 17.3.94 | Unternehmen (Landwirtschaft) |
| 45 | Paulo M. **Schwenck** Jr. | SAA (Landwirtschaftsministerium) | SP | Technischer Assessor | 19.4.94 | RO |
| 46 | Eleusis **Seródio** | ACDA (Naturschutz) | SP | Exekutiv-Direktor | 22.2.94 | NRO |
| 47 | Vera M. A. **Severo** | SMA (Umweltministerium) | SP | Direktorin des CPP (Zentrum für landschaftliche Projekte) | 7.2.94 | RO |
| 48 | Enrique **Svirsky** | CETESB (technische Überwachung) | SP | Technischer Assessor | 10.2. u. 21.3.94 | Unternehmen (Dienstl.) |
| 49 | Prof. Hamilton J. **Targa** | SMA (Umweltministerium) | SP | Direktor der Technischen Gruppe für Projektstudien u. Forschung | 7.2.94 | RO / Wissenschaftler |
| 50 | Hermann **Wever** | Siemens do Brasil / ACDA (Naturschutz) | SP | Vorstandsvorsitzender / Direktor | 18.1.94 | Unternehmen (Ind.) / NRO |
| 51 | Werner E. **Zulauf** (Ingenieur) | SVMA (Umweltamt der Stadt São Paulo) | SP | Generalsekretär | 24.1.94 | RO |

Alexander Fuchs/ av. Brig. Faria Lima 1885, ap 1508/ 01451-900 São Paulo/ Tel/Fax: (011) 211-6414

*Soluções para o conflito economia-ecologia na mata
pluvial tropical ao exemplo da Mata Atlântica no sudeste do Brasil*

## **QUESTIONÁRIO**

1. <u>Características do questionado</u>

- Firma (c/ forma jurídica): _____

- Ano de fundação: _____ em (localização): _____

- A que ramo(s) pertence sua firma?
    - ☐ agricultura
    - ☐ pecuária
    - ☐ silvicultura
    - ☐ mineração
    - ☐ indústria alimentícia
    - ☐ indústria de acabamento de madeira
    - ☐ turismo
    - ☐ outros: _____

- Indique seus produtos principais, se possível com seu respectivo volume de produção em toneladas por ano:
    - _____: _____ t/a
    - _____: _____ t/a
    - _____: _____ t/a

- Assinale o(s) destino(s) da produção de sua firma/fazenda, com a respectiva percentagem:
    - ☐ subsistência (abastecimento próprio): _____%
    - ☐ abastecimento do mercado interno (nacional): _____%
    - ☐ exportação: _____%

- Qual a área total ocupada pela sua firma/fazenda? _____ hectares.

- Indique o uso respectivo da área ocupada (em porcentagem da área total)
  - área de produção: _____ %
  - mata primária e/ou reserva natural: _____ %
  - terreno construído (fábrica, armazéns, moradia): _____ %

- Quantas pessoas emprega sua firma/fazenda? _____

- Quantos tratores há na sua firma/fazenda? _____

- Qual foi o seu faturamento em 1993? _____ US$

- Qual é a base jurídica para o uso das suas terras?

  ☐ arrendamento de propriedade do governo (ou contrato de concessão)
  ☐ arrendamento de propriedade privada (ou contrato de concessão)
  ☐ uso próprio de propriedade privada
  ☐ outros: _____
  ☐ desconhecida

## 2. Conscientização e afetamento ambiental

- Como V.Sª julga a importância e atual situação da Mata Atlântica? Indique, respectivamente, seu grau de acordo com as afirmações seguintes, de acordo com a escala:
  *(1 = nada de acordo; 5 = plenamente de acordo)*

| | 1 2 3 4 5 |
|---|---|
| A Mata Atlântica exerce importantes funções como regulador climático, fornecedor de água e oxigênio, e pool genético. | ☐ ☐ ☐ ☐ ☐ |
| O meio ambiente piorou sensivelmente através do desmatamento da Mata Atlântica. | ☐ ☐ ☐ ☐ ☐ |
| A Mata Atlântica vai estar quase totalmente devastada em 10 a 20 anos, devido ao seu desmatamento contínuo. | ☐ ☐ ☐ ☐ ☐ |
| A conservação e regeneração da Mata Atlântica é uma necessidade urgente, senão haverá uma catástrofe ambiental. | ☐ ☐ ☐ ☐ ☐ |

A mídia e as organizações de proteção ao meio ambiente
divulgam um quadro de devastação da Mata Atlântica exagerado. ☐ ☐ ☐ ☐ ☐

Atividades agrícolas e silvícolas são a razão
principal para o desmatamento da Mata Atlântica. ☐ ☐ ☐ ☐ ☐

A Mata Atlântica não se regenerará sem um
engajamento ativo de atividades agrícolas e silvícolas. ☐ ☐ ☐ ☐ ☐

A agricultura e a silvicultura não dispõem de conceitos de
proteção à Mata Atlântica por haver resistências financeiras. ☐ ☐ ☐ ☐ ☐

O governo é responsável pela situação
ambiental nos domínios da Mata Atlântica. ☐ ☐ ☐ ☐ ☐

Os consumidores estão dispostos a pagar mais por bens cuja
produção não afete o equilíbrio ecológico da Mata Atlântica ☐ ☐ ☐ ☐ ☐

- Com que intensidade sua firma/fazenda é afetada por exigências de medidas ambientais da parte das seguintes instituições e agrupamentos?
  *(1 = nada afetada; 5 = bastante afetada)*       1 2 3 4 5

  Autoridades ambientais (c/ decretos,
  proibições, imposições, impostos e taxas ecológicas, etc.) ☐ ☐ ☐ ☐ ☐
  Organizações de proteção ao meio ambiente ☐ ☐ ☐ ☐ ☐
  Mídia ☐ ☐ ☐ ☐ ☐
  Clientela ☐ ☐ ☐ ☐ ☐
  Ações civis ☐ ☐ ☐ ☐ ☐

- Quantas vezes sua firma/fazenda foi controlada por autoridades ambientais?
  ☐ Nunca
  ☐ 1 vez
  ☐ 2 a 5 vezes
  ☐ 6 a 10 vezes
  ☐ 10 a 20 vezes
  ☐ 20 a 50 vezes
  ☐ acima de 50 vezes

- Com que intensidade sua firma/fazenda é afetada pelos seguintes problemas ambientais?

  *(1 = nada afetada; 5 = bastante afetada)*      1   2   3   4   5

  Erosão do solo    ☐ ☐ ☐ ☐ ☐

  Danos devidos a temporais    ☐ ☐ ☐ ☐ ☐

  Falta de água    ☐ ☐ ☐ ☐ ☐

  Poluição de solo, água e ar    ☐ ☐ ☐ ☐ ☐

  Pragas    ☐ ☐ ☐ ☐ ☐

  Outros: _____    ☐ ☐ ☐ ☐ ☐

- Como mudou a qualidade do seu meio ambiente próximo nos últimos anos?

  *(1 = piorou bastante; 5 = melhorou bast.)*    1   2   3   4   5

     ☐ ☐ ☐ ☐ ☐

- Como é a qualidade (fertilidade) do solo nos domínios da sua firma/fazenda?

  *(1 = péssima; 5 = ótima)*    1   2   3   4   5

     ☐ ☐ ☐ ☐ ☐

3. <u>Estratégia e desenvolvimento empresarial com relevância para o meio ambiente</u>

- Que prioridade sua firma/fazenda coloca nas seguintes metas:

  *(1 = nada importante; 5 = muito importante)*    1   2   3   4   5

  Aumento do faturamento    ☐ ☐ ☐ ☐ ☐

  Lucratividade a curto prazo    ☐ ☐ ☐ ☐ ☐

  Lucratividade a longo prazo    ☐ ☐ ☐ ☐ ☐

  Redução dos custos    ☐ ☐ ☐ ☐ ☐

  Melhoria da produtividade    ☐ ☐ ☐ ☐ ☐

  Proteção ao meio ambiente    ☐ ☐ ☐ ☐ ☐

  Manutenção de empregos    ☐ ☐ ☐ ☐ ☐

  Imagem positiva    ☐ ☐ ☐ ☐ ☐

  Satisfação da clientela    ☐ ☐ ☐ ☐ ☐

  Capacidade de concorrência    ☐ ☐ ☐ ☐ ☐

  Outros: _____    ☐ ☐ ☐ ☐ ☐

- Na sua opinião, que influência tem a incorporação de metas ambientais na sua estratégia empresarial (p.ex. preservação da fauna e flora, redução de aditivos químicos na produção, redução de cargas poluidoras, etc.) no alcance das seguintes metas econômicas?

  *(1 = influi muito negativamente; 5 = influi muito positivamente)*    1 2 3 4 5

  Aumento do faturamento    ☐ ☐ ☐ ☐ ☐
  Lucratividade a curto prazo    ☐ ☐ ☐ ☐ ☐
  Lucratividade a longo prazo    ☐ ☐ ☐ ☐ ☐
  Redução dos custos    ☐ ☐ ☐ ☐ ☐
  Melhoria da produtividade    ☐ ☐ ☐ ☐ ☐
  Manutenção de empregos    ☐ ☐ ☐ ☐ ☐
  Imagem positiva    ☐ ☐ ☐ ☐ ☐
  Satisfação da clientela    ☐ ☐ ☐ ☐ ☐
  Capacidade de concorrência    ☐ ☐ ☐ ☐ ☐
  Outros: _____    ☐ ☐ ☐ ☐ ☐

- Com que intensidade sua firma/fazenda realiza um "desenvolvimento sustentável", ou seja, um desenvolvimento econômico que satisfaz as necessidades do presente sem desvantagens para as gerações futuras?

  *(1 = de forma alguma; 5 = com grande intensid.)*    1 2 3 4 5
     ☐ ☐ ☐ ☐ ☐

- Como sua firma/fazenda se desenvolveu nos últimos anos com referência aos seguintes fatores?

  *(1 = forte enxugamento; 3 = estagnação; 5 = forte expansão)*    1 2 3 4 5

  Faturamento    ☐ ☐ ☐ ☐ ☐
  Lucro    ☐ ☐ ☐ ☐ ☐
  Investimentos    ☐ ☐ ☐ ☐ ☐
  Empregados    ☐ ☐ ☐ ☐ ☐
  Mecanização    ☐ ☐ ☐ ☐ ☐
  Área de manejo    ☐ ☐ ☐ ☐ ☐

- Quais são as previsões para sua firma/fazenda quanto às seguintes rubricas:
  *(1 = grande redução; 3 = igual; 5 = grande aumento)*  1 2 3 4 5

  Faturamento ☐ ☐ ☐ ☐ ☐

  Lucro ☐ ☐ ☐ ☐ ☐

  Investimentos para proteção ambiental ☐ ☐ ☐ ☐ ☐

  Área de manejo ☐ ☐ ☐ ☐ ☐

  Pressão pública à proteção ambiental ☐ ☐ ☐ ☐ ☐

- Qual importância a proteção ambiental tem para sua firma/fazenda, e por quê?
  *(1 = sem importância; 5 = muito importante)*  1 2 3 4 5
  ☐ ☐ ☐ ☐ ☐

  Motivo: _____
  _____
  _____

- Quanto sua firma/fazenda gasta em investimentos ambientais (em porcentagem do faturamento)? _____ %

- Sua firma/fazenda opera um management especializado de proteção ao meio ambiente (p.ex. controlling ambiental, auditoria ambiental, balanço ecológico, criação de uma seção ambiental, emprego de um especialista ambiental, demanda de consultoria ambiental, etc.)?

  ☐ Não

  ☐ Sim, especificamente:
  _____
  _____
  _____

- Quais medidas ambientais específicas (p.ex. conservação da natureza, asseguramento da biodiversidade, reflorestamento, investimentos em equipamentos e know-how ecologicamente limpos, economia de matéria-prima, reciclagem, redução de aditivos químicos, evitação e tratamento de lixo e resíduos, redução da poluição do ar, respeito às leis ambientais, etc.) são praticadas na sua firma/fazenda?

  ☐ Nenhuma

  ☐ Medidas na base da legislação ambiental:
  _____
  _____
  _____

  ☐ Medidas na base voluntária:
  _____
  _____
  _____

- Por que motivos sua firma/fazenda adota (ou não, conforme acima) medidas ambientais voluntárias (considere p.ex.: custos, concorrência, know-how, amor à natureza, perspectivas de receitas, imagem, desejos da clientela, etc.)?
  _____
  _____
  _____

- Quais das medidas ambientais citadas na página anterior (obrigatórias e voluntárias) são direta ou indiretamente lucrativas para sua firma/fazenda, e em que prazo?
  *(curto prazo = até 1 ano; médio = 1 a 3 anos; longo: acima de 3 anos)*

  | Medida | Prazo |
  |--------|-------|
  | _____ | _____ |
  | _____ | _____ |
  | _____ | _____ |
  | _____ | _____ |

- Caso sua firma/fazenda tivesse acesso a um know-how, pelo qual seu lucro pudesse ser aumentado com investimentos ambientais: V.Sª adotaria tal medida, valendo os seguintes prazos de realização de lucros?
  *(1 = de jeito nenhum; 5 = de qualquer forma)*      1  2  3  4  5
  Aumento do lucro dentro do primeiro ano             ☐ ☐ ☐ ☐ ☐
  Aumento do lucro entre os anos 1 e 3                ☐ ☐ ☐ ☐ ☐
  Aumento do lucro entre os anos 4 e 8                ☐ ☐ ☐ ☐ ☐
  Aumento do lucro após o ano 8                       ☐ ☐ ☐ ☐ ☐

- Qual é o grau de dependência da introdução de medidas ambientais (na sua firma/fazenda) de critérios puramente financeiros?
  *(1 = independente; 5 = muito dependente)*          1  2  3  4  5
                                                      ☐ ☐ ☐ ☐ ☐

- Que espécie de propaganda sua firma/fazenda pratica com seu engajamento ambiental?
  ☐ Nenhuma
  ☐ Informações sobre o produto na embalagem
  ☐ Propaganda na mídia (televisão, rádio, jornais e revistas)
  ☐ Panfletos e livretos
  ☐ Propaganda oral

- Qual seria o argumento mais importante em favor da implementação de medidas ambientais na sua firma/fazenda?
  _____
  _____

- Qual é seu grau de acordo com a atual legislação ambiental na sua área, e por quê?
  *(1 = nada de acordo; 5 = plenamente de acordo)*    1  2  3  4  5
                                                      ☐ ☐ ☐ ☐ ☐

  Motivo: _____
  _____
  _____

- Para a realização de medidas ambientais, sua firma/fazenda é apoiada com incentivos financeiros de programas ambientais públicos ou privados?
  - ☐ Não
  - ☐ Sim, com incentivos públicos
  - ☐ Sim, com incentivos privados

- Qual é o grau de satisfação da sua firma/fazenda com os incentivos financeiros a medidas ambientais?
  *(1 = muito insatisfeita; 5 = muito satisfeita)*

  |  | 1 | 2 | 3 | 4 | 5 |
  |---|---|---|---|---|---|
  | Programas de incentivo públicos | ☐ | ☐ | ☐ | ☐ | ☐ |
  | Programas de incentivo privados | ☐ | ☐ | ☐ | ☐ | ☐ |

- Uma melhoria nos incentivos financeiros influenciaria seu engajamento na área ambiental?
  *(1 = não o influenciaria; 5 = aumentaria-o bastante)*

  1 2 3 4 5
  ☐ ☐ ☐ ☐ ☐

- Como sua firma/fazenda reagiria aos seguintes estímulos para a realização de medidas ambientais?
  *(1 = não reagiria; 5 = reagiria sensivelmente)*

  |  | 1 | 2 | 3 | 4 | 5 |
  |---|---|---|---|---|---|
  | Subvenções | ☐ | ☐ | ☐ | ☐ | ☐ |
  | Crédito agrícola (favorecido) | ☐ | ☐ | ☐ | ☐ | ☐ |
  | Imposições e proibições do governo | ☐ | ☐ | ☐ | ☐ | ☐ |
  | Perspectivas de melhoria da receita a curto prazo (em conseq. às med.) | ☐ | ☐ | ☐ | ☐ | ☐ |
  | Perspectivas de melhoria da receita a longo prazo (em conseq. às med.) | ☐ | ☐ | ☐ | ☐ | ☐ |
  | Pressão pública da população local | ☐ | ☐ | ☐ | ☐ | ☐ |
  | Cooperação com ONGs ativas na proteção ao meio ambiente | ☐ | ☐ | ☐ | ☐ | ☐ |
  | Pressão dos clientes e consumidores | ☐ | ☐ | ☐ | ☐ | ☐ |
  | Incentivos de investimento | ☐ | ☐ | ☐ | ☐ | ☐ |
  | Taxas ecológicas | ☐ | ☐ | ☐ | ☐ | ☐ |
  | Convicção ideológica / amor à natureza | ☐ | ☐ | ☐ | ☐ | ☐ |
  | Redução de custos | ☐ | ☐ | ☐ | ☐ | ☐ |
  | Treinamento ambiental gratuito | ☐ | ☐ | ☐ | ☐ | ☐ |
  | Outros: _____ | ☐ | ☐ | ☐ | ☐ | ☐ |

- Haveria interesse da sua parte pelo conhecimento de uma fazenda de demonstração (com manejo alternativo, num dos campos citados acima), para eventualmente reformular sua estratégia empresarial?
  *(1 = sem interesse; 5 = grande interesse)*      1 2 3 4 5
                                                                               ☐ ☐ ☐ ☐ ☐

- Quais são as principais dificuldades na implementação de medidas ambientais na sua firma/fazenda (considere p.ex.: financiamento, infra-estrutura, know-how, mão-de-obra, educação, desinteresse do consumidor, pobreza, etc.)?
  _____
  _____
  _____

- Os seguintes apectos da realidade brasileira prejudicam suas atividades no setor ambiental? Com que intensidade?
  *(1 = não concordo com a existência desse problema; 2 = não prejudicam; 3 = prejudicam muito pouco; 4 = prejudicam algo; 5 = prejudicam bastante)*    1 2 3 4 5

  Falta de estabilidade/continuidade política            ☐ ☐ ☐ ☐ ☐
  Crise econômica                                           ☐ ☐ ☐ ☐ ☐
  Déficit educacional da população                     ☐ ☐ ☐ ☐ ☐
  Corrupção geral                                           ☐ ☐ ☐ ☐ ☐
  Ineficiência e demora por excesso de burocracia      ☐ ☐ ☐ ☐ ☐
  Falta de intercâmbio no setor de pesquisas           ☐ ☐ ☐ ☐ ☐
  Outros:_____ ☐ ☐ ☐ ☐ ☐

- Qual o grau de dependência de sua firma/fazenda do uso de aditivos químicos?
  *(1 = independente; 5 = muito dependente)*            1 2 3 4 5
  Adubos artificiais                                       ☐ ☐ ☐ ☐ ☐
  Pesticidas (herbicidas, fungicidas, inseticidas)        ☐ ☐ ☐ ☐ ☐

- Como evoluiu a aplicação de aditivos químicos na sua firma/fazenda nos últimos anos?
  *(1 = diminuiu bastante; 5 = aumentou bastante)*       1 2 3 4 5
  Adubos                                                        ☐ ☐ ☐ ☐ ☐
  Pesticidas (herbicidas, fungicidas, inseticidas)        ☐ ☐ ☐ ☐ ☐

- Como V.Sª julga as chances de manutenção ou implantação das seguintes alternativas de manejo do solo na Mata Atlântica, e por quê (considere p.ex.: receita, características do solo, infra-estrutura, mercado, custos, know-how, administração, insegurança, estruturas de poder, lobby, satisfação própria, etc.)?

    *(1 = mínimas; 5 = máximas)*                           1  2  3  4  5

    Lavoura ecológica (orgânica, sem química)              ☐ ☐ ☐ ☐ ☐
    Motivo: _____
    _____


    Agrossilvicultura (agricultura intercalada com silvicultura)  ☐ ☐ ☐ ☐ ☐
    Motivo: _____
    _____


    Silvicultura sustentável                               ☐ ☐ ☐ ☐ ☐
    Motivo: _____
    _____


    Manejo de longo prazo à base de zoneamento ou planejamento ambiental, financiado com recursos obtidos por títulos negociáveis nos mercados de capitais  ☐ ☐ ☐ ☐ ☐
    Motivo: _____
    _____

- Sugestões e/ou comentários: _____
  _____
  _____

- Nome e cargo do preenchedor (opcional): _____

Muito obrigado.

Alexander Fuchs/ av. Brig. Faria Lima 1885, ap 1508/ 01451-900 São Paulo/ Tel/Fax: (011) 211-6414

*Lösungsansätze für den Konflikt zwischen Ökonomie und Ökologie im tropischen Regenwald am Beispiel der Mata Atlântica im Südosten Brasiliens*

## **FRAGEBOGEN**

Erster Teil: Betriebseigenschaften:

Firma (mit Rechtsform): _____

1. Gründungsjahr: _____ in (Standort): _____

2. Welcher/welchen der folgenden Branche(n) würden Sie Ihren Betrieb zuordnen?
   - ☐ Anbauwirtschaft
   - ☐ Viehwirtschaft
   - ☐ Forstwirtschaft
   - ☐ Bergbau
   - ☐ Industrielle Nahrungsmittelveredelung
   - ☐ Industrielle Holzverarbeitung
   - ☐ Tourismus
   - ☐ Sonstige: _____

3. Nennen Sie Ihre Haupterzeugnisse, unter Angabe der jeweiligen Produktionsvolumina:
   _____: _____ t/a
   _____: _____ t/a
   _____: _____ t/a

4. Geben Sie die Produktionsausrichtung(en) Ihres Betriebs unter Angabe jeweiliger Prozentsätze an:
   - ☐ Subsistenz: _____ %
   - ☐ Inlandsversorgung: _____ %
   - ☐ Export: _____ %

5. Welche Gesamtfläche beansprucht Ihr Betrieb? _____ ha

6. Bitte geben Sie die jeweilige Flächenverwendung an (in Prozent der Gesamtfläche):
   - Nutzfläche: _____ %
   - Primärwald bzw. Naturschutzgebiet: _____ %
   - Baufläche (Werks-, Lagerhallen, Wohnfläche): _____ %

7. Wieviele Mitarbeiter sind in Ihrem Betrieb beschäftigt? _____

8. Über wieviele Traktoren verfügt Ihr Betrieb? _____

9. Welchen Umsatz hatten Sie 1993? _____ USD

10. Welche Rechts- und Vertragsbasis liegt der Landnutzung durch Ihren Betrieb zugrunde?
    ☐ Nutzung von Staatsgelände auf Pacht- oder Konzessionsvertragsbasis
    ☐ Nutzung von Privatgelände auf Pacht- oder Konzessionsvertragsbasis
    ☐ Nutzung von Privatgelände durch Eigentümer
    ☐ andere: _____
    ☐ unbekannt

<u>Zweiter Teil: Umweltbewußtsein und -betroffenheit</u>

11. Wie beurteilen Sie folgende Behauptungen zur Bedeutung und Situation der Mata Atlântica? Bitte geben Sie Ihren jeweiligen Zustimmungsgrad in der Skala an.
    *(1 = gar nicht einverstanden; 5 = vollkommen einverstanden)*

| | 1 2 3 4 5 |
|---|---|
| Die Mata Atlântica übt wichtige Funktionen als Klimaregler, Wasser- und Sauerstoffspender und Genpool aus. | ☐ ☐ ☐ ☐ ☐ |
| Die Umwelt hat sich durch die Rodung der Mata Atlântica sichtlich verschlechtert. | ☐ ☐ ☐ ☐ ☐ |
| Die Mata Atlântica wird durch den anhaltenden Rodungsprozeß in 10 Jahren fast vollkommen verschwunden sein. | ☐ ☐ ☐ ☐ ☐ |
| Die Erhaltung und Regeneration der Mata Atlântica ist dringend notwendig, sonst droht eine Umweltkatastrophe. | ☐ ☐ ☐ ☐ ☐ |

Die Medien und Naturschutzorganisationen stellen die
Situation der Mata Atlântica schlimmer dar als sie wirklich ist. ☐ ☐ ☐ ☐ ☐

Land- und forstwirtschaftliche Aktivitäten sind die
Hauptursache für die Zerstörung der Mata Atlântica. ☐ ☐ ☐ ☐ ☐

Die Mata Atlântica kann sich ohne aktives Engagement
innerhalb der Land- und Forstwirtschaft nicht regenerieren. ☐ ☐ ☐ ☐ ☐

Land- und Forstwirtschaft verfügen über kein Umweltschutzkonzept zugunsten
der Mata Atlântica, da es auf ökonomischen Widerstand stößt. ☐ ☐ ☐ ☐ ☐

Die Regierung ist für die Umweltsituation
im Einzugsgebiet der Mata Atlântica verantwortlich. ☐ ☐ ☐ ☐ ☐

Die Verbraucher sind dazu bereit, mehr Geld für Produkte zu bezahlen,
die das ökologische Gleichgewicht der Mata Atlântica nicht stören. ☐ ☐ ☐ ☐ ☐

12. Zeigen Sie den Grad der Betroffenheit Ihres Unternehmens von Forderungen nach
    Umweltschutzmaßnahmen durch folgende Institutionen, Gruppen und Verfahren:
    *(1 = gar nicht betroffen; 5 = sehr stark betroffen)*      1   2   3   4   5

    Umweltbehörden (mit Ge- und Verboten, Auflagen, Ökosteuern) ☐ ☐ ☐ ☐ ☐
    Naturschutzorganisationen ☐ ☐ ☐ ☐ ☐
    Medien ☐ ☐ ☐ ☐ ☐
    Kunden ☐ ☐ ☐ ☐ ☐
    Zivilklagen ☐ ☐ ☐ ☐ ☐

13. Wie oft ist Ihr Betrieb bisher durch Umweltbehörden kontrolliert worden?
    ☐ Nie
    ☐ 1mal
    ☐ 2- bis 5mal
    ☐ 6- bis 10mal
    ☐ 11- bis 20mal
    ☐ 21- bis 50mal
    ☐ über 50mal

14. Inwiefern ist Ihr Betrieb von den folgenden Umweltproblemen betroffen?

    *(1 = gar nicht betroffen; 5 = sehr stark betroffen)*   1 2 3 4 5

    Bodenerosion ☐ ☐ ☐ ☐ ☐

    Sturmschäden ☐ ☐ ☐ ☐ ☐

    Wassermangel ☐ ☐ ☐ ☐ ☐

    Boden-, Gewässer- und Luftverschmutzung ☐ ☐ ☐ ☐ ☐

    Schädlinge ☐ ☐ ☐ ☐ ☐

    Sonstige: _____ ☐ ☐ ☐ ☐ ☐

15. Wie hat sich die Qualität Ihrer unmittelbaren Umwelt in den letzten Jahren verändert?

    *(1 = starke Verschlechterung; 5 = starke Verbesserung)*   1 2 3 4 5

    ☐ ☐ ☐ ☐ ☐

16. Wie ist die Bodenqualität (Fruchtbarkeit) innerhalb der Landgrenzen Ihres Betriebs?

    *(1 = sehr schlecht; 5 = sehr gut)*   1 2 3 4 5

    ☐ ☐ ☐ ☐ ☐

## Dritter Teil:
## Betriebsstrategie und -entwicklung im Zusammenhang mit dem Umweltschutz

17. Welchen Wert legt Ihr Betrieb auf folgende Zielsetzungen:

    *(1 = unwichtig; 5 = sehr wichtig)*   1 2 3 4 5

    Umsatzsteigerung ☐ ☐ ☐ ☐ ☐

    kurzfristige Gewinnerzielung ☐ ☐ ☐ ☐ ☐

    langfristige Gewinnerzielung ☐ ☐ ☐ ☐ ☐

    Kostensenkung ☐ ☐ ☐ ☐ ☐

    Produktivitätssteigerung ☐ ☐ ☐ ☐ ☐

    Umweltschutz ☐ ☐ ☐ ☐ ☐

    Arbeitsplatzerhaltung ☐ ☐ ☐ ☐ ☐

    Image ☐ ☐ ☐ ☐ ☐

    Kundenzufriedenheit ☐ ☐ ☐ ☐ ☐

    Wettbewerbsfähigkeit ☐ ☐ ☐ ☐ ☐

    Sonstiges: _____ ☐ ☐ ☐ ☐ ☐

18. Wie beeinflußt Ihrer Meinung nach die Einbeziehung von Umweltschutzzielen (z. B. Schutz von Flora und Fauna, Verringerung des Einsatzes chemischer Zusatzstoffe, Abfallverringerung etc.) in die Betriebsstrategie die Verfolgung der oben genannten ökonomischen Ziele?

*(1 = sehr negativ; 5 = sehr positiv)*           1 2 3 4 5

Umsatzsteigerung                                 ☐ ☐ ☐ ☐ ☐

kurzfristige Gewinnerzielung                     ☐ ☐ ☐ ☐ ☐

langfristige Gewinnerzielung                     ☐ ☐ ☐ ☐ ☐

Kostensenkung                                    ☐ ☐ ☐ ☐ ☐

Produktivitätssteigerung                         ☐ ☐ ☐ ☐ ☐

Arbeitsplatzerhaltung                            ☐ ☐ ☐ ☐ ☐

Image                                            ☐ ☐ ☐ ☐ ☐

Kundenzufriedenheit                              ☐ ☐ ☐ ☐ ☐

Wettbewerbsfähigkeit                             ☐ ☐ ☐ ☐ ☐

Sonstiges: _____               ☐ ☐ ☐ ☐ ☐

19. In welchem Maße erfüllt Ihrer Meinung nach Ihr Betrieb das Prinzip der "nachhaltigen Entwicklung" ("sustainable development"), d. h. einer Wirtschaftsweise, die die Bedürfnisse der Gegenwart ohne Nachteile für nachfolgende Generationen befriedigt?

*(1 = gar nicht; 5 = sehr intensiv)*              1 2 3 4 5
                                                  ☐ ☐ ☐ ☐ ☐

20. Wie hat sich Ihr Betrieb in den letzten Jahren bezüglich folgender Kenndaten entwickelt?

*(1 = stark schrumpfend; 3 = stagnierend; 5 = stark expandierend)*   1 2 3 4 5

Umsatz                                           ☐ ☐ ☐ ☐ ☐

Gewinn                                           ☐ ☐ ☐ ☐ ☐

Investitionen                                    ☐ ☐ ☐ ☐ ☐

Arbeitnehmer                                     ☐ ☐ ☐ ☐ ☐

Mechanisierung                                   ☐ ☐ ☐ ☐ ☐

Nutzfläche                                       ☐ ☐ ☐ ☐ ☐

21. Welche Zukunftserwartungen haben Sie für Ihren Betrieb bezüglich folgender Kenndaten?
    *(1 = stark schrumpfend; 3 = stagnierend; 5 = stark expandierend)*   1 2 3 4 5

    Umsatz ☐☐☐☐☐

    Gewinn ☐☐☐☐☐

    Umweltschutzinvestitionen ☐☐☐☐☐

    Nutzfläche ☐☐☐☐☐

    Öffentlicher Druck zum Umweltschutz ☐☐☐☐☐

22. Welche Bedeutung hat der Umweltschutz für Ihren Betrieb, und warum?
    *(1 = unwichtig; 5 = sehr wichtig)*   1 2 3 4 5
    ☐☐☐☐☐

    Begründung: _____
    _____
    _____

23. Wie hoch sind Ihre betrieblichen Umweltschutzausgaben (in Prozent vom Umsatz)?
    _____ %

24. Gibt es in Ihrem Betrieb ein spezielles Umweltmanagement (z. B. Umweltcontrolling, Ökobilanzierung, Einrichtung einer Umweltabteilung, Beschäftigung eines Umweltexperten, Inanspruchnahme von externen Umweltprüfungs- und beratungsleistungen usw.)?

    ☐ Nein

    ☐ Ja, und zwar:
    _____
    _____
    _____

25. Welche einzelnen Umweltschutzmaßnahmen (z. B. Naturschutz, Sicherung der Artenvielfalt, Wiederaufforstung, Investitionen in umweltfreundliche Anlagen und Produktionstechniken, Rohstoffschonung, Recycling, Verringerung des Einsatzes chemischer Zusatzstoffe, Abfallvermeidung und -entsorgung, Verringerung der Luftverschmutzung, Einhaltung der Umweltgesetze etc.) werden in Ihrem Betrieb praktiziert?

☐ Keine

☐ Maßnahmen auf der Basis der Umweltgesetze:

_____
_____
_____

☐ Maßnahmen auf freiwilliger Basis:

_____
_____
_____

26. Aus welchen Gründen betreiben Sie/betreiben Sie nicht freiwilligen Umweltschutz (Stichworte: Kosten, Wettbewerb, Know-how, Liebe zur Natur, Ertragsaussichten, Image, Kundenwünsche usw.)?

_____
_____
_____

27. Welche der oben genannten Umweltschutzmaßnahmen (freiwillige und gesetzliche) sind für Ihren Betrieb direkt oder indirekt lukrativ, und in welcher Frist?
    *(kurzfristig = bis 1 Jahr; mittelfristig: 1 bis 3 Jahre; langfristig = über 3 Jahre)?*

| Maßnahme | Zeithorizont |
| --- | --- |
| _____ | _____ |
| _____ | _____ |
| _____ | _____ |
| _____ | _____ |

28. Falls Sie Zugang zu Know-how bekämen, wie Ihr Betriebsgewinn durch weitere Umweltschutzinvestitionen gesteigert werden könnte: Würden Sie die erforderlichen Maßnahmen übernehmen, wenn jeweils folgende Zeithorizonte für die Gewinnerhöhung gelten würden?

*(1 = auf keinen Fall; 5 = auf jeden Fall)*   1 2 3 4 5

ein Jahr ☐ ☐ ☐ ☐ ☐

über ein bis drei Jahre ☐ ☐ ☐ ☐ ☐

über drei bis acht Jahre ☐ ☐ ☐ ☐ ☐

über 8 Jahre ☐ ☐ ☐ ☐ ☐

29. Wie abhängig machen Sie die Einführung von Umweltschutzmaßnahmen in Ihrem Betrieb von rein finanziellen Kriterien?

*(1 = unabhängig; 5 = sehr abhängig)*   1 2 3 4 5

☐ ☐ ☐ ☐ ☐

30. Welche Art von Werbung macht Ihr Betrieb mit seinem Einsatz im Umweltschutz?

☐ Keine

☐ Produktinformation auf der Verpackung

☐ Werbung in den Medien (Fernsehen, Rundfunk, Zeitungen und Zeitschriften)

☐ Flugblätter und Hefte

☐ Mund-zu-Mund-Propaganda

31. Welches wäre das wichtigste Argument für die Einführung von Umweltschutzmaßnahmen in Ihrem Betrieb?

_____

_____

32. Sind Sie mit den aktuellen Umweltgesetzen, die ihren Betrieb betreffen, einverstanden, und warum?

*(1 = überhaupt nicht; 5 = vollkommen einverstanden)*   1 2 3 4 5

☐ ☐ ☐ ☐ ☐

Begründung: _____

_____

_____

33. Wird Ihr Betrieb zur Durchführung von Umweltschutzmaßnahmen mit finanziellen Mitteln aus öffentlichen oder privaten Umweltprogrammen gefördert?

☐ Nein

☐ Ja, mit öffentlichen Mitteln

☐ Ja, mit privaten Mitteln

34. Welcher ist der Zufriedenheitsgrad Ihres Betriebs mit den vorhandenen umweltpolitischen Finanzierungshilfen?

*(1 = sehr unzufrieden; 5 = sehr zufrieden)*

|  | 1 | 2 | 3 | 4 | 5 |
|---|---|---|---|---|---|
| Öffentliche Förderprogramme | ☐ | ☐ | ☐ | ☐ | ☐ |
| Private Förderprogramme | ☐ | ☐ | ☐ | ☐ | ☐ |

35. Inwiefern würde eine bessere Versorgung Ihres Betriebs mit fremden Mitteln für Umweltschutzinvestitionen Ihr Umweltschutzengagement verstärken?

*(1 = keine Verstärkung; 5 = sehr große Verstärkung)*

1 2 3 4 5
☐ ☐ ☐ ☐ ☐

36. Wie würde Ihr Betrieb auf folgende Anreize bzw. Instrumente zur Durchführung von Umweltschutzmaßnahmen reagieren?

*(1 = keine Reakiton; 5 = sehr starke Reaktion)*

|  | 1 | 2 | 3 | 4 | 5 |
|---|---|---|---|---|---|
| **Subventionen** | ☐ | ☐ | ☐ | ☐ | ☐ |
| **Vergünstigte Agrarkredite** | ☐ | ☐ | ☐ | ☐ | ☐ |
| **Staatliche Gebote bzw. Verbote** | ☐ | ☐ | ☐ | ☐ | ☐ |
| Aussichten auf kurzfristige Ertragsverbesserungen (infolge d. Maß.) | ☐ | ☐ | ☐ | ☐ | ☐ |
| Aussichten auf langfristige Ertragsverbesserungen (infolge d. Maß.) | ☐ | ☐ | ☐ | ☐ | ☐ |
| Öffentlicher Druck der lokalen Bevölkerung | ☐ | ☐ | ☐ | ☐ | ☐ |
| Zusammenarbeit mit Naturschutz-NRO | ☐ | ☐ | ☐ | ☐ | ☐ |
| Druck der Abnehmer und Konsumenten | ☐ | ☐ | ☐ | ☐ | ☐ |
| Investitionshilfen | ☐ | ☐ | ☐ | ☐ | ☐ |
| Ökosteuern | ☐ | ☐ | ☐ | ☐ | ☐ |
| Ideologische Überzeugung / Naturliebe | ☐ | ☐ | ☐ | ☐ | ☐ |
| Betriebskostenersparnisse | ☐ | ☐ | ☐ | ☐ | ☐ |
| Kostenlose Schulung in betrieblichem Umweltschutz | ☐ | ☐ | ☐ | ☐ | ☐ |
| Sonstige: _____ | ☐ | ☐ | ☐ | ☐ | ☐ |

37. Inwiefern könnte eine Demonstrationsfarm für alternative Landnutzung Ihr Interesse für eine Neuformulierung Ihrer Betriebsstrategie erwecken?
    *(1 = kein Interesse; 5 = starkes Interesse)*  1 2 3 4 5
    □ □ □ □ □

38. Welche Schwierigkeiten stehen der betrieblichen Einführung von Umweltschutzmaßnahmen hauptsächlich im Weg (Sichworte: Finanzierung, Infrastruktur, Know-how, Arbeitskraft, Bildung, Verbraucherdesinteresse, Armut usw.)?
    _____
    _____
    _____

39. Inwiefern behindern folgende Probleme im brasilianischen Alltag ihre Umweltschutzaktivitäten?
    *(1 = das genannte Problem existiert nicht; 2 = behindert nicht; 3 = behindert minimal; 4 = behindert mittelmäßig; 5 = behindert sehr)*  1 2 3 4 5

    Fehlende politische Kontinuität □ □ □ □ □
    Wirtschaftskrise □ □ □ □ □
    Bildungsmängel der Bevölkerung □ □ □ □ □
    Allgemeine Korruption □ □ □ □ □
    Ineffizienz und übermäßige Bürokratie □ □ □ □ □
    Mangelnder Austausch im Forschungsbereich □ □ □ □ □
    Sonstige: _____ □ □ □ □ □

40. Wie abhängig ist Ihr Betrieb vom Einsatz folgender chemischer Zusatzstoffe?
    *(1 = unabhängig; 5 = sehr abhängig)*  1 2 3 4 5
    Künstliche Düngemittel □ □ □ □ □
    Pestizide (Herbizide, Fungizide, Insektizide) □ □ □ □ □

41. Wie hat sich der Einsatz chemischer Zusatzstoffe in Ihrem Betrieb in den letzten Jahren entwickelt?
    *(1 = stark verringert; 5 = stark erhöht)*  1 2 3 4 5
    Künstliche Düngemittel □ □ □ □ □
    Pestizide (Herbizide, Fungizide, Insektizide) □ □ □ □ □

42. Wie schätzen Sie die Überlebenschancen folgender Landnutzungsalternativen in der Mata Atlântica ein, und warum (Stichworte: Ertrag, Bodeneigenschaften, Infrastruktur, Markt, Kosten, Know-how, Verwaltung, Unsicherheit, Machtstrukturen, Lobby, persönliche Zufriedenheit usw.)?

*(1 = sehr geringe Chancen; 5 = sehr große Chancen)*    1  2  3  4  5

Ökologischer Landbau (organisch / ohne Chemie)    ☐ ☐ ☐ ☐ ☐

Begründung: _____

_____

Nachhaltige Forstwirtschaft    ☐ ☐ ☐ ☐ ☐

Begründung: _____

_____

Agroforstbetriebe (kombinierte Land- und Forstwirtschaft)    ☐ ☐ ☐ ☐ ☐

Begründung: _____

_____

Langfristige, durch Kapitalmarkttitel finanzierte forstwirtschaftliche
Nutzung auf der Basis eines Flächennutzungsplans    ☐ ☐ ☐ ☐ ☐

Begründung: _____

_____


Vorschläge und/oder Kommentare: _____

_____

_____


Name und Position des Ausfüllers (optional): _____

**Vielen Dank.**

## SUMMARY

The present study offers proposals for solving economy-ecology conflicts occurring in the area of the Brazilian rain forest Mata Atlântica (according to its definition in the Federal Decree Nr. 750 of 1993). Its remaining ecosystems are still being threatened by deforestation and unsustainable human activities. Conventional protection strategies urgently need to be reconsidered and complemented by more effective measures. They should rely on support from the economically active population and enhance sustainable development in the region.

The methods of reconciling economic and ecological concerns shown in this paper are based on the analysis of literature and supplemental sources, as well as on the results of field research. The latter includes interviews of representatives of governmental, non-governmental and other private organizations and also a questionnaire among economically active people in the area of the Mata Atlântica. With the integration of theoretical and practice-oriented data, this paper aims at proposals with the highest possible levels of acceptance and realization.

The proposals presented here are subdivided into *general* and *specific* ones. The first represent general advices for reformulation of environmental policy concerning the Mata Atlântica. The latter contain introduction strategies for methods and systems that promise sustainable use of natural resources in the Mata Atlântica.

The following outlines general proposals:

- clear specification of measures to be adopted in environmental programs;
- introduction of market-based instruments in the environmental policy, taking advantage of their diversity and incentive effects;
- creation of financial incentives for environmental investments with proven long term return;
- development of additional environmental education programs that transmit sustainable practices and long term orientation to the economically active population, using available national and foreign resources;
- establishment of environmental consulting centers in areas with high deforestation risk, promoting environmental management methods that guarantee sustainability and profitability of local economic activities in the long run;
- intensification of technological and economic research concerning the sustainable use of the Mata Atlântica;

- continual adaption of the environmental laws to technological and economic development;
- improvement of monitoring of the Mata Atlântica;
- coordination between environmental and economic policies.

Specific proposals include:

- adoption of alternative agriculture techniques in favourable regions;
- sustainable forestry with native and exotic tree species;
- agroforestry for subsistence;
- sustainable extractivism of palm heart and other secondary forest products;
- sustainable mineration through a better flow of information;
- ecotourism especially in the Ribeira Valley;
- regeneration financed by sponsoring, fines and royalties.

The cited general and specific proposals can be integrated into environmental policy by adapting existing environmental programs, action plans and zonings. On the other hand, the proposals can also be adopted by the economically active population through private initiative.

The implementation of the according programs can be advanced through a coordination of activities among governmental and non-governmental organizations on a national and international level. This would also improve the availability of financial incentives for sustainable use of the Mata Atlântica.

With the reconciliation of economic and ecological concerns and active support from the population, the proposals presented here offer better preservation perspectives for the Mata Atlântica than conventional methods without disturbing economic and social purposes.

## RESUMO

O objetivo do presente estudo é oferecer um novo conjunto de propostas para a solução dos diversos conflitos economico-ecológicos existentes no domínio da Mata Atlântica (segundo sua definição no decreto federal n.° 750 de 1993). Seus ecossistemas remanescentes continuam ameaçados pelo desmatamento e por atividades econômicas não sustentáveis. Pela gravidade do problema, é necessário a criação de estratégias de conservação rapidamente efetivas, que contem com o apoio da população economicamente ativa e promovam um desenvolvimento sustentável na região.

As formas de conciliação entre interesses econômicos e ecológicos aqui apresentadas baseiam-se tanto numa análise de literatura e fontes complementares como nos resultados de uma pesquisa de campo. Esta última inclui, por um lado, entrevistas com representantes locais de entidades governamentais, não-governamentais e privadas e, por outro lado, um questionário destinado a pessoas economicamente ativas no domínio da Mata Atlântica. Com a integração de dados teóricos e práticos, este trabalho procura sintetizar propostas com as maiores expectativas de aceitação e realização possíveis.

As propostas aqui apresentadas subdividem-se em *gerais* e *específicas*. As primeiras representam orientações para a reformulação da política ambiental com respeito à Mata Atlântica. As últimas contêm estratégias para a introdução de formas e sistemas sustentáveis de aproveitamento de recursos naturais na Mata Atlântica.

As propostas gerais destacam-se pelo seguinte:

- especificação exata das medidas a serem tomadas nos programas ambientais;
- introdução de instrumentos de mercado na política ambiental, aproveitando sua variedade e seu alto efeito de incentivo;
- criação de incentivos financeiros a investimentos ambientais com comprovado retorno a longo prazo;
- desenvolvimento de programas de educação ambiental adicionais que transmitam práticas sustentáveis e planejamento a longo prazo à população economicamente ativa, com os recursos internos e externos disponíveis;
- estabelecimento de centros de consultoria ambiental em áreas com alto risco de desmatamento, divulgando um management ambiental que confira às atividades econômicas locais sustentabilidade e rentabilidade a longo prazo;
- intensificação da pesquisa ambiental sobre a exploração sustentável da Mata Atlântica, tanto no âmbito tecnológico como de desempenho econômico;
- adaptação da legislação ambiental ao desenvolvimento tecnológico e econômico;

- melhoria da fiscalização ambiental no domínio da Mata Atlântica;
- coordenação entre a política econômica e a política ambiental.

As propostas específicas envolvem:

- adoção de técnicas de agricultura alternativa em áreas propícias;
- silvicultura sustentável com árvores nativas e exóticas;
- agrossilvicultura de subsistência;
- extrativismo sustentável de palmito e outros produtos florestais secundários;
- mineração sustentável através da melhoria do fluxo de informação;
- ecoturismo, especialmente no Vale do Ribeira;
- revegetação financiada com patrocínios, multas e "royalties".

As propostas gerais e específicas podem ser integradas na política ambiental através da adaptação dos existentes programas ambientais, planos de ação e zoneamentos. Por outro lado, as propostas também podem ser adotadas pela população economicamente ativa em iniciativa privada.

A implementação dos devidos programas poderá ser adiantada com a coordenação entre as atividades de entidades governamentais e não-governamentais a nível nacional e internacional. Isto também facilitaria a obtenção de recursos para incentivos financeiros aos métodos sustentáveis de exploração da Mata Atlântica.

Através da integração de interesses econômicos e ecológicos e o apoio ativo da população, as propostas aqui apresentadas deverão oferecer maiores expectativas de conservação da Mata Atlântica do que os métodos convencionais, não perturbando metas econômicas e sociais.

KÖLNER FORSCHUNGEN
ZUR WIRTSCHAFTS- UND SOZIALGEOGAPHIE

HERAUSGEGEBEN VON ERICH OTREMBA († 1984),
EWALD GLÄSSER UND GÖTZ VOPPEL

SCHRIFTLEITUNG: JOCHEN LEGEWIE

Ab Band XXIII im Selbstverlag des Wirtschafts-und Sozialgeographischen Instituts der Universität zu Köln

| | | |
|---|---|---|
| Bd. XXIII | Ulrich auf der Heide:<br>Städtetypen und Städtevergesellschaftungen im rheinisch-westfälischen Raum. 1977. 294 Seiten, 2 Karten, brosch.<br>(vergriffen) | DM 23,-- |
| Bd. XXIV | Lutz Fehling:<br>Die Eisenerzwirtschaft Australiens. 1977. 234 Seiten, 46 Tab., 37 Abb., brosch. | DM 19,-- |
| Bd. XXV | Ewald Gläßer und Hartwig Arndt:<br>Struktur und neuzeitliche Entwicklung der linksrheinischen Bördensiedlungen im Tagebaubereich Hambach unter besonderer Berücksichtigung der Ortschaft Lich-Steinstraß. 1978. 93 Seiten, 10 Tab., 10 Abb., 2 Fig., brosch. | DM 16,-- |
| Bd. XXVI | Hartwig Arndt:<br>Sozio-ökonomische Wandlungen im Agrarwirtschaftsraum der Jülich-Zülpicher Börde. 1980. 284 Seiten, 19 Tab., 17 Abb., 16 Karten, brosch. | DM 22,-- |
| Bd. XXVII | Werner Richter:<br>Jüdische Agrarkolonisation in Südpalästina (Südisrael) im 20. Jahrhundert. 1980. 157 Seiten, 5 Tab., 17 Abb., davon 1 Karte, 9 Luftbilder, 5 Bilder, brosch. | DM 21,-- |
| Bd. XXVIII | Karl Ferdinand:<br>Düren, Euskirchen, Zülpich - drei Städte am Nordostrand der Eifel, ihre Entwicklung von 1945 bis zur Gegenwart. 1981. 273 Seiten, 72 Tab., 6 Abb., 10 Karten, brosch. | DM 17,-- |
| Bd. XXIX | Eike W. Schamp:<br>Persistenz der Industrie im Mittelgebirge am Beispiel des märkischen Sauerlandes. 1981. 138 Seiten, 36 Tab., 17 Abb., brosch. | DM 18,-- |

Bd. XXX      Ewald Gläßer und Klaus Vossen
             unter Mitarbeit von H. Arndt und A. Schnütgen:
             Die Kiessandwirtschaft im Raum Köln. Ein Beitrag zur Rohstoffproblematik. 1982. 122 Seiten, 27 Tab., 14 Abb., brosch.  DM 18,--

Bd. XXXI     Klaus Vossen:
             Die Kiessandwirtschaft Nordwesteuropas unter Berücksichtigung der Rohstoffsicherung und deren Anwendung in Raumordnungsplänen. 1984. 250 Seiten, 41 Tab., 35 Abb., brosch.  DM 20,--

Bd. XXXII    Horst Brandenburg:
             Standorte von Shopping-Centern und Verbrauchermärkten im Kölner Raum - Entwicklung und Auswirkungen auf das Einzelhandelsgefüge. 1985. 345 Seiten, 146 Tab., 5 Abb., 26 Karten, brosch.  DM 38,--

Bd. XXXIII   Johann Schwackenberg:
             Die Fischwirtschaft im Norwegischen Vestland - Sozio-ökonomische Strukturen und Entwicklungen in einer traditionellen Fischereiregion. 1985. 344 Seiten, 63 Tab., 16 Fotos, 48 Abb., brosch.  DM 28,--

Bd. XXXIV    Ottar Holm:
             Die öl- und gaswirtschaftliche Entwicklung Norwegens und ihre Auswirkungen auf die sozio-ökonomische Struktur der westlichen Landesteile. 1988. 339 Seiten, 19 Tab., 42 Abb., brosch.  DM 28,--

Bd. XXXV     Wirtschaftsgeographische Entwicklungen in Köln. 1988. 178 Seiten, 14 Tab., 27 Abb., brosch.  DM 22,--

Bd. XXXVI    Ewald Gläßer:
             Etzweiler, Manheim und Morschenich. Eine sozio-ökonomische Analyse rheinischer Bördensiedlungen im Tagebaubereich Hambach I. 1989. 72 Seiten, 17 Tab., 12 Abb., 3 Luftbilder, brosch.  DM 18,--

Bd. XXXVII   Jörg Sieweck:
             Die Wirtschaftsbeziehungen zwischen der Bundesrepublik Deutschland und Nordeuropa unter besonderer Berücksichtigung der wirtschaftsgeographischen Verflechtungen. 1989. 314 Seiten, 10 Tab., 39 Abb., 16 Karten, brosch.  DM 27,--

Bd. XXXVIII  Mechthild Scholl
             Telekommunikationsmittel als Entscheidungskomponente betrieblicher Standortwahl. 1990. 240 Seiten, 47 Abb. brosch.  DM 25,--

| | | |
|---|---|---|
| Bd. XXXIX | Thomas Stelzer-Rothe:<br>Standortbewährung und Raumwirkung junger Industriegründungen unter besonderer Berücksichtigung des Raumpotentials - dargestellt an den Beispielen Brunsbüttel, Stade und Wolfsburg. 1990. 337 Seiten, 143 Abb., 8 Tab., brosch. | DM 28,-- |
| Bd. XL | Susanne Eichholz:<br>Wirtschaftlicher Strukturwandel im Siegerland seit 1950. 1993. 350 Seiten, 69 Tab., 38 Abb., brosch. | DM 30,-- |
| Bd. 41 | Götz Voppel:<br>Standortanalyse im Gewerbegebiet Köln-Braunsfeld/Ehrenfeld. 1993. 118 Seiten, 18/3 Tab., 32/5 Abb., 2 Karten, brosch. | DM 20,-- |
| Bd. 42 | Bernard Achiula:<br>Rückkehr zu traditionellen Formen? Zur Umweltverträglichkeit von Anbau- und Siedlungsformen der Landbewohner im semiariden tansanischen Hochland. 1993. 205 Seiten, 17 Tab., 8 Abb., 2 Luftbilder, brosch. | DM 23,-- |
| Bd. 43 | Margrit Keßler-Lehmann:<br>Die Kunststadt Köln - von der Raumwirksamkeit der Kunst in einer Stadt. 1993. 356 Seiten, 11 Abb., 8 Tab., brosch.<br>(vergriffen) | DM 30,-- |
| Bd. 44 | Ewald Gläßer (Hrsg.):<br>Wirtschaftsgeographische Entwicklungen in Nordrhein-Westfalen. 1995. 231 Seiten, 30 Tab., 30 Abb., brosch. | DM 26,-- |
| Bd. 45 | Alexander Fuchs:<br>Lösungsansätze für den Konflikt zwischen Ökonomie und Ökologie im tropischen und subtropischen Regenwald am Beispiel der Mata Atlântica Brasiliens. 1996. 294 Seiten, 31 Tab., 25 Abb., brosch. | DM 48,-- |